中 国 国 家 标 准 汇 编

605

GB 30362～30405

（2013 年制定）

中国标准出版社　编

中国标准出版社

北　京

图书在版编目(CIP)数据

中国国家标准汇编:2013年制定.605:
GB 30362～30405/中国标准出版社编.—北京:
中国标准出版社,2014.9
ISBN 978-7-5066-7686-1

Ⅰ.①中… Ⅱ.①中… Ⅲ.①国家标准-
汇编-中国-2013 Ⅳ.①T-652.1

中国版本图书馆CIP数据核字(2014)第187908号

中 国 标 准 出 版 社 出 版 发 行
北京市朝阳区和平里西街甲2号(100029)
北京市西城区三里河北街16号(100045)

网址 www.spc.net.cn
总编室:(010)64275323 发行中心:(010)51780235
读者服务部:(010)68523946
中国标准出版社秦皇岛印刷厂印刷
各地新华书店经销
*
开本 880×1230 1/16 印张 35.75 字数 1 099 千字
2014年9月第一版 2014年9月第一次印刷
*
定价 220.00 元

出 版 说 明

1.《中国国家标准汇编》是一部大型综合性国家标准全集。自1983年起,按国家标准顺序号以精装本、平装本两种装帧形式陆续分册汇编出版。它在一定程度上反映了我国建国以来标准化事业发展的基本情况和主要成就,是各级标准化管理机构,工矿企事业单位,农林牧副渔系统,科研、设计、教学等部门必不可少的工具书。

2.《中国国家标准汇编》收入我国每年正式发布的全部国家标准,分为"制定"卷和"修订"卷两种编辑版本。

"制定"卷收入上一年度我国发布的、新制定的国家标准,顺延前年度标准编号分成若干分册,封面和书脊上注明"20××年制定"字样及分册号,分册号一直连续。各分册中的标准是按照标准编号顺序连续排列的,如有标准顺序号缺号的,除特殊情况注明外,暂为空号。

"修订"卷收入上一年度我国发布的、被修订的国家标准,视篇幅分设若干分册,但与"制定"卷分册号无关联,仅在封面和书脊上注明"20××年修订-1,-2,-3,……"字样。"修订"卷各分册中的标准,仍按标准编号顺序排列(但不连续);如有遗漏的,均在当年最后一分册中补齐。需提请读者注意的是,个别非顺延前年度标准编号的新制定的国家标准没有收入在"制定"卷中,而是收入在"修订"卷中。

读者配套购买《中国国家标准汇编》"制定"卷和"修订"卷则可收齐由我社出版的上一年度我国制定和修订的全部国家标准。

3.由于读者需求的变化,自1996年起,《中国国家标准汇编》仅出版精装本。

4.2013年我国制修订国家标准共1 979项。本分册为"2013年制定"卷第605分册,收入国家标准GB 30362～30405的最新版本。

中国标准出版社

2014年8月

目　　录

GB/T 30362—2013　植物新品种特异性、一致性、稳定性测试指南　杏 …………………………… 1
GB/T 30363—2013　森林植被状况监测技术规范 …………………………………………………… 19
GB/T 30364—2013　重组竹地板 ……………………………………………………………………… 49
GB/T 30365—2013　寝具竹炭 ………………………………………………………………………… 69
GB/T 30366—2013　生物质术语 ……………………………………………………………………… 75
GB 30367—2013　牙科学　陶瓷材料 ………………………………………………………………… 90
GB/T 30368—2013　船舶和海上技术　螺旋桨螺距指示器 ……………………………………… 115
GB/T 30369—2013　船舶和海上技术　螺旋桨轴转数指示器　电气型和电子型 ……………… 123
GB/T 30370—2013　火力发电机组一次调频试验及性能验收导则 ……………………………… 133
GB/T 30371—2013　无损检测用电子直线加速器工程通用规范 ………………………………… 143
GB/T 30372—2013　火力发电厂分散控制系统验收导则 ………………………………………… 169
GB/Z 30373—2013　电子电气产品材料声明问卷　基本指南 …………………………………… 211
GB/Z 30374—2013　电子电气产品中限用物质评价指南 ………………………………………… 220
GB/T 30375—2013　茶叶贮存 ……………………………………………………………………… 235
GB/T 30376—2013　茶叶中铁、锰、铜、锌、钙、镁、钾、钠、磷、硫的测定　电感耦合等离子体原子发射光谱法 ……………………………………………………………………… 241
GB/T 30377—2013　紧压茶茶树种植良好规范 …………………………………………………… 249
GB/T 30378—2013　紧压茶企业良好规范 ………………………………………………………… 257
GB/T 30379—2013　大豆蔻 ………………………………………………………………………… 271
GB/T 30380—2013　多香果 ………………………………………………………………………… 277
GB/T 30381—2013　桂皮 …………………………………………………………………………… 283
GB/T 30382—2013　辣椒(整的或粉状) …………………………………………………………… 291
GB/T 30383—2013　生姜 …………………………………………………………………………… 297
GB/T 30384—2013　脱水绿胡椒 …………………………………………………………………… 305
GB/T 30385—2013　香辛料和调味品　挥发油含量的测定 ……………………………………… 311
GB/T 30386—2013　盐水胡椒 ……………………………………………………………………… 321
GB/T 30387—2013　月桂叶 ………………………………………………………………………… 333
GB/T 30388—2013　辣椒及其油树脂　总辣椒碱含量的测定　高效液相色谱法 ……………… 339
GB/T 30389—2013　辣椒及其油树脂　总辣椒碱含量的测定　分光光度法 …………………… 347
GB/T 30390—2013　油料种籽中果糖、葡萄糖、蔗糖含量的测定　高效液相色谱法 ………… 353
GB/T 30391—2013　花椒 …………………………………………………………………………… 359
GB/T 30392—2013　植物蜡 ………………………………………………………………………… 367
GB/T 30393—2013　制取沼气秸秆预处理复合菌剂 ……………………………………………… 373
GB/T 30394—2013　草品种命名规则 ……………………………………………………………… 383
GB/T 30395—2013　草品种审定技术规程 ………………………………………………………… 387
GB/T 30396—2013　牛冷冻精液包装、标签、贮存和运输 ………………………………………… 415
GB/T 30397—2013　皮鞋整鞋吸湿性、透湿性试验方法 ………………………………………… 423
GB/T 30398—2013　皮革和毛皮　化学试验　致敏性分散染料的测定 ………………………… 429

GB/T 30399—2013 皮革和毛皮 化学试验 致癌染料的测定 …… 449
GB/T 30400—2013 玩具填充物安全和卫生要求 …… 465
GB/T 30401—2013 塑料储藏盒 …… 473
GB/T 30402—2013 塑料毛刷 …… 481
GB/T 30403—2013 日用塑料提桶 …… 489
GB/T 30404—2013 皮革机械 板面移动式机械 安全要求 …… 496
GB/T 30405—2013 皮革机械 辊式往复运动机械 安全要求 …… 525

ICS 65.020.20
B 05

中华人民共和国国家标准

GB/T 30362—2013

植物新品种特异性、一致性、稳定性测试指南　杏

Guidelines for the conduct of tests for distinctness, uniformity and stability—Apricot(*Prunus armeniaca* Lam.)

2013-12-31 发布　　2014-06-22 实施

中华人民共和国国家质量监督检验检疫总局
中国国家标准化管理委员会　发布

前　言

本标准按照 GB/T 1.1—2009 给出的规则起草。

本标准由国家林业局提出并归口。

本标准起草单位：北京市农林科学院林业果树研究所、国家林业局植物新品种保护办公室。

本标准主要起草人：王玉柱、孙浩元、杨丽、张俊环、周建仁、黄发吉、杨玉林。

植物新品种特异性、一致性、稳定性测试指南　杏

1　范围

本标准规定了蔷薇科杏(*Prunus armeniaca* L.)植物新品种特异性、一致性、稳定性测试技术要求。

本标准适用于所有杏新品种的测试。

2　规范性引用文件

下列文件对本文件的应用是必不可少的。凡是注日期的引用文件,仅注日期的版本适用于本文件。凡是不注日期的引用文件,其最新版本(包括所有的修改单)适用于本文件。

GB/T 19557.1—2004　植物新品种特异性、一致性和稳定性测试指南　总则

3　术语和定义

GB/T 19557.1—2004 界定的术语和定义适用于本文件。

4　缩略语

下列缩略语适用于本文件。

QL:qualitative characteristics,质量特征。

QN:quantitative characteristics,数量特征。

PQ:pseudo-qualitative characteristics,假性质量特征。

MG:measurement for a group of plants,针对一组植株或植株部位进行单次测量得到单个记录。

MS:measurement for a number of single plants,针对一定数量的植株或植株部位分别进行测量得到多个记录。

VG:visual observation for a group of plants,针对一组植株或植株部位进行单次目测得到单个记录。

VS:visual observation for a number of single plants,针对一定数量的植株或植株部位分别进行目测得到多个记录。

5　DUS 测试技术要求

5.1　测试材料

5.1.1　品种权申请人按规定时间、地点提交符合数量和质量要求的测试品种植物材料。从非测试地国家或地区提交的材料,申请人应按照进出境和运输的相关规定提供海关、植物检疫等相关文件。

5.1.2　提交的测试材料应为接穗(每个接穗至少应有 10 个充实饱满的芽)或植株(高 0.8 m～1 m,基径 1 cm 以上)。

5.1.3　提交的测试材料数量不得少于 50 个接穗或 5 株～10 株。

5.1.4 待测新品种材料应为无病虫害感染、生长正常的植株或接穗。

5.1.5 提交的植物材料不应进行任何影响性状表达的额外处理。如果已经被处理，应提供处理的详细信息。

5.2 测试方法

5.2.1 测试周期和时间

在符合测试条件的情况下，至少测试两个生长周期。

5.2.2 测试地点

测试应在指定的测试基地和实验室中进行。

5.2.3 测试条件

测试应在待测新品种相关特征能够完整表达的条件下进行，申请品种和对照品种的田间管理要严格一致。

5.2.4 测试设计

5.2.4.1 待测新品种在测试区应栽种 5 株～10 株，与标准品种和相似品种种植在相同地点和环境条件下。

5.2.4.2 如果测试需要提取植株某些部位作为样品时，样品采集不得影响测试植株整个生长周期的观测。

5.2.4.3 除非特别声明，所有的观测应针对 5 株～10 株植株或取自 5 株～10 株植株的相同部位上的材料进行。

5.2.5 同类特征的测试方法

见附录 A 中的表 A.1。

花：进入盛花期，选取健壮植株、正常生长的树冠中上部枝条的中上段(每株测试植株 3 个～4 个花枝，10 朵花)作为花特征的测试材料。

枝条：选取测试植株的当年生枝条的中上部(每株测试植株 3 个～4 个枝条)作为枝条特征的测试材料。如果以枝条特征作为新品种特异性的评价特征，申请人应在技术问卷(参见附录 B)中明确说明。

叶：新梢生长期选取测试植株树冠外围枝中部完全展开的成熟叶片(每株测试植株 3 个～4 个枝条、每个枝条 3 片～4 片叶)作为测试材料。

果实：果实成熟期，选取不同测试植株不同部位的 10 个成熟果实作为测试材料。

5.2.6 个别特征的测试方法

5.2.6.1 成枝能力(见附录 A 中的表 A.1 性状特征序号 3)特征

待测新品种成枝能力按照下列标准分级：短截一年生枝后，在春季新梢停止生长期，观测计算剪口下发出的长枝占总萌生枝条的百分率，观测至少 10 个一年生枝。

5.2.6.2 叶片宽度(见附录 A 中的表 A.1 性状特征序号 7)特征

测量叶片最宽处的长度，计算平均值。

5.2.6.3 花径(见附录 A 中的表 A.1 性状特征序号 19)特征

花瓣压平展后测量,计算平均值。

5.2.6.4 果实大小(见附录 A 中的表 A.1 性状特征序号 21)特征

称量果实鲜重(平均单果重),计算平均值。

5.2.6.5 果实重量/果核重量(见附录 A 中的表 A.1 性状特征序号 45)特征

将采集的果实称鲜重,然后去除果肉称量鲜核重量,计算其比值,取平均值。

5.2.6.6 果实可溶性固形物含量(见附录 A 中的表 A.1 性状特征序号 48)特征

切取果实中间部位的一块果肉,取其汁液滴到手持式折光仪上,测定果肉可溶性固形物含量,精确到 0.1。

5.2.6.7 核仁大小(见附录 A 中的表 A.1 性状特征序号 52)特征

取不同植株不同部位的成熟果实内核仁,测量自然风干后核仁的重量,计算平均值。

5.2.6.8 初花期(见附录 A 中的表 A.1 性状特征序号 54)特征

当 5%～10%花开放时,记录为初花期。

5.2.6.9 果实成熟期(见附录 A 中的表 A.1 性状特征序号 55)特征

观测果实,记录成熟日期,推算果实发育期。

6 特异性、一致性和稳定性评价

6.1 特异性

6.1.1 差异恒定

如果待测新品种与相似品种间差异非常清楚,只需要一个生长周期的测试。在某些情况下因环境因素的影响,使待测新品种与相似品种间差异不清楚时,则至少需要两个或两个以上生长周期的测试。

6.1.2 差异显著

质量特征的特异性评价:待测新品种与相似品种只要有一个特征有差异,则可判定该品种具备特异性。

数量特征的特异性评价:待测新品种与相似品种至少有两个特征有差异,或者一个特征的两个代码(见附录 A 中的表 A.1)有差异,则可判定该品种具备特异性。

假性质量特征的特异性评价:待测新品种与相似品种至少有两个特征有差异,或者一个特征的两个不连贯代码有差异,则可判定该品种具备特异性。

6.2 一致性

一致性判断采用异型株法。根据 1%群体标准和 95%可靠性概率,5 株观测植株中不允许出现异型株。

6.3 稳定性

6.3.1 申请品种在测试中符合特异性和一致性要求，可认为该品种具备稳定性。

6.3.2 特殊情况或存在疑问时，需要通过再次测试一个生长周期，或者由申请人提供新的测试材料，测试其是否与先前提供的测试材料表达出相同的特征。

7 品种分组

7.1 品种分组说明

依据分组特征确定待测新品种的分组情况，并选择相似品种，使其包含在特异性的生长测试中。

7.2 分组特征

7.2.1 果实：大小（见附录 A 中的表 A.1 性状特征序号 21）。

7.2.2 果实：底色（见附录 A 中的表 A.1 性状特征序号 36）。

7.2.3 果实：着色面积（见附录 A 中的表 A.1 性状特征序号 37）。

7.2.4 果实：果肉颜色（见附录 A 中的表 A.1 性状特征序号 41）。

7.2.5 核仁：大小（见附录 A 中的表 A.1 性状特征序号 52）。

7.2.6 果实成熟期（见附录 A 中的表 A.1 性状特征序号 55）。

8 性状特征和相关符号说明

8.1 特征类型

8.1.1 星号特征[见附录 A 中的表 A.1 被标注（*）的特征]：是指新品种审查时为协调统一特征描述而采用的重要的品种特征，进行 DUS 测试时应对所有星号特征进行测试。

8.1.2 加号特征[见附录 A 中的表 A.1 被标注（+）的特征]：是指对附录 A 中的表 A.1 中进行图解说明的特征（见附录 A 中的图 A.1～图 A.8）。

8.2 表达状态及代码

附录 A 中的表 A.1 中性状特征描述已经明确给出每个特征表达状态的标准定义，为便于对特征表达状态进行描述并分析比较，每个表达状态都有一个对应的数字代码。

8.3 表达类型

GB/T 19557.1—2004 已经提供特征的表达类型：质量特征、数量特征和假性质量特征的名词解释。

8.4 标准品种

用于准确、形象地演示某一特征表达状态的品种。

附　录　A
（规范性附录）
品种性状特征

A.1　性状特征表

见表 A.1。

表 A.1　性状特征表

序号	测试方法	性状特征	性状特征描述	标准品种 中文名	标准品种 学名	代码	性状特征性质	性状特征类型
1	VG	植株:生长势	很弱 弱 中 强 很强	 辣椒杏 西农 25 骆驼黄 	 *P.armeniaca* ‘Lajiao xing’ *P.armeniaca* ‘Xinong 25’ *P.armeniaca* ‘Luotuohuang’ 	1 3 5 7 9	QN	
2	VG	植株:树姿	直立 半开张 开张 下垂	陕梅杏 骆驼黄 串枝红 垂枝杏	*P.armeniaca* ‘Shanmei xing ’ *P.armeniaca* ‘Luotuohuang’ *P.armeniaca* ‘Chuanzhihong’ *P.armeniaca* ‘Chuizhi xing’	1 2 3 4	PQ	(*) (+)
3	MG[a]	植株:成枝能力	弱 中 强	串枝红 骆驼黄 杨继元	*P.armeniaca* ‘Chuanzhihong’ *P.armeniaca* ‘Luotuohuang’ *P.armeniaca* ‘Yangjiyuan’	3 5 7	QN	
4	VG	枝条:花芽的着生位置	主要花束状果枝 主要花束状果枝和一年生枝 主要一年生枝	西农 25 青密沙 红金臻	*P.armeniaca* ‘Xinong 25’ *P.armeniaca* ‘Qingmisha’ *P.armeniaca* ‘Hongjinzhen’	1 2 3	PQ	(*)
5	VG	枝条:一年生枝阳面颜色	黄褐色 红褐色 紫褐色	红荷包 骆驼黄 串枝红	*P.armeniaca* ‘Honghebao ’ *P.armeniaca* ‘Luotuohuang’ *P.armeniaca* ‘Chuanzhihong’	1 2 3	PQ	
6	MS	叶片:长度	短 中 长	李光杏 龙王帽 串铃	*P.armeniaca* ‘Liguang xing’ *P.armeniaca* ‘Longwangmao’ *P.armeniaca* ‘Chuanling’	3 5 7	QN	(*)
7	MS[b]	叶片:宽度	窄 中 宽	垂枝杏 杨继元 骆驼黄	*P.armeniaca* ‘Chuizhi xing’ *P.armeniaca* ‘Yangjiyuan’ *P.armeniaca* ‘Luotuohuang’	3 5 7	QN	(*)
8	MS	叶片:长度/宽度	很小 小 中 大 很大	 李光杏 骆驼黄 串枝红 仰韶黄杏	 *P.armeniaca* ‘Liguang xing’ *P.armeniaca* ‘Luotuohuang’ *P.armeniaca* ‘Chuanzhihong’ *P.armeniaca* ‘Yangshaohuang xing’	1 3 5 7 9	QN	

表 A.1（续）

序号	测试方法	性状特征	性状特征描述	标准品种		代码	性状特征性质	性状特征类型
				中文名	学名			
9	VG	叶片：叶表的绿色程度	浅 中 深	垂枝杏 杨继元 串枝红	*P.armeniaca* 'Chuizhi xing' *P.armeniaca* 'Yangjiyuan' *P.armeniaca* 'Chuanzhihong'	3 5 7	QN	
10	VG	叶片：叶基形状	楔形 钝圆形 平圆形 心形	仰韶黄杏 骆驼黄 红金臻 黄甜核	*P.armeniaca* 'Yangshaohuang xing' *P.armeniaca* 'Luotuohuang' *P.armeniaca* 'Hongjinzhen' *P.armeniaca* 'Huangtianhe'	1 2 3 4	PQ	(*) (+)
11	VG	叶片：尖端夹角	锐角 直角 中等钝角 大钝角	骆驼黄 Canino 仰韶黄杏 Hargrand	*P.armeniaca* 'Luotuohuang' *P.armeniaca* 'Canino' *P.armeniaca* 'Yangshaohuang xing' *P.armeniaca* 'Hargrand'	1 2 3 4	QN	(*) (+)
12	VG	叶片：叶尖长度	无或很短 短 中 长	红金臻 北安河大黄杏 串枝红 白玉扁	*P.armeniaca* 'Hongjinzhen' *P.armeniaca* 'Beianhedahuang xing' *P.armeniaca* 'Chuanzhihong' *P.armeniaca* 'Baiyubian'	1 3 5 7	QN	(*)
13	VG	叶片：叶缘锯齿	圆锯齿 双圆锯齿 尖锯齿 双尖锯齿			1 2 3 4	PQ	(*) (+)
14	VG	叶片：叶缘起伏	弱 中 强	崂山红杏 白阿克西米西 豫早冠	*P.armeniaca* 'Laoshanhong xing' *P.armeniaca* 'Baiakeximixi' *P.armeniaca* 'Yinbai xing'	3 5 7	QN	(*)
15	MS	叶片：叶柄长度	短 中 长	红玉杏 串枝红 红金臻	*P.armeniaca* 'Hongyu xing' *P.armeniaca* 'Chuanzhihong' *P.armeniaca* 'Hongjinzhen'	3 5 7	QN	(*)
16	MS	叶片：叶片长/叶柄长	小 中 大	红金臻 串枝红 山黄杏	*P.armeniaca* 'Hongjinzhen' *P.armeniaca* 'Chuangzhihong' *P.armeniaca* 'Shanhuang xing'	3 5 7	QN	
17	MG	叶片：叶柄蜜腺数	无或1个 2个～3个 多于3个	骆驼黄 红金臻 熊岳大扁杏	*P.armeniaca* 'Luotuohuang' *P.armeniaca* 'Hongjinzhen' *P.armeniaca* 'Xiongyuedabian xing'	1 2 3	QL	(*)
18	VG	花：瓣型	单瓣 重瓣	骆驼黄 陕梅杏	*P.armeniaca* 'Luotuohuang' *P.armeniaca* 'Shanmei xing'	1 9	QL	(*)
19	MS[c]	花：花径	小 中 大	Portici Polonais Hargrand	*P.armeniaca* 'Portici' *P.armeniaca* 'Polonais' *P.armeniaca* 'Hargrand'	3 5 7	QN	(*)
20	VG	花：花瓣下部颜色	白 浅粉红 深粉红	骆驼黄 蜜陀罗 菜籽黄杏	*P.armeniaca* 'Luotuohuang' *P.armeniaca* 'Mituoluo' *P.armeniaca* 'Caizihuang xing'	1 2 3	PQ	

表 A.1（续）

序号	测试方法	性状特征	性状特征描述	标准品种		代码	性状特征性质	性状特征类型
				中文名	学名			
21	MG[d]	果实：大小	极小 小 中 大 极大	小白杏 李光杏 骆驼黄 红金臻 二转子	*P.armeniaca* ‘Yiwofeng’ *P.armeniaca* ‘Liguang xing’ *P.armeniaca* ‘Luotuohuang’ *P.armeniaca* ‘Hongjinzhen’ *P.armeniaca* ‘Erzhuangzi’	1 3 5 7 9	QN	(*)
22	VG	果实：形状	扁圆形 圆形 卵圆形 椭圆形 长圆形 心脏形	青密沙 骆驼黄 杨继元 红荷包 辣椒杏 葫芦杏	*P.armeniaca* ‘Qingmisha’ *P.armeniaca* ‘Luotuohuang’ *P.armeniaca* ‘Yangjiyuan’ *P.armeniaca* ‘Honghebao’ *P.armeniaca* ‘Lajiao xing’ *P.armeniaca* ‘Hulu xing’	1 2 3 4 5 6	PQ	(+)
23	MG	果实：纵径	短 中 长	李光杏 骆驼黄 杨继元	*P.armeniaca* ‘Liguang xing’ *P.armeniaca* ‘Luotuohuang’ *P.armeniaca* ‘Yangjiyuan’	3 5 7	QN	(*) (+)
24	MG	果实：侧径	窄 中 宽	辣椒杏 骆驼黄 红金臻	*P.armeniaca* ‘Lajiaoxing’ *P.armeniaca* ‘Luotuohuang’ *P.armeniaca* ‘Hongjinzhen’	3 5 7	QN	(*) (+)
25	MG	果实：横径	窄 中 宽	晚熟杏 骆驼黄 红金臻	*P.armeniaca* ‘Wanshuxing’ *P.armeniaca* ‘Luotuohuang’ *P.armeniaca* ‘Hongjinzhen’	3 5 7	QN	(*) (+)
26	MG	果实： 纵径/横径	小 中 大	山黄杏 骆驼黄 杨继元	*P.armeniaca* ‘Shanhuangxing’ *P.armeniaca* ‘Luotuohuang’ *P.armeniaca* ‘Yangjiyuan’	3 5 7	QN	
27	MG	果实： 侧径/横径	极小 小 中 大 极大	龙王帽 红荷包 骆驼黄 青密沙	*P.armeniaca* ‘Longwangmao’ *P.armeniaca* ‘Honghebao’ *P.armeniaca* ‘Luotuohuang’ *P.armeniaca* ‘Qingmisha’	1 3 5 7 9	QN	
28	VG	果实： 对称性	对称 较对称 不对称	骆驼黄 李光杏 大偏头	*P.armeniaca* ‘Luotuohuang’ *P.armeniaca* ‘Liguangxing’ *P.armeniaca* ‘Dapiantou’	1 2 3	PQ	
29	VG	果实： 缝合线深浅	平 浅 中 深	Priboto 杨继元 骆驼黄 新世纪	*P.armeniaca* ‘Priboto’ *P.armeniaca* ‘Yangjiyuan’ *P.armeniaca* ‘Luotuohuang’ *P.armeniaca* ‘Xinshiji’	1 2 3 4	PQ	(*)
30	VG	果实：梗洼	浅 中 深	菜籽黄 红金臻 串枝红	*P.armeniaca* ‘Caizihuang’ *P.armeniaca* ‘Hongjingzhen’ *P.armeniaca* ‘Chuanzhihong’	3 5 7	QN	

表 A.1（续）

序号	测试方法	性状特征	性状特征描述	标准品种 中文名	标准品种 学名	代码	性状特征性质	性状特征类型
31	VG	果实：果顶形状	尖圆 圆凸 平 凹	杨继元 葫芦杏 骆驼黄 菜籽黄	*P.armeniaca* 'Yangjiyuan' *P.armeniaca* 'Hulu xing' *P.armeniaca* 'Luotuohuang' *P.armeniaca* 'Caizihuang'	1 2 3 4	PQ	(*) (+)
32	VG	果实：果顶尖	无 有			1 9	QL	(+)
33	VG	果实：果面	光滑 粗糙			1 2	QL	
34	VG	果实：果皮茸毛	无 有			1 9	QL	
35	VG	果实：果皮茸毛：无：光泽	无或弱 中 强	 Harcot 李光杏	 *P.armeniaca* 'Harcot' *P.armeniaca* 'Liguang xing'	1 2 3	QN	
36	VG	果实：果实底色	绿白 白 淡黄 黄 橙黄	马串铃 阿克西米西 青密沙 北安河大黄杏 北寨红杏	*P.armeniaca* 'Machuanling' *P.armeniaca* 'Akeximixi' *P.armeniaca* 'Qingmisha' *P.armeniaca* 'Beianhedauang xing' *P.armeniaca* 'Beizhaihong xing'	1 2 3 4 5	PQ	(*)
37	VG	果实：果实着色面积	无或很小 小 中 大	 马串铃 西农 25 杨继元	 *P.armeniaca* 'Machuanling' *P.armeniaca* 'Xinong 25' *P.armeniaca* 'Yangjiyuan'	1 3 5 7	QN	(*)
38	VG	果实：果实着色类型	无 粉红 红 紫	 新世纪 崂山红杏 杨继元	 *P.armeniaca* 'Xinshiji' *P.armeniaca* 'Laoshanhong xing' *P.armeniaca* 'Yangjiyuan'	1 2 3 4	PQ	
39	VG	果实：着色深浅	浅 中 深	大玉巴达 二花槽杏 沙金红	*P.armeniaca* 'Dayubada' *P.armeniaca* 'Erhuacaoxing' *P.armeniaca* 'Shajinhong'	3 5 7	QN	
40	VG	果实：果实着色样式	斑点 片状 密布细点	菜籽黄 杨继元 房山香白	*P.armeniaca* 'Caizihuang' *P.armeniaca* 'Yangjiyuan' *P.armeniaca* 'Fangshanxiangbai'	1 2 3	PQ	
41	VG	果实：果肉颜色	绿白 白 黄绿 浅黄 黄 橙黄 橙红	银香白 阿克西米西 李光杏 青密沙 西农 25 骆驼黄 红金臻	*P.armeniaca* 'Yinxiangbai' *P.armeniaca* 'Akeximixi' *P.armeniaca* 'Liguang xing' *P.armeniaca* 'Qingmisha' *P.armeniaca* 'Xinong 25' *P.armeniaca* 'Luotuohuang' *P.armeniaca* 'Hongjinzhen'	1 2 3 4 5 6 7	PQ	(*)

表 A.1（续）

序号	测试方法	性状特征	性状特征描述	标准品种 中文名	标准品种 学名	代码	性状特征性质	性状特征类型
42	VG	果实：果肉质地	细腻 中 粗糙	青密沙 蜜陀罗 马串铃	*P.armeniaca* 'Qingmisha' *P.armeniaca* 'Mituoluo' *P.armeniaca* 'Machuanling'	3 5 7	QN	
43	VG	果实：果肉纤维	少 中 多	青密沙 密陀罗 东宁 1 号	*P.armeniaca* 'Qingmisha' *P.armeniaca* 'Mituoluo' *P.armeniaca* 'Dongning1'	3 5 7	QN	
44	MG[h]	果实：果实硬度	很软 软 中 硬 很硬	Viceroy 骆驼黄 山黄杏 串枝红 Harogem	*P.armeniaca* 'Viceroy' *P.armeniaca* 'Luotuohuang' *P.armeniaca* 'Shanhuang xing' *P.armeniaca* 'Chuanzhihong' *P.armeniaca* 'Harogem'	1 3 5 7 9	QN	
45	MG[e]	果实：果实重量/果核重量	小 中 大	龙王帽 大偏头 骆驼黄	*P.armeniaca* 'Longwangmao' *P.armeniaca* 'Dapiantou' *P.armeniaca* 'Luotuohuang'	3 5 7	QN	
46	MG	果实：果实香气	无或弱 中 浓	骆驼黄 杨继元 青密沙	*P.armeniaca* 'Luotuohuang' *P.armeniaca* 'Yangjiyuan' *P.armeniaca* 'Qingmisha'	1 3 5	QN	(*)
47	VG	果实：果实汁液	少 中 多	串枝红 骆驼黄 青密沙	*P.armeniaca* 'Chuanzhihong' *P.armeniaca* 'Luotuohuang' *P.armeniaca* 'Qingmisha'	3 5 7	QN	
48	MG[f]	果实：可溶性固形物含量	少 中 多	串枝红 青密沙 崂山红杏	*P.armeniaca* 'Chuanzhihong' *P.armeniaca* 'Qingmisha' *P.armeniaca* 'Laoshanhong xing'	3 5 7	QN	(*)
49	VG	果实：果肉与果核的粘离性	离 半离 粘	西农 25 山黄杏 骆驼黄	*P.armeniaca* 'Xinong 25' *P.armeniaca* 'Shanhuang xing' *P.armeniaca* 'Luotuohuang'	3 5 7	QN	(*)
50	VG	果核：形状	扁圆 圆 卵圆 倒卵圆 椭圆 长圆	大李光 李光杏 骆驼黄 葫芦杏 崂山红杏 辣椒杏	*P.armeniaca* 'Daliguang' *P.armeniaca* 'Liguang xing' *P.armeniaca* 'Luotuohuang' *P.armeniaca* 'Hulu xingi' *P.armeniaca* 'Laoshanhong xing' *P.armeniaca* 'Lajiao xing'	1 2 3 4 5 6	PQ	(*) (+)
51	MG	核仁：苦味	无或弱 中 强	骆驼黄 大偏头 Viceroy	*P.armeniaca* 'Luotuohuang' *P.armeniaca* 'Dapiantou' *P.armeniaca* 'Viceroy'	1 2 3	QN	(*)
52	MS[g]	核仁：大小	极小 小 中等 大 极大	山黄杏 一窝蜂 串枝红 优 1 龙王帽	*P.armeniaca* 'Shanhuang xing' *P.armeniaca* 'Yiwofeng' *P.armeniaca* 'Chuanzhihong' *P.armeniaca* 'You 1' *P.armeniaca* 'Longwangmao'	1 3 5 7 9	QN	(*)

表 A.1（续）

序号	测试方法	性状特征	性状特征描述	标准品种 中文名	标准品种 学名	代码	性状特征性质	性状特征类型
53	VG	果核:核仁饱满程度	不饱满	骆驼黄	*P.armeniaca*'Luotuohuang'	3	QN	
			中等	垂枝杏	*P.armeniaca* 'Chuizhi xing'	5		
			饱满	龙王帽	*P.armeniaca* 'Longwangmao'	7		
54	MS[h]	初花期	很早	Ninfa	*P.armeniaca*'Ninfa'	1	QN	(*)
			早	Harcot	*P.armeniaca*'Harcot'	3		
			中	Portici	*P.armeniaca*'Portici'	5		
			晚	Bergeron	*P.armeniaca*'Bergeron'	7		
			很晚	Harglow	*P.armeniaca*'Harglow'	9		
55	MS[i]	果实成熟期	很早	骆驼黄	*P.armeniaca*'Luotuohuang'	1	QN	(*)
			早	山黄杏	*P.armeniaca* 'Shanhuang xing'	3		
			中	西农 25	*P.armeniaca* 'Xinong 25'	5		
			晚	串枝红	*P.armeniaca* 'Chuanzhihong'	7		
			很晚	晚熟杏	*P.armeniaca* 'Wanshuxing'	9		

[a] 测试方法见 5.2.6.1。
[b] 测试方法见 5.2.6.2。
[c] 测试方法见 5.2.6.3。
[d] 测试方法见 5.2.6.4。
[e] 测试方法见 5.2.6.5。
[f] 测试方法见 5.2.6.6。
[g] 测试方法见 5.2.6.7。
[h] 测试方法见 5.2.6.8。
[i] 测试方法见 5.2.6.9。

A.2 性状特征图解

注：各图中出现的 1,2,3,4,5,6 等表示的是表 A.1 中的代码，不是数字编号。

A.2.1 表 A.1 中序号 2 品种性状特征（植株:树姿）图解见图 A.1。

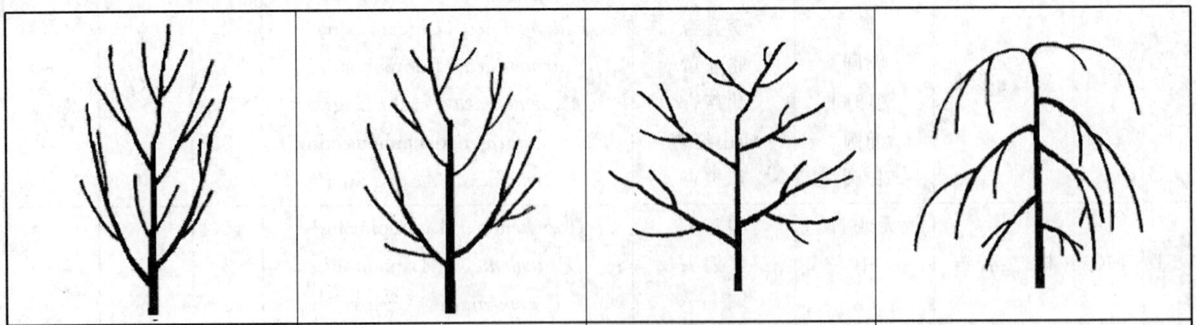

a) 1	b) 2	c) 3	d) 4
直立	半开张	开张	下垂

图 A.1 序号 2 品种性状特征图解

A.2.2 表 A.1 中序号 10 品种性状特征(叶片:叶基形状)图解见图 A.2。

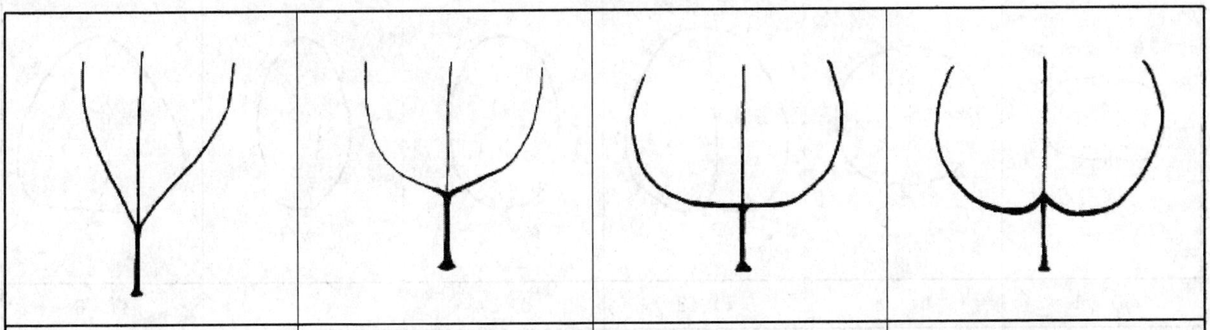

a) 1	b) 2	c) 3	d) 4
楔形	钝圆形	平圆形	心形

图 A.2 序号 10 品种性状特征图解

A.2.3 表 A.1 中序号 11 品种性状特征(叶片:尖端夹角)图解见图 A.3。

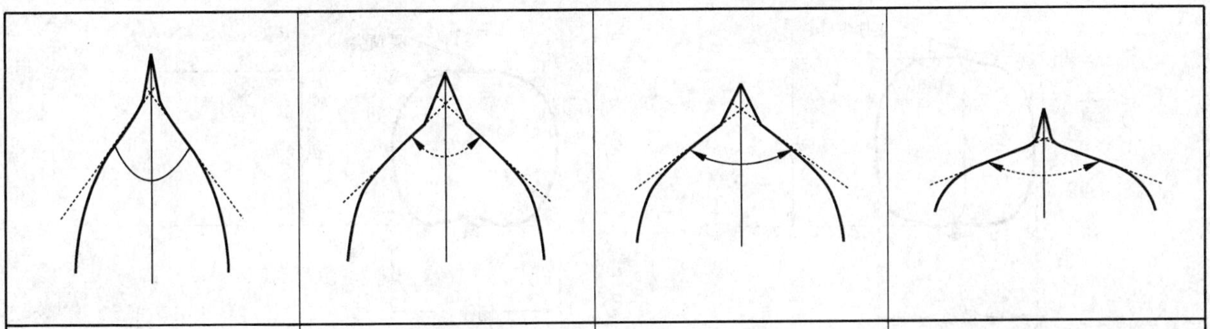

a) 1	b) 2	c) 3	d) 4
锐角	直角	中等钝角	大钝角

图 A.3 序号 11 品种性状特征图解

A.2.4 表 A.1 中序号 13 品种性状特征(叶片:叶缘锯齿)图解见图 A.4。

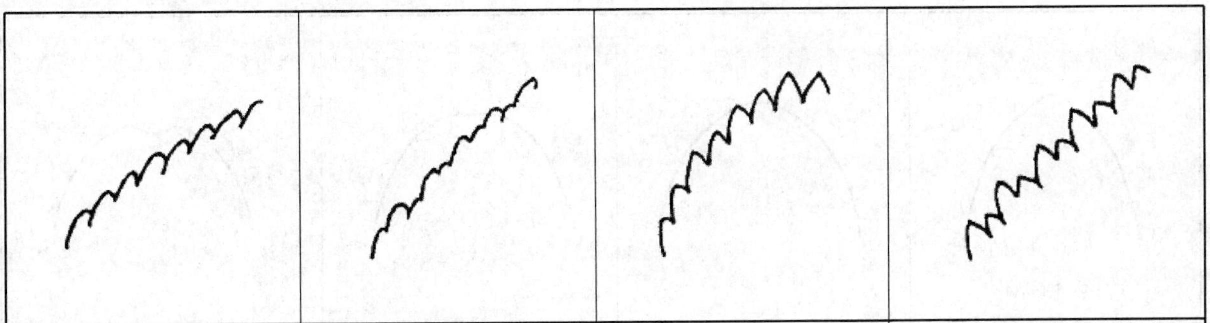

a) 1	b) 2	c) 3	d) 4
圆锯齿	双圆锯齿	尖锯齿	双尖锯齿

图 A.4 序号 13 品种性状特征图解

A.2.5 表 A.1 中序号 22 品种性状特征(果实:形状)图解见图 A.5。

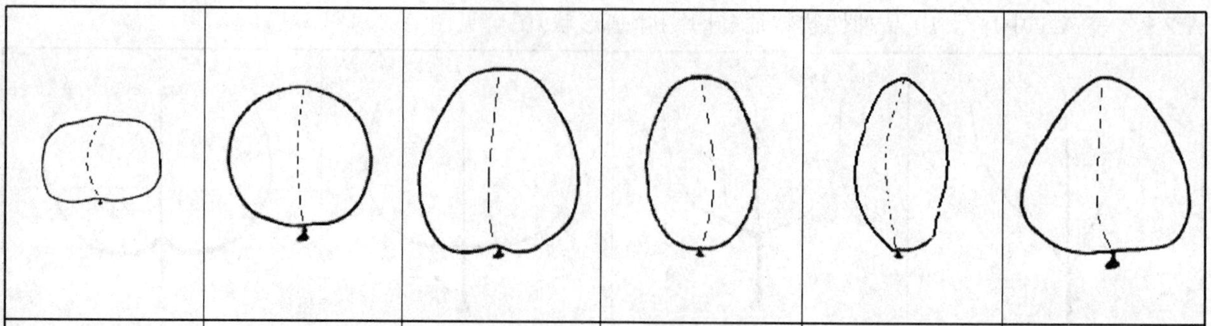

a) 1	b) 2	c) 3	d) 4	e) 5	f) 6
扁圆形	圆形	卵圆形	椭圆形	长圆形	心脏形

图 A.5 序号 22 品种性状特征图解

A.2.6 表 A.1 中序号 23、24、25、32 品种性状特征(果实:纵径;果实:侧径;果实:横径;果实:果顶尖)图解见图 A.6。

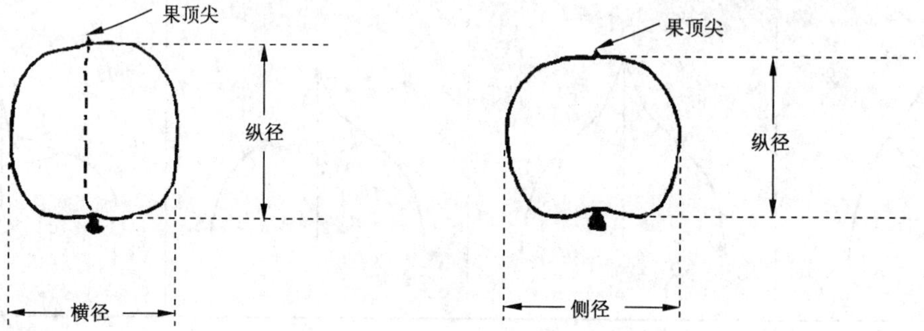

图 A.6 序号 23、24、25、32 品种性状特征图解

A.2.7 表 A.1 中序号 31 品种性状特征(果实:果顶形状)图解见图 A.7。

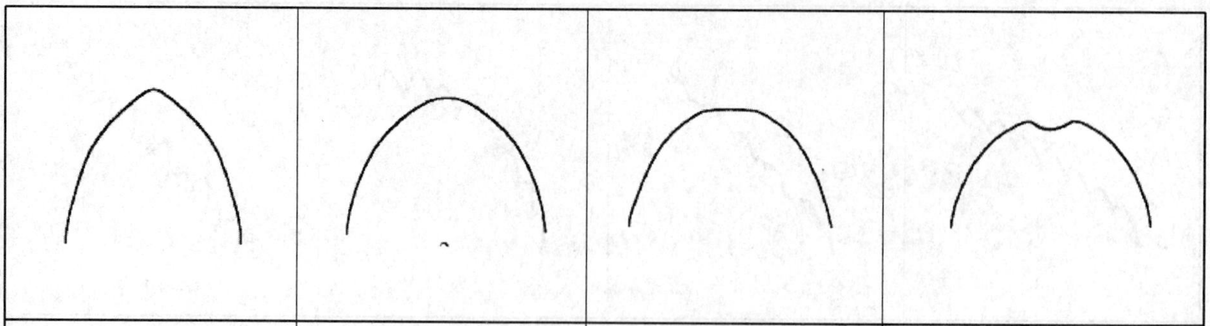

a) 1	b) 2	c) 3	d) 4
尖圆	圆凸	平	凹

图 A.7 序号 31 品种性状特征图解

A.2.8 表 A.1 中序号 50 品种性状特征(果核:形状)图解见图 A.8。

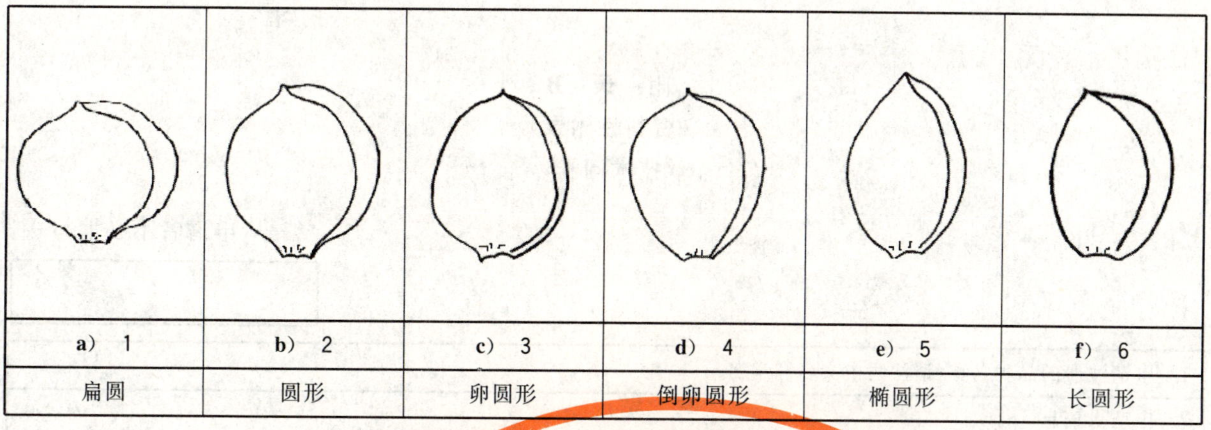

图 A.8　序号 50 品种性状特征图解

附 录 B
（资料性附录）
技术问卷

编号（申请者不必填写）

1 申请注册的品种名称（请注明中文名和学名）：

2 申请人信息
申请人： 共同申请人：
地 址：
邮政编码： 电话： 传真： 电子邮箱：

3 品种起源：
品种发现者： 发现日期： 育种者： 育种时间：
杂交选育：♀（母本）________________ × ♂（父本）________________
实生选育：♀（母本）________________
其他育种途径：
选育种过程摘要：

4 主要特征（第1栏括弧中的数字为附录A中表A.1中性状特征序号，请在相符合的特征代码后的[ ]中划“√”）

4.1(21)	果实：大小	1极小[ ] 3小[ ] 5中[ ] 7大[ ] 9极大[ ]
4.2(36)	果实：底色	1绿白[ ] 2白[ ] 3淡黄[ ] 4黄[ ] 5橙黄[ ]
4.3(37)	果实：着色面积	1无或很小[ ] 3小[ ] 5中[ ] 7大[ ]
4.4(41)	果实：果肉颜色	1绿白[ ] 2白[ ] 3黄绿[ ] 4浅黄[ ] 5黄[ ] 6橙黄[ ] 7橙红[ ]
4.5(52)	核仁：大小	1极小[ ] 3小[ ] 5中等[ ] 7大[ ] 9极大[ ]
4.6(55)	果实成熟期	1很早[ ] 3早[ ] 5中[ ] 7晚[ ] 9很晚[ ]

5 相似品种比较信息
与该品种相似的品种名称：
与相似品种的典型差异：

6 品种特征综述（按照附录A中表A.1的内容详细描述）

7　附加信息(能够区分品种的性状特征等) 7.1　抗逆性和适应性(抗旱、抗寒、耐涝、抗盐碱、抗病虫害等特性): 7.2　繁殖要点: 7.3　栽培管理要点: 7.4　其他信息:
8　测试要求(该品种测试所需特殊条件等)
9　有助于辨别申请品种的其他信息

* 上述表格各条款与留空格不足时可另付 A4 纸补充说明。

申请者签名:________________日期:_____年_____月_____日

参 考 文 献

［1］ 张加延，张钊.中国果树志·杏卷［M］.北京：中国林业出版社，2003.

［2］ 国际植物新品种保护联盟关于测试指南制定的相关文件：

TGP/5 Experience and Cooperation in DUS Testing

TGP/6 Arrangements for DUS Testing

TGP/7 Development of Test Guidelines

TGP/8 Trial Design and Techniques Used in the Examination of Distinctness, Uniformity and Stability

TGP/9 Examining Distinctness

TGP/10 Examining Uniformity

TGP/11 Examining Stability

TGP/14 Glossary of Technical, Botanical and Statistical Terms Used in UPOV Documents

TGP/15 New Types of Characteristics

TG/70/4 Guidelines for the Conduct of Tests for Distinctness, Uniformity and Stability. Apricot(*Prunus armeniaca* L.).

［3］ CPVO, TP/70/1 Protocol for Distinctness, Uniformity and Stability Tests (*Prunus armeniaca L.*, *Armeniaca vulgaris* Lam.) APRICOT.

ICS 65.020.99
B 65

中华人民共和国国家标准

GB/T 30363—2013

森林植被状况监测技术规范

Technical specification for forest vegetation monitoring

2013-12-31 发布

2014-06-22 实施

中华人民共和国国家质量监督检验检疫总局
中国国家标准化管理委员会
发布

前　言

本标准按照 GB/T 1.1—2009 给出的规则起草。

本标准由国家林业局提出。

本标准由全国森林资源标准化技术委员会(SAC/TC 370)归口。

本标准起草单位:国家林业局调查规划设计院。

本标准主要起草人:唐小平、闫宏伟、黄国胜、张敏、党永峰、曾伟生、夏朝宗、程志楚、白卫国、王雪军、陈新云。

森林植被状况监测技术规范

1 范围

本标准规定了森林植被的类型、分布、结构、健康、生物多样性、碳储量和生态功能等方面的监测指标、监测方法和技术要求。

本标准适用于全国范围内有关森林植被的调查、监测和评价工作。

2 规范性引用文件

下列文件对于本文件的应用是必不可少的。凡是注日期的引用文件,仅注日期的版本适用于本文件。凡是不注日期的引用文件,其最新版本(包括所有的修改单)适用于本文件。

GB/T 14721—2010 林业资源分类与代码 森林类型

GB/T 17296—2009 中国土壤分类与代码

LY/T 1438—1999 森林资源代码 森林调查

LY/T 1681—2006 林业有害生物发生及成灾标准

LY/T 1721—2008 森林生态系统服务功能评估规范

LY/T 1821—2009 林业地图图式

国家森林资源连续清查技术规定

3 术语和定义

下列术语和定义适用于本文件。

3.1

森林植被 forest vegetation

以多年生木本植物为主体构成,面积超过 0.066 7 hm^2(含 0.066 7 hm^2)的植物群落,包括乔木林、竹林、红树林、灌木林以及疏林地、未成林地、采伐迹地和火烧迹地等土地上生长的乔木、灌木、草本和地被物。

3.2

样地 sample plot

以随机或系统抽样方法抽取的用以推算森林资源的数量和质量的地块单元。根据保存时间、调查方法、样地形状等的不同,样地可划分为不同类型。按保存时间分为固定样地和临时样地,按调查方法分为目测样地和实测样地,按抽样单元的样地数量分为单个样地和群团样地,按样地形状分为方形样地、菱形样地、圆形样地、角规样地、带状样地和复合样地。

3.3

标准地 standard plot

按规定要求选择的具有典型代表性的一定面积的地块单元。

3.4

图斑 patch

森林植被特征和立地条件基本一致,与相邻地段有明显区别的斑块。

3.5

森林立地类型　site type of forest

具有相同立地条件的各个森林植被地段的总称，是立地分类的基层单位。具有相似生态条件的立地类型构成立地类型组。

3.6

森林植被状况监测　forest vegetation monitoring

在设定的时间和空间范围内，利用各种信息采集和处理方法，对森林植被的类型、分布、数量、质量、结构、功能和健康状况进行调查和评价，以揭示其现状和动态变化的过程。

3.7

线路调查　routine investigation

沿一定方向做长距离的踏查、调查，快速获取森林植被概况的调查方法。

3.8

区划调查　division survey

以地形图、航空像片或卫星影像为信息源，根据监测目的和任务要求不同，按照一定的划分条件，对调查区域进行图斑调绘和现地核实，获取森林植被信息的调查方法。

3.9

标准地调查　standard plot survey

通过选设有代表性的典型地块进行实测调查，准确获取森林植被的组成和结构信息的调查方法。

3.10

抽样调查　sampling inventory

以一定区域为总体范围，按照抽样精度要求布设一定数量的样地，对样地各类调查因子进行观察测定和统计分析，用以估计总体森林植被状况的调查方法。

4　总则

4.1　森林植被类型划分

依据 GB/T 14721—2010，森林植被划分为 14 个森林植被型、81 个森林类型组，详见附录 A。

4.2　监测目的

准确掌握森林植被的类型、分布、结构、健康、生物多样性、碳储量和生态功能的现状及其变化趋势，为建设健康稳定的森林生态系统，加强生物多样性保护，评估林业发展和生态建设成效，促进森林可持续经营管理提供科学依据。

4.3　监测方法

森林植被状况监测采取线路调查、区划调查、标准地调查或抽样调查等方法进行。线路调查、区划调查、标准地调查和抽样调查分别按照附录 B、附录 C、附录 D 和附录 E 执行。

4.4　监测内容

按监测目的和监测对象的不同，其内容包括森林立地类型、森林植被类型及分布、结构、健康、生物多样性、碳储量和生态功能的调查和评价。主要调查因子的调查记载说明详见附录 F。

4.5　监测原则

4.5.1　科学适用的原则。根据监测目的和监测内容，结合当地实际，因地制宜，合理确定调查因子，科学选取适用的监测方法，进行有关森林植被的现状调查和动态监测。

4.5.2 定量与定性相结合的原则。尽可能采用定量方法进行描述和分析。当现有方法不能满足定量调查需要或因其他原因无法实现定量调查时，可通过定性或类比的方法进行描述和分析。

4.5.3 传统手段与高新技术相结合的原则。在采用罗盘仪、围尺、测杆、测绳等传统手段进行调查测量的同时，充分利用遥感技术(RS)、全球定位技术(GPS)、地理信息技术(GIS)、模型技术以及电子测径、激光测高、红外测距等现代测量技术，进行调查监测。

4.6 工作步骤

4.6.1 制定监测工作方案和技术方案，明确队伍组织、任务分工、时间安排、工作制度、保障措施和经费预算，确定监测周期、调查方法、精度要求、质量管理办法和提交成果内容。

4.6.2 前期准备：

a) 收集调查区域的有关气象、水文、地质、地貌、土壤、植被等方面的图文资料，以及反映森林经营活动、资源变化情况和社会经济条件的资料；

b) 准备各种调查数表和外业调查用表；

c) 添置和校验调查工具、仪器、设备和装备等；

d) 组建调查队伍，开展技术培训。

4.6.3 完成外业调查和辅助资料收集。

4.6.4 进行调查数据处理、统计分析和成果编制。

4.7 其他要求

4.7.1 森林植被状况监测工作应由具有相应专业技术资质的单位承担，应建立有关质量管理的规章制度和运行机制。

4.7.2 在森林植被状况监测中，除应符合本标准外，还应符合国家现行的有关标准的规定。

4.7.3 各地可根据监测目的和需求，对监测内容中的部分或全部进行监测，还可增加监测内容、增设调查因子。

5 森林立地类型调查

5.1 目的任务

5.1.1 掌握调查区域主要森林立地类型及其分布，反映林地立地条件和生产潜力，评价立地质量，为编制林业数表，制定林业区划、规划和造林规划设计，划分造林类型、森林经营类型，实施林地分级使用、差别管理，开展植树造林和森林经营提供科学依据。

5.1.2 根据区域差异，按照调查地域的地形、土壤和植被特征，划分立地类型和立地类型组，编制调查区域的立地类型表，绘制立地类型图。

5.2 原则要求

应遵循客观体现地域分异、科学反映立地特征和便于实用等原则，按全国森林立地分类系统，以调查区域内决定森林生产潜力、影响森林经营效果的主导因子为依据，调查、划分和命名立地类型。

5.3 调查内容

5.3.1 地形：包括地貌、海拔、坡向、坡位、坡形和坡度等。

5.3.2 土壤：包括土壤类型、枯落物厚度、腐殖质厚度和土壤厚度等。

5.3.3 植被：包括植物群落类型、优势种或建群种、林分优势高、林分平均高、灌木及草本平均高、平均盖度等。

5.3.4 立地质量：包括地位级（地位指数）、立地指数等。

5.4 调查方法

5.4.1 线路调查：全面了解区域内地形、土壤和植被情况，划分森林立地类型，掌握各立地类型总体分布状况。

5.4.2 区划调查：利用地形图等基础资料，进行现地区划落界，确定各森林立地类型面积及分布。

5.4.3 标准地调查：在典型地段设置标准地，调查记载各立地类型的地形、土壤和植被调查因子，建立森林立地类型表。

每个立地类型标准地不得少于3块。标准地面积，寒温带、温带地区可为500 m^2～1 000 m^2，亚热带、热带地区可为1 000 m^2～5 000 m^2。人工林和幼林标准地面积可以适当减小。也可用林木株数控制标准地面积，主林层林木株数200株左右。

5.4.4 乔木林、竹林和红树林的立地质量，利用林分平均高或优势高，根据相应树种的地位指数模型或立地指数模型，计算地位级（地位指数）或立地指数进行评定。对于其他森林植被的立地质量，利用有关地形和土壤因子，建立数量化地位指数或立地指数模型进行评定。

5.5 调查成果

森林立地类型调查成果包括：

a） 森林立地类型因子汇总表和立地类型表；

b） 森林立地类型面积按立地质量等级统计表；

c） 森林立地类型分布图、森林立地质量等级分布图；

d） 森林立地类型调查报告。

6 森林植被类型调查

6.1 目的任务

6.1.1 掌握调查区域的森林植被类型及其分布，反映木本植物区系和森林植物群落状况，为宏观掌握森林植被状况和编制林业发展规划等提供依据。

6.1.2 根据我国树种区域性分布差异，按照调查区域的气候特征、植被分布及生长状况，划分森林植被类型，统计各类型面积，绘制森林植被类型分布图。

6.2 原则要求

应遵循地域分异、主导优先等原则，以优势种（或建群种）和标志种（或特征种）为依据，调查、鉴别和划分森林植被类型，分析掌握其分布规律。

6.3 调查内容

6.3.1 森林植被类型：详见附录A。

6.3.2 群落特征因子：包括森林植物群落的优势种（或建群种）、标志种（或特征种）等。

6.4 调查方法

6.4.1 线路调查：掌握调查区域森林植被的总体状况，划定主要植被类型。

6.4.2 区划调查：利用航空像片、卫星影像，进行判读区划、现地核实，或者利用地形图等资料，进行现地调绘，记载每个图斑的优势种（或建群种）、标志种（或特征种），确定森林植被类型。

6.4.3 抽样调查：利用抽样调查方法，控制各森林植被类型的面积精度。

6.5 调查成果

森林植被类型调查成果包括：

a) 森林植被类型面积统计表；

b) 森林植被类型分布图；

c) 森林植被类型调查报告。

7 森林结构调查

7.1 目的任务

7.1.1 准确掌握森林各类面积构成及其内部结构组成，为森林经营管理、生态功能评价和保护发展成效评估提供科学依据。

7.1.2 对一定区域范围内森林按用途或功能的面积构成、起源和龄组结构，以及群落、林层和树种结构等的现状和动态进行调查。

7.2 原则要求

森林结构调查原则上应该在森林植被类型调查的基础上开展，并根据调查内容的不同，分别采取区划调查和标准地调查方法。可结合定期开展的森林资源规划设计调查进行，也可独立进行。

7.3 调查内容

包括林种、起源、优势树种(组)、龄组、平均年龄、平均直径、平均树高、平均优势高、郁闭度、自然度、树种组成、灌木及草本覆盖度、植被总覆盖度、群落结构、林层结构和树种结构等。相关因子的分类及评定标准见G.1～G.7。

7.4 调查方法

7.4.1 区划调查：结合已有的区划界定成果，按林种、起源等分类属性，到现地进行区划落界。

7.4.2 标准地调查：在区划调查的基础上，对划定的每个图斑或者每类图斑设置标准地进行调查，记载优势树种(组)、龄组等因子。

7.5 调查成果

森林结构调查成果包括：

a) 森林结构调查统计表(含森林各类面积按林种、起源统计表，按优势树种(组)、龄组统计表，按郁闭度、自然度等级统计表，按群落结构、林层结构和树种结构统计表等)；

b) 森林结构调查成果图(含森林按林种、起源分布图等)；

c) 森林结构调查报告。

8 森林健康调查

8.1 目的任务

8.1.1 准确掌握森林受灾情况和健康状况，为森林经营管理、森林灾害评估和森林资源保护提供科学依据。

8.1.2 对一定区域范围内森林受灾类型、受灾程度和受灾面积分布,以及森林健康状况及其动态变化进行调查。

8.2 原则要求

森林健康调查原则上应该在森林植被类型调查的基础上开展,一般采用线路调查和标准地调查方法。可结合森林结构调查进行,也可独立进行。

8.3 调查内容

8.3.1 灾害类型:包括病虫害、火灾、气候灾害和其他灾害,其中病虫害包括病害和虫害,气候灾害包括风灾、雪灾、水灾(含滑坡、泥石流)和旱灾等,其他灾害如鼠害、兔害和其他动物危害等。
8.3.2 灾害程度:一般分为无、轻、中、重 4 个等级,具体划分标准参照《国家森林资源连续清查技术规定》。也可只评定是否成灾,具体划分标准见 LY/T 1681—2006。
8.3.3 健康状况:根据其生长发育、外观表象特征及受灾情况综合评定,分为健康、亚健康、中健康、不健康 4 个等级,具体划分标准参照《国家森林资源连续清查技术规定》。
8.3.4 外来有害入侵植物:包括外来有害入侵植物的种类和发生面积。

8.4 调查方法

8.4.1 线路调查:调查了解森林受灾情况,确定标准地调查地点。
8.4.2 标准地调查:查清森林灾害的类型、危害面积及其程度,分析受灾原因,评估受灾所造成的损失,综合评定森林健康等级。

8.5 调查成果

森林健康调查成果包括:

a) 森林按灾害类型和灾害程度面积统计表和分布图;
b) 森林按健康等级面积统计表和分布图;
c) 森林健康调查报告。

9 生物多样性调查评价

9.1 目的任务

9.1.1 掌握森林生态系统多样性和物种多样性状况,为森林生态系统经营和生物多样性保护提供科学依据。
9.1.2 对一定区域范围内的森林植被类型及其按起源、林种、龄组(或自然度)、优势树种(组)的比例构成,以及森林植被的物种清单、数量和多样性指数等进行调查评价。

9.2 原则要求

森林植被生物多样性调查原则上应该结合森林植被类型、分布及结构调查开展,或者在上述调查的基础上采用标准地调查方法,补充开展物种多样性调查,并进行综合评价。

对于大区域范围的森林植被生物多样性调查,可采用抽样调查方法。

9.3 调查评价内容

9.3.1 森林生态系统多样性:

a) 各森林植被类型面积、分布及其所占比例;

b) 不同起源、优势树种(组)的森林植被类型及其所占比例;

c) 不同龄组、自然度的森林植被类型及其所占比例;

d) 森林植被的破碎化程度和多样性指数。

9.3.2 物种多样性:

a) 物种清单:森林植被中的乔木、灌木和草本物种清单;

b) 物种数量:森林植被中的乔木、灌木和草本物种的相对多度、相对频度、相对优势度和重要值;

c) 物种多样性:森林植被中各物种的丰富度指数、多样性指数和均匀度指数。

9.4 调查评价方法

9.4.1 标准地调查:在区划调查的基础上,对划定的每一个图斑或者每一类图斑设置标准地进行调查,记载龄组、优势树种(组)、自然度等属性因子,以及物种清单、数量等。其中,乔木层应调查每株林木的树种和胸径,灌木层和草本层应分别不同种类,调查记载株数。

9.4.2 抽样调查:在调查区域内,系统布设样地进行调查。调查因子同标准地调查。

9.4.3 生物多样性评价:以区划调查、标准地调查或抽样调查结果为基础,分别生态系统多样性和物种多样性2个层次,按G.8～G.10的有关技术标准进行评价。

9.5 调查评价成果

生物多样性调查评价成果包括:

a) 生物多样性调查统计表(含森林植被类型面积按起源统计表,按优势树种(组)、龄组统计表,按自然度等级统计表等);

b) 生物多样性调查按乔木、灌木、草本分类的物种清单;

c) 生物多样性调查评价报告。

10 森林植被碳储量监测

10.1 目的任务

10.1.1 掌握森林植被生物量和碳储量的现状和动态,反映森林植被固碳增汇能力,为碳汇交易、节能减排和林业应对气候变化提供基础依据。

10.1.2 对一定区域范围内森林植被的乔木、灌木、草本的地上生物量和地下生物量及其碳储量进行监测。

10.2 原则要求

开展森林植被碳储量监测前,应建立区域内各个树种(或树种组)和主要灌木、草本类型的生物量估算模型,并确定其含碳系数。小范围森林植被碳储量现状调查,可采用标准地调查方法;较大范围的森林植被碳储量现状调查与动态监测,可采用抽样调查方法。

可结合生物多样性调查进行,也可独立进行。

10.3 监测内容

10.3.1 监测对象:

a) 乔木:包括乔木、胸径不小于2 cm的中径和大径竹类;

b) 灌木:包括灌木、木质藤本和胸径2 cm以下的小径竹类;

c) 草本:包括草本及非木质藤本。

10.3.2 监测内容包括植物地上生物量和地下生物量及其碳储量,不包括地表枯落物碳储量和土壤有机碳储量。

10.4 监测方法

10.4.1 标准地调查：对每个图斑或者每一类图斑，分别乔木层、灌木层和草本层设置标准地，进行生物量和碳储量调查。

a) 乔木调查：记载优势树种(组)、起源、龄组等属性因子。其中，胸径≥5 cm的乔木，应调查每株林木的树种、胸径、树高和冠幅等；胸径<5 cm、树高≥2 m的乔木，应调查树种名称、树高和胸径；树高<2 m的乔木，应调查主要树种名称、株数、平均高和平均地径。

b) 灌木和草本调查：记载起源、灌木建群种和草本建群种等属性因子，测量灌木盖度、平均高、平均地径、株数，以及草本盖度和平均高。

c) 森林植被生物量：乔木、灌木和草本的地上生物量与地下生物量之和：

  1) 乔木(不含树高<2 m的乔木)的地上生物量，根据每木调查结果，按各自的立木生物量模型进行计算；

  2) 树高<2 m的乔木、灌木和草本的地上生物量，根据样方调查结果，分别类型按各自的生物量模型进行计算；

  3) 地下生物量由根茎比模型与地上生物量的估计值或地下生物量模型进行计算。

d) 森林植被碳储量：各森林植被类型面积与各自单位面积的碳储量之积。

各森林植被类型单位面积碳储量，由各类型中乔木、灌木和草本的单位面积生物量乘以各自的含碳系数进行计算。

10.4.2 抽样调查：在监测区域范围内，按照系统抽样精度要求设置样地，对乔木、灌木和草本生物量和碳储量进行调查。

对系统布设的样地进行定期复查，实施森林植被生物量和碳储量动态监测。

10.5 监测成果

森林植被碳储量监测成果包括：

a) 森林植被碳储量统计表[含森林植被类型生物量和碳储量按乔木、灌木、草本统计表，按林种、起源统计表，按优势树种(组)、龄组统计表等]；

b) 森林植被生物量和碳储量分布图；

c) 森林植被碳储量监测报告。

11 森林植被生态功能评价

11.1 目的任务

11.1.1 评估森林植被各项生态功能的实物量和价值量大小及其功能等级，为森林保育、资产评估、资源流转和生态建设成效评估提供依据。

11.1.2 对一定区域范围内森林植被的固碳释氧、涵养水源、保育土壤、净化大气环境、保护生物多样性等各项生态功能进行评价，并对森林植被的整体生态功能状况进行评估。

11.2 原则要求

森林植被生态功能评价原则上应在森林植被类型、分布、结构、健康、生物多样性和森林碳储量调查的基础上，充分利用森林生态系统定位观测数据和社会经济数据，采取定量评价和定性评估相结合的方法进行。

11.3 评价内容

包括森林植被的固碳释氧、涵养水源、保育土壤、净化大气环境、抵御自然灾害、保护生物多样性等生态功能以及生态功能等级、生态功能指数。

11.4 评价方法

11.4.1 定量评价：从实物量和价值量2个方面，对森林植被的各项生态功能进行评价。具体方法参照LY/T 1721—2008。

11.4.2 定性评价：采用专家咨询法(即特尔菲法)，对森林植被的生态功能等级和生态功能指数进行评价。具体方法参照《国家森林资源连续清查技术规定》。

11.5 评价成果

森林植被生态功能评价成果包括：

a) 森林植被生态功能实物量和价值量统计表；

b) 森林植被生态功能等级统计表和分布图；

c) 森林植被生态功能评价报告。

附 录 A
（规范性附录）
森林植被类型

森林植被类型见表 A.1。

表 A.1 森林植被类型表

森林植被型		森林类型组	说 明
乔木林	针叶林	落叶松林组	以落叶松属各树种为建群种构成的森林
乔木林	针叶林	冷杉林组	以冷杉属各树种为建群种构成的森林
乔木林	针叶林	云杉林组	以云杉属各树种为建群种构成的森林
乔木林	针叶林	松林组	以松属各树种为建群种构成的森林
乔木林	针叶林	铁杉油杉林组	以铁杉、油杉、黄杉、金钱松、银杉等属的树种为建群种构成的森林
乔木林	针叶林	柏木林组	以柏科各树种为建群种构成的森林
乔木林	针叶林	杉木林组	以杉科各树种为建群种构成的森林
乔木林	针叶林	针叶混交林组	针叶树占优势，针叶各树种的组成合计在 65%以上
乔木林	针叶林	其他针叶林	以其他针叶树种为建群种构成的森林
乔木林	针阔混交林	落叶松针阔混交林	以落叶松属各树种为建群种与阔叶树构成的混交林
乔木林	针阔混交林	冷杉针阔混交林	以冷杉属各树种为建群种与阔叶树构成的混交林
乔木林	针阔混交林	云冷杉针阔混交林	以云杉属及冷杉属各树种为建群种与阔叶树构成的混交林
乔木林	针阔混交林	松树针阔混交林	以松属各树种为建群种与阔叶树构成的混交林
乔木林	针阔混交林	铁杉油杉类针阔混交林	由铁杉、油杉、黄杉、雪松、银杉、金钱松等属的某些树种与其他针阔叶树种构成的混交林
乔木林	针阔混交林	柏木针阔混交林	以柏科树种为建群种与阔叶树构成的混交林
乔木林	针阔混交林	杉木针阔混交林	由杉木与甜槠、栲、云山青冈、红楠、木荷、苦槠、赤杨叶、檫木、南酸枣、毛竹等构成的混交林
乔木林	针阔混交林	其他针阔混交林	由其他针叶树与阔叶树构成的混交林
乔木林	落叶阔叶林	栎及栗类林组	以栎属或栗属落叶树种为建群种构成的森林
乔木林	落叶阔叶林	杨柳林组	以杨柳科各树种为建群种构成的森林
乔木林	落叶阔叶林	桦木林组	以桦木科各树种为建群种构成的森林
乔木林	落叶阔叶林	槭树白蜡林组	以槭树属及白蜡树属、椴属各树种为建群种构成的森林
乔木林	落叶阔叶林	胡桃林组	以胡桃科各树种为建群种构成的森林
乔木林	落叶阔叶林	榆树林组	以榆科各树种为建群种构成的森林
乔木林	落叶阔叶林	泡桐林	以泡桐属各树种为建群种构成的森林
乔木林	落叶阔叶林	其他落叶阔叶林	由其他落叶阔叶树种组成的森林

表 A.1（续）

森林植被型		森林类型组	说 明
乔木林	落叶常绿阔叶混交林	栎类常绿阔叶混交林	由落叶栎类与常绿阔叶树构成的混交林
		水青冈常绿阔叶林	以水青冈属为主，与常绿阔叶树种青冈属、石栎属、栲属及其他栎类、樟属、润楠属、木荷属等树种构成的混交林
		青冈落叶阔叶混交林	以青冈属为优势但组成不足65%，与其他阔叶树构成的混交林
		石栎落叶阔叶混交林	以石栎属为主含有少量青冈栲属树种，与落叶阔叶的水青冈、桦木、桤、椴等属构成常绿与落叶阔叶混交林
		栲类落叶阔叶混交林	以栲属为优势与落叶阔叶树构成的混交林
		木荷落叶阔叶混交林	以木荷为建群种与青冈属、栲属、椴属、槭属、鹅耳枥属等构成的阔叶混交林
		其他落叶常绿阔叶混交林	由其他落叶阔叶与常绿阔叶树种构成的混交林
	常绿阔叶林	栲类常绿阔叶混交林	以栲属各树种为标志种与其他常绿阔叶树种构成的混交林
		青冈常绿阔叶林	以青冈为标志种，由青冈属某些树种与其他常绿阔叶树组成的混交林
		石栎常绿阔叶混交林	以石栎为标志种，由石栎属树种与其他常绿阔叶树组成的混交林
		樟类阔叶混交林	以樟科各树种为建群种构成的森林
		木兰阔叶混交林	以木兰科各树种为建群种构成的森林
		山茶类阔叶混交林	以山茶科各树种为建群种与其他树种构成的混交林
		桉树林	以各种桉树为建群种构成的森林
		常绿栎类林	由川滇高山栎、黄背栎、帽斗栎、长德高山栎、川西栎、光叶高山栎、刺叶高山栎、高山栎、灰背栎、匙叶栎、铁橡栎、锥连栎等壳斗科树种构成的森林
		其他常绿阔叶林	以其他常绿树种为建群种构成的森林
	季雨林和雨林	落叶季雨林	由热带多种干季落叶阔叶树种（包括部分落叶树种）构成的复层茂密森林
		半常绿季雨林	常绿树种占优势，由热带干季落叶阔叶树种与常绿阔叶树构成的混交林
		常绿雨林	以热带常绿阔叶树种为优势构成的森林，多层，乔木树种高大，组成复杂，板根现象明显，木质藤本和附生高等植物丰富
	亚高山矮曲林	偃松林	生长于森林上限以偃松为建群种的低矮森林
		杜鹃矮林	以猴头杜鹃、大喇叭杜鹃、秀雅杜鹃、都枝杜鹃的一种或多种为优势的小乔木林，混生的其他树种还有美丽马醉木、冷箭竹、厚皮香、沙巴乌饭及山茶科某些种
		吊钟花矮林	以吊钟花为优势的小乔木林，混生树种主要有云锦杜鹃、野茉莉、中华槭、及榕属某些种
		其他矮曲林	由其他分布于森林上限的矮小乔木树种构成的森林
	红树林与珊瑚岛常绿林	红树林	
		珊瑚岛常绿林	

表 A.1（续）

<table>
<tr><th colspan="2">森林植被型</th><th>森林类型组</th><th>说 明</th></tr>
<tr><td rowspan="3">竹林</td><td rowspan="3">竹林</td><td>大径竹林</td><td>胸径在 3 cm 以上的竹林</td></tr>
<tr><td>小径竹林</td><td>胸径不足 3 cm 的竹林</td></tr>
<tr><td>竹木混交林</td><td>以竹类为建群种，与杉木、松属及阔叶树构成的森林</td></tr>
<tr><td rowspan="8">经济林</td><td rowspan="8">经济林</td><td>油料林</td><td></td></tr>
<tr><td>干果林</td><td></td></tr>
<tr><td>树胶树脂林</td><td></td></tr>
<tr><td>调料林</td><td></td></tr>
<tr><td>药用林</td><td></td></tr>
<tr><td>饮料林</td><td></td></tr>
<tr><td>鲜果林</td><td></td></tr>
<tr><td>其他经济林</td><td></td></tr>
<tr><td rowspan="20">灌木林</td><td rowspan="3">针叶灌木林</td><td>圆柏灌木林</td><td>以圆柏为建群种的灌木林</td></tr>
<tr><td>刺柏属灌木林</td><td>以刺柏属为建群种的灌木林</td></tr>
<tr><td>松属灌木林</td><td>以灌木型松属树种为建群种的灌木林</td></tr>
<tr><td>常绿革叶灌木林</td><td>杜鹃灌木林</td><td></td></tr>
<tr><td rowspan="9">落叶阔叶灌木林</td><td>壳斗科灌木林</td><td>以萌生灌木型壳斗科树种为建群种的灌木林</td></tr>
<tr><td>桦木科灌木林</td><td>以灌木型桦木科树种为建群种的灌木林</td></tr>
<tr><td>杨柳科灌木林</td><td>以灌木型杨柳科树种为建群种的灌木林</td></tr>
<tr><td>豆科灌木林</td><td>以豆科树种为建群种的灌木林</td></tr>
<tr><td>蔷薇科灌木林</td><td>以蔷薇科树种为建群种的灌木林</td></tr>
<tr><td>胡颓子科灌木林</td><td>以胡颓子科树种为建群种的灌木林</td></tr>
<tr><td>柽柳科灌木林</td><td>以柽柳科树种为建群种的灌木林</td></tr>
<tr><td>蓼科及藜科灌木林</td><td>以蓼科及藜科树种为建群种的灌木林</td></tr>
<tr><td>其他落叶阔叶灌木林</td><td>以其他种类的落叶阔叶树种为建群种构成的灌木林</td></tr>
<tr><td rowspan="7">常绿阔叶灌木林</td><td>桃金娘科灌木林</td><td>以桃金娘科树种为建群种的灌木林</td></tr>
<tr><td>金缕梅科灌木林</td><td>以金缕梅科树种为建群种的灌木林</td></tr>
<tr><td>忍冬科灌木林</td><td>以忍冬科树种为建群种的灌木林</td></tr>
<tr><td>大戟科灌木林</td><td>以大戟科树种为建群种的灌木林</td></tr>
<tr><td>番荔枝科灌木林</td><td>以番荔枝科树种为建群种的灌木林</td></tr>
<tr><td>紫金牛科灌木林</td><td>以紫金牛科树种为建群种的灌木林</td></tr>
<tr><td>其他常绿阔叶灌木林</td><td>以上述 6 科以外常绿阔叶树种为建群种的灌木林</td></tr>
<tr><td colspan="4">注 1：森林植被型、森林类型组按 GB/T 14721—2010 确定。
注 2：疏林地、苗圃地、未成林地、采伐迹地、火烧迹地等土地上分布的林木的森林植被类型参照本表确定。
注 3：各单位开展森林植被类型调查时，可根据实际需要，增补和细化森林类型组。</td></tr>
</table>

附 录 B
（规范性附录）
线 路 调 查

B.1 调查任务

线路调查的任务是通过沿一定方向做长距离的调查，了解调查区域总的地形、土壤和植被等情况，掌握其分布规律。

B.2 概况踏查

在正式开展调查前，应进行概况踏查，初步熟悉和掌握调查区域内的森林植被的组成、结构、分布特点与生境（地形、土壤、气候、水文等）之间的关系。

B.3 调查线路布设与调查

B.3.1 线路布设原则要求：

a) 线路布设应沿自然环境因子有规律变化的方向进行；

b) 线路应选在地形和森林植被垂直分布较复杂的地段上，尽可能包括区域内所有森林植物群落类型，并在气候、地形、基岩、土壤、植被等方面具有代表性；

c) 在高山、中山、低山地区，沿与主脊分水岭走向相垂直的方向，设置由河谷到分水岭的调查线路；

d) 在有河流切割的丘陵和台地，线路应穿插河床、河谷、阶地、丘陵起伏及台地准平面；

e) 在广阔的平原或平缓的丘陵地区，线路应随纬度（南北）或气候变化设置；

f) 线路设置密度，根据自然条件复杂程度决定，一般不得少于 2 条，必要时可在主要线路上设支线路，作为 2 条线路间的补充。

B.3.2 根据调查目的、任务、服务对象，在地形图、航空像片、遥感影像、植被图或者森林分布图上，沿一定方向，设计调查线路。

B.3.3 线路调查采用目测法进行分段调查记载。在沿调查线路前进时，当植物群落、地形、土壤类型等有明显变化，应划分调查段。

B.4 调查记载

调查时要在地形图、航空像片等基础图件上标记线路方向、调查线段长度等，绘制线路剖面图或平面图。分段记载调查相关因子。

附 录 C
（规范性附录）
区划调查

C.1 调查任务

区划调查的任务是通过图斑区划和现地核实，掌握调查区划具体地块的森林植被的类型和分布。

C.2 前期准备

C.2.1 制定外业调查工作方案和技术方案，明确队伍组织、任务分工、时间安排、工作制度、保障措施和经费预算，确定调查方法、精度要求、质量管理办法和提交成果内容等。

C.2.2 准备大比例尺地形图、航空像片、卫星影像和基础地理信息数据。

C.2.3 收集调查区域已有森林植被调查成果、档案资料和反映自然地理环境、社会经济状况等的图文资料。

C.2.4 准备各种调查数表、外业调查用表、仪器工具等。

C.2.5 应预先进行概况调查，初步了解和掌握调查区域的植物群落所处的气候、地形、土壤特点。

C.3 图斑区划

C.3.1 区划底图要求

区划底图应采用比例尺在1∶10 000～1∶25 000之间的最新地形图，或者近期航空像片、空间分辨率高于10 m（含10 m）的卫星影像（包括侧视雷达影像）。较大区域调查的比例尺可采用低于1∶50 000（含1∶50 000）的最新地形图或者近期卫星影像图。

C.3.2 区划条件

图斑区划应尽量以明显地形地物界线为界，具体划分条件应根据监测目的和任务要求确定。一般需要考虑下列条件：

a) 森林植被类型不同；
b) 林种不同；
c) 起源不同；
d) 优势树种（组）不同；
e) 乔木林龄组不同；
f) 乔木林郁闭度相差0.20以上，灌木林覆盖度相差20%以上；
g) 立地类型（或林型）不同。

C.3.3 区划方法

若采用最新出版的地形图进行区划调查，必须到现地进行调绘。若采用卫星影像（包括侧视雷达影像）或航空像片进行图斑区划时，宜在室内进行图斑勾绘，然后到现地核实，也可直接到现地调绘。

C.3.4 图斑最小面积

依据绘制基本图所用的地形图比例尺和经营集约度而定。一般情况下，在地形图上不小于 4 mm^2。

C.3.5 精度要求

图斑边界线应闭合且偏移不得大于 0.5 mm，面积允许误差为 5%。利用遥感影像进行室内判读区划时，图斑边界线的走向和形状应与影像特征相符，遥感影像允许误差不超过 1 个像元，航空像片按成图比例尺控制在 0.5 mm 内。

C.4 现地核实

逐个图斑现地核实区划界线，并采用目测法，调查记载每个图斑的森林植被类型、林种、起源、龄组、优势树种(组)、郁闭度和立地类型等。

C.5 统计与成图

C.5.1 按照“层层控制，分级量算，按比例平差”的原则，采用由图斑、调查区域向上逐渐汇总方式进行面积量算和统计分析。

C.5.2 成果图件编制应严格遵循比例尺由大到小的原则。编图要素包括行政区域界、林业局(林场、营林区)、道路、水系、居民点、独立地物、地貌等基础地理要素和各类专题要素。可根据成图比例尺有所侧重。各类专题要素的图上精度要求按 LY/T 1821—2009 执行。

附　录　D
（规范性附录）
标准地调查

D.1　调查任务

标准地调查的任务是通过选择典型地块进行实测调查，掌握每个类型的组成和结构。

D.2　标准地的选设原则

应在线路调查或者区划调查的基础上，根据以下原则设置调查标准地。

a)　应具有充分的代表性；
b)　不能跨越植被类型；
c)　不能跨越小河、道路，且应离开林缘（至少应距林缘为1倍林分平均高的距离）；
d)　不能跨越林种、起源，且标准地内树种、林木密度应分布均匀。

D.3　标准地形状

一般为方形或矩形，并尽可能使面积为整数，以便于测量、调查和计算。

D.4　标准地数量和大小

D.4.1　每个类型至少设置3个标准地，一般要求标准地调查面积所占比例达到1%以上。

D.4.2　标准地面积大小应根据监测对象和监测目的确定：

a)　乔木林（层）：标准地面积通常为0.066 7 hm^2，还可视实际情况适当扩大。原则上每个标准地内林木株数不少于100株。对胸径＜5 cm、树高≥2 m的乔木，标准地面积可减至25 m^2～100 m^2。对树高＜2 m的乔木，可参照灌木标准地设置。
b)　灌木林（层）：标准地面积一般为5×5 m^2 或2×2 m^2。
c)　草本层：标准地面积通常为2×2 m^2 或1×1 m^2。

D.5　标准地设置

使用罗盘仪、皮尺或测绳等工具量测周界，闭合差不大于标准地各边长度的1/200。天然森林植被一般按等高线走向设置，人工森林植被一般按株行距走向设置。

D.6　标准地调查

通常采用现地实测法进行。现地实测记载的因子应根据监测对象确定：

a)　乔木林：调查记载林种、优势树种（组）、起源、龄组、平均胸径、平均树高等属性因子。其中，胸径≥5 cm的乔木，应调查每株林木的树种、胸径、树高和冠幅等；胸径＜5 cm、树高≥2 m的乔木，应调查树种名称、树高和胸径；树高＜2 m的乔木，应调查主要种名称、株数、平均高和平均地径；

b) 灌木和草本：调查记载起源、灌木建群种和草本建群种等属性因子，测量灌木盖度、平均高、平均地径、株数，以及草本盖度和平均高。

附　录　E
（规范性附录）
抽 样 调 查

E.1　调查任务

抽样调查的任务是通过设置一定数量的样地进行实地测量调查，宏观掌握调查区域主要森林植被的类型、分布、结构、健康、生物多样性、碳储量和生态功能状况。

E.2　前期准备

E.2.1　制定外业调查工作方案和技术方案，明确组织管理、队伍组织、任务分工、时间安排、工作制度、保障措施和经费预算，确定调查方法、精度要求、质量管理办法和提交成果内容等。

E.2.2　准备地形图、遥感影像图和基础地理信息数据。

E.2.3　收集调查区域已有森林植被调查成果、档案资料和反映自然地理环境、社会经济状况等的图文资料。

E.2.4　准备各种调查数表、外业调查用表和仪器工具等。

E.3　样地布设

E.3.1　调查总体

根据调查区域的面积大小、行政区划、森林分布、自然地理及社会经济条件，确定调查总体。一般以调查区域为总体。当森林植被分布及地形条件差异较大时，为提高抽样调查效率，可在一个总体内划分若干个副总体。

E.3.2　总体抽样精度要求：

a）主要森林植被类型面积占总体面积12%以上的，抽样精度宜在95%以上，一般不宜低于90%；

b）森林蓄积抽样精度宜在90%以上，一般不宜低于85%。

E.3.3　常用抽样方法：

a）系统抽样：把总体中所有个体按一定顺序编号，并按相同间隔取样。间隔大小根据所需样本数量与总体中个体数目的比率而定；

b）分层抽样：将总体按照一个既定的分层方案分成若干层，在层内随机或系统抽取样本单元组成样本，用来估计总体。

E.3.4　样地数量：根据总体抽样精度要求，针对不同的抽样调查方法，采用相应的公式计算，并按10%～20%的安全系数增加样地数量。

E.3.5　样地布设：根据总体抽样精度要求，按照能够充分代表总体特征平均水平的原则，在比例尺大于1∶100 000（含1∶100 000）的地形图上布设样地，一般以公里网交叉点为宜。

E.3.6　样地形状：一般采用方形样地，也可采用矩形样地、圆形样地、角规样地。样地面积一般应大于0.04 hm^2，通常采用0.066 7 hm^2。

E.4 样地测定

E.4.1 样地定位

样地原则上要求采用引线定位，先在地形图上选择距样地最近的明显地物点，并量取方位角和水平距，然后采用罗盘仪、皮尺（或测绳）等测量工具现地实测定位。也可采用GPS辅助定位的方式进行测量定位。

固定样地应设置永久性标志，包括西南角点或中心点的定位点桩、样地边角桩等。

E.4.2 样地周界测量

一般从定位点开始用罗盘仪测量方位角，用皮尺（或测绳）测量水平距，按一定的顺序在地面上标出样地的范围，并记录测量顺序和结果，绘制略图。

E.4.3 样地测定精度要求

样地测定精度要求如下：

a） 样地引线方位角误差小于1°；

b） 引点至样地的距离测量误差小于1%；

c） 边界测量闭合差小于0.5%。

E.5 样地调查

E.5.1 采用地面调查方法，利用围尺、皮尺、测高器、罗盘仪、GPS、PDA等测量工具和仪器进行现地实测，记载调查因子。对于乔木树种，进行每木检尺，测量记载主要测树因子。

E.5.2 对于人力难以到达的区域，可借助遥感数据，通过设置遥感样地进行判读调查，记载调查因子。

E.6 统计分析

E.6.1 以调查总体为单位，分别各统计类型[包括森林植被类型、林木权属、林种、龄组、优势树种（组）、起源等]，统计面积、蓄积或株数，估计测量误差限和抽样精度。

E.6.2 对于多期固定样地调查，分别森林植被类型、林种、龄组、起源等统计类型，分析调查间隔期内面积或蓄积动态变化，估计调查误差限和抽样精度。

附 录 F
（规范性附录）
主要调查因子

主要调查因子见表 F.1。

表 F.1 主要调查因子及调查记载说明

调查因子	调查记载说明
地貌	按大地形确定图斑或标准地（或样地）所在地貌，分山地（高山、中山、低山）、台地、平原、盆地、谷地，按照 LY/T 1438—1999 中的有关条款调查记载
海拔	用海拔仪、GPS 测定或查地形图确定海拔值，记载到米（m）
坡向	按中地形确定图斑或标准地（或样地）所在坡向，分北坡、东北坡、东坡、东南坡、南坡、西南坡、西坡、西北坡和无坡向，按照 LY/T 1438—1999 中的有关条款调查记载
坡位	按中地形确定图斑或标准地（或样地）所在坡位，分脊部、上部、中部、下部、全坡位、谷部平地，按照 LY/T 1438—1999 中的有关条款调查记载
坡形	按中地形确定图斑或标准地（或样地）所在坡形，分凸坡、凹坡、直坡、凹凸坡
坡度	按中地形或小地形确定图斑或标准地（或样地）所在坡度，分平坡、缓坡、斜坡、陡坡、急坡、险坡 6 级，按照 LY/T 1438—1999 中的有关条款调查记载
土壤类型	参照 GB/T 17296—2009 中的有关条款，调查记载到土类
枯落物厚度	枯枝落叶层的厚度，以厘米（cm）为单位，精确到 1 cm；或参照《国家森林资源连续清查技术规定》按厚、中、薄 3 级记载
腐殖质厚度	土壤的 A 层厚度，当有 AB 层时，应为 A+AB/2 的厚度，以厘米（cm）为单位，精确到 1 cm；或参照《国家森林资源连续清查技术规定》按厚、中、薄 3 级记载
土壤厚度	土壤的 A+B 层厚度，当有 BC 过渡层时，应为 A+B+BC/2 的厚度，以厘米（cm）为单位，精确到 1cm；或参照《国家森林资源连续清查技术规定》按厚、中、薄 3 级记载
土壤理化性质	包括土壤质地、紧密度、容重、孔隙度、持水量、全容水量等物理性质，以及有机质含量、全氮 N、全磷 P、全钾 K、水解氮、有效磷、有效钾、pH 值、阳离子交换量、微量元素、重金属元素等化学性质，可根据需要有选择地进行调查
地位级 （地位指数）	利用林分平均高，按相应树种的地位指数模型（或地位指数表）进行评定；或利用数量化地位指数模型进行评定
立地指数	利用林分优势高，按相应树种的立地指数模型（或立地指数表）进行评定；或利用数量化立地指数模型进行评定
森林植被类型	按照附录 A 中的类型现地调查记载
优势树种（组）	森林植被的主要树种或建群树种（组），其中乔木林的优势树种要求其蓄积或株数所占比例在 65%以上，否则按树种组进行合并，具体参照《国家森林资源连续清查技术规定》
林种	森林按经营目标和用途分为防护林、特种用途林、用材林、薪炭林和经济林 5 类。具体划分条件参见 G.1
起源	森林植被按起源分为天然和人工 2 类。具体划分条件参见 G.2

表 F.1（续）

调查因子	调查记载说明
龄组	根据主林层优势树种(组)平均年龄对乔木林生长发育阶段划分年龄组别，分为幼龄林、中龄林、近熟林、成熟林和过熟林。常见树种(组)的龄组划分标准参照《国家森林资源连续清查技术规定》
平均直径	根据乔木林主林层优势树种(组)的每木检尺胸径，采用平方平均法计算，以厘米(cm)为单位，记载到小数点后一位。
平均树高	根据平均胸径大小，在主林层优势树种(组)中选择 3 株～5 株平均样木测定树高，采用算术平均法计算平均树高，以米(m)为单位，记载到小数点后一位
平均优势高	在乔木林主林层优势树种(组)中选择 3 株～5 株直径最大、通常也是最高的林木测定树高，采用算术平均法计算平均树高，以米(m)为单位，记载到小数点后一位
郁闭度	一定范围内乔木树冠垂直投影覆盖面积与总面积的比例，可采用树冠投影法、测线法、统计法或目测方法调查，用 10 分法表示，记载到小数点后两位。分低、中、高 3 级，具体划分条件见 G.3
自然度	现实森林植被类型与地带性原始顶极类型的差异程度，或次生森林植被类型位于演替中的发展阶段，分为 5 级，具体划分条件见 G.4
群落结构	森林植被的乔、灌、草(含苔藓等地被物)结构，分完整、较完整、简单 3 类，具体划分条件见 G.5
林层结构	乔木林的层次结构，分单层林和复层林 2 类，具体划分条件见 G.6
树种结构	乔木林的针阔树种组成结构，分纯林和混交林 2 类，以及针叶纯林、阔叶纯林、针叶相对纯林、阔叶相对纯林、针叶混交林、阔叶混交林、针阔混交林 7 种，具体划分条件见 G.7
树种组成	根据蓄积量(株数)组成比按十分法确定，组成不到 5%的树种不记载
乔木树种	记载到种，树种名称参照 GB/T 14721—2010 中的附录 A 执行
乔木(竹)胸径	乔木(竹)胸高部位的直径，胸高的标准高度为离地面 1.3m 处，如在坡地，规定上坡处为地面。用轮尺或直径卷尺(围尺)现地测量，以厘米(cm)为单位，记载到小数点后一位
乔木树高	乔木(竹)顶梢到地面根际的树干高度，用测高器等测量工具现地测量，以米(m)为单位，记载到小数点后一位
乔木株数	样地或图斑范围内胸径≥5.0 cm 的乔木总株数，记载到株
立木材积	可利用根据胸径一个因子为函数编的一元材积表或者胸径和树高二个因子为函数编的二元材积表查取，也可采用形数法、望高法测定或材积式、近似式计算，以立方米(m^3)表示
乔木蓄积量	一定面积范围内生长着的林木的总材积，以立方米(m^3)表示
幼树株数	样地或图斑范围内胸径＜5.0 cm，树高 0.5 m(针叶树)或 1 m(阔叶树)以上的乔木幼树总株数，记载到株
竹株年龄	采用号竹法、观察竹秆皮色法和龄痕法等方法测定
竹平均枝下高	根据竹平均胸径大小，在主林层优势竹种中选择 3 株～5 株测定枝下高，采用算术平均法计算平均枝下高，以米(m)为单位，记载到小数点后一位
毛竹株数	样地或图斑范围内毛竹总株数，记载到株
杂竹株数	样地或图斑范围内胸径≥2.0 cm，除毛竹以外的其他竹类的总株数，记载到株
植被总覆盖度	地面上所有植冠(含乔木、灌木、草木)垂直投影覆盖面积与总面积之比，通过设置样方或样带调查，用百分数表示，最大为 100%，精确到 5%
灌木名称	记载到种，灌木名称参照 GB/T 14721—2010 中的附录 A 执行

表 F.1（续）

调查因子	调查记载说明
灌木盖度	一定范围内灌木树冠垂直投影覆盖面积与总面积的比例，采用样方、线截距或目测方法调查，用百分数表示，精确到5%
草本名称	记载到种，草本名称参照当地植物志等有关资料确定
草本盖度	一定范围内草本植物垂直投影覆盖面积与总面积的比例，采用样方、线截距或目测方法调查，用百分数表示，精确到5%。
草本高度	草本层的平均高度，以米(m)为单位，记载到小数点后一位
灾害类型	一般分为森林病虫害、火灾、气候灾害(风、雪、水、旱)和其他灾害4个类型
灾害程度	林木遭受灾害的严重程度，按受害(死亡、折断、翻倒等)立木株数分为无、轻、中、重4个等级，评定标准参照《国家森林资源连续清查技术规定》执行
健康等级	根据林木的生长发育、外观表象特征及受灾情况综合评定，分为健康、亚健康、中健康、不健康4个等级，评定标准参照《国家森林资源连续清查技术规定》执行
外来有害入侵植物	记载到种
破碎化程度	根据斑块总数、斑块平均大小、边缘密度、斑块类型所占面积比例、最大斑块所占面积比例等指标进行评价，具体评价方法见G.8
物种多样性	根据丰富度指数、多样性指数、均匀度指数等指标进行评价，具体评价方法见G.10
乔木生物量	乔木地上和地下部分的生物量之和
乔木碳储量	乔木地上和地下部分的碳储量之和
灌木生物量	灌木地上和地下部分的生物量之和
灌木碳储量	灌木地上和地下部分的碳储量之和
草本生物量	草本地上和地下部分的生物量之和
草本碳储量	草本地上和地下部分的碳储量之和
固碳量	每年森林植物通过光合作用吸收二氧化碳而固定的碳素总量
释氧量	每年森林植物通过光合作用释放的氧气总量
调节水量	每年森林植被通过对降水的截留、吸收和贮存而调节的水量
固土量	每年森林植被通过活地被物、凋落物与根系层层截留降水，降低水滴对表土的冲击和地表径流的侵蚀作用而有效固持的土壤总量
保肥量	每年森林植被的生长发育及其代谢产物不断对土壤产生物理及化学影响，参与土体内部的能量转换与物质循环，从而减少的土壤肥力损失量
生产负离子量	每年森林植被生产负离子的总量
吸收污染物量	每年森林植被吸收二氧化硫、氟化物、氮氧化物等大气污染物的总量
滞尘量	每年森林植被滞留粉尘的总量
生态功能价值	对森林植被固碳释氧、涵养水源、保育土壤、净化大气环境、抵御自然灾害、保护生物多样性等各项功能每年产生的价值总量

表 F.1（续）

调查因子	调查记载说明
生态功能等级	根据森林植被生态功能的影响因子而综合评定的功能等级，可以定性评价森林植被的整体功能状况，具体标准参照《国家森林资源连续清查技术规定》执行
生态功能指数	根据森林植被生态功能的影响因子而综合评定的功能指数，可以定量评价森林植被的整体功能状况及其变化，具体标准参照《国家森林资源连续清查技术规定》执行。

附 录 G
（规范性附录）
调查因子技术要求

G.1 林种划分条件

见表G.1。

表G.1 林种划分条件

林种	划分条件
防护林	以防护为主要目的的森林、林木和灌木丛
特种用途林	以国防、环境保护、科学实验等为主要目的的森林和林木
用材林	以生产木材为主要目的的森林和林木，包括以生产竹材为主要目的的竹林
薪炭林	以生产燃料为主要目的的林木
经济林	以生产果品，食用油料、饮料、调料，工业原料和药材等为主要目的的林木
注：林种划分依据《中华人民共和国森林法》第四条	

G.2 起源划分条件

见表G.2。

表G.2 起源划分条件

起源	划分条件
天然	天然下种、人工促进天然更新或萌生起源
人工	由植苗（包括植苗、分殖、扦插）、直播（穴播或条播）或飞播方式形成，包括人工林采伐后萌生形成

G.3 郁闭度和覆盖度等级划分

见表G.3。

表G.3 郁闭度和覆盖率等级划分

等级	郁闭度	覆盖度/%
1	0.20～0.39	30%～49%
2	0.40～0.69	50%～79%
3	0.70～1.00	80%～100%

G.4 自然度划分条件

见表 G.4。

表 G.4 自然度划分条件

自然度	划分条件
I	原始或受人为影响很小而处于基本原始状态的森林类型
II	有明显人为干扰的天然森林类型或处于演替后期的次生森林类型，以地带性顶极适应值较高的树种为主，顶极树种明显可见
III	人为干扰很大的次生森林类型，处于次生演替的后期阶段，除先锋树种外，也可见顶极树种出现
IV	人为干扰很大，演替逆行，处于极为残次的次生林阶段
V	人为干扰强度极大且持续，地带性森林类型几乎破坏殆尽，处于难以恢复的逆行演替后期，包括各种人工森林类型

G.5 群落结构划分条件

见表 G.5。

表 G.5 群落结构划分条件

群落结构类型	划分条件
完整结构	具有乔木层、灌木层、草本层(含苔藓等地被物)3 个层次的森林植被
较完整结构	只有乔木层、灌木层、草本层其中 2 层次的森林植被
简单结构	只有乔木层或灌木层 1 个层次的森林植被
备 注	划分群落结构时，灌木(含下木)或草本(含苔藓等地被物)的覆盖度≥20%，单独划分植被层；灌木和草本的覆盖度均在 5%以上，不足 20%，但合计≥20%，合并为 1 个植被层。

G.6 林层结构划分

乔木林按层次结构分为单层林和复层林。复层林的划分条件是：

a) 各林层每公顷蓄积量不少于 30 m^3；

b) 主林层、次林层平均树高相差 20%以上；

c) 各林层平均胸径在 8 cm 以上；

d) 主林层郁闭度不少于 0.30，次林层郁闭度不少于 0.20。

G.7 树种结构划分条件

见表 G.6。

表 G.6 树种结构划分条件

树种结构类型	划分条件
类型 1	针叶纯林(单个针叶树种蓄积≥90%)
类型 2	阔叶纯林(单个阔叶树种蓄积≥90%)
类型 3	针叶相对纯林(单个针叶树种蓄积占 65%~90%)
类型 4	阔叶相对纯林(单个阔叶树种蓄积占 65%~90%)
类型 5	针叶混交林(针叶树种总蓄积≥65%)
类型 6	针阔混交林(针叶树种或阔叶树种总蓄积占 35%~65%)
类型 7	阔叶混交林(阔叶树种总蓄积≥65%)

G.8 破碎化程度和多样性指数评价指标

G.8.1 破碎化程度评价指标

破碎化程度评价指标包括:

a) 斑块总数:N。
   N 值的大小与森林植被的破碎化程度正相关。N 越大,破碎化程度越高;N 越小,破碎化程度越低。
b) 斑块平均大小:$M_s=A/N$
   式中:A 为总面积;M_s 值代表一种平均状况,指征森林植被的破碎程度,M_s 越小,说明森林植被的分布越破碎。
c) 斑块密度:以 M_s 的倒数表示。
d) 边缘密度:$E_d=\sum e_{ij}/A$
   式中:e_{ij} 是与类型 i 相邻的斑块 j 的边长。该指标与斑块密度性质类似。
e) 斑块类型所占面积比例:$P_i=\sum a_{ij}/A\times 100$
   式中:a_{ij} 为类型 i 斑块 j 的面积。P_i 取值范围为 0 到 100,其值趋于 0 时,说明该斑块类型数量很少;其值等于 100 时,说明只由一类斑块组成。
f) 最大斑块所占面积比例:$P_{max}=\max(a_{ij})/A\times 100$
   式中:$\max(a_{ij})$ 为各类型中最大斑块的面积。

破碎化程度评价的指标中,斑块总数和斑块平均大小既可以针对全部森林植被,也可以只针对其中的某一种类型。

G.8.2 多样性指数评价指标

多样性指数评价指标包括:

a) Shannon 指数:$S_n=-\sum P_i\ln P_i$
b) Simpson 指数:$S_p=1-\sum P_i^2$

式中:p_i 为类型 i 的面积占总面积的比例。

G.9 物种数量评价指标

物种数量评价指标包括:

a） 相对多度：RA＝某一物种的株数/所有物种总株数×100；

b） 相对频度：RF＝某一物种的频度/所有物种的频度×100；

c） 相对优势度：RD＝某一树种的胸高断面积/所有树种的胸高断面积之和×100；

d） 重要值：$IV=(RA+RF+RD)/3$。

相对多度、相对频度、相对优势度和重要值主要是针对乔木树种进行评价。对于灌木和草本，一般不考虑相对优势度，重要值取相对多度和相对频度的平均数。

G.10 物种多样性评价指标

G.10.1 丰富度指数：

a） Patrick 指数：S＝出现的物种总数

b） Magalef 指数：$F=(S-1)/\ln N$

式中：N 为个体总数（总株数）。

G.10.2 多样性指数：

a） Shannon 指数：$H=-\sum P_i \ln P_i$

b） Simpson 指数：$D=1-\sum P_i^2$

式中：$i=1,2,\cdots,S$；P_i 为物种 i 的重要值。

G.10.3 均匀度指数：

Pielou 均匀度指数：$J=H/\ln S$

式中：H 为 Shannon 指数；S 为物种总数。

在物种多样性评价中，一般分别针对乔木、灌木和草本进行丰富度指数、多样性指数和均匀度指数评价。

ICS 79.080
B 69

中华人民共和国国家标准

GB/T 30364—2013

重组竹地板

Bamboo scrimber flooring

2013-12-31 发布　　　　2014-06-22 实施

中华人民共和国国家质量监督检验检疫总局
中国国家标准化管理委员会　发布

前　言

本标准按照 GB/T 1.1—2009 给出的规则起草。

请注意本文件的某些内容可能涉及专利。本文件的发布机构不承担识别这些专利的责任。

本标准由国家林业局提出。

本标准由全国竹藤标准化技术委员会(SAC/ TC 263)归口。

本标准起草单位:中国林业科学研究院木材工业研究所、国际竹藤中心、浙江大庄实业集团有限公司、国家人造板与木竹制品质量监督检验中心、浙江农林大学、安徽宏宇竹木制品有限公司、安徽龙华竹业有限公司、安吉县竹宏竹胶板厂、成都达江装饰材料有限公司、福建篁城科技竹业有限公司、江西坚华林业有限公司、江西康替龙竹业有限公司、青岛国森机械有限公司、浙江永裕竹业股份有限公司、浙江荣事实业集团有限公司。

本标准主要起草人:于文吉、王戈、林海、余养伦、任丁华、周月、许文、傅深渊、宁其斌、余良崇、吕锋滨、吴绍良、付郁、李坚华、钟三明、穆国君、陈宸、陈永兴、祝荣先、张亚慧。

重组竹地板

1 范围

本标准规定了重组竹地板的术语和定义、分类、技术要求、试验方法、检验规则及产品标志、包装、运输和贮存等。

本标准适用于以重组竹为原料制成的地板。

2 规范性引用文件

下列文件对于本文件的应用是必不可少的。凡是注日期的引用文件，仅注日期的版本适用于本文件。凡是不注日期的引用文件，其最新版本(包括所有的修改单)适用于本文件。

GB/T 2828.1—2012 计数抽样检验程序 第1部分：按接收质量限(AQL)检索的逐批检验抽样计划

GB/T 13942.1 木材耐久性能 第1部分：天然耐腐性实验室试验方法

GB/T 15036.2—2009 实木地板 第2部分：检验方法

GB/T 17657 人造板及饰面人造板理化性能试验方法

GB/T 18103—2000 实木复合地板

GB/T 18261 防霉剂对木材霉菌及变色菌防治效力的试验方法

GB 18580 室内装饰装修材料 人造板及其制品中甲醛释放限量

GB/T 20240—2006 竹地板

LY/T 1660—2006 竹材人造板术语

3 术语和定义

LY/T 1660—2006 和 GB/T 20240—2006 界定的以及下列术语和定义适用于本文件。

3.1

重组竹 bamboo scrimber

由竹束或纤维化竹单板为构成单元，按顺纹组坯、胶合、压制而成的板材或方材。

注：修改 LY/T 1660—2006，定义 3.1.11。

3.2

重组竹地板 bamboo scrimber flooring

用重组竹为原料直接加工而成的地板。

3.3

本色重组竹地板 natural color bamboo scrimber flooring

以本色重组竹加工而成的地板。

3.4

炭化色重组竹地板 dark color bamboo scrimber flooring

以炭化色重组竹加工而成的地板。

3.5

混色重组竹地板　mixed color bamboo scrimber flooring

以混色重组竹加工而成的地板。

3.6

染色重组竹地板　dyeing bamboo scrimber flooring

以染色重组竹加工而成的地板。

3.7

未刨部分　unplanned part

重组竹地板的基材在刨切加工时未被刨到而残留的凹痕。

3.8

刨痕　planed trace

重组竹地板的基材在刨切加工时形成的凹凸不平的痕。

3.9

胶线　glue line

胶合时胶粘剂过度集中分布在胶层而形成的板面缺陷。

3.10

裂纹　split

重组竹地板呈现的开裂现象。

3.11

缝隙　gap

相邻竹束局部缺失或者竹束之间搭接、拼接形成的间隙。

3.12

跳丝　broken thorn

重组竹地板表面的竹丝突起。

3.13

缺棱　wane

重组竹地板的基材不规则、锯切、砂磨或碰撞所造成的棱边缺损。

3.14

榫舌残缺　rabbet deformity

榫舌在宽度或长度上有缺损。

[GB/T 20240—2006,定义 3.17]

3.15

波纹　cutter and chatter mark

切削或砂磨时,在加工表面留下形状和大小相近且有规律的波状痕迹。

[GB/T 20240—2006,定义 3.8]

3.16

针孔　pin hole

漆膜干燥过程中因收缩而产生的小孔。

[GB/T 20240—2006,定义 3.11]

3.17

粒子　nib

漆膜表面黏附的颗粒状杂物。

[GB/T 20240—2006,定义 3.14]

3.18

漏漆　exposed undercoat

局部没有漆膜。

[GB/T 20240—2006,定义 3.13]

3.19

皱皮　wrinkling

因漆膜收缩而造成的表面发皱现象。

[GB/T 20240—2006,定义 3.12]

3.20

胀边　fatty edge

漆膜周边结成的条状增厚部分。

3.21

鼓泡　blister

漆膜表面鼓起的大小不一的气泡。

[GB/T 20240—2006,定义 3.10]

3.22

污染　staining

受其他物质的影响,造成的部分表面颜色与本色不同。

[GB/T 20240—2006,定义 3.9]

3.23

霉变　mildew

因霉菌及变色菌滋生而造成材质和材色的变化。

注：修改 LY/T 1660—2006,定义 3.4.10

3.24

腐朽　decay

竹材细胞壁被腐朽菌或其他微生物分解引起的竹材组织结构腐烂和解体的现象,包括白腐、褐腐和软腐等。

4　分类

4.1　按重组竹制造工艺分：

——用热压法制造的重组竹加工的地板；

——用冷压热固化法制造的重组竹加工的地板。

4.2　按表面颜色分：

——本色重组竹地板；

——炭化色重组竹地板；

——混色重组竹地板；

——染色重组竹地板。

4.3　按使用条件分：

——室内用重组竹地板；

——室外用重组竹地板。

4.4　按表面涂饰材料分：

——油漆涂饰重组竹地板；

——植物油涂饰重组竹地板；

——矿物油涂饰重组竹地板。

5 技术要求

5.1 分等

产品分为优等品、合格品两个等级。

5.2 外观质量

5.2.1 室内用重组竹地板的外观质量应符合表1的规定。

表1 室内用重组竹地板的外观质量

检测项目		等级	
		优等品	合格品
未刨部分或刨痕	表面	不允许	
	侧面	不允许	不明显
	背面	允许	
榫舌残缺	残缺长度	不允许	累计长度≤全长的10% 单独的残缺≤3 mm
	残缺宽度	不允许	≤榫舌宽度的40%
缺棱		不允许	
跳丝		不允许	
裂纹		不允许	
缝隙	表面	不允许	不明显
	背面	不明显	
胶线		不明显	
波纹		不允许	不明显
针孔($\phi \leqslant 0.5$ mm)	表面	不允许	每块不超过5个
	背面	允许	
粒子		不允许	不明显
漏漆		不允许	
皱皮		不允许	累计≤板面积的1%
胀边		不允许	不明显
鼓泡($\phi \leqslant 0.5$ mm)		不允许	每块板不超过3个
污染		不允许	累计≤板面积的5%
霉变		不允许	不明显
腐朽		不允许	
针孔、粒子、漏漆、皱皮、胀边、鼓泡等应为油漆涂饰重组竹地板的检测项目。 注：不明显——正常视力在自然光下，距地板0.4 m，肉眼观察不易辨别。			

5.2.2 室外用重组竹地板的外观质量应符合表2的规定。

表2 室外用重组竹地板的外观质量

<table>
<tr><th colspan="3" rowspan="2">检测项目</th><th colspan="2">等级</th></tr>
<tr><th>优等品</th><th>合格品</th></tr>
<tr><td colspan="2" rowspan="2">未刨部分</td><td>表面及侧面</td><td colspan="2">不允许</td></tr>
<tr><td>背面</td><td colspan="2">允许</td></tr>
<tr><td colspan="2" rowspan="2">缺棱</td><td>表面</td><td>不允许</td><td>不明显[1]</td></tr>
<tr><td>背面</td><td colspan="2">允许</td></tr>
<tr><td colspan="3">跳丝</td><td>不允许</td><td>不明显</td></tr>
<tr><td colspan="3">裂纹</td><td>不允许</td><td>不明显</td></tr>
<tr><td colspan="3">缝隙</td><td colspan="2">不明显</td></tr>
<tr><td colspan="3">腐朽</td><td colspan="2">不允许</td></tr>
<tr><td colspan="3">霉变</td><td>不允许</td><td>不明显</td></tr>
<tr><td colspan="2" rowspan="2">榫舌残缺</td><td>残缺长度</td><td>不允许</td><td>累计长度≤板长的10%
单独的残缺≤3 mm</td></tr>
<tr><td>残缺宽度</td><td colspan="2">不允许</td></tr>
<tr><td rowspan="11">涂饰加工缺陷</td><td rowspan="2">漆膜划痕</td><td>表面</td><td>不允许</td><td>不明显</td></tr>
<tr><td>背面</td><td colspan="2">允许</td></tr>
<tr><td rowspan="2">漆膜鼓泡</td><td>表面</td><td>不允许</td><td>不明显</td></tr>
<tr><td>背面</td><td colspan="2">允许</td></tr>
<tr><td colspan="2">漏漆</td><td colspan="2">不允许</td></tr>
<tr><td rowspan="2">针孔</td><td>表面</td><td>不允许</td><td>不明显</td></tr>
<tr><td>背面</td><td colspan="2">不明显</td></tr>
<tr><td rowspan="2">漆膜粒子</td><td>表面</td><td>不明显</td><td>允许</td></tr>
<tr><td>背面</td><td colspan="2">允许</td></tr>
<tr><td rowspan="2">漆膜皱皮</td><td>表面</td><td>不允许</td><td>不得超过板面积的5%</td></tr>
<tr><td>背面</td><td colspan="2">允许</td></tr>
<tr><td colspan="5">"榫舌残缺"应用于带有榫舌的重组竹地板的检测项目，其他地板可根据双方协定检测；"涂饰加工缺陷"应用于油漆涂饰重组竹地板，其他表面涂饰材料的重组竹地板可根据双方协定检测。
注：不明显——正常视力在自然光下，距地板0.4 m，肉眼观察不易辨别。</td></tr>
</table>

5.3 规格尺寸及允许偏差

5.3.1 室内用重组竹地板应符合表3的规定。

表 3 规格尺寸及其允许偏差

项目	单位	规格尺寸	允许偏差
面层净长 l	mm	915,920,1 830,1 850	公称长度 l_n 与每个测量值 l_m 之差的绝对值≤0.50
面层净宽 w	mm	92,96,120,130,140	公称宽度 w_n 与平均宽度 w_m 之差的绝对值≤0.15 宽度最大值 w_{max} 与最小值 w_{min} 之差≤0.20
厚度 t	mm	10,12,14,15	公称厚度 t_n 与平均厚度 t_m 之差的绝对值≤0.30 厚度最大值 t_{max} 与最小值 t_{min} 之差≤0.20
槽最大高度和榫最大厚度之差	mm	—	0.1～0.4
翘曲度 f	%	—	宽度方向凸翘曲度≤0.20,宽度方向凹翘曲度≤0.15
		—	长度方向凸翘曲度≤1.00;长度方向凹翘曲度≤0.50
拼装高度差 h	mm	—	最大值 h_{max}≤0.30
拼装离缝 o	mm	—	最大值 o_{max}≤0.40
边缘直度 s	mm/m	—	s_{max}≤0.20
注：经供需双方协议可生产其他规格产品。			

5.3.2 室外用重组竹地板应符合表 4 的规定。

表 4 规格尺寸及其允许偏差

项目	单位	规格尺寸	允许偏差
面层净长 l	mm	1 800,1 850,1 900	公称长度 l_n 与每个测量值 l_m 之差的绝对值≤0.50
面层净宽 w	mm	100,120,130,140	公称宽度 w_n 与平均宽度 w_m 之差的绝对值≤0.50 宽度最大值 w_{max} 与最小值 w_{min} 之差≤0.75
厚度 t	mm	20,22,24	公称厚度 t_n 与平均宽度 t_m 之差的绝对值≤0.30 厚度最大值 t_{max} 与最小值 t_{min} 之差≤0.20
翘曲度 f	%	—	宽度方向凸翘曲度≤0.20,宽度方向凹翘曲度≤0.15
		—	长度方向凸翘曲度≤1.00;长度方向凹翘曲度≤0.50
边缘直度 s	mm/m	—	s_{max}≤0.20
注：经供需双方协议可生产其他规格产品。			

5.4 理化性能

5.4.1 室内用重组竹地板应符合表 5 的规定。

表 5 室内用重组竹地板的理化性能指标

项 目	单 位	指标值
含水率	%	6.0～15.0
密度	g/cm^3	≥0.80,且最大值与最小值之差≤0.10
吸水宽度膨胀率	%	≤4.0

表 5（续）

项 目		单 位	指标值
吸水厚度膨胀率		%	≤10.0
水平剪切强度		MPa	≥12.0
表面漆膜耐磨性	磨耗转数	r	磨 100r 后表面留有漆膜
	磨耗值	g/100r	≤0.15
表面漆膜耐污染性		—	无污染、无腐蚀
表面漆膜附着力		—	不低于 3 级
表面抗冲击性能		mm	压痕直径≤10，无裂纹
甲醛释放量		mg/L	应符合 GB 18580 中的有关规定

5.4.2 室外用重组竹地板应符合表 6 的规定。

表 6 室外用重组竹地板的理化性能指标

项 目		单 位	指标值	
			优等品	合格品
含水率		%	6.0～15.0	
密度		g/cm³	≥0.80，最大值与最小值之差≤0.10	
吸水宽度膨胀率		%	≤3.0	≤4.0
吸水厚度膨胀率		%	≤5.0	≤10.0
水平剪切强度		MPa	≥12.0	≥10.0
表面耐水蒸气性能		—	无龟裂、无鼓泡	
防霉防变色性能	霉菌	—	被害值为 0	被害值为 1
	变色菌	—	被害值为 1	被害值为 2
防腐性能		—	1 级	

6 检验方法

6.1 外观质量检验

采用目测对重组竹地板的外观质量按表 1 或表 2 的规定进行逐块逐项检验。

6.2 规格尺寸检验

6.2.1 量具

按 GB/T 15036.2—2009 中 3.1.1 规定进行。

6.2.2 长度(l)检验

按 GB/T 15036.2—2009 中 3.1.2.1 规定进行。

6.2.3 宽度(w)检验

按 GB/T 15036.2—2009 中 3.1.2.2 规定进行。

6.2.4 厚度(t)检验

按 GB/T 15036.2—2009 中 3.1.2.3 规定进行。

6.2.5 榫舌厚度和榫槽高度检验

按 GB/T 15036.2—2009 中 3.1.2.5 规定进行。

6.2.6 翘曲度(f)

按 GB/T 15036.2—2009 中 3.1.2.6 规定进行。

6.2.7 拼装离缝(o)和拼装高度差(h)

按 GB/T 15036.2—2009 中 3.1.2.7 规定进行。

6.2.8 边缘直度(s)

按 GB/T 18103—2000 中 6.1.2.5 规定进行。

6.3 理化性能检验

6.3.1 试样制作

6.3.1.1 试样应按 7.2.3 的规定抽取。

6.3.1.2 在距试样两端 20 mm 处截取试件。

6.3.2 试件制作及其尺寸和数量。

6.3.2.1 室内用重组竹地板试件按表 7、图 1 制作。

表 7 试件的尺寸、数量

检验项目	试件尺寸 mm	试件 数量块	编号	备注
密度	100×100	6	1	
含水率	板宽×25	9	2	
吸水厚度膨胀率 吸水宽度膨胀率	50×50	6	3	使用同一试件
水平剪切强度	6h×40	6	4	h 为地板的公称厚度
漆膜表面耐磨性	100×100	1	5	油漆重组竹地板，当地板宽度小于 100 mm 时，需拼宽至 100 mm
漆膜表面耐污染性	300×板宽	1	6	油漆重组竹地板
漆膜附着力	250×板宽	1	7	油漆重组竹地板
表面抗冲击性能	230×板宽	3	8	油漆重组竹地板
甲醛释放量	应按 GB 18580 中的有关规定制取		9	
采用干燥器法测甲醛释放量时，其试件应在同一条重组竹地板上制取。 试件边、角应平直，长度、宽度允许偏差±0.5 mm。				

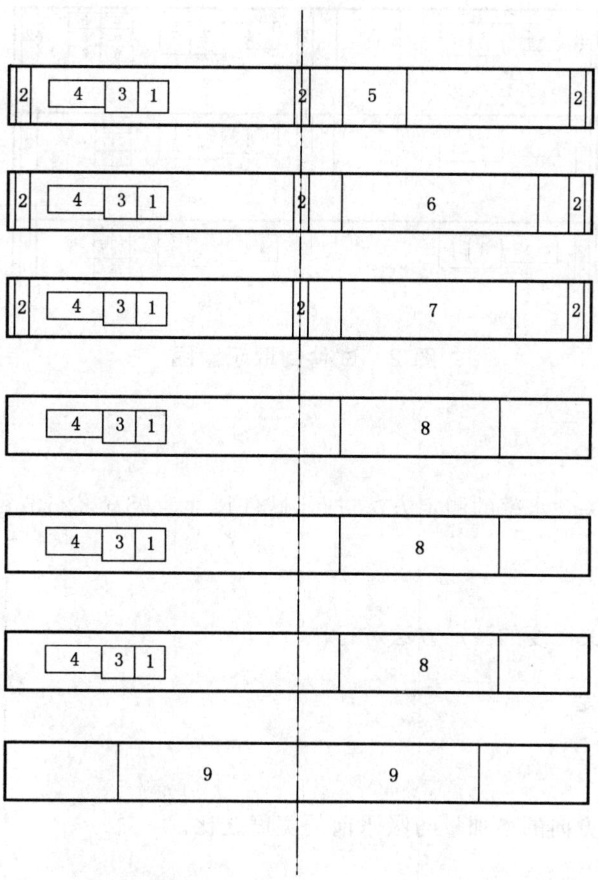

图 1 试件制取示意图

6.3.2.2 室外用重组竹地板试件按表 8、图 2 制作。

表 8 试件的尺寸、数量

检 验 项 目	试件尺寸 mm	试件数量 块	编号	备 注
密度	100×100	6	1	
含水率	板宽×25	9	2	
吸水厚度膨胀率 吸水宽度膨胀率	50×50	6	3	使用同一试件
水平剪切强度	6h×40	6	4	h 为地板的公称厚度
表面耐水蒸气性能	100×100	2	5	
防霉防变色性能	50×20×5	6	6	
防腐性能	20×20×10	12	7	

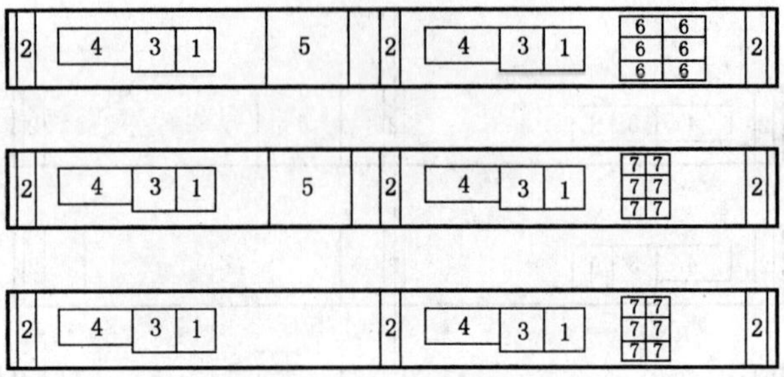

图2 试件制取示意图

6.3.3 含水率测定

按GB/T 17657中有关含水率的测定方法进行，试件尺寸为板宽×25 mm。

6.3.4 密度测定

按GB/T 17657中有关密度的测定方法进行。

6.3.5 吸水宽度膨胀率测定

6.3.5.1 原理

确定试件吸水后宽度方向的增加量与吸水前的宽度之比。

6.3.5.2 仪器

6.3.5.2.1 水槽。
6.3.5.2.2 游标卡尺，精度0.01 mm。
6.3.5.2.3 空气对流干燥箱，恒温灵敏度±1 ℃，温度范围40 ℃～200 ℃。

6.3.5.3 试件尺寸

长 l=(50±1)mm；宽 b=(50±1)mm。

6.3.5.4 方法

6.3.5.4.1 室内用重组竹地板吸水宽度膨胀率测定

6.3.5.4.1.1 将试件置于温度(20±2)℃、相对湿度(65±5)%环境中至质量恒定。相隔24 h两次称重结果之差不大于试件质量的0.1%即视为质量恒定。
6.3.5.4.1.2 试件的宽度 b_1 在试件边长的中部测量，按GB/T 17657中有关试件尺寸测量中宽度的规定进行，精确至0.01 mm。
6.3.5.4.1.3 将试件浸于pH值为7±1，温度为(63±3)℃的恒温水槽中。试件表面垂直于水平面。试件之间以及试件与水槽底部和槽壁之间至少相距15 mm，试件上端低于水平面(25±5)mm，使其可自由膨胀。试件浸泡24 h±15 min，从水中取出试件，擦去试件表面附着的水，在原测量点测其宽度 b_2，精确至0.01 mm。每次试验应更换水。

6.3.5.4.2 室外用重组竹地板吸水宽度膨胀率测定

6.3.5.4.2.1 将试件置于温度(20±2)℃、相对湿度(65±5)%环境中至质量恒定。相隔24 h两次称重结果之差不大于试件质量的 0.1%即视为质量恒定。

6.3.5.4.2.2　试件的宽度 b_1 在试件边长的中部测量，按 GB/T 17657 中有关试件尺寸测量的规定进行，精确至 0.01 mm。

6.3.5.4.2.3　将试件浸入(100±2)℃沸水中泡 4 h，取出后直接将试件分开平放在(63±3)℃的鼓风干燥箱中干燥 20 h，再浸入(100±2)℃沸水中泡 4 h，取出后擦去试件表面附着的水，在室温下冷却 10 min进行测量。在原测量点测其宽度 b_2，精确至 0.01 mm。测量工作应在 10 min 完成。煮试件时应将试件全部浸入(100±2)℃沸水中。每次试验应更换水。

6.3.5.5　结果表示

6.3.5.5.1　试件的吸水宽度膨胀率 T_b 按式(1)计算，精确至 0.1%。

$$T_b = \frac{b_2 - b_1}{b_1} \times 100\% \quad \cdots\cdots\cdots\cdots (1)$$

式中：

T_b ——试件的吸水宽度膨胀率，%；

b_1——浸水前试件的宽度，单位为毫米(mm)；

b_2——浸水后试件的宽度，单位为毫米(mm)。

6.3.5.5.2　重组竹地板的吸水宽度膨胀率是所测全部试件的吸水宽度膨胀率的算术平均值，精确至 0.1%。

6.3.6　吸水厚度膨胀率测定

6.3.6.1　原理

确定试件吸水后厚度方向的增加量与吸水前的厚度之比。

6.3.6.2　仪器

6.3.6.2.1　水槽。

6.3.6.2.2　千分尺，精度 0.01 mm。

6.3.6.2.3　空气对流干燥箱，恒温灵敏度±1 ℃，温度范围 40 ℃～200 ℃。

6.3.6.3　试件尺寸

长 l=(50±1)mm；宽 b=(50±1)mm。

6.3.6.4　测试方法

6.3.6.4.1　室内用重组竹地板的吸水厚度膨胀率测定

6.3.6.4.1.1　将试件置于温度为(20±2)℃、相对湿度(65±5)%环境中至质量恒定。相隔 24 h 两次称重结果之差不大于试件质量的 0.1%即视为质量恒定。

6.3.6.4.1.2　试件如图 3 所示，做好中心点标记，测量其厚度 h_1，按 GB/T 17657 中有关试件尺寸测量中厚度的规定进行，精确至 0.01 mm。

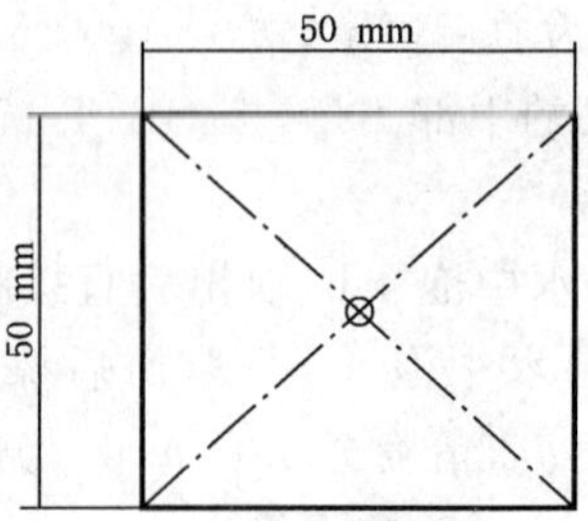

图 3 试件厚度测量点

6.3.6.4.1.3 将试件浸于 pH 值为 7±1，温度为(63±3)℃的恒温水槽中。试件表面垂直于水平面。试件之间以及试件与水槽底部和槽壁之间至少相距 15 mm，试件上端低于水平面(25±5)mm，使其可自由膨胀。试件浸泡 24 h±15 min，从水中取出试件，擦去试件表面附着的水，在原测量点测其厚度 h_2。每次试验应更换水。

6.3.6.4.2 室外用重组竹地板的吸水厚度膨胀率测定

6.3.6.4.2.1 将试件置于温度为(20±2)℃、相对湿度(65±5)%环境中至质量恒定。相隔 24 h 两次称重结果之差不大于试件质量的 0.1%即视为质量恒定。

6.3.6.4.2.2 试件如图 3 所示，做好中心点标记，测量其厚度 h_1，按 GB/T 17657 中有关试件尺寸测量中厚度的规定进行，精确至 0.01 mm。

6.3.6.4.2.3 将试件浸入(100±2)℃沸水中泡 4 h，取出后直接将试件分开平放在(63±3)℃的鼓风干燥箱中干燥 20h，再浸入(100±2)℃沸水中泡 4 h，取出后擦去试件表面附着的水，在室温下冷却 10 min 进行测量。在原测量点测其厚度 h_2。测量工作应在 10 min 完成。煮试件时应将试件全部浸入(100±2)℃沸水中。每次试验应更换水。

6.3.6.5 结果表示

6.3.6.5.1 试件的吸水厚度膨胀率按式(2)计算，精确至 0.1%。

$$T_h = \frac{h_2 - h_1}{h_1} \times 100\% \qquad \cdots\cdots\cdots\cdots(2)$$

式中：

T_h ——试件的吸水厚度膨胀率，%；

h_1——浸水前试件的厚度，单位为毫米(mm)；

h_2——浸水后试件的厚度，单位为毫米(mm)。

6.3.6.5.2 重组竹地板的吸水厚度膨胀率是所测全部试件的吸水厚度膨胀率的算术平均值，精确至 0.1%。

6.3.7 水平剪切强度测定

6.3.7.1 仪器

6.3.7.1.1 万能力学试验机，精度 10N。

6.3.7.1.2 千分尺，精度 0.01 mm。

6.3.7.1.3 游标卡尺，精度 0. 1 mm。

6.3.7.1.4 秒表。

6.3.7.2 试件尺寸

长 $l=(6\ h\pm2)$mm，h 为试件的公称厚度；宽 $b=(40\pm1)$mm。

6.3.7.3 原理

确定在短跨距条件下，试件的最大破坏载荷与横截面面积之比。

6.3.7.4 方法

6.3.7.4.1 试件预处理方法

6.3.7.4.1.1 室内用重组竹地板

室内用重组竹地板试件按以下步骤预处理：

a) 试件置于温度(20±2)℃、相对湿度(65±5)%的环境中至质量恒定。相隔 24 h 两次称重所得到的质量差小于试件质量的 0.1%即视为质量恒定。
b) 测量试件的宽度和厚度。宽度在试件长边中心处测量，测得宽度值 b，精度至 0.1 mm；厚度在试件长边中心距边 10 mm 处，每边各测一点，计算时取两测量点的算术平均值 h，精度至 0.01 mm。

6.3.7.4.1.2 室外用重组竹地板

室外用重组竹地板试件按以下步骤预处理：

a) 试件放置温度为(20±2)℃、相对湿度(65±5)%的环境下至质量恒定。相隔 24 h 两次称重所得到的质量差小于试件质量的 0.1%即视为质量恒定。
b) 测量试件的宽度和厚度。宽度在试件长边中心处测量，测得宽度值 b，精度至 0.1 mm；厚度在试件长边中心距边 10 mm 处，每边各测一点，计算时取两测量点的算术平均值 h，精度至0.01 mm。
c) 将试件放入(100±2)℃沸水中泡 4 h，取出后直接分开平放在(63±3)℃的干燥箱中干燥 20 h，再放入(100±2)℃沸水中泡 4 h，取出后在室温下冷却 10 min。

6.3.7.4.2 测试方法

6.3.7.4.2.1 调节两支座跨距为试件公称厚度的 4 倍，按图 4 所示测定水平剪切强度。

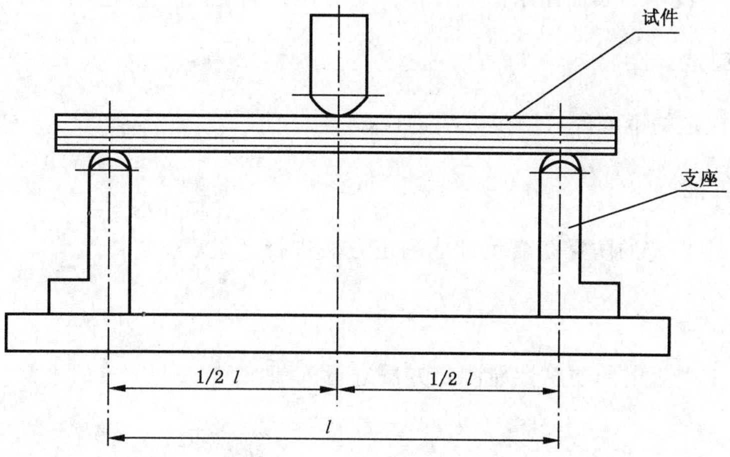

图 4 水平剪切强度测定(垂直加载)示意图

6.3.7.4.2.2 加载辊轴线应与支撑滚轴线平行。

6.3.7.4.2.3 加载辊端面直径为 30 mm,支承辊直径为(15±0.5)mm。

6.3.7.4.2.4 加载辊和支撑辊的宽度应大于试件的宽度。

6.3.7.4.2.5 试验时加载辊轴线应与试件长轴中心线垂直,应均匀加载,从加载荷开始应在(60±30)s 内使试件破坏,记下最大载荷值 F,精确至 10 N。

6.3.7.5 试验结果

试件的水平剪切强度按式(3)计算,精确至 0.01 MPa。

$$\tau = \frac{3F}{4bh} \quad \cdots\cdots(3)$$

式中:

τ ——水平剪切强度,单位为兆帕(MPa);

F——最大载荷,单位为牛(N);

b ——试件宽度,单位为毫米(mm);

h ——试件厚度,单位为毫米(mm)。

6.3.8 表面耐污染性能测定

按 GB/T 17657 中规定的表面耐污染性能测定方法进行。

6.3.9 漆膜表面耐磨性测定

按 GB/T 15036.2—2009 中 3.3.2.2 规定进行。

6.3.10 漆膜附着力

按 GB/T 15036.2—2009 中 3.3.2.3 规定进行。

6.3.11 表面抗冲击性能

按 GB/T 17657 中规定的表面抗冲击性能测定方法进行。

6.3.12 表面耐水蒸气性能测定

按 GB/T 17657 中规定的表面耐水蒸气性能测定方法进行。

6.3.13 甲醛释放量测定

按 GB 18580 中规定的甲醛释放测定方法进行。

6.3.14 防霉防变色性能

按 GB/T 18261 中规定的防霉防变色性能测定方法进行。

6.3.15 防腐性能

按 GB/T 13942.1 中规定的防腐性能测定方法进行。

7 检验规则

7.1 检验分类

7.1.1 出厂检验

出厂检验应包括以下项目：

——外观质量检验；

——规格尺寸检验；

——室内用重组竹地板理化性能中的密度、含水率、吸水厚度膨胀率、吸水宽度膨胀率、水平剪切强度、表面漆膜耐磨性、表面漆膜附着力、甲醛释放量；

——室外用重组竹地板理化性能中的密度、含水率、吸水厚度膨胀率、吸水宽度膨胀率、水平剪切强度。

7.1.2 型式检验

检验应包括外观质量检验、规格尺寸检验和理化性能检验中的全部项目。

有下列情况之一时，应进行型式检验：

——质量监督检验机构提出型式检验要求；

——正常生产时，每年型式检验不少于两次；

——原辅材料及生产工艺发生较大变动；

——新产品投产或转产；

——长期停产后恢复生产。

7.2 抽样和判定方法

7.2.1 外观质量检验

7.2.1.1 生产厂为保证其成品质量符合标准规定，应通过逐条检验地板的外观质量判定其等级。

7.2.1.2 对成批拨交的重组竹地板进行外观质量检验时，采用 GB/T 2828.1—2012 中的二次抽样方案，其检查水平为Ⅱ，接收质量限(AQL)为 4.0，见表 9。

表 9 外观质量检验抽样方案

单位为条

批量范围(N)	样本	样本大小	累计样本大小	接收数(Ac)	拒收数(Re)
≤150	第一	13	13	0	3
	第二	13	26	3	4
151～280	第一	20	20	1	3
	第二	20	40	4	5
281～500	第一	32	32	2	5
	第二	32	64	6	7
501～1 200	第一	50	50	3	6
	第二	50	100	9	10
1 201～3 200	第一	80	80	5	9
	第二	80	160	12	13

7.2.2 规格尺寸检验

7.2.2.1 规格尺寸检验时，表层长度、表层宽度、厚度、翘曲度等采用 GB/T 2828.1—2012 中的二次抽样方案，其检验水平为Ⅰ，接收质量限 AQL=4.0，见表 10。

表 10 规格尺寸检验抽样方案

单位为条

批量范围(*N*)	样本	样本大小	累计样本大小	接收数(Ac)	拒收数(Re)
≤150	第一	5	5	0	2
	第二	5	10	1	2
151～280	第一	8	8	0	2
	第二	8	16	1	2
281～500	第一	13	13	0	3
	第二	13	26	3	4
501～1 200	第一	20	20	1	3
	第二	20	40	4	5
1 201～3 200	第一	32	32	2	5
	第二	32	64	6	7

7.2.2.2 拼装离缝及拼装高度差检验的样本数为 10 条，该 10 条样本从检验规格尺寸的同批产品中随机抽取。若第一次抽样检验不合格，允许在同一批产品中加倍抽样复检一次，全部性能均合格则判定为合格。

7.2.3 理化性能检验抽样方案

理化性能检验时，抽样方案见表 11，在提交检验批中随机抽取，若第一次抽样检验不合格，允许在同一批产品中加倍抽样复检一次，全部性能合格则判定为合格。

表 11 理化性能检验抽样方案

单位为条

提交检验批的成品板数量	初检抽样数	复检抽样数
≤1 000	6	12
>1 000	12	24

7.2.4 结果判定

产品的外观质量、规格尺寸及理化性能等三项检验结果均符合相应等级的技术要求时，判定该批产品合格，否则判定为不合格。

8 标志、包装、运输和贮存

8.1 标志

产品应标明等级、类型、生产日期、检验员代号、检验日期等，或根据供需合同规定加盖产品标志。

8.2 包装

产品包装箱(袋)外面应印有或贴有生产厂名、厂址、邮编、联系方式、商标、产品执行的标准编号、规格尺寸、等级、颜色、数量、出厂日期等。

8.3 运输

产品运输方式由供需双方商定。运输中应避免表面划伤和磕碰，且防雨、防潮、防晒及防变形等。

8.4 贮存

产品的存放基础应平整，码放应整齐，板面不能与地面直接接触，并且应有防止变形的措施。应按不同的类别、规格尺寸、颜色及等级分别堆放，每垛应有相应的标记。贮存地点应防雨、防潮、防晒且远离火源。

ICS 65.02
B 73

中华人民共和国国家标准

GB/T 30365—2013

寝具竹炭

Bamboo charcoal for home furnishings

2013-12-31 发布　　　　2014-06-22 实施

中华人民共和国国家质量监督检验检疫总局
中国国家标准化管理委员会　发布

前言

本标准按照 GB/T 1.1—2009 给出的规则起草。

本标准由国家林业局提出并归口。

本标准起草单位：浙江农林大学、浙江民心生态科技有限公司、遂昌县文照竹炭有限公司、浙江节节高炭业有限公司、遂昌维康竹炭开发有限公司、浙江卖炭翁生态开发有限公司、浙江建中竹业科技有限公司、遂昌碧岩竹炭有限公司、龙游天禾生态农业有限公司、宁波浙商竹炭有限公司、安吉县华森竹炭制品有限公司、北京怡莲礼业科技发展有限公司、德清家意炭业有限公司、衢州净力竹炭科技有限公司、衢州艾得龙竹炭制品有限公司、福建省特艺环保科技有限公司、上海竹虎实业有限公司。

本标准主要起草人员：张文标、李文珠、张宏、闫国祺、包立根、陈文照、叶新军、陈利红、方云剑、丁建中、陈梅芳、尤亚珍、华锡林、彭善超、俞根明、张水祥、汪飞良、周娟、吴宗满。

寝具竹炭

1 范围

本标准规定了寝具竹炭的术语和定义、技术要求、试验方法、检验规则以及标志、包装、运输和贮存。

本标准适用于以竹材为原料通过高温热解方法制得的用于生产炭垫、炭枕、炭贴身防护用品、炭纤维织物等寝具制品的竹炭。

2 规范性引用文件

下列文件对于本文件的应用是必不可少的。凡是注日期的引用文件，仅注日期的版本适用于本文件。凡是不注日期的引用文件，其最新版本(包括所有的修改单)适用于本文件。

GB/T 26913 竹炭

FZ/T 64010 远红外纺织品

3 术语和定义

下列术语和定义适用于本文件。

3.1

竹炭远红外发射率 bamboo charcoal infrared emissivity

竹炭在一定波段和一定温度条件下，发射功率与在同样条件下一个理想黑体发射功率之比。

3.2

寝具竹炭 bamboo charcoal for home furnishings

具有较高远红外发射率且用于寝具制品的竹炭。

3.3

颗粒密度 granule density

竹炭颗粒质量除以包括开口细孔与封闭细孔在内的颗粒体积所求得的密度。

4 技术要求

4.1 感观

洁净，无污染，无异味。

4.2 理化指标

理化指标应符合表1的要求。

表 1 寝具竹炭的理化指标

项目	指标	
	一级品	合格品
水分含量/%	≤9.0	≤12.0
灰分含量/%	≤4.5	≤6.5
固定碳含量/%	≥85.0	≥75.0
颗粒密度/(g/cm^3)	≥0.90	≥0.65
远红外发射率/%	≥0.90	≥0.80

5 试验方法

5.1 水分含量的测定

按 GB/T 26913 中规定的测定方法执行。

5.2 灰分含量的测定

按 GB/T 26913 中规定的测定方法执行。

5.3 固定碳含量的测定

按 GB/T 26913 中规定的测定方法执行。

5.4 颗粒密度的测定

5.4.1 测试仪器

密度测定仪。

5.4.2 测试方法

竹炭试样无规则的几何尺寸，不便于准确测量其长、宽、厚尺寸并计算体积，同时考虑到竹炭又是多孔物质，易吸水，所以选用排液体法进行测试，即选用无水乙醇(分析纯)为测试用液体，将竹炭加工成粒径 3 mm～5 mm 的颗粒，然后在密度测定仪上按照要求进行测试，测量精度为 0.001，测量范围为 0 g/cm^3～2 g/cm^3。测试 3 组，每组测定 10 个试件，结果取平均值。

5.5 竹炭远红外发射率的测定

按 FZ/T 64010 中规定的测定方法执行。

6 检验规则

6.1 组批规则与抽样方法

6.1.1 组批规则

原料及生产条件基本一致，同一天或同一班组生产的产品为一批，按批号抽样。

6.1.2 抽样方法

6.1.2.1 竹炭按同一批次随机抽取,每个抽检质量不少于1 000 g。

6.1.2.2 散装运输时,于装卸之始、中间和最后阶段分三次按总量的0.3%～0.5%均分采集,汇集后混合均匀,按四分法缩分取总样品。包装运输时,在垛高1/4或3/4处的两个水平面上各取三点,按总包装件数的3%～5%均分整包采样(取样点距离表面至少0.5 m),汇集后混合均匀,按四分法缩分取总样品。

6.1.2.3 总样品用于检验时,均匀混合后,立即均分,分别装入三个清洁、干燥的磨口瓶中,随即贴上标签。标签内容应包括:样品名称及编号、生产单位、炭种、型号、批号、等级、采样日期、采样者姓名。

所采样品一份作外观检验用,一份作理化性能测试用,一份以备复检和仲裁用。

6.2 检验

6.2.1 出厂检验

每批产品应进行出厂检验。出厂检验由生产单位质检部门执行,也可委托第三方检验机构执行。检验项目为感官、水分和颗粒密度。

6.2.2 型式检验

有下列情况之一时应进行型式检验。检验项目为本标准规定的全部项目。

a) 长期停产,恢复生产时;

b) 原料变化或改变主要生产工艺,可能影响产品质量时;

c) 国家质量监督机构提出进行型式检验要求时;

d) 出厂检验与上次型式检验有大差异时;

e) 正常生产时,每年至少一次的周期性检验。

6.3 判定规则

检验结果有一项不符合本标准要求时,应重新加倍抽样进行复检,仍不合格时,则判本批产品为不合格品。

7 标志、包装、运输和贮存

7.1 标志

产品标志应包括以下内容:产品名称、型号规格、执行标准、生产日期、质量等级、数量、防潮标记、生产企业名称、产地、厂址、电话等。

7.2 包装

产品出厂时应按产品类别、规格、等级分别包装,包装应牢固、整洁、防潮,装箱产品应排列整齐,同一批产品包装材料、规格型号、净重等应一致,并提供详细的产品使用说明。合同另有规定的,按合同规定执行。

7.3 运输和贮存

7.3.1 产品在运输和贮存过程中平整堆放,防止污损,不得受潮、雨淋,不允许与化学、腐蚀性物质混装。

7.3.2 产品应放于干燥、洁净、通风的仓库里贮存,并远离火源;贮存时应按类别、规格、等级分别堆放,每堆应有相应的标记。

ICS 79.010
B 60

中华人民共和国国家标准

GB/T 30366—2013

生物质术语

Terminology related to biomass

2013-12-31 发布　　　　2014-06-22 实施

中华人民共和国国家质量监督检验检疫总局
中国国家标准化管理委员会　发布

前　言

本标准按照 GB/T 1.1—2009 给出的规则起草。

本标准由国家林业局提出。

本标准由全国林业生物质材料标准化技术委员会(SAC/TC 416)归口。

本标准起草单位:中国林业科学研究院木材工业研究所、中华人民共和国临沂出入境检验检疫局、佛山市沃德森板业有限公司、西北农林科技大学、中国热带农业科学院。

本标准主要起草人:段新芳、王正国、吉发、冯德君、李家宁、周宇、赵砺、张冉。

生物质术语

1 范围

本标准界定了生物质一般概念、生物质来源、生物质转化和加工、生物质利用等相关的术语。

本标准适用于生物质及其相关领域的标准化文件和技术文件，用于定义通用的术语。

2 术语和定义

下例术语和定义适用于本文件。

2.1 一般概念

2.1.1

生物质 biomass

一切直接或间接利用绿色植物光合作用形成的有机物质，包含除化石燃料外的植物、动物和微生物以及由这些生命体排泄与代谢所产生的有机物质等。可分为农业生物质、林业生物质、城市固体废弃物、动物废弃物等。

2.1.2

农业生物质 agricultural biomass

农业生产和加工过程中产生的以及海洋中生长的生物质。主要包括农产品、农业剩余物（如玉米秸、高粱秸、麦秸、稻草、豆秸、棉秆和稻壳等）、畜禽粪便、能源植物和海藻、海草等水生植物等。

2.1.3

林业生物质 forestry biomass

林业生产和加工过程中产生的生物质。主要包括林产品（如木材、竹材、藤材等）、林业剩余物（如枝丫、锯末、木屑、梢头、板皮和截头、果壳和果核等采伐剩余物和加工剩余物、造纸废弃物以及废弃木材）、能源林等。

2.1.4

城市固体废弃物 municipal solid waste ;MSW

城镇消费者消费后产生的固体、半固体废弃物。主要包括餐饮消费废弃物、垃圾、畜禽粪便、食品加工废弃物以及建筑与装修、拆迁产生的废弃木材等。

2.1.5

初级生物质 primary biomass

直接由光合作用产生的生物质，如森林中获得的木材、竹材、藤材及其采伐剩余物，农作物、豆科植物、多年生草类等植物材料，或海草、海藻类等水生物质。

2.1.6

次级生物质 secondary biomass

以初级生物质为原料，加工目标产品过程中产生的副产品和剩余物，如锯末、秸秆、制浆黑液、禽畜粪便等。

2.1.7

三级生物质 tertiary biomass

消费后产生的剩余物或废弃物。如餐饮消费废弃的动植油，建筑和拆迁产生的木构件、木碎片等废弃木材，以及废弃包装、城市固体废弃物和填埋区产生的沼气等。

2.1.8

温室气体　greenhouse gases；GHG

在地球大气中，能让太阳短波辐射自由通过，同时吸收地面和空气放出的长波辐射（红外线），从而造成近地层增温的微量气体。包括二氧化碳（CO_2）、氧化亚氮（N_2O）、甲烷（CH_4）、臭氧（O_3）和氯氟烃（CFC）、氢氟化碳（HFCs）、全氟化碳（PFCs）、氯氟烃（CFC）等 30 余种。

2.1.9

可再生能源　renewable energy

在自然界中可以不断再生并可持续地得到补充或重复利用的能源。如太阳能、风能、水能、生物质能、潮汐能等。

2.1.10

化石燃料　fossil fuel

古代生物遗体在特定地质条件下形成的、可作燃料和化工原料的沉积矿产。又称化石能源。包括煤、油页岩、石油、天然气等。

2.1.11

颗粒密度　particle density

单位体积（包括颗粒中的孔隙）生物质中所含颗粒的质量。

2.1.12

实质密度　solid density

生物质的固相密度，每单位体积（不包括其中的孔隙）生物质中固体物质的质量。又称理论密度。

2.1.13

体积密度　bulk density

生物质在自然状态或规定条件下，包括生物质体积内所有孔隙在内，单位体积所具有的质量。又称堆积密度。

2.1.14

含水率　moisture content；MC

生物质材料样品中水的质量占生物质材料质量的百分比。

2.1.15

元素分析　elemental analysis；ultimate analysis

测定生物质原料与产品中元素的组成和其含量的分析方法，包括元素定性分析和定量分析。

2.1.16

组分分析　proximate analysis

工业分析

将生物质原料与产品中的有关组分一起测定的分析方法。有关组分中的每种组分则并不进行分别测定。如食物的组分分析包括测定水分、蛋白质、脂肪、糖类和灰分（矿物盐）等。

2.1.17

灰熔融性测定　ash fusion test

用于检测灰分的软化和熔化行为的方法。

2.1.18

灰分熔化的软化温度　softening ash fusion temperature

在灰熔融性测定中，灰锥弯曲至锥尖触及托板或灰锥变成球形时的温度。

[GB/T 21923—2008，定义 3.2.118]

2.1.19

灰分熔化的初始变形温度　initial deformation ash fusion temperature

在灰熔融性测定中，灰锥尖端或棱开始变圆或弯曲时的温度。

[GB/T 21923—2008，定义 3.2.117]

2.1.20

灰分熔化的流变温度　fluid ash fusion temperature

在灰熔融性测定中，灰锥融化展开成高度小于 1.6 mm 的薄层时的温度。

注：改写 GB/T 21923—2008，定义 3.2.120。

2.1.21

挥发物　volatiles

生物质在加热(如热裂解)或常温状态下挥发出来的有机或无机物质，如水蒸气、甲醛、二甲苯、多酚等。

2.1.22

灰渣　slag

生物质熔化后产生的灰分。

2.1.23

固定碳　fixed carbon

从测定挥发物后的固体生物质燃料残渣中减去灰分后的残留物。其含量通常为 100 减去水分、灰分和挥发物含量得出的数值。

注：改写 GB/T 21923—2008，定义 3.2.97。

2.1.24

生物质热值　biomass heating value

一定体积或一定质量的生物质完全燃烧后放出的热量。

2.1.25

绝干物质　bone dry material

在规定条件下含水率为 0 的生物质。

2.1.26

烘干物质　oven dry material

生物质在 103 ℃～130 ℃条件下加热 24 h～72 h 后，质量恒定不变的绝干物质。

2.2　生物质来源

2.2.1

封环生物质　closed-loop biomass

为提高生物质能源和生物质产品使用价值并可持续性生产或种植的初级生物质，包括农作物(如玉米、小麦和甜高粱)、木本植物(如树木、灌木)、藤本植物(如棕榈藤)和禾本植物(如柳枝稷、芦苇)等。

2.2.2

开环生物质　open-loop biomass

非栽培或种植方式获得的可用于制造生物质产品和生物质能源的生物质，如农业剩余物、森林采伐剩余物和畜禽粪便。

2.2.3

能源植物　energy plant

主要为生产能源而种植的栽培植物，包括粮食能源作物和非粮食能源作物，如玉米、甘蔗、甜高粱、木薯、能源杨树、麻风树、柳枝稷等。

注：改写 GB/T 21923—2008，定义 3.2.25。

2.2.4

剩余物　residue

生物质生产或加工成其他产品时产生的残余物。包括农业剩余物、林业剩余物和城市固体废弃物。

2.2.5

农业剩余物　agricultural residue

农作物生产与加工过程中产生的茎、秆、叶和壳等副产品和废弃物。

2.2.6

林业剩余物　forestry residue

林业生产与加工过程中产生的剩余物，包括森林采伐剩余物、造材剩余物和加工剩余物。

2.2.7

采伐剩余物　logging residues;logging slash

在森林主伐、中幼林抚育间伐、低产林改造、山场造材等采伐作业过程中产生的枝丫、梢头、灌木、树桩（伐根）、枯倒木、遗弃材及截头等木质物质。

2.2.8

加工剩余物　mill residue

将木材、竹材、藤材等生物质原料加工成木、竹、藤制品、纸张或生物质能源等过程中产生的边角料、树皮和残渣等。

2.2.9

生物固体废弃物　biosolids

污水处理和动物肥料厌氧分解产生的营养丰富的固体有机物质，包括有机固体废弃物和餐厨垃圾。

2.2.10

制浆黑液　black liquor

化学制浆过程中产生的黑色溶液。

2.2.11

木质素　lignin

存在于植物生物质细胞壁中的一种芳香族无定形高聚物，其基本结构单元是苯基丙烷，为木质化细胞壁的主要组成之一。又称木素。

注：改写 LY/T 1788—2008，定义 3.2.5.8。

2.2.12

纤维素　cellulose

构成植物细胞壁物质的主要多糖，由植物光合作用产生的葡萄糖在酶催化下以β-1，4-糖苷键连接而成。

［LY/T 1788—2008，定义 3.5.5］

2.2.13

半纤维素　hemicellulose

植物生物质细胞壁多糖中非纤维素多糖的总称，是由两种以上的糖基以苷键结合而成的多糖。

注：改写 LY/T 1788—2008，定义 3.5.7。

2.3　生物质转化和加工

2.3.1

生物炼制　biorefinery

以生物质为原料，采用生物、化学和机械技术将生物质转化为各种化学品、燃料和生物基材料的过程。

2.3.2

生物质转化　biomass conversion

生物质转化为生物质能源或生物质产品的过程。

2.3.3

生物化学转化　biochemical conversion

通过耗氧或者厌氧处理将生物质转化成燃料和化学品的过程。

2.3.4

热化学转化　thermochemical conversion

通过高温热解等手段将生物质转化为液态或气态的过程。

2.3.5

发酵　fermentation

碳水化合物在微生物作用下转化成燃料和化工制品(如酒精、有机酸或甲烷等)的过程。

2.3.6

气化　gasification

将固体生物质转化成气体生物质的热化学过程。

2.3.7

液化　liquefaction

将固体生物质转化成液体生物质的化学或热处理过程。

2.3.8

酯交换　transesterification

生物质化合物通过酯的置换而产生新酯键形成新化合物的过程。

2.3.9

糖平台技术　sugar platform

将生物质原料中的糖分采用生物化学转化技术转化为可用于生产乙醇和其他有价值燃料和化学品的转化方法。

2.3.10

水解　hydrolysis

生物质与水作用生成两个或多个较简单化合物的化学过程,涉及生物质的化学键断裂和氢离子及水的羟基离子的增加。

2.3.11

高温裂解　pyrolysis

绝氧或缺氧状态下,生物质经过高温处理(大于 200 ℃)产生的热分解,最终产物含有固态、液态和气态物质。

2.3.12

炭化　carbonization

干馏

在隔绝空气条件下将生物质加热分解为气体、液体和固体产物的过程。

2.3.13

燃烧　combustion

生物质原料在氧作用下发生氧化,产生光和热的过程,主要产生热能、二氧化碳、水和灰分。

2.3.14

混合燃烧　co-firing

使用两种或两种以上的燃料进行的混合燃烧过程。一般指煤和生物质的混合燃烧。

2.3.15

反应器　bioreactor

用于进行生物质反应的容器总称。

2.3.16

联合气化　co-gasification

采用煤和生物质来共同生产合成气体的气化过程。

2.3.17

联合液化　co-liquefaction

采用煤和生物质来共同生产液体燃料的直接液化过程。

2.3.18

致密化　densification

增加生物质体积密度或能量密度的处理过程。

2.3.19

分离　fractionation

采用物理力学或化学技术将生物质原料切分成解剖分子或分解为化学组分的方法。

2.3.20

水热炭化　hydrothermal carbonization

生物质在高温高压水汽条件下的热解过程。

2.3.21

预处理　pretreatment

为减小生物质转化的抗性而对生物质进行的生物、化学、物理和物理-化学处理。

2.3.22

湿存　wet storage

在厌氧条件下贮存高含水率生物质的方法。

2.4　生物质利用

2.4.1

生物基产品　biobased product；bioproduct

以生物质为主要原料生产的产品，如燃料、食物、饲料、化工产品或工业材料。

2.4.2

生物质能　bioenergy；biomass energy

太阳能以化学能形式贮存在生物质中的能量形式，是以生物质为载体的能量。它直接或间接地来源于绿色植物的光合作用，可转化为常规的固态、液态和气态燃料，是一种可再生能源。

2.4.3

生物质燃料　biofuels

生物燃料

以生物质为原料加工、制造或转化而成的固体、液体或气体燃料，如生物质颗粒燃料、酒精、生物柴油、甲醇和生物质燃气等。

2.4.4

生物柴油　biodiesel

以动、植物油脂与醇为原料，通过酯交换工艺制成的可代替石化柴油的再生性柴油燃料。

2.4.5

生物质酒精　bioethanol

以生物质为原料制造的酒精，包括粮食酒精和纤维素酒精。

2.4.6

沼气　biogas

生物质在一定温度、湿度、酸碱度和厌氧条件下，经厌氧沼气微生物发酵及分解作用而产生的一种以甲烷为主要成分的混合可燃气体。

2.4.7

生物油　bio-oil

生物质热裂解产生的一种黑褐色液体。又称热解生物油。

2.4.8

生物质电力　biopower

以生物质或生物质产业的中间副产物为原料生产的电力。

2.4.9

发生炉燃气　producer gas

生物质在 700 ℃～1 000 ℃左右与饱和水蒸气反应产生的气体混合物。

2.4.10

合成气　syngas

生物质原料在有氧条件下气化产生的含氢和一氧化碳的混合气体。

2.4.11

生物质炭　bio-char

生物质原料在不完全燃烧条件下或在缺氧条件下燃烧生成的产物。常见的生物质炭包括木炭、竹炭、秸秆炭、稻壳炭等。

2.4.12

焦油　tar

生物质高温热解过程中产生的气体冷凝后得到的黑褐色或褐色粘性液体。

2.4.13

炭黑　soot

生物质不完全燃烧时产生的精细的黑色物质，主要由碳组成。

2.4.14

焦炭　coke

生物质原料在隔绝空气的条件下，加热到 950 ℃～1 050 ℃，经过干燥、热解、熔融、粘结、固化、收缩等处理制成的产物。

2.4.15

副产品　coproduct

在生物质制造过程或者化学反应中附带产生的具有经济价值的次要生物质。

2.4.16

兼容燃料　drop-in fuel；infrastructure compatible fuel

生物质原料生产的可与传统燃料完全互换或兼容的合成汽油、柴油或喷气燃料。

2.4.17

可替代燃料　fungible fuels

与传统燃料(如汽油)有化学相似性,能与现有动力燃料混合使用的生物质燃料。

索　引

中文索引

B

半纤维素 …… 2.2.13

C

采伐剩余物 …… 2.2.7
城市固体废弃物 …… 2.1.4
初级生物质 …… 2.1.5
次级生物质 …… 2.1.6

F

发酵 …… 2.3.5
发生炉燃气 …… 2.4.9
反应器 …… 2.3.15
分离 …… 2.3.19
封环生物质 …… 2.2.1
副产品 …… 2.4.15

G

干馏 …… 2.3.12
高温裂解 …… 2.3.11
工业分析 …… 2.1.16
固定碳 …… 2.1.23

H

含水率 …… 2.1.14
合成气 …… 2.4.10
烘干物质 …… 2.1.26
化石燃料 …… 2.1.10
灰分熔化的初始变形温度 …… 2.1.19
灰分熔化的流变温度 …… 2.1.20
灰分熔化的软化温度 …… 2.1.18
灰熔融性测定 …… 2.1.17
灰渣 …… 2.1.22
挥发物 …… 2.1.21
混合燃烧 …… 2.3.14

J

加工剩余物 …… 2.2.8
兼容燃料 …… 2.4.16
焦炭 …… 2.4.14
焦油 …… 2.4.12
绝干物质 …… 2.1.25

K

开环生物质 …… 2.2.2
颗粒密度 …… 2.1.11
可替代燃料 …… 2.4.17
可再生能源 …… 2.1.9

L

联合气化 …… 2.3.16
联合液化 …… 2.3.17
林业生物质 …… 2.1.3
林业剩余物 …… 2.2.6

M

木质素 …… 2.2.11

N

能源植物 …… 2.2.3
农业生物质 …… 2.1.2
农业剩余物 …… 2.2.5

Q

气化 …… 2.3.6

R

燃烧 …… 2.3.13
热化学转化 …… 2.3.4

S

三级生物质 …… 2.1.7
生物柴油 …… 2.4.4
生物固体废弃物 …… 2.2.9
生物化学转化 …… 2.3.3
生物基产品 …… 2.4.1

生物炼制 …………………………………………… 2.3.1
生物燃料 …………………………………………… 2.4.3
生物油 ……………………………………………… 2.4.7
生物质 ……………………………………………… 2.1.1
生物质电力 ………………………………………… 2.4.8
生物质酒精 ………………………………………… 2.4.5
生物质能 …………………………………………… 2.4.2
生物质燃料 ………………………………………… 2.4.3
生物质热值 ………………………………………… 2.1.24
生物质炭 …………………………………………… 2.4.11
生物质转化 ………………………………………… 2.3.2
剩余物 ……………………………………………… 2.2.4
湿存 ………………………………………………… 2.3.22
实质密度 …………………………………………… 2.1.12
水解 ………………………………………………… 2.3.10
水热炭化 …………………………………………… 2.3.20

T

炭黑 ………………………………………………… 2.4.13
炭化 ………………………………………………… 2.3.12
糖平台技术 ………………………………………… 2.3.9
体积密度 …………………………………………… 2.1.13

W

温室气体 …………………………………………… 2.1.8

X

纤维素 ……………………………………………… 2.2.12

Y

液化 ………………………………………………… 2.3.7
预处理 ……………………………………………… 2.3.21
元素分析 …………………………………………… 2.1.15

Z

沼气 ………………………………………………… 2.4.6
酯交换 ……………………………………………… 2.3.8
制浆黑液 …………………………………………… 2.2.10
致密化 ……………………………………………… 2.3.18
组分分析 …………………………………………… 2.1.16

英文索引

A

agricultural biomass …… 2.1.2
agricultural residue …… 2.2.5
ash fusion test …… 2.1.17

B

biobased product …… 2.4.1
bio-char …… 2.4.11
biochemical conversion …… 2.3.3
biodiesel …… 2.4.4
bioenergy …… 2.4.2
bioethanol …… 2.4.5
biofuels …… 2.4.3
biogas …… 2.4.6
biomass …… 2.1.1
biomass conversion …… 2.3.2
biomass energy …… 2.4.2
biomass heating value …… 2.1.24
bio-oil …… 2.4.7
biopower …… 2.4.8
bioproduct …… 2.4.1
bioreactor …… 2.3.15
biorefinery …… 2.3.1
biosolids …… 2.2.9
black liquor …… 2.2.10
bone dry material …… 2.1.25
bulk density …… 2.1.13

C

carbonization …… 2.3.12
cellulose …… 2.2.12
closed-loop biomass …… 2.2.1
co-firing …… 2.3.14
co-gasification …… 2.3.16
coke …… 2.4.14
co-liquefaction …… 2.3.17
combustion …… 2.3.13
coproduct …… 2.4.15

D

densification …… 2.3.18

drop-in fuel …… 2.4.16

E

elemental analysis …… 2.1.15
energy plant …… 2.2.3

F

fermentation …… 2.3.5
fixed carbon …… 2.1.23
fluid ash fusion temperature …… 2.1.20
forestry biomass …… 2.1.3
forestry residue …… 2.2.6
fossil fuel …… 2.1.10
fractionation …… 2.3.19
fungible fuels …… 2.4.17

G

gasification …… 2.3.6
GHG …… 2.1.8
greenhouse gases …… 2.1.8

H

hemicellulose …… 2.2.13
hydrolysis …… 2.3.10
hydrothermal carbonization …… 2.3.20

I

infrastructure compatible fuel …… 2.4.16
initial deformation ash fusion temperature …… 2.1.19

L

lignin …… 2.2.11
liquefaction …… 2.3.7
logging residues …… 2.2.7
logging slash …… 2.2.7

M

MC …… 2.1.14
mill residue …… 2.2.8
moisture content …… 2.1.14
MSW …… 2.1.4
municipal solid waste …… 2.1.4

O

open-loop biomass …… 2.2.2
oven dry material …… 2.1.26

P

particle density …… 2.1.11
pretreatment …… 2.3.21
primary biomass …… 2.1.5
producer gas …… 2.4.9
proximate analysis …… 2.1.16
pyrolysis …… 2.3.11

R

renewable energy …… 2.1.9
residue …… 2.2.4

S

secondary biomass …… 2.1.6
slag …… 2.1.22
softening ash fusion temperature …… 2.1.18
solid density …… 2.1.12
soot …… 2.4.13
sugar platform …… 2.3.9
syngas …… 2.4.10

T

tar …… 2.4.12
tertiary biomass …… 2.1.7
thermochemical conversion …… 2.3.4
transesterification …… 2.3.8

U

ultimate analysis …… 2.1.15

V

volatiles …… 2.1.21

W

wet storage …… 2.3.22

ICS 11.060.10
C 33

中华人民共和国国家标准

GB 30367—2013/ISO 6872:2008

牙科学　陶瓷材料

Dentistry—Ceramic materials

(ISO 6872:2008,IDT)

2013-12-31 发布　　2015-06-01 实施

中华人民共和国国家质量监督检验检疫总局
中国国家标准化管理委员会　发布

前　　言

本标准的全部技术内容为强制性的。

本标准按照 GB/T 1.1—2009 给出的规则起草。

本标准使用翻译法等同采用 ISO 6872:2008《牙科学　陶瓷材料》(Dentistry—Ceramic materials)。

与本标准中规范性引用的国际文件有一致性对应关系的我国文件如下:

——GB/T 6682—2008　分析实验室用水规格和试验方法(ISO 3696:1987,MOD)

——GB/T 9937(所有部分)　口腔词汇[ISO 1942(所有部分)]

请注意本文件的某些内容可能涉及专利。本文件的发布机构不承担识别这些专利的责任。

本标准由国家食品药品监督管理总局提出。

本标准由全国口腔材料和器械设备标准化技术委员会(SAC/TC 99)归口。

本标准起草单位:北京大学口腔医学院口腔医疗器械检验中心、深圳市爱尔创科技有限公司。

本标准主要起草人:林红、徐永祥、郑刚、王鸿娟、袁慎坡、严庆云、孙志辉、李媛。

引　言

本标准不包含对可能的生物学危害的定性和定量的要求,但推荐在评价可能的生物学危害时，参见 ISO 10993-1 和 ISO 7405。

牙科学 陶瓷材料

1 范围

本标准规定了牙科陶瓷材料的性能要求和相关试验方法。

本标准适用于制作牙科固定全瓷和金属烤瓷修复体及修复装置的陶瓷材料。

2 规范性引用文件

下列文件对于本文件的应用是必不可少的。凡是注日期的引用文件,仅注日期的版本适用于本文件。凡是不注日期的引用文件,其最新版本(包括所有的修改单)适用于本文件。

ISO 1942(所有部分) 口腔词汇(Dentistry—Vocabulary)

ISO 3696 分析实验室用水规格和试验方法(Water for analytical laboratory use—Specification and test methods)

3 术语和定义

ISO 1942界定的以及下列术语和定义适用于本文件。

3.1 材料

3.1.1

添加瓷 addition ceramic

低温下烧结,通常用于恢复牙科修复体或修复装置接触点的牙科陶瓷材料。

3.1.2

牙科陶瓷 dental ceramic

特殊组成的无机非金属材料,按照制造商说明书使用时,用于制作全部或部分牙科修复体或修复装置。

3.1.3

牙科饰瓷 dental porcelain

以玻璃相为主的牙科陶瓷材料,主要用于牙科修复体或修复装置的美学部分。

3.1.4

牙本质瓷 dentine ceramic

用于形成牙科修复体或修复装置的主要形状和基本色泽,模拟天然牙本质的牙科陶瓷材料。

3.1.5

牙釉质瓷 enamel ceramic

用于覆盖全部或部分牙本质瓷,并形成牙科修复体或修复装置较透明的切端1/3,模拟天然牙釉质的牙科陶瓷材料。

3.1.6

火焰喷涂牙科陶瓷 flame-sprayed dental ceramic

采用火焰喷涂技术制作牙科陶瓷核或基底层的牙科陶瓷材料。

3.1.7

玻璃陶瓷(牙科)　glass-ceramic (dental)

通过对玻璃进行热处理,以使其全部或主要部分引发和生成晶体微结构的牙科陶瓷。

3.1.8

玻璃渗透牙科陶瓷　glass-infiltrated dental ceramic

通过升温使特殊玻璃渗入多孔状的牙科陶瓷中,使其致密化形成牙科陶瓷核或基底层的牙科陶瓷材料。

3.1.9

上釉陶瓷　glaze ceramic

覆盖在牙釉质瓷和牙本质瓷表面的牙科陶瓷材料。在低于牙釉质瓷和牙本质瓷烧结温度的温度下烧结,产生薄层连续封闭表面,其光泽度取决于烧结条件。

3.1.10

衬层　liner

在全瓷基底层上提供基底色(背景色)的一层牙科陶瓷,在此层上使用牙本质瓷或遮色牙本质瓷以达到整体美观的效果。

3.1.11

成型液　modeling fluid

在烧结前,与牙科瓷粉混合使其按所需形状成型或塑型的液体。

3.1.12

遮色牙本质瓷　opaceous dentine ceramic

遮色性高于牙本质陶瓷材料,但仍可用于形成牙科修复体或修复装置的总体形状和基本色泽以模拟天然牙本质的牙科陶瓷材料。

3.1.13

遮色牙科陶瓷　opaque dental ceramic

根据制造商说明用于金属基底材料,与金属表面结合形成一层为其他牙科陶瓷材料提供基底色和界面以达到整体美观的牙科陶瓷材料。

3.1.14

肩台瓷　shoulder ceramic

用于形成牙科修复体或修复装置边缘区形状和色泽,以模拟该部位天然牙本质的牙科陶瓷材料。

3.1.15

着色瓷　stain ceramic

在构建牙科修复体或修复装置的过程中使用的高度着色的牙科陶瓷粉或糊剂,可以在修复体或修复装置的内部或外部使用以模拟天然牙内部或表面的细节。

3.1.16

基底(核)瓷　substructure (core) dental ceramic

形成支撑基底结构的牙科陶瓷(主要为多晶态),在其上可以部分或全部应用一层或多层牙科陶瓷材料或牙科聚合物材料以形成牙科修复体或修复装置。

3.2　加工方法

3.2.1

空气烧结牙科陶瓷　air firing dental ceramic

在环境大气压下牙科陶瓷的烧结。

3.2.2

计算机辅助设计/计算机辅助加工牙科陶瓷　CAD/CAM dental ceramic

采用计算机辅助设计/计算机辅助加工(CAD/CAM)制作牙科修复体或修复装置的过程,包括以下步骤:

1) 对模型或蜡型进行数字扫描,获得三维数据集;

2) 对三维数据集进行软件处理,设计修复体;

3) 计算机控制的机械加工工具完成制作(修复体)过程。

3.2.3

牙科陶瓷的压实　condensation of dental ceramic

烧结前,振荡牙科瓷粉粉浆以压实瓷粉的粉末处理过程。

3.2.4

注射/铸造/压注成型牙科陶瓷　injectable,castable or pressable dental ceramic

呈粒状或块状(通常预烧结)的牙科陶瓷材料,一般采用失蜡技术,在特定的炉具中将其注射/铸造/压注入模具中成型。

3.2.5

牙科陶瓷的烧结　sintering of a dental ceramic

对牙科瓷粉或瓷粉压实块采用加热并可能结合其他加工参数(如:加压、常压),使陶瓷致密成所需形状的加工过程。

注:在本文件中,"烧制"和"烧结"是通用的("烧制"的含义是热烧结)。

3.2.6

真空烧制牙科陶瓷　vacuum firing dental ceramic

在低压(如:真空)下牙科陶瓷的烧结,以达到所需致密性和美观效果,尤其是半透性。

注:真空烧结的牙科陶瓷具有特定的粒度分布,以减少空隙形成。

3.3 性能

3.3.1

牙科陶瓷材料的分类　class of dental ceramic

根据预期用途将牙科陶瓷进行分类。

3.3.2

断裂韧性　fracture toughness

常用断裂参数之一,表示材料抵抗裂纹扩展(延伸)的能力。

3.3.3

玻璃化转变温度　glass transition temperature

玻璃在弹性态和粘弹态之间转变的温度范围的中点(大约),其特征是热胀系数开始发生快速变化。

3.3.4

上釉(介质)　glaze(medium)

光泽达到临床和美观可接受时获得的表面外观。

4 分型、分类和识别

在本标准中,牙科陶瓷分以下两类型:

——Ⅰ型:以粉状、膏状或溶胶形式提供的陶瓷产品;

——Ⅱ型:其他形式的陶瓷产品。

根据其临床用途，牙科陶瓷可按表1分为六类。若为区分瓷粉而在其中添加颜色，则推荐使用表2的颜色标识。

表1　固定修复陶瓷按临床用途的分类

分类	推荐的临床用途	机械性能和化学性能	
		最小挠曲强度(平均值) MPa	最大化学溶解性 $\mu g \cdot cm^{-2}$
1	a)　覆盖金属或陶瓷基底的美观陶瓷； b)　单一单位前牙修复体、贴面、嵌体、高嵌体的美观陶瓷	50	100
2	a)　黏接剂固位的单一单位前牙或后牙修复体的美观陶瓷；	100	100
	b)　黏接剂固位的单一单位前牙或后牙修复体的基底陶瓷	100	2 000
3	非黏接剂固位的单一单位前牙或后牙修复体的美观陶瓷	300	100
4	a)　非黏接剂固位的单一单位前牙或后牙修复体的基底陶瓷； b)　不包含磨牙的三单位修复体的基底陶瓷	300	2 000
5	包含磨牙的三单位修复体的基底陶瓷	500	2 000
6	包含四单位及四单位以上修复体的基底陶瓷	800	100

表2　识别Ⅰ型牙科瓷粉的推荐颜色标识

材料	颜色标识
牙本质瓷	粉色
牙釉质瓷	蓝色
荧光瓷	黄色
高色度牙本质瓷	橙色
乳光牙釉质瓷	蓝色—绿色
修正牙釉质瓷(如半透明，透明)	紫色

5　要求

5.1　均匀性

用于产生烧结后牙科陶瓷颜色的无机颜料或用于颜色标识的有机色素应均匀分散在牙科陶瓷材料和粉末状的陶瓷产品中。当瓷粉按7.1.4混合时，目测检查应无色素分离。

5.2　无异物

5.2.1　目测检查牙科陶瓷材料应无异物。

5.2.2　按7.2.2试验，牙科陶瓷材料中铀238的浓度应不大于$1.0 Bq \cdot g^{-1}$。

5.2.3　表2所列的用于瓷粉颜色标识的色素，推荐采用食品级有机材料。

5.3 Ⅰ型陶瓷的混合及压实性能

按7.1.4试验，Ⅰ型牙科陶瓷与水或制造商推荐的成型液混合时，目测检查，牙科瓷粉不得结块或成团。

调和成的糊剂，通过逐层压实，应能适合制作预期的修复体和修复装置。当糊剂按7.1.5压实后，目测检查，在干燥过程中不应开裂或起皱。

5.4 理化性能

按照第7章规定的Ⅰ型和Ⅱ型陶瓷相关试验方法，陶瓷试样的理化性能应符合表1的要求。陶瓷的线胀系数与制造商标示值相差不大于 $0.5\times10^{-6}\ K^{-1}$[见8.2.2 d)]。玻璃化转变温度与制造商标示值相差不大于20 ℃[见8.2.2 d)]。

5.5 生物相容性

参见引言中生物相容性指南。

6 取样

6.1 Ⅰ型陶瓷

取足量的陶瓷以完成所需试验。若同一种类的牙科陶瓷有多种色泽，则混合每种色泽的等量瓷粉进行试验。

若制造商推荐使用成型液，应获取足量的成型液。成型液的数量根据制造商的推荐。

6.2 Ⅱ型陶瓷

用于本标准测试的陶瓷应取自同一批次。

7 试验方法

7.1 试样制备

7.1.1 总则

具体描述见相应试验方法。

对Ⅰ型陶瓷试样(除另有说明或与本标准所述不一致外)，7.1.3中描述的器具，以及调和、压实和烧结的条件(7.1.4～7.1.6)适用于所有试验方法。

7.1.2 Ⅰ型陶瓷试样组分

用于制样的液剂应采用符合规定的3级水(ISO 3696)，或者若适用，应采用牙科瓷粉制造商推荐的成型液。所需数量的瓷粉应取自6.1所述瓷粉。

7.1.3 调和器具

用于调和的器具均应洁净干燥。

7.1.3.1 玻璃板或调和板

7.1.3.2 调刀

由不易被牙科瓷粉磨损的材料制成(推荐玻璃调刀)。用于调和过程中的器具应由不污染陶瓷材料的材料制成。

7.1.3.3 多组合可开模具

能够取出压实试样,并且不变形。

7.1.3.4 振荡系统(振荡台或机械刷)

振荡频率为 50 Hz～60 Hz,或符合制造商说明书的要求。

7.1.4 调和方法

按制造商推荐的比例混合液剂(水或成型液)和瓷粉。应避免剧烈搅拌以防膏状物中混入气泡,在调和过程中及调和后,目测观察糊剂是否符合 5.1 和 5.2.1 的要求。

7.1.5 试样压实过程

将牙科陶瓷糊剂过量填充入模具(7.1.3.3)并振荡。当多余液体渗出试样表面时,在其表面放置一张吸水纸(或类似的吸水材料),除去多余液体。一旦吸水纸饱和,应立即更换吸水纸。持续振荡和吸水,直到没有液体再析出。然后,将试样表面用合适的器具(带有斜边的玻璃载玻片最佳)刮平。将试样从模具中取出,放入烧结托盘中,干燥并检查是否符合 5.3 的要求。

注:其他成型方法(如干压)同样可以用于试样制备。

7.1.6 烧结

将试样置于一个不粘附、不吸取材料的托盘上,放入炉中,以便均匀烧结。从制造商处获取试样烧结的指南。陶瓷试样应按制造商说明书进行烧结,以使其最终密度和热处理史能够代表预期的修复体或修复装置。

7.2 牙科陶瓷的放射性

7.2.1 试样准备

7.2.1.1 Ⅰ型陶瓷

按照 6.1 获取出厂态样品 50 g 是合适的。

7.2.1.2 Ⅱ型陶瓷

用碳化钨研磨介质或其他合适的研磨介质(避免放射性物质的污染)研磨成粉。筛分得到 50 g 粒度小于 75 μm 的粉末。

7.2.2 计数步骤

取 50 g 瓷粉样品,用中子活化法或 γ 能谱法(采用 γ 能谱技术须注意排除干扰)测定铀 238 的放射性活性浓度。

7.2.3 结果判定

每个试样均应符合 5.2.2 的要求。

7.3 挠曲强度

7.3.1 总则

可采用三种试验方法：

a) 三点弯曲试验；

b) 四点弯曲试验；

c) 双轴弯曲试验(活塞—三球试验)。

7.3.2 三点弯曲试验和四点弯曲试验

7.3.2.1 器具

7.3.2.1.1 万能力学试验机

十字头速度(1±0.5)mm/min，可测量载荷范围 10 N～5 000 N(精度 1%)。

7.3.2.1.2 挠曲强度试验固定装置

a) 三点弯曲，包括两个直径 1.5 mm～5 mm(±0.2 mm)的支撑圆柱，两者中心的跨度 12 mm～40 mm(±0.5 mm)。载荷由直径为 1.5 mm～5 mm(±0.2 mm)的第三个圆柱施加于两支撑圆柱的中点。圆柱由硬质钢或其他硬度大于 40HRC(洛氏硬度)的材料制成，表面平滑，粗糙度 *Ra* 小于 0.5 μm。

b) 四点弯曲，由两个圆柱加载，加载部位为两支撑圆柱的内侧 1/4(见图 1)。

两个支撑圆柱的直径 1.5 mm～5 mm(±0.2 mm)，两者中心的跨度 16 mm～40 mm(±0.5 mm)。圆柱由硬质钢或其他硬度大于 40HRC(洛氏硬度)的材料制成，表面平滑，粗糙度 *Ra* 小于 0.5 μm。两加载圆柱的材质、大小应与支撑圆柱一致，加载部位为两支撑圆柱跨度的四等分点，形成的内跨距(图 1 中 $L/2$)为 8.0 mm～20.0 mm(±0.2 mm)。施加力的布局应确保两加载圆柱的载荷大小相同，并且扭转力最小。

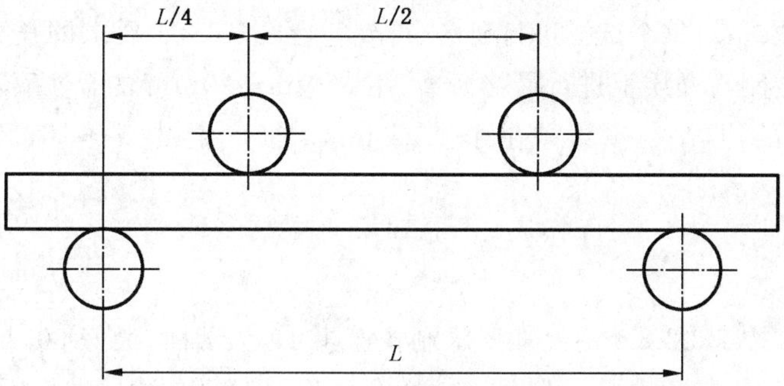

注：力臂＝$L/4$。

图 1 四点-1/4-点固定装置图

7.3.2.2 试样制备

7.3.2.2.1 试样尺寸与试验参数

7.3.2.2.1.1 尺寸

用于三点弯曲试验和四点弯曲试验的试样横截面为长方形，最好对锋棱倒角，如图2及图中的尺寸要求。

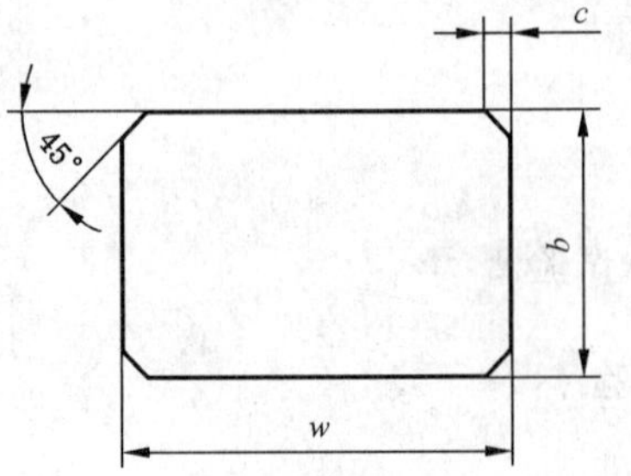

说明：

宽度：$w=4.0\ \text{mm}\pm0.2\ \text{mm}$（垂直于载荷方向的边长尺寸）；

厚度：$b=1.2\ \text{mm}\sim3.0\ \text{mm}\pm0.2\ \text{mm}$（推荐3.0 mm，平行于载荷方向的边长尺寸）；

倒角：$c=0.09\ \text{mm}\sim0.15\ \text{mm}$。

图2 尺寸示意图

7.3.2.2.1.2 试验参数

试验跨距：

对于四点弯曲，L 以毫米为单位（两支撑圆柱中心的距离，见图1。在四点-1/4-点固定装置图中，力臂$=L/4$）。

对于三点弯曲，l 以毫米为单位（两支撑圆柱中心的距离）。

断裂载荷 P 以牛顿(N)为单位。

试样长度应至少比试验跨距（L 或 l）长2 mm，厚度与长度之比（b/L 或 b/l）应小于或等于0.1。

7.3.2.2.2 Ⅰ型陶瓷

按7.3.2.2.1的尺寸要求制备至少10个试样，最好30个。使用大小合适的模具以补偿烧结和打磨引起的尺寸变化。根据试样尺寸的需要，可以对制造商说明书进行修改，将试样在真空下和一个大气压的空气中至少各烧结1次。对每个试样进行研磨，得到符合7.3.2.2.1要求的长方形试样。在公称粒度尺寸30 μm～40μm的金刚石介质上进行最终研磨，用15 μm～20 μm的金刚石磨料进行最终抛光。确保试样的两相对面是平的，且平行度误差小于0.05 mm。彻底清洗试样，确保所有研磨碎屑被清除干净。

7.3.2.2.3 Ⅱ型陶瓷

根据制造商说明书，按7.3.2.2.1的尺寸要求制备至少10个试样，最好30个。若为可切削陶瓷，则直接用制造商提供的陶瓷块制备试样。按照7.3.2.2.2的程序对每个试样进行研磨以获得最终试样。

7.3.2.3 测试步骤

测量每个试样的横截面尺寸，精确至±0.01 mm。将一个试样置于试验机的支撑点的中心，使载荷沿垂直于试样长轴的方向施加于 4 mm 宽的试样表面上。测定试样断裂所需的载荷，数据精确至 0.1 N。试验机十字头速度为(1±0.5)mm/min。重复以上步骤测试剩余试样。

7.3.2.4 强度计算

7.3.2.4.1 三点弯曲试验

用公式(1)计算挠曲强度 σ，单位为兆帕(MPa)。记录挠曲强度的平均值和标准差。平均值应等于或大于表 1 的要求。此外，如果测量了至少 15 个试样，则也可按附录 B 所示，报告 Weibull 特征强度和 Weibull 模量。

$$\sigma = \frac{3Pl}{2wb^2} \qquad \cdots\cdots(1)$$

式中：

P ——断裂载荷，单位为牛顿(N)；

l ——试验跨距(两支撑圆柱中心的距离)，单位为毫米(mm)；

w ——试样的宽度，垂直于载荷方向的边的尺寸，单位为毫米(mm)；

b ——试样的厚度，平行于载荷方向的边的尺寸，单位为毫米(mm)。

7.3.2.4.2 四点弯曲试验

用公式(2)计算挠曲强度 σ，单位为兆帕(MPa)。记录挠曲强度的平均值和标准差。平均值应等于或大于表 1 的要求。此外，如果测量了至少 15 个试样，则也可按附录 B 所示，报告 Weibull 特征强度和 Weibull 模量。

$$\sigma = \frac{3PL}{4wb^2} \qquad \cdots\cdots(2)$$

式中：

P ——断裂载荷，单位为牛顿(N)；

L ——跨距(两支撑圆柱中心的距离)，单位为毫米(mm)；

w ——试样的宽度，垂直于载荷方向的边的尺寸，单位为毫米(mm)；

b ——试样的厚度，平行于载荷方向的边的尺寸，单位为毫米(mm)。

7.3.3 双轴弯曲试验(活塞—三球试验)

7.3.3.1 器具

7.3.3.1.1 万能力学试验机

十字头速度(1±0.5)mm/min，可测量载荷范围 10 N～5 000 N(精度 1%)。

7.3.3.1.2 双轴弯曲试验固定装置，用于支撑试样。

应有 3 个相同的直径为 2.5 mm～6.5 mm 的硬质钢球，以 120°的角度分置于 1 个直径 10 mm～12 mm的支撑圆环内。试样应与支撑圆环同心地放在支撑钢球上，载荷通过 1 个直径为 1.4 mm±0.2 mm的平冲头施加于试样的中心(见图 3)。

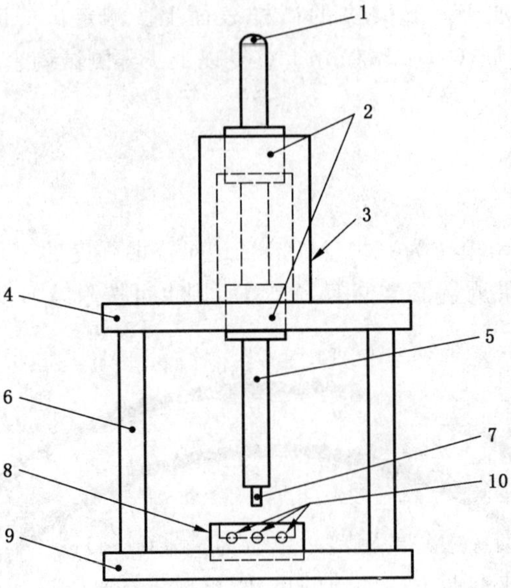

说明：

1 ——直径 12.5 mm 钢球；

2 ——精密球轴套；

3 ——上轴套夹；

4 ——顶板；

5 ——硬质钢压杆；

6 ——3 个立柱；

7 ——硬质精密圆销(直径 1.4 mm±0.2 mm)；

8 ——样品支撑环；

9 ——底板；

10——3 个相同的直径为 2.5 mm～6.5 mm 的硬质钢球，以 120°的角度分置于 1 个直径 10 mm～12 mm 的支撑圆环内。

图 3 双轴弯曲强度试验固定装置

7.3.3.2 试样制备

7.3.3.2.1 Ⅰ型陶瓷

制备至少 10 个(最好 30 个)盘状试样，厚度 1.2 mm±0.2 mm，直径 12 mm～16 mm。使用大小合适的模具以补偿烧结和打磨引起的尺寸变化。根据试样尺寸的需要，可以对制造商说明书进行修改，将试样在真空下和 1 个大气压的空气中至少各烧结 1 次。在公称粒度尺寸 30 μm～40 μm 的金刚石介质上进行最终研磨，用 15 μm～20 μm 的金刚石磨料进行最终抛光。确保试样的两相对面是平的，且平行度误差小于 0.05 mm。彻底清洗试样，确保所有研磨碎屑被清除干净。

7.3.3.2.2 Ⅱ型陶瓷

按照制造商说明，制备至少 10 个试样(最好 30 个)，直径 12 mm～16 mm，厚度 1.5 mm～2 mm。若为可切削陶瓷，则直接用制造商提供的陶瓷块制备试样。对每个试样进行研磨，最终试样厚度1.2 mm±0.2 mm，直径 12 mm～16 mm。按 7.3.3.2.1 要求打磨试样。

7.3.3.3 测试步骤

双轴弯曲强度试验，试验固定装置如图 3 所示。测量每个试样的尺寸和其他相关变量，精确至 ±0.01 mm。试样同心地放于试验固定装置的支撑球上，确保载荷施加于试样的中心。在支撑球与试样之间以及试样与载荷活塞(精密圆销)之间各放置一张非刚性的材料膜(如聚乙烯膜，厚 0.05 mm)，使压力均匀分布。测定试样断裂所需的载荷，数据精确到 0.1 N。十字头速度(1±0.5)mm/min。重复以上步骤测试剩余试样。

7.3.3.4 强度计算

用公式(3)计算挠曲强度 σ，单位为兆帕(MPa)，记录挠曲强度的平均值和标准差。平均值应等于或大于表 1 的要求。此外，如果测量的试样数不少于 15 个，则也可按附录 B 所示，报告 Weibull 特征强度和 Weibull 模量。

$$\sigma = -0.238\,7P(X-Y)/b^2 \qquad \cdots\cdots(3)$$

式中：

σ ——最大中心拉应力，单位为兆帕(MPa)；

P——断裂总载荷，单位为牛顿(N)；

b ——断裂处试样的厚度，单位为毫米(mm)；

$X=(1+\nu)\ln(r_2/r_3)^2+[(1-\nu)/2](r_2/r_3)^2$，

$Y=(1+\nu)[1+\ln(r_1/r_3)^2]+(1-\nu)(r_1/r_3)^2$

其中：

ν ——泊松比(若陶瓷的泊松比未知，取 $\nu=0.25$)；

r_1——支撑环的半径，单位为毫米(mm)；

r_2——载荷区(精密圆销)的半径，单位为毫米(mm)；

r_3——试样的半径，单位为毫米(mm)。

7.4 线胀系数

7.4.1 器具

7.4.1.1 制备棒状试样(Ⅰ型和Ⅱ型陶瓷)的设备。

7.4.1.2 牙科烤瓷炉，烧结Ⅰ型陶瓷以及控制Ⅰ型和Ⅱ型陶瓷的热处理过程。

7.4.1.3 校准的膨胀仪。

7.4.2 试样制备(Ⅰ型和Ⅱ型陶瓷)

制备 4 个柱状或棒状试样。试样长 5 mm～50 mm，横截面积不超过 30 mm²。2 个试样在真空下烧结 1 次，再在大气压力下的空气中烧结 1 次。另 2 个试样在真空中烧结 3 次，再在大气压力下的空气中烧结 1 次。磨平试样的两端，使之互相平行并垂直于试样的长轴。

7.4.3 热膨胀测量

室温下将每个试样放入热膨胀仪的炉腔中，等待 15 min，使试样的温度与热膨胀仪的温度相同。

按照热膨胀仪制造商对陶瓷测量的规定，设置试样的“预载荷”值。

对试样进行热膨胀测量，从 25 ℃开始，热膨胀仪以 5 ℃/min～10 ℃/min 的升温速度加热至约 500 ℃(或比 T_g 高约 30 ℃，根据需要可能高于或低于 500 ℃)，以便能用作图法确定 T_g(见图 4)。从能表明膨胀与温度对应关系的测绘图曲线或记录值，确定每个样品从 25 ℃到 500 ℃（或 T_g）之间的线胀系数。

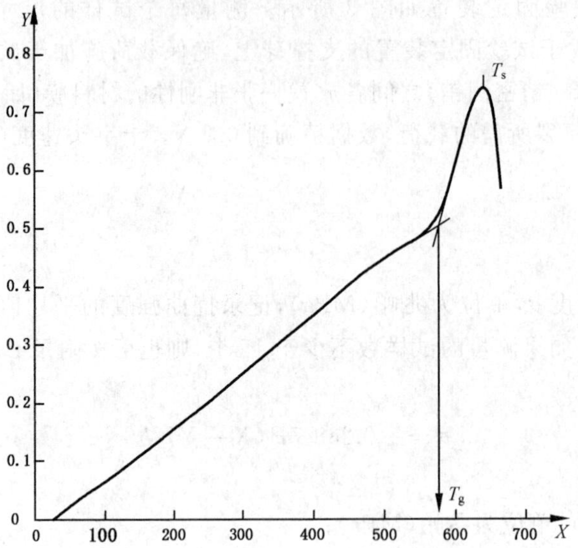

说明：

X ——温度（℃）；

Y ——尺寸变化（μm）。

注：T_g 是在一定的膨胀计载荷和加热速率下陶瓷的玻璃化转变温度；

T_s 是在一定的膨胀计载荷和加热速度下陶瓷的动态软化温度。

图 4　作图法确定玻璃化转变温度的典型膨胀曲线

7.4.4　结果评价

报告 4 个试样（2 次烧结和 4 次烧结）在 25 ℃～500 ℃（或 T_g）之间线胀系数的平均值和标准差。报告平均线胀系数精确至 $0.1\times10^{-6}\ K^{-1}$。

7.5　玻璃化转变温度

7.5.1　操作步骤

根据 7.4.3 得到的膨胀曲线（见图 4），用作图法确定每个试样（如适用）的玻璃化转变温度 T_g。

7.5.2　结果评价

报告按 7.5.1 测得的玻璃化转变温度的平均值和标准差，单位为℃。

7.6　化学溶解性

7.6.1　试剂

乙酸（分析纯），用符合 ISO 3696 的 3 级水制备成 4%（体积分数）的水溶液。

7.6.2　器具

7.6.2.1　天平，精度为 0.1mg。

7.6.2.2　干燥箱，可控温度为（150±5）℃。

7.6.3 试样制备

7.6.3.1 Ⅰ型陶瓷

按 6.1 规定取瓷粉制备试样。按照制造商的说明烧制试样。试样能自由暴露于测试液的总表面积至少为 30 cm^2(±0.5 cm^2)。

7.6.3.2 Ⅱ型陶瓷

按照制造商的说明制备试样。试样能自由暴露于测试液的总表面积至少为 30 cm^2。如适用,烧制试样以达到中度光泽或者按照制造商规定的抛光步骤对试样进行合适的抛光以模拟临床的表面抛光。

7.6.4 试验步骤

用符合 ISO 3696 的 3 级水清洗试样,将试样于(150±5)℃干燥 4 h 后称重,精确到 0.1 mg。计算试样的总表面积,精确到 0.1 cm^2。取一个 250 mL 耐热玻璃容器,内盛 100 mL 用符合 ISO 3696 的 3 级水配置的浓度为 4% (体积分数)的乙酸(分析纯)溶液(见 7.6.1)。预热到(80±3)℃后将试样置于容器中,随即盖紧容器,并将其放入(80±3)℃的烤箱中 16 h。用符合 ISO 3696 的 3 级水清洗试样,并置于(150±5)℃烤箱干燥至恒重,再次称量试样。

7.6.5 结果计算和评价

计算试样的质量损失,单位为 $\mu g \cdot cm^{-2}$。检查是否符合表 1 的要求。

注:可根据 ISO 6486-1 分析提取液以评价在这些加速试验条件下的镉和铅的释放。

8 信息和说明书

8.1 信息

8.1.1 总则

制造商在产品容器上或附带的资料中至少应提供以下信息。

8.1.2 Ⅰ型陶瓷

a) 烧结程序的时间-温度流程(包括最终温度,保持时间和加热速率)以及在真空烧结陶瓷时的真空度和时间。

b) 上釉温度。

8.1.3 Ⅱ型陶瓷

有关陶瓷材料操作和处理的详细说明。对于可切削陶瓷,应推荐研磨和抛光设备的类型。

8.2 使用说明书

8.2.1 供应商提供给购买者的详细加工说明。

8.2.2 说明书中应包含以下信息:

a) 陶瓷的商品名或商标名;

b) 陶瓷的分型和分类;

c) 制造商的名称、地址和(或)经销商;

d) 在 25 ℃~500 ℃(或 T_g)的线胀系数和 T_g(若适用);

e) 按制造商比色板规定的色号(若适用);

f) 任何特殊的贮存条件;

g) 对于潜在健康危害应有基本警示,如吸入陶瓷粉尘引起的危害。

9 包装、标识和标签

9.1 包装

牙科陶瓷粉状及非粉状产品应包装在无污染或能防止内容物被污染的密闭容器中。

9.2 标识和标签

9.2.1 每个容器或随容器附带的标签都应清楚地标明如下信息:

a) 制造商记录具体批或批次的陶瓷所用的批号或字母和数字的组合;

b) 制造商的名称(或经销商的名称);

c) 按制造商比色板规定的色号(若适用);

d) 产品的商品名;

e) 瓷粉的最小净重,单位为克(g);净体积,单位为毫升(mL);或者单件物品的数量,比如预成的瓷片或瓷块;

f) 对于潜在健康危害应有基本的警示,如吸入陶瓷粉尘引起的危害。

9.2.2 下列信息应清晰标记在 CAD/CAM 瓷块上:

a) 制造商记录陶瓷的特殊批号或批次所用的多个编号或字母和数字的组合;

b) 产品的商品名。

9.2.3 下列信息应清晰标记在可压铸块上:

按制造商比色板规定的色号(若适用)。

附 录 A
（资料性附录）
断裂韧性

A.1 总则

断裂韧性是牙科陶瓷的重要性能，是材料的内在属性，可用来预测材料的其他性能，如强度（与缺陷尺寸和缺陷数目紧密相关）。因此，断裂韧性值对比较结构用陶瓷的优劣很有意义。目前有许多方法可以很好地评价断裂韧性，其操作难度各异。

本标准推荐 A.2 的单边 V 槽横梁法（SEVNB）。该方法经过标准化的国际评价，具有用户友好，操作简单，准确可靠的特点（见参考文献[1]）。

此外，断裂韧性也可用下述方法评价：ISO 15732 单边预裂纹梁法[5]；ISO 18756 表面裂纹法[6]；或 ISO 24370 锯齿形切口试杆法[7]。断裂韧性不能依靠用压痕长度的方法来估算（如：根据维氏硬度计压头打出的表面裂纹长度来估算）。

A.2 单边 V 槽横梁法

A.2.1 器具

A.2.1.1 制作平行横梁试样的设备。试样通过烧结或切削后打磨抛光。

A.2.1.2 金刚砂锯，用于切割横梁试样一侧表面的初始 V 槽。

A.2.1.3 单刃剃须刀片，金刚砂抛光膏，用于修整初始 V 槽。

A.2.1.4 三点或四点弯曲试验固定装置（见 7.3.2.1.2）。

A.2.2 试样制备

A.2.2.1 尺寸和形状

本方法需制作 5 个横梁形试样以测定断裂韧性。试样横截面为长方形，尺寸见图 2。不需要制备强度测试用试样所需的倒角。

试样尺寸：

宽度：w＝4.0 mm±0.2 mm；

厚度：b＝3.0 mm±0.2 mm。

试样长度应比测试的支撑点跨距长至少 2 mm。注意，该试样的测试方向与强度测试试样呈 90°，即试样的宽 w 平行于载荷方向。

A.2.2.2 初始 V 槽的制作和修整

将 5 个试样和 2 个模拟试样（在切割和抛光初始凹槽时保护测试试样）尽可能紧密排在平坦底面的夹具中，以便金刚砂锯均匀切割。宽为 3 mm 的面朝上，在该面上制作初始 V 槽（该断裂韧性试验中，该面受拉力）。用铅笔沿横梁试样长边中点画一条指示线，引导金刚砂锯切割（见图 A.1）。

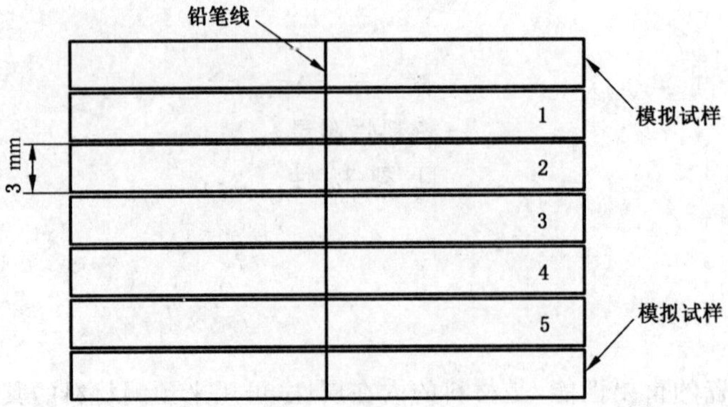

图 A.1 初始槽体

将夹具安装到金刚石锯上。选取锯片的厚度应与剃须刀片的厚度相同或略厚一点，以便在初始 V 槽的后续抛光中，很好地引导修整刀片(见图 A.2)。沿铅笔指示线切割初始槽，以使所有试样达到深约 0.5 mm的均匀深度。清洁试样，尤其是 V 槽部位，切割后和打磨前去除碎屑。

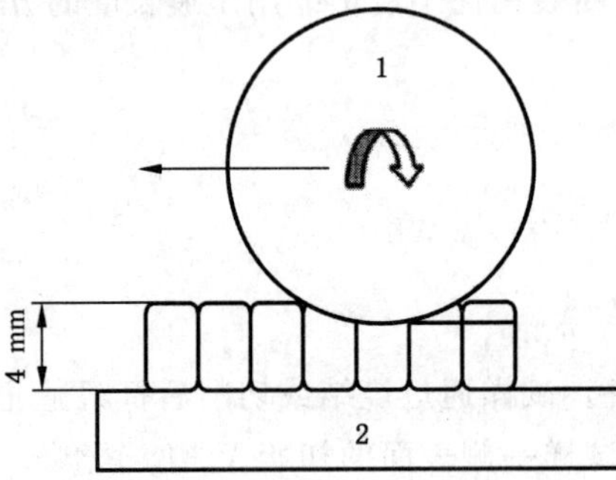

说明：

1——金刚石锯片；

2——试样支架。

图 A.2 金刚石锯制备槽体

清洁后，向 V 槽中加入金刚砂抛光膏，最大粒径 3 μm～6 μm。将剃须刀片放入初始 V 槽中，轻微施力(5 N～10 N)，尽可能柔和地以往复直线运动进行抛光。用光学显微镜检查 V 槽两端深度的均一性。V 槽深度应均匀，在 0.8 mm～1.2 mm 之间。从夹具中取出试样，用丙酮超声清洗。充分干燥试样(例如加热至 110 ℃1 h)。

A.2.2.3 机械测试

采用 7.3.2.1.2 描述的试验装置进行四点弯曲(推荐)或三点弯曲试验测量试样的断裂韧性。

将宽为 3 mm，带有 V 槽的面朝下。常温常压下，十字头以 0.5 mm/min 速度对试样施加载荷。记录断裂载荷，保留三位有效数字。记录每个试样的厚度 b，宽度 w，用千分尺测量，精确到小数点后三位。V 槽深度用放大倍数 ≥50× 的显微镜观察测量。读取深度 a_1，a_2，a_3 至三位有效数字(见图 A.3)。检查试样，确保断裂从 V 槽底部开始且贯穿 V 槽全长(否则试验无效)。

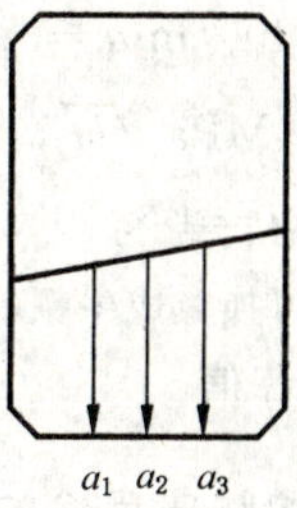

图 A.3　V 槽深度测量

A.2.2.4　结果计算

A.2.2.4.1　根据公式(A.1)和(A.2)计算每个试样的 V 槽深度平均值 a 和相对 V 槽深度 α。相对 V 槽深度应为 0.2～0.3，在 V 槽深度有变异的情况下也应满足该条件。

$$a=\frac{(a_1+a_2+a_3)}{3} \qquad \cdots\cdots(\text{A.1})$$

$$\frac{(a_{\max}-a_{\min})}{a}\leqslant 0.1\ (\text{这种关系被认为是令人满意的})$$

$$\alpha=a/w \qquad \cdots\cdots(\text{A.2})$$

式中：

a ——V 槽的平均深度，单位为毫米(mm)；

$a_{\max}$——a_1，a_2，a_3 中的最大值，单位为毫米(mm)；

$a_{\min}$——a_1，a_2，a_3 中的最小值，单位为毫米(mm)；

α ——相对 V 槽深度。

A.2.2.4.2　每个试样的断裂韧性 K_{Ic} 按下式计算：

$$K_{\mathrm{Ic}}=\sigma\sqrt{a}Y=\frac{P}{b\sqrt{w}}\times\frac{S_1-S_2}{w}\times\frac{3\sqrt{\alpha}}{2(1-\alpha)^{1.5}}Y$$

注 1：三点弯曲试验中无 S_2。

四点弯曲试验中：

$$Y=1.988\,7-1.326\alpha-\frac{(3.49-0.68\alpha+1.35\alpha^2)\alpha(1-\alpha)}{(1+\alpha)^2}$$

三点弯曲试验中：

$$Y=1.947\,2-5.024\,7\alpha+11.895\,4\alpha^2-18.063\,5\alpha^3+14.598\,6\alpha^4-4.689\,6\alpha^5$$

式中：

K_{Ic} ——断裂韧性，MPa $\sqrt{m}$；

σ ——断裂强度，单位为兆帕(MPa)；

P ——断裂载荷，单位为兆牛(MN)；

b ——试样厚度，单位为毫米(mm)；

w ——试样宽度，单位为毫米(mm)；

S_1，S_2 ——支点跨距($S_1>S_2$)，单位为毫米(mm)；

Y ——应力强度形状系数。

注 2：三点弯曲试验的公式只有当 $0.35<a/w<0.7$ 且 $S/w=10$ 时才适用。其他 S/w 值，则应采用其他公式，如 ASTM C1421-01b[8] 给出的公式。

所有计算结果均保留三位有效数字。计算并报告 K_{Ic} 的平均值和标准差，结果保留两位小数。

A.2.2.4.3　四点弯曲的校准计算值 $K_{\mathrm{Ic}}=7.42$ MPa $\sqrt{m}$，当：

$P=100\times10^{-6}$ MN; $b=3\times10^{-3}$ m; $w=4\times10^{-3}$ m; $a=2\times10^{-3}$ m; $S_1=40\times10^{-3}$ m; $S_2=20\times10^{-3}$ m

A.2.2.4.4 三点弯曲的校准计算值 $K_{\mathrm{Ic}}=7.25\ \mathrm{MPa}\sqrt{m}$，当：

$P=100\times10^{-6}$ MN; $b=3\times10^{-3}$ m; $w=4\times10^{-3}$ m; $a=2\times10^{-3}$ m; $S_1=20\times10^{-3}$ m

注：所有计算单位均为兆牛(MN)和米(m)，也可换算成牛顿(N)和毫米(mm)。

表 A.1 中列出了六类陶瓷的断裂韧性推荐值。

表 A.1 固定修复陶瓷按临床用途的分类及断裂韧性推荐值

分类	推荐临床用途	断裂韧性 MPa $\sqrt{m}$(最小值)
1	a) 覆盖金属或陶瓷基底的美观陶瓷； b) 单一单位前牙修复体、贴面、嵌体、高嵌体的美观陶瓷	0.7
2	a) 黏接剂固位的单一单位前牙或后牙修复体的美观陶瓷； b) 黏接剂固位的单一单位前牙或后牙修复体的基底陶瓷	1.0
3	非黏接剂固位的单一单位前牙或后牙修复体的美观陶瓷	2.0
4	a) 非黏接剂固位的单一单位前牙或后牙修复体的基底陶瓷； b) 不包含磨牙的三单位修复体的基底陶瓷	3.0
5	包含磨牙的三单位修复体的基底陶瓷	3.5
6	包含四单位及四单位以上修复体的基底陶瓷	5.0

附 录 B
（资料性附录）
Weibull 统 计

B.1 Weibull 分布

陶瓷的强度值通常不是以均数为中心的正态分布，而是向高强度部分偏移。多数常见分布，如 Weibull 二参数分布，适用于偏态分布和正态分布数据。

Weibull 二参数分布函数使在拉应力下的某一个面积（或体积）的累积失效概率 P_f，依照以下公式（关系）与两个评估参数相关联：(i)Weibull 模量 m（见 B.2），(ii)Weibull 特征强度 σ_0（见 B.3）。

$$P_f = 1 - \exp\left[-\left(\frac{\sigma}{\sigma_0}\right)^m\right]$$

B.2 Weibull 模量

Weibull 模量是以失效概率函数描述强度分布形状（包括宽度）的参数。它类似于正态分布的标准差，但意义相反，也就是说，假设 σ_0 相同，Weibull 模量越小，表明数据越分散。

B.3 Weibull 特征强度

B.3.1 总则

Weibull 特征强度是指特定试样和加载装置下，失效概率为 63.2%时对应的强度。

B.3.2 Weibull 强度参数的计算

Weibull 模量和特征强度由按序统计排列的挠曲强度值估算得到。

升序排列试样（至少 15 个，最好 30 个）的强度值，并根据试样的序列计算其失效概率：

$$P_f = \frac{i - 0.5}{N}$$

式中：

i ——1，2，3，4，…，i；

N——试样数量。

将变量 P_f 和 σ 分别转化成 $\ln\ln[1/(1-P_f)]$ 和 $\ln\sigma$，即 $1/(1-P_f)$ 的双自然对数和 σ 的自然对数。以 $\ln\ln[1/(1-P_f)]$ 为纵坐标，$\ln\sigma$ 为横坐标作图（见图 B.1），曲线的斜率等于 m。

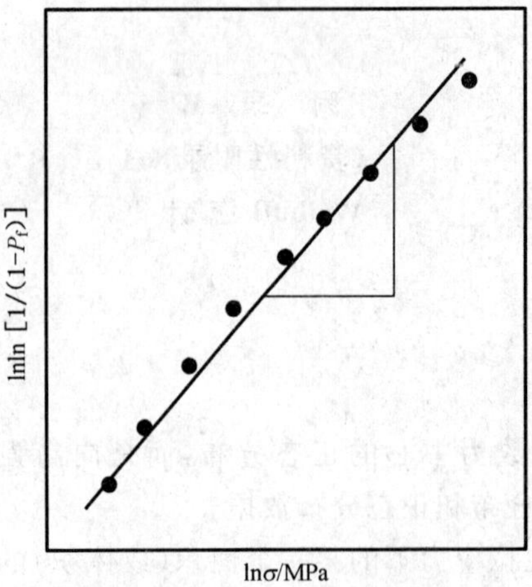

图 B.1 Weibull 模量测定

求出直线的线性回归方程，即 $y=Mx+b$。

Weibull 模量 m 等于线性回归方程的斜率(即 M)。

令 $y=0$，求得 Weibull 特征强度 σ_0。设 $y=0$，求相应 x 值。因为 $y=0$ 时，x 是特征强度的自然对数($\sigma=\sigma_0$ 时，$P_f=63.2\%$)。

参 考 文 献

[1] Quinn, G., Fracture Toughness of Advanced Ceramics at Room Temperature: A VAMAS Round Robin, Ceram. Eng. Sci. Proc., 14, pp.92-100, 1993

[2] GB/T 3534—2002 日用陶瓷器铅、镉溶出量的测定方法

[3] YY/T 0268—2008 牙科学 口腔医疗器械生物学评价 第1单元:评价与试验

[4] GB/T 16886.1—2011 医疗器械生物学评价 第1部分:风险管理过程中的评价与试验

[5] GB/T 23806—2009 精细陶瓷断裂韧性试验方法 单边预裂纹梁(SEPB)法

[6] ISO 18756 Fine ceramics (advanced ceramics, advanced technical ceramics)—Determination of fracture toughness of monolithic ceramics at room temperature by the surface crack in flexure (SCF) method

[7] ISO 24370 Fine ceramics (advanced ceramics, advanced technical ceramics)—Test method for fracture toughness of monolithic ceramics at room temperature by chevron-notched beam (CNB) method

[8] ASTM C1421-01b Standard test methods for determination of fracture toughness of advanced ceramics at ambient temperature

ICS 47.020.70
U 65

中华人民共和国国家标准

GB/T 30368—2013/ISO 22555:2007

船舶和海上技术　螺旋桨螺距指示器

Ships and marine technology—Propeller pitch indicators

(ISO 22555:2007,IDT)

2013-12-31 发布　　2015-03-01 实施

中华人民共和国国家质量监督检验检疫总局
中国国家标准化管理委员会　发布

前　言

本标准按照 GB/T 1.1—2009 给出的规则起草。

本标准采用翻译法等同采用 ISO 22555:2007《船舶和海上技术　螺旋桨螺距指示器》(英文版)。

与本标准中规范性引用文件有一致性对应关系的我国文件如下:

——GB/T 15868—1995　全球海上遇险与安全系统(CMDSS)船用无线电设备和海上导航设备通用要求测试方法和要求的测试结果(IEC 60945:1994,IDT)

为了便于使用,本标准做了下列编辑性修改:

a)　引用标准情况做了调整,将 ISO 22554:2007 的参考文献中第[2]项标准列入第 2 章。

本标准由中国船舶工业集团公司提出。

本标准由全国船舶电气及电子设备标准化技术委员会(SAC/TC 531)归口。

本标准起草单位:中国船舶工业综合技术经济研究院。

本标准主要起草人:严苹、申宏斌。

船舶和海上技术　螺旋桨螺距指示器

1　范围

本标准规定了 SOLAS 公约 1974(及 2000 年修正案)第Ⅴ章的第 19 条 2.5.4 所要求的螺旋桨螺距指示器(以下简称指示器系统)的结构设计、性能要求和试验方法及要求的试验结果等。

本标准与 IMO A.694(17)号决议和 IEC 60945 标准共同使用。

本标准要求与 IEC 60945 不一致时,优先采用本标准。

2　规范性引用文件

下列文件对于本文件的应用是必不可少的。凡是注日期的引用文件,仅注日期的版本适用于本文件。凡是不注日期的引用文件,其最新版本(包括所有的修改单)适用于本文件。

IEC 60092-504　船用电气设备　第 504 部分:专辑　控制和仪器仪表(Electrical installations in ships—Part 504: Special features—Control and instrumentation)

IEC 60945　海上导航及无线电通信设备和系统　通用要求　试验方法和要求的试验结果(Maritime navigation and radiocommunication equipment and systems—General requirements—Methods of testing and required test results)

IEC 61162-1　海上导航及无线电通信设备和系统　数字接口　第 1 部分:单发送器和多接收器(Maritime navigation and radiocommunication equipment and systems—Digital interfaces—Part 1: Single talker and multiple listeners)

IEC 61162-2　海上导航及无线电通信设备和系统　数字接口　第 2 部分:单发送器和多接收器,高速传输(Maritime navigation and radiocommunication equipment and systems—Digital interfaces—Part 2: Single talker and multiple listeners, high-speed transmission)

3　术语和定义

下列术语和定义适用于本文件。

3.1

螺旋桨螺距指示器　propeller pitch indicator

能够指示运动的螺旋桨桨叶在其最大角度之间的角位置的远程装置,该最大角度是在螺旋桨桨叶所安装的设备上以桨叶中间位置为初始位置的任一侧角度。

3.2

指示器　indicator

向观察人员显示设备或机器运行状态的装置。

注:指示器指出其显示信息的读数和量级。指示器可以是模拟的或数字的。

3.3

模拟型指示器　analog type indicator

以连续的方式指出螺距角的指示器,例如,用指针方式和刻度盘的方式。

3.4

数字型指示器　digital type indicator

以离散的文字数字方式指示螺距角的指示器。

3.5

标定精确度　calibration accuracy

发送器记录的角度与指示器指示的角度之间的差。

3.6

阻尼效率　damping efficiency

指示器指示的角度与发送器轴的角度相对应所耗用的时间。

4　结构设计

4.1　指示器系统

4.1.1　指示器系统应在所连接设备或机器的邻近或远程位置指示设备或机器的状态信息。在设备或机器处所,系统一般由传感器和发送器组成;在观察人员的位置,系统一般包括一个指示器。

通常,系统结构设计还应符合下述要求。

4.1.2　指示器系统的外壳应坚固且易于调节和维修。

4.1.3　指示器系统应配备接地端子,或结构设计应能够实现与地的电气连接。

4.1.4　模拟型指示器可用作指示器系统的指示器。如果适用,也可以使用数字型指示器。

4.2　发送器

应采用适当的方法由可调螺距螺旋桨启动机构驱动发送器。

4.3　指示器

4.3.1　模拟型指示器采用中心零点式(优选圆形)。若使用圆形刻度盘指示器,零位应在最上方。

"船首"和"右舷"的方向应在零位刻度的右侧;"船尾"和"左舷"应在零位刻度的左侧。

4.3.2　数字型指示器应优先用指示方向的符号或字母,以清晰易读的数字指示螺距角度。"船首"或"右舷"的方向应采用符号"＋"或字母"AH(ST)"标识;"船尾"和"左舷"应采用符号"－"或字母"AS(PT)"标识。

4.3.3　船首/右舷和船尾/左舷的最大指示角度应相同,且应不小于40°。

4.3.4　度盘分度不应小于1°。对应5°增量的分度标记应比其间的增量分度标记更加突出。

4.3.5　指示器的指针应能够调整到零位。

4.3.6　应能由度盘上的字母和分度清晰地识别出船首和船尾方向。

4.3.7　除调光器的控制应保持可读取指示外,所有照明和指示器灯光应可调节至零位。

4.3.8　照明和指示器灯光的布置不应妨碍操作人员晚间的视觉,即使在黑暗或暗淡的光线下,也尽可能地保持刻度、指针和字母有同样的可视性。

5　性能要求

5.1　一般要求

当所有指示器同时工作时,发送器应能够满足5.2～5.4的要求。制造商应明确说明由发送器支持的指示器的最多数量或连接指示器的容量。

5.2 标定精确度

为标定指示器系统，从零位向船首(右舷)或船尾(左舷)最大角度缓慢转动发送器的轴，并且每转动5°记录指示器指示的角度。发送器轴角与指示器显示的相应值的差应在两个方向上最大角度之和的±1.5%范围内。

5.3 阻尼效率

发送器轴在满刻度约一半位置，且指示器指针设置在零位的情况下，如果指示器突然接入电压，指示器指针回到零位的时间应不大于5 s。

5.4 电源变化范围

5.4.1 当指示器系统承受电源变化时，应符合5.1和5.2规定的性能要求。
5.4.2 反复通断电源后，应保证无需进行手工调节即可达到规定的指示器性能要求。
5.4.3 当按表1要求的额定电压和频率变化组合工作时，应保证指示器系统可达到规定的性能要求。

表1 额定电压和频率的变化范围

项目	稳态条件	瞬态条件
电压变化范围	±10%	±20%
频率变化范围	±5%	±10%
变化周期	600 s	3 s

5.5 绝缘电阻和耐压

进行绝缘电阻和耐压试验时，可按照IEC 60092-504的规定。

6 试验方法和要求的试验结果

6.1 结构设计

指示器系统的结构设计应符合第4章规定的要求。

6.2 环境试验

除非本标准另有说明，所有试验应符合IEC 60945的规定。制造商应按照IEC 60945的定义，确定需要保护或暴露的指示器系统部件。

6.3 标定精确度试验

指示器系统标定精确度试验应按5.2的规定进行，并应符合其中所规定的要求。

6.4 阻尼试验

指示器系统阻尼试验应按5.3的规定进行，并应符合其中所规定的要求。

6.5 电源变化范围试验

指示器系统电源变化范围试验应按5.4的规定进行，并应符合其中所规定的要求。

7 接口

若指示器提供外部接口，应符合船用接口标准 IEC 61162-1 和 IEC 61162-2 的有关规定。

8 标志

8.1 指示器系统的每个单元应有以下标志：

a) 制造商标识；

b) 型式试验时使用的设备类别编号或型号标识；

c) 单元的序列号。

8.2 每个单元应标志出可能安装的与磁罗经的最小安全距离(对于桥楼设备)。安全距离的测量应符合 IEC 60945 的规定。

9 信息

制造商应提供适当的设备文件，以使船上有关人员能够有效地操作和维护设备。

参 考 文 献

[1] ISO 8468, Ships and marine technology—Ship's bridge layout and associated equipment—Requirements and guidelines

[2] IEC 60092-504, Elecrical installations in ships—Part 504: Special features—Control and instrumentation

[3] International Convention for the Safety of Life at Sea(SOLAS), 1974 (amended)

[4] IMO A.694(17), General requirements for shipborne radio equipment forming part of the global maritime distress and safety system (GMDSS) and for electronic navigational aids

ICS 47.020.70
U 65

中华人民共和国国家标准

GB/T 30369—2013/ISO 22554:2007

船舶和海上技术　螺旋桨轴转数指示器 电气型和电子型

Ships and marine technology—Propeller shaft revolution indicators—Electric type and electronic type

(ISO 22554:2007,IDT)

2013-12-31 发布　　2015-03-01 实施

中华人民共和国国家质量监督检验检疫总局
中国国家标准化管理委员会　发布

前　言

本标准按照 GB/T 1.1—2009 给出的规则起草。

本标准采用翻译法等同采用 ISO 22554:2007《船舶和海上技术　螺旋桨轴转数指示器　电气型和电子型》(英文版)。

为了便于使用,本标准做了下列编辑性修改:

a) 引用标准情况做了调整,将 ISO 22554:2007 的参考文献中第[2]项标准列入第 2 章;

b) 增加“指示器系统结构如图 1 所示”的表述。

本标准由中国船舶工业集团公司提出。

本标准由全国船舶电气及电子设备标准化技术委员会(SAC/TC 531)归口。

本标准起草单位:中国船舶工业综合技术经济研究院。

本标准主要起草人:严苹、申宏斌。

船舶和海上技术　螺旋桨轴转数指示器　电气型和电子型

1　范围

本标准规定了SOLAS公约1974(及2000年修正案)第V章的第19条2.5.4所要求的电气型和电子型螺旋桨轴转数指示器(以下简称指示器系统)的结构设计、性能要求、试验方法和要求的试验结果等。

本标准与IMO A.694(17)号决议和IEC 60945标准共同使用。

本标准要求与IEC 60945不一致时,优先采用本标准。

注:当本指示器系统能够用作船舶发动机的转速计时,则允许用作为转速计。

2　规范性引用文件

下列文件对于本文件的应用是必不可少的。凡是注日期的引用文件,仅注日期的版本适用于本文件。凡是不注日期的引用文件,其最新版本(包括所有的修改单)适用于本文件。

IEC 60092-504　船用电气设备　第504部分:专辑 控制和仪器仪表(Electrical installations in ships—Part 504: Special features—Control and instrumentation)

IEC 60945　海上导航及无线电通信设备与系统　通用要求　试验方法和要求的试验结果(Maritime navigation and radiocommunication equipment and systems—General requirements—Methods of testing and required test results)

IEC 61162-1:2000　海上导航及无线电通信设备与系统　数字接口　第1部分:单发送器和多接收器(Maritime navigation and radiocommunication equipment and systems—Digital interfaces—Part 1: Single talker and multiple listeners)

IEC 61162-2:1998　海上导航及无线电通信设备与系统　数字接口　第2部分:单发送器和多接收器,高速传输(Maritime navigation and radiocommunication equipment and systems—Digital interfaces—Part 2: Single talker and multiple listeners, high-speed transmission)

3　术语和定义

下列术语和定义适用于本文件。

3.1

螺旋桨轴转数指示器　propeller shaft revolution indicator

能够指示螺旋桨轴每分钟转数或能够指示螺旋桨轴每分钟转数和旋转方向的远程装置。

3.2

电气型螺旋桨轴转数指示器　electric propeller shaft revolution indicator

使用螺旋桨轴带发电机,通过驱动装置传送螺旋桨轴转速(每分钟转数)和旋转方向的电气型指示器。

3.3

电子型螺旋桨轴转数指示器　electronic propeller shaft revolution indicator

使用转数传感器探测由齿轮传动装置转动桨轴或一个有缝隙的圆盘发出的脉冲,并将这些脉冲传送到信号转换器的电子型指示器。

3.4

指示器　indicator

向观察人员显示设备或机器运行状态的装置。

注：指示器指示对当前信息的检测结果及其量级。指示器可以是模拟的或数字的。

3.5

模拟型指示器　analogue type indicator

以连续的方式指示转速的指示器，例如，指针和刻度盘的方式。

3.6

数字型指示器　digital type indicator

以离散的文字数字方式指示转速的指示器。

3.7

标定精确度　calibration accuracy

螺旋桨轴的实际转速与指示器指示的转速之间的差。

3.8

阻尼效率　damping efficiency

指示器响应一个突然的输入信号时首次超过读数的值，用最大读数的百分比表示。

4　结构设计

4.1　指示器系统

4.1.1　指示器系统应在所连接设备或机器的邻近或远程位置指示设备或机器的状态信息。在设备或机器处所，系统一般由传感器和发送器组成，指示器系统结构如图1所示；在观察人员的位置，系统一般包括一个指示器。

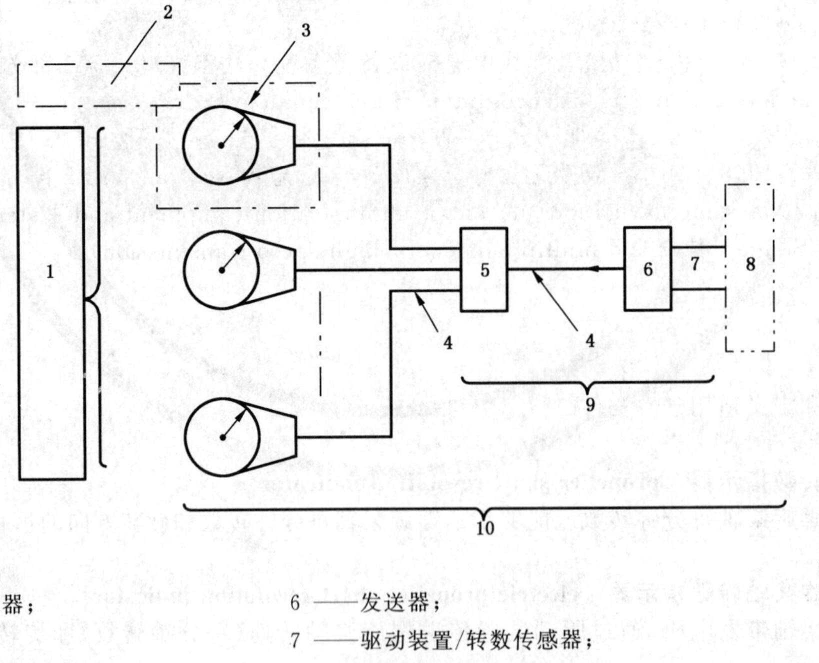

说明：

1——若干指示器；

2——指示器；

3——指针；

4——电缆；

5——接线盒(适当的)/信号转换器；

6——发送器；

7——驱动装置/转数传感器；

8——旋转机械；

9——发送装置(广义词，包括信号收集和发送功能)；

10——指示器系统。

图1　指示器系统的结构

通常，系统结构设计还应符合下述要求。

4.1.2 指示器系统的外壳应坚固且易于调节和维修。

4.1.3 有仪器面板照明和仪器面板照明调光器的指示器系统应配备接地端子或应进行结构设计，以便达到安全接地。对于电子型指示器，信号转换器也应符合本要求。

4.1.4 指示器系统可以是独立的，或者是任何其他有关设备的一部分，或由这些设备的信息驱动。

4.1.5 模拟型指示器可用作指示器系统的指示器。如果适用，也可以使用数字型指示器。

4.2 发送装置

4.2.1 一般要求

指示器系统应满足下列各项结构要求。

4.2.2 电气型

4.2.2.1 驱动装置

驱动装置应符合下列要求。但直接与凸轮轴或主机其他部分连接的指示器不应使用驱动装置：

a) 驱动装置的结构设计应将螺旋桨轴的转动平稳无滑动地传送到发送器；

b) 驱动装置宜配备离合系统，以便在螺旋桨轴转动期间的任何时候可以中断和驱动发送器；

c) 为了增加螺旋桨轴系统的驱动力，宜使用齿轮机构；

d) 传动齿轮应能安全、方便地安装在螺旋桨轴的转动部件上；

e) 若发送器的驱动包括枢轴连接件，该连接件的设计应能防止其在振动条件下松动。

4.2.2.2 发送器

发送器应符合下列要求：

a) 通过电气连接在螺旋桨轴的带动下，发送器使用发电机传送桨轴的转速（每分钟转数）和旋转方向；

b) 发送器应有足够的容量同时驱动所连接的所有指示器。如果发送器信号输出到自动控制和测量装置，还应考虑增加容量。制造商应详细说明其连接指示器的容量。

4.2.2.3 接线盒

接线盒应能够连接规定数量的指示器。接线盒应配备补偿装置，以保证不因指示器数量变化引起指示器误差。

4.2.3 电子型

4.2.3.1 转数传感器

转数传感器的结构应能正确地探测到螺旋桨轴转动齿轮或圆盘缝隙所发出的脉冲。

4.2.3.2 信号转换器

信号转换器的结构应能将来自螺旋桨轴的脉冲转换为电气信号输出。

4.3 指示器

4.3.1 指示器一般由接收部分和指示部分组成。接收部分与发送器电气连接，指示部分的结构设计应指示螺旋桨轴旋转的方向和每分钟转数。

"船首"方向应采用符号"+"或字母"AH"或"AHEAD"标识;"船尾"应采用符号"-"或字母"AS"或"ASTERN"标识。

4.3.2 刻度盘上的字母和分度应清晰标刻出船首和船尾的方向。

4.3.3 转速面板上的顺时针方向应指示船舶的前进方向。船舶向前和向后运动的最大刻度值宜为 100 min^{-1}、125 min^{-1}、150 min^{-1}、200 min^{-1}、250 min^{-1}、300 min^{-1}、400 min^{-1}或 450 min^{-1}(r/min)。也可以用直线式排列的刻度。

4.3.4 指示器零点的标定及其指示应能用适当的方法调整。

4.3.5 指示器的设计应能方便清晰地读取指示数据。

4.3.6 除调光器的控制应保持可读取指示外,所有照明和指示器灯光应可调节至零点。

4.3.7 照明和指示器灯光的布置不应妨碍操作人员晚间的视觉,即使在黑暗或暗淡的光线下,也尽可能地保持刻度、指针和字母有同样的可视性。

5 性能要求

5.1 一般要求

当连接的所有指示器同时工作时,任一发送器应具有满足本标准要求的容量。

5.2 平衡

在没有电流情况下,当指示器从正中位置旋转到任何一侧 30°时,对于可视度盘直径约为 150 mm 的指示器,指针相对零点的偏差应在船首和船尾最大刻度值之和±1%的范围内;对于可视度盘直径小于 150 mm 的指示器,指针相对零点的偏差应在船首和船尾最大刻度值之和±2%的范围内。

5.3 摩擦误差

当指示器接入相当于指示器转数的电信号时,将指针慢慢地向前和向后运动到最大刻度处,在最大刻度值的 0%、25%、75%和 100%处分别查看标定精确度,向前和向后运动的指示差,对于可视度盘直径约为 150 mm 的指示器应在船首和船尾运动的最大刻度值之和±0.5%的范围内;对于可视度盘直径小于 150 mm 的指示器应在±1.0%的范围内。

5.4 标定精确度

当转数传感器和信号转换器工作时,使用经核准的测试仪器分别在最大刻度值的 0%、25%、50%、75%和 100%处测定标定精确度,测试仪器的误差幅度对于可视度盘直径约为 150 mm 的指示器,应在船首和船尾最大刻度值之和±0.5%的范围内;对于可视度盘直径小于 150 mm 的指示器应在±1.0%的范围内(参考温度为 20 ℃)。

5.5 阻尼

当指示器突然接入相当于指示器最大刻度值一半的试验电信号时,指示器指针的运动不应超过最大值的 2/3。

5.6 零点

当指示器接入相当于指示器最大刻度值的电信号 30 min 后,关掉电源,轻轻拍打外壳,消除活动部件的误差,并立即校正零位误差,对于可视度盘直径约为 150 mm 或以上的指示器,任何零点位置误差应在船首和船尾最大刻度值之和±0.25%的范围内;对于可视度盘直径小于 150 mm 的指示器应在±0.5%的范围内。

5.7 信号转换器输出的电信号

相当于指示器最大刻度值的输出电信号应充分满足所连接的所有指示器同时工作的需要。

5.8 信号转换器输出的电信号精确度

5.8.1 一般要求

输出电信号的精确度应符合下述要求。

5.8.2 精确度

输出电信号的精确度应采用输出电信号的等效值与指示器最大刻度值的比值表示。比值应不超过0.2%。

5.8.3 响应速度

当信号转换器的输入脉冲随着相当于最大转速的每秒脉冲数突然改变时，输出电信号最大值在1 s内应达到相当于最大转速时的值。

5.9 电源变化范围

5.9.1 当电源按5.9的规定变化时，应符合5.4、5.7和5.8规定的指示器性能要求。
5.9.2 反复通断电源后，应保证无需进行手工调节即可达到规定的指示器性能要求。
5.9.3 当按表1要求的额定电压和频率变化组合工作时，应保证指示器系统可达到规定的性能要求。

表 1 额定电压和频率的变化范围

项目	稳态条件	瞬态条件
电压变化范围	±10%	±20%
频率变化范围	±5%	±10%
变化周期	600 s	3 s

5.9.4 指示器在使用电池的情况下，当在额定电压±20%的范围内变化时，应保证规定的指示器性能要求。

5.10 绝缘电阻和高压

进行绝缘电阻和高压试验时，可采用IEC 60092-504的规定。

6 试验方法和要求的试验结果

6.1 试验项目和顺序

指示器系统的试验对同一个样品按下列项目和顺序要求进行：

a) 结构；
b) 平衡试验；
c) 摩擦试验；
d) 标定精确度试验；
e) 阻尼试验；

f) 零点试验；

g) 信号转换器输出的电信号试验(不包括电气型)；

h) 信号转换器输出的电信号精确度试验(不包括电气型)；

i) 电源变化范围试验。

应用一个适当装配的指示器进行 c)至 f)项试验。

6.2 结构

指示器系统的结构应符合第 4 章规定的要求。

6.3 环境试验

除非本标准另有说明，所有试验应符合 IEC 60945 的规定。制造商应按照 IEC 60945 的定义，确定需要保护或暴露的指示器系统部件。

6.4 平衡试验

指示器系统平衡试验应按照 5.2 进行，并应符合其中所规定的要求。

6.5 摩擦试验

指示器系统摩擦试验应按照 5.3 的规定进行，并应符合其中所规定的要求。

6.6 标定精确度试验

指示器系统标定精确度试验应按照 5.4 的规定进行，并应符合其中所规定的要求。

6.7 阻尼试验

指示器系统阻尼试验应按照 5.5 的规定进行，并应符合其中所规定的要求。

6.8 零点试验

指示器系统零点试验应按照 5.6 的规定进行，并应符合其中所规定的要求。

6.9 信号转换器输出的电信号试验

指示器系统信号转换器输出的电信号试验应按照 5.7 的规定进行，并应符合其中所规定的要求。

6.10 信号转换器输出的电信号精确度试验

指示器系统信号转换器输出的电信号精确度试验应按照 5.8 的规定进行，并应符合其中所规定的要求。

6.11 电源变化范围试验

指示器系统电源变化范围试验应按照 5.9 的规定进行，并应符合其中所规定的要求。

7 接口

若指示器系统提供外部接口，应符合相应的船用接口标准 IEC 61162-1 和 IEC 61162-2。

8 标志

8.1 指示器系统的每个单元应有以下标志：

a) 制造商标识；

b) 型式试验时使用的设备类别编号或型号标识；

c) 单元的序列号；

d) 发电机的转速、电压和电流(除电子型系统)。

8.2 其发电机的电压、电流和旋转速度(每分钟转数)应表示系统的指示器的最大刻度。

8.3 每个单元应标志出可能安装的与磁罗经的最小安全距离(对于桥楼设备)。安全距离的测量应符合 IEC 60945 的要求。

9 信息

制造商应提供足够的设备文件,以使船上有关人员能够有效地操作和维护设备。

参考文献

[1] ISO 8468 Ships and marine technology—Ship's bridge layout and associated equipment—Requirements and guidelines

[2] International Convention for the Safety of Life at Sea(SOLAS),1974 (amended)

[3] IMO A.694(17),General requirements for shipborne radio equipment forming part of the global maritime distress and safety system (GMDSS) and for electronic navigational aids

ICS 29.160.40
K 52

中华人民共和国国家标准

GB/T 30370—2013

火力发电机组一次调频试验及性能验收导则

Guide of primary frequency control test and performance acceptance for thermal power generating units

2013-12-31 发布　　　　2015-03-01 实施

中华人民共和国国家质量监督检验检疫总局
中国国家标准化管理委员会　发布

前　言

本标准按照 GB/T 1.1—2009 给出的规则起草。

本标准由中国电力企业联合会提出。

本标准由全国电站过程监控及信息标准化技术委员会(SAC/TC 376)归口。

本标准起草单位:华北电力科学研究院有限责任公司。

本标准主要起草人:李卫华、杨振勇。

火力发电机组一次调频试验及性能验收导则

1 范围

本标准规定了火力发电机组一次调频试验、性能验收的主要技术要求和方法。

本标准适用于单台机组容量在100 MW及以上的火力发电机组。

2 规范性引用文件

下列文件对于本文件的应用是必不可少的。凡是注日期的引用文件，仅注日期的版本适用于本文件。凡是不注日期的引用文件，其最新版本(包括所有的修改单)适用于本文件。

GB/T 26863—2011 火电站监控系统术语

DL/T 657 火力发电厂模拟量控制系统验收测试规程

3 术语、定义、符号、代号和缩略语

GB/T 26863—2011界定的以及下列术语和定义适用于本文件。为了便于使用，以下重复列出了GB/T 26863—2011中的某些术语和定义。

3.1

一次调频 primary frequency control;PFC

通过各原动机调速器来调节各发电机组转速，以使驱动转矩随系统频率而变动。

[GB/T 26863—2011,6.29.1.5]

3.2

一次调频死区 dead band of primary frequency compensation;DB

一次调频调节系统在额定转速附近对转速差或频率差的不灵敏区。

3.3

一次调频响应滞后时间 response delay time of primary frequency compensation;DT

指从转速差或频率差最后一次超出一次调频死区开始到机组负荷向正确的调频方向开始变化的时间。

3.4

一次调频稳定时间 stabilization time of primary frequency compensation;ST

指从转速差或频率差最后一次超出一次调频死区开始到机组负荷最后一次达到目标值所允许的范围之内需要的时间。

3.5

转速不等率 droop

汽轮机控制系统静态特性曲线的斜率。通常以对应空负荷与满负荷的转速差值与额定转速比值的百分数来表示。

[GB/T 26863—2011,6.29.4.15]

3.6

协调控制系统　coordinated control system;CCS

将锅炉(包括常压循环流化床)-汽轮发电机组、或燃气轮发电机组-余热锅炉-蒸汽轮发电机组、或反应堆-汽轮发电机组作为一个整体进行控制,通过控制回路协调锅炉(包括常压循环流化床)与汽轮机组、或燃气轮机与余热锅炉和汽轮机组、或反应堆与汽轮机组、或在自动状态的工作,给锅炉(包括常压循环流化床、余热锅炉)、反应堆、汽轮机、燃气轮机的自动控制系统发出指令,以适应负荷变化的需要,尽最大可能发挥机组调频、调峰的能力。

[GB/T 26863—2011,6.29.1]

3.7

数字电液控制系统　digital electro-hydraulic control system;DEH

由电气原理组成的敏感元件、数字电路(计算机),由电气/液压原理组成的放大元件和液压原理组成的伺服机构所组成的汽轮机控制系统。简称数字电调。

[GB/T 26863—2011,6.29.4.3]

3.8

自动发电控制　automatic generation control;AGC

根据电网负荷指令控制发电功率的自动控制。

[GB/T 26863—2011,6.29.8]

3.9

燃气轮机控制系统　gas turbine unit control system;TCS

使燃气轮机适应各种运行工况的控制系统的总称。包括燃气轮机转速、负荷、温度控制系统和液压伺服系统,还包括自启停、报警、保护和监视操作等子系统。

3.10

额定功率　rated power

P_0,MW 或 kW

制造厂给定的汽轮发电机组输出功率,机组在规定的终端参数,且不超过规定的寿命条件下无限期地运行,调节汽门不一定全部开启。额定功率也称额定出力或额定负荷(调节系统试验时的额定负荷是指在设计背压下的考核工况)。

[DL/T 996—2006,3.2.1]

4　试验目的

验证火力发电机组参与电网运行的一次调频功能,一次调频性能应满足本标准指标要求,同时应确认火力发电机组参与电网一次调频时的调节安全。

5　主要技术指标

5.1　转速不等率

火电机组转速不等率应为3%～6%,该技术指标不计算调频死区影响部分。

5.2　调频死区

机组参与一次调频死区应在|±0.033| Hz 或|±2| r/min 范围内。

5.3 动态指标

5.3.1 机组参与一次调频的响应滞后时间应小于 3 s。

5.3.2 机组参与一次调频的稳定时间应小于 1 min。

5.3.3 机组一次调频的负荷响应速度应满足:燃煤机组达到 75%目标负荷的时间应不大于 15 s,达到 90%目标负荷的时间应不大于 30 s,燃气轮机机组达到 90%目标负荷的时间应不大于 15 s。

5.4 一次调频负荷变化幅度

5.4.1 机组参与一次调频的调频负荷变化幅度下限应大于机组稳燃负荷。

5.4.2 机组参与一次调频的调频负荷变化幅度上限应进行限制,限制幅度在(6%~10%) P_0 之间。

5.4.3 额定负荷运行的机组,应参与一次调频,增负荷方向最大调频负荷增量幅度不小于 3% P_0。

6 试验条件

6.1 一次调频控制回路功能

6.1.1 DEH、TCS(调速)侧控制回路:应采取将转速差信号经转速不等率设计函数直接叠加在汽轮机调速汽门或燃机燃料调节门总阀位指令处的设计方法,同时功率回路的功率指令亦根据转速不等率设计指标进行调频功率定值补偿,且补偿的调频功率定值部分不经过速率限制,参见附录 A。

6.1.2 CCS 侧控制回路:具有机组协调控制的机组,由 DEH(或 TCS)、CCS 共同完成一次调频功能;即:调速侧采取将转速差信号经转速不等率设计函数直接叠加在汽轮机调速汽门或燃机燃料调节门总阀位指令处的设计方法,而 CCS 中功率回路的功率指令亦根据转速不等率设计指标进行调频功率定值补偿,且补偿的调频功率定值部分不经过速率限制,参见附录 A。

6.2 机组模拟量控制系统指标满足 DL/T 657 的规定。

6.3 协调控制系统或 DEH 功率控制系统正常投入。

6.4 DEH(TCS)系统运行正常。

6.5 机组运行主要参数无报警或异常。

6.6 发电机组转速和电网频率信号校验合格。

6.7 机组退出 AGC 控制方式。

6.8 试验方案已编制并经批准,试验组织机构成立,明确职责分工。

6.9 已经取得电网调度部门的同意。

7 试验要求和方法

7.1 新建机组可以只进行单阀工况下的一次调频试验。

7.2 运行工况的选择:存在单阀、顺序阀运行方式的机组,一次调频试验包括单阀方式下的一次调频试验和顺序阀方式下的一次调频试验,其中新建机组根据汽轮机本体运行要求适时开展单阀、顺序阀方式下的一次调频试验。无单、顺序阀运行工况的机组进行的一次调频试验应能表征该机组运行工况下的实际性能。

7.3 负荷工况的选择:试验工况点应能较准确反映机组变负荷运行范围内的一次调频特性。试验负荷工况点应不少于 3 个,宜在 60% P_0、75% P_0、90% P_0 工况附近选择。

7.4 扰动量的选择:每个试验负荷工况点,应至少分别进行±0.067 Hz(±4 r/min)及±0.1 Hz(±6 r/min)频差阶跃扰动试验。

7.5 试验频差可采用机组控制系统生成,亦可采用外接信号发生设备生成,需保证 CCS 与 DEH(TCS)

同步。

7.6 试验数据采集周期不大于1 s。

8 试验步骤

8.1 机组稳定运行在试验要求的负荷工况。

8.2 启动数据采集装置。

8.3 生成阶跃频差，作用于一次调频回路，并保证CCS回路和DEH回路的频差一致。

8.4 频差持续不少于1 min，然后恢复频差函数。

8.5 记录该次试验数据[功率、调门反馈、主汽压、调节级压力、转速(频)差等]。

8.6 重复8.3～8.5步骤，直至该负荷工况下各个频差扰动试验结束。

8.7 调整机组负荷到下一个试验工况。

8.8 重复8.2～8.6步骤，直至各个负荷工况的试验结束。

8.9 将试验数据按表B.1进行记录。

8.10 恢复系统至试验前状态。

9 性能验收

9.1 一次调频性能验收分为静态功能验收和动态指标验收两部分。

9.2 静态功能验收包括控制回路检查、参数设置核查。按照第5章和6.1的规定进行。

9.3 动态指标验收依据试验结果直接或间接计算进行。指标包括第5章所规定的全部内容，指标有：转速不等率、一次调频死区、一次调频响应滞后时间、一次调频稳定时间、一次调频响应速度、一次调频负荷变化幅度等。

9.4 任一负荷工况的各动态指标应满足第5章所规定的要求，任一负荷各动态指标以该负荷工况下各次阶跃扰动响应的平均值为最终验收值。

9.5 验收结果以表B.2进行记录。

附 录 A
（资料性附录）
一次调频功能典型原理图

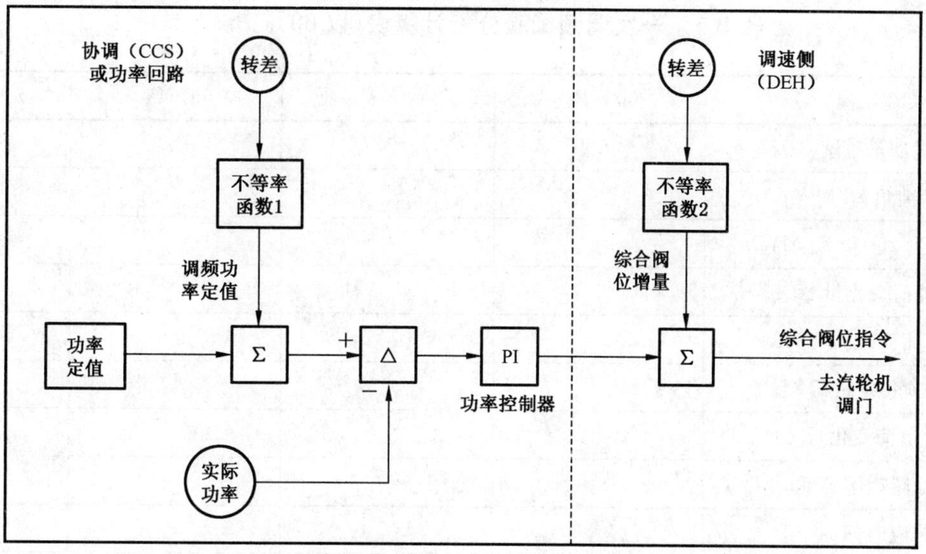

图 A.1 汽轮机一次调频功能实现典型原理图

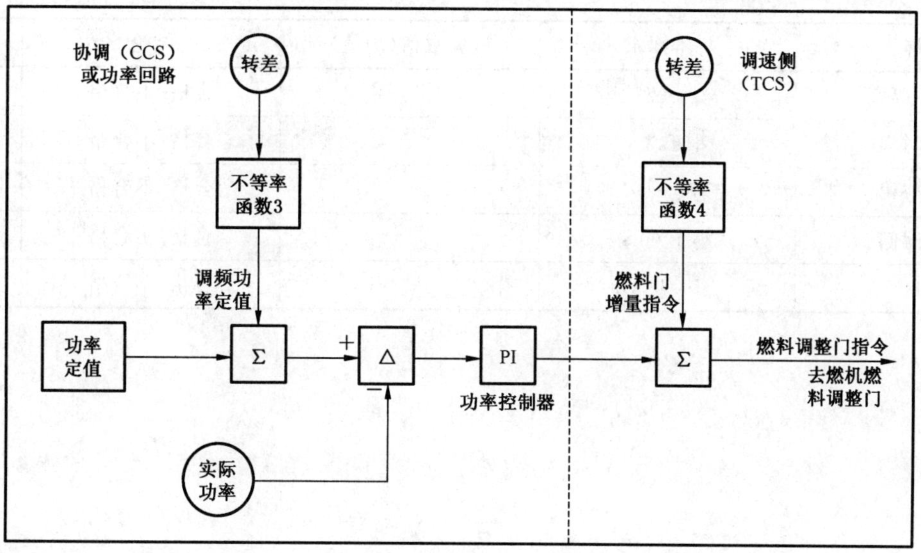

图 A.2 燃气-蒸汽联合循环机组一次调频实现典型原理图

附　录　B
（规范性附录）
一次调频性能试验及验收表

表 B.1　一次调频试验分析计算表（以 60% P_0 为例）

负荷工况	60% P_0	60% P_0	60% P_0	60% P_0
扰动量/Hz	−0.067	0.067	−0.1	0.1
试验前负荷/MW				
试验发生 15s 负荷/MW				
15s 负荷变化量 ΔP				
15s 负荷变化幅度/%				
试验稳定负荷				
稳定后负荷变化量 ΔP				
实际转速不等率				
响应时间/s				
稳定时间/s				

表 B.2　一次调频性能验收表

指标	标准要求	试验数值（均值）	结论	备注
转速不等率	3%～6%		合格/不合格	
响应时间	小于 3 s		合格/不合格	
15 s 响应幅值	大于 75%(90%)		合格/不合格	
稳定时间	小于 60 s		合格/不合格	
死区	±0.033 Hz		合格/不合格	

参 考 文 献

[1] DL/T 996—2006 火力发电厂汽轮机电液控制系统技术条件

ICS 27.120
F 90

中华人民共和国国家标准

GB/T 30371—2013

无损检测用电子直线加速器工程通用规范

Standard of electron linear accelerator engineering for non-destructive testing

2013-12-31 发布 2015-03-01 实施

中华人民共和国国家质量监督检验检疫总局
中国国家标准化管理委员会 发布

前言

本标准按照 GB/T 1.1—2009 给出的规则起草。

本标准由中国核工业集团公司提出。

本标准由全国核能标准化技术委员会(SAC/TC 58)归口。

本标准起草单位:北京机械工业自动化研究所、兖矿集团东华建设有限公司、中国原子能科学研究院、山东高阳建设有限公司、清华大学、五洲工程设计研究院、中国联合工程公司、江西起重机械总厂、山东起凤建工股份有限公司、中国第二重型机械集团公司、中国同位素与辐射行业协会辐射加工专业委员会、核工业标准化研究所。

本标准主要起草人:郭彦斌、张入通、孟祥宇、张亚峰、孙裕国、靳清秀、王淑贤、王春光、赵红兵、刘晓生、田绪峰、孔凡涛、赵晓辉、刘建辉、路尚修、王庆林、陈勇、连哲莉。

无损检测用电子直线加速器工程通用规范

1 范围

本标准规定了无损检测用电子直线加速器工程建设中加速器装置的技术要求、运动机械及工装装置的技术要求、射线无损检测建筑物工程设计要求、施工及质量监督以及工程安装、检验和验收等内容。

本标准适用于能量为15 MeV以下的无损检测用电子直线加速器工程，包括胶片X射线照相、计算机X射线成像(CR)、数字X射线实时成像、数字X射线照相(DR)及工业计算机X射线层析扫描(ICT)等。

2 规范性引用文件

下列文件对于本文件的应用是必不可少的。凡是注日期的引用文件，仅注日期的版本适用于本文件。凡是不注日期的引用文件，其最新版本(包括所有的修改单)适用于本文件。

GB 2894 安全标志及其使用导则

GB 3095 环境空气质量标准

GB/T 3811 起重机设计规范

GB 18871—2002 电离辐射防护与辐射源安全基本标准

GB/T 20129—2006 无损检测用电子直线加速器

GB 50016 建筑设计防火规范

GB 50223—2009 建筑工程抗震设防分类标准

GB 50278 起重设备安装工程施工及验收规范

GBZ 1—2010 工业企业设计卫生标准

GBZ 2.1—2007 工作场所有害因素职业接触限值 第1部分：化学有害因素

GBZ 2.2—2007 工作场所有害因素职业接触限值 第2部分：物理因素

3 术语和定义

下列术语和定义适用于本文件。

3.1

电子直线加速器工程 electron linear accelerator engineering

电子直线加速器工程由电子直线加速器装置、运动机械及工装装置、射线无损检测建筑物等组成。

3.2

电子直线加速器装置 electron linear accelerator facility

利用高频电场加速沿直线轨道运动的电子并打靶产生X射线的装置。

3.3

运动机械及工装装置 motion machine and tooling equipment

使X射线机头、工件和(或)探测器等运动所需的机械设备。

3.4

X射线无损检测建筑物工程 building engineering for X-ray non-destructive testing

为实施X射线无损检测所需构筑物的建造工程。

3.5

X 射线束能量　X-ray beam energy

X 射线束连续能谱的最大能量。

3.6

准直器　collimator

由吸收材料制成的用于限定 X 射线束方向和角度的部件。

3.7

半值层　half-value layer（HVL）

入射 X 射线束辐射强度衰减到原强度一半时所需材料的厚度。

3.8

X 射线束焦点尺寸　X-ray beam focus spot size

加速后的电子束打在靶上所形成斑点直径的大小。

3.9

X 射线束均匀度　X-ray beam flatness

在距靶 1 m 与 X 射线束中心轴线垂直的平面上，与中心轴线夹角一定时，圆周上任一点的剂量率与中心轴线上剂量率的百分比。

3.10

X 射线束不对称度　X-ray beam asymmetry

在距靶 1 m 与 X 射线束中心轴线垂直的平面上，与中心轴线夹角一定时，圆周上任意两对称点的剂量率与相对于中心轴线上剂量率的百分比之差。

4　工程的组成

4.1　电子直线加速器装置

电子直线加速器装置通常由下列部分组成：

a)　X 射线机头；

b)　调制器系统；

c)　冷却系统；

d)　控制系统；

e)　配套水管、电缆等。

4.2　运动机械及工装装置

辐射屏蔽室内 X 射线机头和工件等运动所需的装置通常有：

a)　使 X 射线机头运动的起重机械；

b)　使 X 射线机头运动的承载车；

c)　使工件运动的机构；

d)　使成像探测器运动的机构；

e)　装载工件的起重机械等。

4.3　射线无损检测建筑物工程

射线无损检测建筑物工程主要由下列部分组成：

a)　辐射屏蔽室；

b)　屏蔽门；

c) 迷道；

d) 调制器、冷却系统设备室；

e) 控制室；

f) 洗片、观片室；

g) 变配电、暖通设备室；

h) 其他公用设施、配套设施室。

5 加速器装置

5.1 总要求

5.1.1 加速器装置的X射线束能量、剂量率、准直器形状与尺寸、泄漏剂量等参数依用户合同要求设计制造。

5.1.2 根据具体要求，加速器装置借助运动机械及工装装置应能实现对工件的无损检测。

5.1.3 X射线机头中的零部件材料，应符合对感生放射性的限制要求。

5.1.4 加速器装置的稳定性、可靠性应能满足使用要求。

5.1.5 应提供完整的技术文件资料。

5.2 控制系统要求

5.2.1 控制系统设计应遵循确保人身、设备、剂量安全的原则。

5.2.2 开机和停机操作应在控制台上进行，同时要有紧急停机装置。

5.2.3 控制按钮应采用安全电压。

5.2.4 控制系统应具备如下功能：

a) 正常开机和停机；

b) 出束前声光报警；

c) 设备状态及故障显示、报警及自动停机；

d) 显示装置的主要参数；

e) 安全联锁；

f) 紧急停机。

5.3 技术参数

5.3.1 X射线束能量

常用的X射线束能量与对应吸收材料的半值层厚度有确定关系，见表1。

表1 常用的X射线束能量对应吸收材料的半值层厚度(HVL±0.5)

X射线束能量 MeV	钢(密度为7.85 g/cm³) mm	推进剂(密度为1.78 g/cm³) mm
1	16	61
2	20	84
4	25	116
6	28	138

表 1（续）

X 射线束能量 MeV	钢（密度为 7.85 g/cm^3） mm	推进剂（密度为 1.78 g/cm^3） mm
9	31	160
12	32	178
15	33	188

5.3.2 检测厚度范围

常用的 X 射线束能量在满足照相灵敏度为 1% 时，对应的等效钢检测厚度范围见表 2。

表 2 常用 X 射线束能量对应的等效钢检测厚度范围

X 射线束能量 MeV	等效钢厚度范围 mm
1	36～150
2	40～200
4	50～250
6	50～280
9	76～380
12	100～420
15	100～460

5.3.3 X 射线束空气吸收剂量率

在 X 射线束中心轴线上距靶 1 m 处，X 射线束空气吸收剂量率最大值应达到表 3 中的数值（不同用途时可变化）。

表 3 常用 X 射线束能量对应的 X 射线束空气吸收剂量率

X 射线束能量 MeV	X 射线束空气吸收剂量率 Gy/min
1	0.2
2	2.0
4	5.0
6	10.0
9	30.0
12	50.0
15	120.0

5.3.4 **X 射线束焦点尺寸**

能量不大于 9 MeV 时，焦点直径小于或等于 2.0 mm；能量在大于 9 MeV 时，焦点直径小于或等于 3.0 mm。

5.3.5 **X 射线束均匀度**

在 X 射线束中心轴线上距靶 1 m 远任意一侧夹角 *A* 处，X 射线束均匀度不小于一定数值，常用数值见表 4。

表 4 常用 X 射线束能量对应的 X 射线均匀度和不对称度

X 射线束能量 MeV	与中心轴线夹角 *A* (°)	X 射线束均匀度 %	X 射线束不对称度 %
1	7.5	80	±5
2	7.5	78	
4	7.5	75	
6	7.5	62	
9	7.5	55	
12	6.0	50	
15	6.0	45	

5.3.6 **X 射线束不对称度**

在 X 射线束中心轴线上距靶 1 m 远任意一侧夹角 *A* 处，X 射线束不对称度不大于表 4 中的 X 射线束不对称度数值。

5.3.7 **辐射泄漏**

5.3.7.1 **泄漏剂量**

在 X 射线束前向准直器±1/2 准直器锥角到±180°的范围内，距靶 1 m 处泄漏剂量率与 X 射线束中心轴线上剂量率的百分比应小于 0.1%。

5.3.7.2 **中子剂量**

加速器 X 射线束能量大于或等于 10 MeV 时，在 X 射线束前向准直器±1/2 准直器锥角到±180°范围内，距靶 1 m 处中子辐射剂量率应小于 0.1%(中心轴线上 X 射线束剂量率)；其他任何方向距靶 1 m 处中子辐射剂量率应小于 0.01%。

6 运动机械及工装装置

6.1 总则

6.1.1 运动机械选用起重机时，要根据起重机使用等级和载荷状态，确定起重机整机的工作级别及其机构的工作级别。

6.1.2 悬吊运动机构应按技术要求设计制造。

6.1.3 用于X射线机头或工件运动的承载车的设计制造应满足工程特有的技术要求。

6.1.4 成像探测器机械运动机构应按技术要求设计制造。

6.1.5 本标准未提及的其他部分,应遵循相关标准设计制造。

6.1.6 应提供完整的技术文件资料。

6.2 控制系统要求

6.2.1 控制系统设计应遵循确保人身、设备安全的原则。

6.2.2 运动装置及工装装置的开机和停机操作部分应避免X射线直射,同时要有紧急停机装置。

6.2.3 多处控制时,各控制点应互锁,确保控制点唯一有效。

6.2.4 运动装置的最大运行速度应控制在额定值以下。

6.2.5 控制按钮应采用安全电压。

6.3 具体要求

6.3.1 根据起重机的工作级别,按照GB/T 3811进行设计制造。

6.3.2 选用其他运动机械及工装装置时应遵循运行平稳、安全可靠、定位准确的原则设计制造。

6.3.3 X射线机头旋转机构应保证X射线机头与辐射屏蔽室主射束方向夹角限制在不大于±90°的范围内;辐射屏蔽室无主射束方向限制的除外。

6.3.4 X射线机头升降机构应有上下限位及钢丝绳防脱槽装置。

6.3.5 运动装置应在每个运行方向设行程限位器、缓冲器或端部止挡机构。

7 工程装置的其他要求

7.1 辐射屏蔽室环境条件

7.1.1 环境温度:5 ℃～35 ℃。

7.1.2 相对湿度:≤90%。

7.2 供电

7.2.1 电压:交流三相五线制380 V±19 V。

7.2.2 频率:50 Hz。

7.2.3 供电功率:由技术文件给出。

7.3 电气安全

7.3.1 装置应设有保护接地,其设备金属表面与接地端子间的电阻不应大于0.1 Ω。

7.3.2 在试验电压2 000 V,试验持续时间大于或等于1 min的条件下,检测装置中各独立的供电设备的相线、零线对地及设备金属外壳之间的绝缘电阻均不应小于1 MΩ。

7.4 结构与外观

7.4.1 装置的结构设计应符合工程应用的要求,便于操作和维护。

7.4.2 运动部件运行应自由灵活,无杂声,机械安装接口连接牢固。

7.4.3 运动装置、电源主滑触线等应涂刷安全色。

7.4.4 装置表面应平整光洁、色泽均匀,无明显机械损伤。

7.5 标志

7.5.1 装置标牌

各装置应设置永久性标志或标牌，其内容包括：

a) 制造商名称；

b) 装置名称；

c) 装置型号；

d) 出厂编号及出厂日期；

e) 产品序列号。

7.5.2 部件铭牌

主要部件应设置具有以下标志的铭牌：

a) 部件名称；

b) 制造商名称；

c) 编号及日期。

7.5.3 表盘铭牌

实体或虚拟显示仪表、操作开关、按钮、指示灯等应有说明其显示或操作对象内容的文字或图形标牌，名字过长时可用缩略语，并在说明书中列出缩略语的定义或解释。

7.5.4 警示标志

使用警示标志及说明标志应符合 GB 2894 的规定。

7.6 技术文件

各装置的技术文件包括但不限于以下项：

a) 说明书；

b) 操作手册；

c) 维修手册；

d) 出厂合格证等。

8 射线无损检测建筑物工程

8.1 工程设计

8.1.1 设计单位及其人员资格

8.1.1.1 设计单位应持有相应的设计资质。

8.1.1.2 承担设计的负责人应具有相应的设计资质。

8.1.1.3 承担设计的负责人应组织有资格的设计人员完成对应专业的设计工作。

8.1.2 设计依据

8.1.2.1 应根据业主的委托书并依据无损检测工程可行性报告、环境影响评价文件、安全评价文件、职业卫生评价文件、水文地质勘查资料及有关监管部门厂址审批文件等进行设计。

8.1.2.2 辐射防护安全设计应按 GB 18871—2002 中 4.3、6.4 的规定进行设计。

8.1.2.3 应按照纵深防御、冗余性、多元性、独立性的原则进行设计。

8.1.2.4 设计应满足国家劳动保护相关规定的要求以及各种工况下设备运行安全的要求。

8.1.2.5 在加速器X射线束能量大于或等于10 MeV时，辐射屏蔽设计应考虑中子辐射。

8.1.3 辐射防护安全要求

8.1.3.1 辐射屏蔽材料采用混凝土时，其强度等级应不低于C25，密度不应低于2 350 kg/m^3。

8.1.3.2 辐射屏蔽室的结构及预埋件、穿越防护墙线缆及管道应满足所有设备安装、运行、检修和维修的要求，且不能影响辐射防护效果。

8.1.3.3 辐射屏蔽室外围的辐射剂量水平应符合GB 18871—2002的职业照射剂量限值要求(见附录A)；在工程设计时辐射防护设计的剂量规定为：职业照射个人年有效剂量限值为5 mSv；公众成员个人年有效剂量限值为0.1 mSv。

8.1.3.4 屏蔽门与墙体搭接合理，间隙与搭接比值不小于1/10。

8.1.3.5 辐射屏蔽室应设有功能齐全、性能可靠的安全联锁系统和视频监控、紧急停机开关等装置；装备多个射线源装置时，应能联锁切换。

8.1.3.6 辐射屏蔽室迷道入口处应设置显示加速器装置运行状态的灯光信号和其他警示标志。

8.1.3.7 剂量监测设备、个人剂量计等应配置齐备。

8.1.3.8 其他物理因素安全要求见附录B。

8.1.3.9 辐射屏蔽室屏蔽计算方法参见附录C。

8.1.4 工程安全要求

8.1.4.1 环境卫生要求

8.1.4.1.1 工程建设选址应符合GBZ 1—2010中5.1的要求。

8.1.4.1.2 总体布局应符合GBZ 1—2010中5.2的要求，并满足工程装置的运行工况、物流、辅助生产和管理的最优化要求。

8.1.4.1.3 各功能设施的卫生设计应符合GBZ 1—2010中第6章的工作场所基本卫生要求。

8.1.4.1.4 应满足设备运行工况的要求。

8.1.4.1.5 辅助设施的基本卫生要求应符合GBZ 1—2010中7.1、7.2和7.3的要求。

8.1.4.1.6 应满足环保部门对环境保护的相关要求。

8.1.4.2 供电要求

8.1.4.2.1 供电按无损检测所需设备、装置等提出的供电条件设计。

8.1.4.2.2 提供的三相五线制交流电源应达到工程装置的技术要求。

8.1.4.2.3 调制器室设置独立的接地装置，接地电阻应小于4 Ω。

8.1.4.3 通风要求

8.1.4.3.1 辐射屏蔽室应根据GBZ 2.1—2007规定的工作场所的臭氧和氮氧化物等有害气体接触限值(见附录B.3)，结合加速器装置最大能量、最大剂量输出工况进行通风设计。

8.1.4.3.2 排风口的高度应根据GB 3095的规定，按照气体排出量和附近环境与气象资料计算确定。

8.1.4.3.3 冷却设备室应设计有与室外自然热交换的通道。

8.1.4.4 防火要求

8.1.4.4.1 厂房防火设计应按照GB 50016进行。

8.1.4.4.2 厂房耐火等级应不低于二级，并设置火灾报警、火情停机装置以及有效的灭火器材。

8.1.4.5 抗震要求

抗震设防应符合 GB 50223—2009 的要求，按丙类建筑设计抗震设防，抗震烈度符合国家和所在地区设防区划的要求。

8.1.4.6 其他要求

本标准未明确规定的工程设计，执行国家相关标准。

8.1.5 设计文件

8.1.5.1 文件内容

设计单位应按设计阶段向业主提交工程设计文件：

a) 方案或初步设计阶段提供：
  1) 方案或初步设计说明及附图；
  2) 主要设备清单及设备主要性能参数。

b) 施工图设计阶段提供：
  1) 总平面及运输设计施工图及设计说明；
  2) 辐射防护安全等设计说明书及施工图纸；
  3) 设备选型及配置说明书、汇总表；
  4) 建筑、结构图纸及设计说明；
  5) 电气图纸及设计说明；
  6) 暖通、给排水系统图纸及设计说明；
  7) 其他应提供的图纸及设计说明。

8.1.5.2 文件更改

8.1.5.2.1 设计文件提供后，一般不应更改。当必须更改时，原设计单位应提出设计更改通知单或更改后的图纸。

8.1.5.2.2 业主及业主委托的单位提出更改要求时，应经原设计单位同意；通过协商，由指定单位提出工作联系单，由原设计单位签署。

8.1.5.2.3 设计更改通知单应与原有图纸资料一起存档。

8.2 工程施工及质量监督

8.2.1 施工单位资格

8.2.1.1 施工单位应具有国家颁发的二级以上施工资质证书。

8.2.1.2 施工单位应组建项目部，项目部经理应具有一级建造师资格，技术负责人应具有同类工程施工经验。

8.2.1.3 项目部各专业技术人员、专业施工队伍配置齐全。

8.2.2 施工要求

8.2.2.1 施工单位应严格按设计单位提供的施工图施工；有关更改应有设计单位提供的设计更改通知单；施工单位不应擅自更改图纸。

8.2.2.2 施工前应编制施工组织设计；重要分部、分项工程应编制施工方案，施工方案经监理单位批准后实施。

8.2.2.3　施工单位应建立健全质量管理体系，制定工程施工质量管理实施细则。

8.2.2.4　辐射屏蔽室浇筑混凝土前，应经过相关专业人员现场检验，并经监理人员书面认可后，方可浇筑；辐射屏蔽室结构不宜有施工缝；无法避免时，应按经过设计人员和监理人员认可的方案完成施工。

8.2.2.5　设备基础和重要预埋件的位置坐标，施工所选用的支护方法，应保证精度需求；浇筑前应获得设备供应商和监理单位的认可。

8.2.2.6　所有分部、分项工程的施工，本标准未提及的按相应的工程建设标准执行。

8.2.3　质量监督

8.2.3.1　无损检测建筑物工程按规定进行质量监督并备案。

8.2.3.2　建设单位应聘请监理单位进行现场质量监督和检查，做好记录，保存、备案。

8.2.3.3　施工单位质检员按规定配合监督，做好记录，保存、备案。

8.2.3.4　各分项、分部、单位工程及时进行质量检查验收。

9　安装

9.1　安装单位

9.1.1　加速器装置、运动机械及工装装置应由其供应商安装，或由供应商派员指导具有安装资质的专业安装公司安装。

9.1.2　加速器装置的配套工程、公用工程设备应由具有相应资质的安装公司安装。

9.2　总体安装要求

9.2.1　应严格按照设计单位提供的施工图安装，有关更改应由设计单位提供设计更改通知单。安装单位不应擅自更改图纸。

9.2.2　工程的各项安装应具备安装条件时方可安装，其中起重机类运动机械装置要取得监管部门签发的安装许可。

9.2.3　设备安装前应逐一检查相关的基础件和预埋件，对于不符合设备要求的工作面或工作点，按设计单位、设备供应商和监理单位认可的修改意见施工。

9.3　加速器装置安装

9.3.1　加速器装置各部件的安装精度和固定状态应符合相关技术文件的要求。

9.3.2　控制系统安装、接线及线缆编号应按照工程设计的技术要求进行。

9.3.3　随装置运动的悬挂线缆、水管应使用线缆拖链。

9.4　运动机械及工装装置安装

9.4.1　起重机类运动机械装置的安装应按照 GB 50278 的要求进行。

9.4.2　按设计要求检查核对整件、部件、零件的数量、规格、尺寸、材质。

9.4.3　对轨道跨度、高低差、轨道平直度等应进行检测。

9.4.4　按施工图和安装文件完成安装，其安装位置、调整范围等全部功能应达到装置技术要求。

9.4.5　控制系统的安装、接线及线缆编号应按照工程设计的技术要求进行。

9.4.6　工装装置所用随动线缆应缠绕在线缆卷筒上或使用线缆拖链。

9.5 辐射安全系统安装

9.5.1 屏蔽门间隙、搭接应符合设计要求，运动平顺，速度符合设计要求。
9.5.2 所有控制回路安装应无差错；线缆线号准确、接线无误。
9.5.3 辐射监测设备应按照仪表专业相关标准安装。

9.6 公用、配套设施系统安装

电气、给排水、暖通等公用、配套设施，按照工程建设相应安装标准安装。

10 检验条件及方法

10.1 检验条件

检验前，应具备的条件如下：

a) 辐射屏蔽室区域具备封闭条件；
b) 辐射安全系统联锁安装调试完成；
c) 相关的控制系统安装调试完成；
d) 公用、配套设施具备投运条件；
e) 满足环境条件及供电、给水、通风等条件；
f) 加速器装置、运动装置等安装调试完成。

10.2 检验规则

10.2.1 加速器工程设备检验应由业主、供应商和安装单位编制相应的检验大纲。
10.2.2 出厂检验是设备的初步验收，根据技术约定的检验项目，按检验大纲逐项进行；检验合格后形成初验收文件，双方签字；交钥匙工程视具体情况，可不做出厂检验。
10.2.3 现场检验是在业主现场将装置安装调试完成后的交接验收。根据约定的检验项目，按检验大纲逐项进行。检验合格后形成终验收文件，双方签字后，办理移交手续。
10.2.4 加速器装置性能指标应在标称能量条件下进行检验。
10.2.5 运动及工装装置性能指标应在标称速度下进行检验。

10.3 检验方法

10.3.1 外观检验

用目测法检查装置的外观，其结果应符合 7.4 的要求。

10.3.2 性能检验

10.3.2.1 各运动机械运行平稳，运动方向正确，位置无误，限位可靠，符合 6.1、6.3 的要求或满足具体技术指标要求；选用起重机时，按照 GB 50278 的规定检验。
10.3.2.2 各工装装置运行平稳，运动方向正确，位置无误，定位准确，限位可靠，符合 6.1、6.3 的要求或满足具体技术指标要求。

10.3.3 加速器装置检验

10.3.3.1 X 射线束能量

常用的 X 射线束能量与对应材料的半值层数值有确定关系，测量方法见附录 D 中的 D.1，其结果应符合表 1 的要求。

10.3.3.2 检测厚度范围

X 射线束能量和剂量、所用胶片类型、焦距、胶片黑度、增感屏、散射消除等均满足射线照相工艺条件时(具体使用条件经协商同意),其结果应符合表 2 的要求。

10.3.3.3 X 射线束空气吸收剂量率

X 射线束空气吸收剂量率测量方法见附录 D 中的 D.2,其结果应符合表 3 要求。

10.3.3.4 X 射线束焦点

X 射线束焦点测量方法见附录 D 中的 D.3,其结果应符合 5.3.4 的要求。

10.3.3.5 X 射线束均匀度

X 射线束均匀度测量方法见附录 D 中的 D.4,其结果应符合表 4 的要求。

10.3.3.6 X 射线束不对称度

X 射线束不对称度测量方法见附录 D 中的 D.5,其结果应符合表 4 的要求。

10.3.3.7 泄露剂量

泄露剂量测量方法见附录 D 中的 D.6,其最大结果应符合 5.3.7.1 的要求。

10.3.3.8 中子剂量

中子剂量测量方法见附录 D 中的 D.7,结果应符合 5.3.7.2 的要求。

10.3.4 辐射安全检验

10.3.4.1 屏蔽门等屏蔽设施安装和运动符合设计要求。

10.3.4.2 剂量监测设备齐备、完善,符合设计要求,工作正常,剂量仪器读数准确。

10.3.4.3 在加速器装置最大剂量条件下运行,监测辐射屏蔽室外的辐射剂量水平,结果应符合 8.1.3.3 的要求。

10.3.4.4 剂量警示和报警装置符合设计要求,工作正常。

10.3.5 电气安全检验

10.3.5.1 设备保护接地

用接地电阻测试仪,使用 25 A 的测试电流,测量电气设备外壳与接地端子间的电阻,结果应符合 7.3.1 的要求。

10.3.5.2 绝缘电阻

在 7.3.2 的试验条件下,用 2 000 V 绝缘电阻表,检测装置中各独立的供电设备的相线、零线对地及设备金属外壳之间的绝缘电阻,结果应符合要求。

10.3.6 控制系统检验

10.3.6.1 在加速器装置运行过程中,观察控制系统联锁保护、仪表、接口、通讯、信号参数、状态及故障显示等工作是否正常。检验结果应符合5.2的要求。

10.3.6.2 在加速器装置运行过程中，选择主要联锁保护系统，模拟输入保护信号，观察显示、报警和保护动作是否正常。

10.3.6.3 运动机械及工装装置的控制系统检验结果应符合6.2的要求。

10.3.7 工程安全检验

10.3.7.1 环境卫生检验按国家相关规定进行，并符合8.1.4.1的要求。

10.3.7.2 供电设备运行正常，检验应符合8.1.4.2的要求。

10.3.7.3 通风设备按相应检验大纲开机检验，检测结果应达到技术要求的标称值，变化和调节范围均达到8.1.4.3的要求。

10.3.7.4 本标准未明确规定的其他设备的检验，均按国家相关标准执行。

11 工程验收

11.1 验收程序

11.1.1 由业主组织设计单位、施工单位、监理单位、加速器装置和运动机械及工装装置供应商等依据约定的相关技术文件进行验收。

11.1.2 由相关单位组织审查文件，实地分项检查并通过工程验收报告。

11.1.3 工程备案。

11.2 验收项目

验收项目包括但不限于如下部分：

a) 建筑工程；
b) 安装工程；
c) 辐射安全检验；
d) 配套及公用工程设备、装置等检验。

11.3 验收文件

验收文件包括但不限于如下部分：

a) 工程项目立项文件；
b) 设计任务书；
c) 设计图纸文件；
d) 竣工报告；
e) 检验报告；
f) 设备、装置说明书；
g) 职业卫生控制效果评价报告或环保检验报告；
h) 工程验收报告。

附 录 A
（规范性附录）
个人剂量限值与不同组织或器官的有效剂量

A.1 个人剂量限值

A.1.1 职业照射个人剂量

根据 GB 18871—2002，职业照射个人剂量应不超过以下限值：

a） 由审管部门决定的连续 5 年的年平均有效剂量(但不可作任何追溯性平均)，20 mSv；

b） 任何 1 年中的有效剂量，50 mSv；

c） 眼晶体的年当量剂量，150 mSv；

d） 四肢(手和足)或皮肤年当量剂量，500 mSv。

A.1.2 公众照射个人剂量

根据 GB 18871—2002，公众照射个人剂量应不超过以下限值：

a） 年有效剂量，1 mSv；

b） 特殊情况下，如果 5 个连续年的年平均剂量不超过 1 mSv，则某单一年份的有效剂量可提高到 5 mSv；

c） 眼晶体的年当量剂量，15 mSv；

d） 皮肤年当量剂量，50 mSv。

A.2 不同组织或器官的有效剂量

由于人体不同组织或器官对电离辐射随机性效应有不同的敏感性，为辐射防护目的，人体组织或器官的有效剂量为相应组织或器官的权重因数乘以相应的当量剂量，见式(A.1)。

$$E=\sum_{T} w_T \cdot H_T \qquad \cdots\cdots\cdots\cdots(\text{A.1})$$

式中：

E ——为人体组织或器官的有效剂量，单位为希伏(Sv)；

w_T ——组织或器官 T 的权重因数；

H_T ——组织或器官 T 所受的当量剂量，单位为希伏(Sv)。

根据 GB 18871—2002，不同组织或器官的权重因数见表 A.1。

表 A.1 不同组织或器官的权重因数表

组织或器官	组织权重因数 w_T	组织或器官	组织权重因数 w_T
性腺	0.20	肝	0.05
(红)骨髓	0.12	食道	0.05
结肠	0.12	甲状腺	0.05
肺	0.12	皮肤	0.01
胃	0.12	骨表面	0.01

表 A.1（续）

组织或器官	组织权重因数 w_T	组织或器官	组织权重因数 w_T
膀胱	0.05	其余组织或器官	0.05
乳腺	0.05	—	—

附 录 B
（规范性附录）
个人微波、高频电磁场与有害气体职业接触限值

B.1 工作场所微波职业接触限值

按照 GBZ 2.2—2007，工作场所微波职业接触限值见表 B.1。

表 B.1 工作场所微波职业接触限值

类型		日剂量 μW·h/cm²	8 h 平均功率密度 μW/cm²	非 8 h 平均功率密度 μW/cm²	短时间接触功率密度 mW/cm²
全身辐射	连续微波	400	50	400/t	5
	脉冲微波	200	25	200/t	5
肢体局部辐射	连续微波或脉冲微波	4 000	500	4 000/t	5
注：t 为受辐射时间，单位为小时(h)。					

B.2 高频电磁场职业接触限值

按照 GBZ 2.2—2007，高频电磁场职业接触限值见表 B.2。

表 B.2 高频电磁场职业接触限值

频率 f MHz	电场强度 V/m	磁场强度 A/m
$0.1 \leqslant f \leqslant 3.0$	50	5
$3.0 < f \leqslant 30$	25	—

B.3 有害气体职业接触限值

按照 GBZ 2.1—2007，有害气体职业接触限值如下：

a) 臭氧，最高容许浓度：0.3 mg/m³；

b) 二氧化氮，时间加权平均容许浓度 5 mg/m³；短时间接触容许浓度 10 mg/m³。

附 录 C
(资料性附录)
屏蔽计算方法

C.1 一次 X 射线屏蔽层的厚度计算

C.1.1 一次 X 射线的透射率计算

$$B_X \leqslant (1.67 \times 10^{-5}) \frac{H_M \cdot d^2}{D_0 \cdot T} \quad \cdots\cdots (C.1)$$

式中：

B_X ——X 射线在混凝土中的屏蔽透射率；

H_M ——剂量当量限值，单位为微希伏每小时（μSv/h）；

d ——X 射线源到参考剂量点间的距离，单位为米（m）；

D_0 ——离靶 1 m 处 X 射线的空气吸收剂量率，单位为微戈瑞每小时（μGy/h）；

T ——居留因子。

C.1.2 十值层个数计算

$$n = \lg\left(\frac{1}{B_X}\right) \quad \cdots\cdots (C.2)$$

式中：

n——十值层的个数。

C.1.3 屏蔽层的厚度计算

从图 C.1 给出的曲线中，获得相应十值层 T_1 和 T_e 后，利用式（C.3），计算出混凝土屏蔽层的厚度。

$$S = T_1 + (n-1)T_e \quad \cdots\cdots (C.3)$$

式中：

S ——混凝土屏蔽层厚度，单位为厘米（cm）；

T_1 ——第一个十值层厚度，单位为厘米（cm）；

T_e ——第一个十值层之后的十值层厚度，也称平衡十值层，单位为厘米（cm）。

C.2 迷道散射 X 射线计算

$$H_m = H_0 \cdot \frac{(a_1 \cdot A_1)(a_2 \cdot A_2)\cdots(a_n \cdot A_n)}{(d_1 \cdot d_2 \cdots d_n)^2} \quad \cdots\cdots (C.4)$$

式中：

H_m ——X 射线在参考剂量点处的吸收剂量率，单位为微希伏每小时（μSv/h）；

H_0 ——第一次散射面上的吸收剂量率，单位为微希伏每小时（μSv/h）；

a_1 ——X 射线第一次散射系数；

a_2 和 a_n——分别为 X 射线第二次散射系数和第 n 次散射系数（$n>2$）；

A_1 ——第一次散射的散射面积，单位为平方米（m^2）；

A_n ——迷道的截面积，单位为平方米（m^2）；

d_1 ——X射线第一次散射距离,单位为米(m);

d_2 和 d_n——分别为X射线第二次散射距离和第 n 次散射的距离($n>2$),单位为米(m)。

C.3 天空散射计算

天空散射导致的剂量可用式(C.5)计算。

$$D_s=\frac{(2.5\times10^{-2}D_0\Omega^{1.3})}{d_s^2d_i^2}\times10^{-[(T_c-T_1)/(T_e+1)]} \qquad \text{(C.5)}$$

式中:

D_s ——计算的天空散射吸收剂量率,单位为微希伏每小时(μSv/h);

Ω ——X射线源到屋顶的立体角,以球面度为单位;

d_s ——源到参考剂量点的最小水平距离,单位为米(m);

d_i ——源到距屋顶外表面2 m高处的垂直距离,单位为米(m);

T_c ——屋顶的厚度,单位为米(m)。

C.4 中子的屏蔽计算

C.4.1 中子透射率计算

$$B_n\leqslant(2.8\times10^{-7})\frac{H_M\cdot d^2}{\phi_0\cdot T} \qquad \text{(C.6)}$$

式中:

B_n ——中子在混凝土中的屏蔽透射率;

ϕ_0 ——距靶1 m处的中子注量率,单位为平方米·每平方厘米秒($m^2\cdot cm^{-2}\cdot s^{-1}$)。

C.4.2 中子的十值层个数计算

$$n_n=\lg\left(\frac{1}{B_n}\right) \qquad \text{(C.7)}$$

式中:

n_n——减弱中子所需的十值层的个数。

C.4.3 中子的屏蔽厚度计算

$$S_n=T_1+(n_n-1)\cdot T_e \qquad \text{(C.8)}$$

式中:

S_n——中子的混凝土屏蔽层厚度。

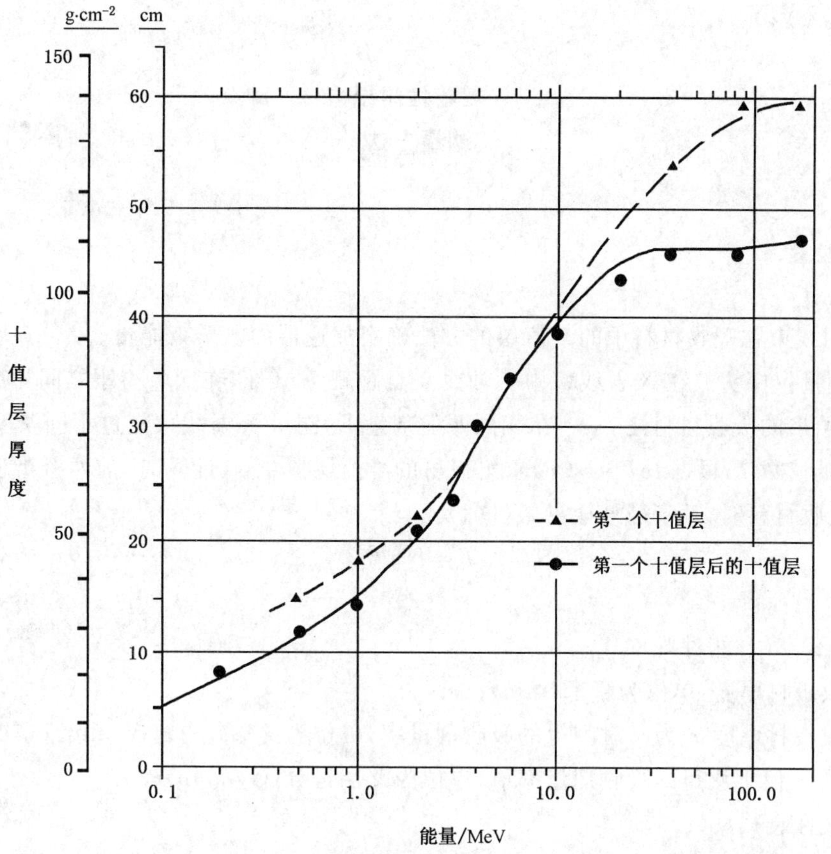

图 C.1　0.1 MeV～100 MeV 电子加速器的宽束 X 射线的混凝土十值层

附　录　D
（规范性附录）
测量方法

D.1　X射线束能量

用测定X射线束在吸收材料中的半值层的方法确定加速器的电子束能量。

测量时将剂量仪探头放在X射线束中心轴线0°且距靶1 m处，在探头与靶之间先后放置不同厚度的板材（表1所给出的吸收材料之一）。在相同照射剂量下，测量X射线束穿过不同厚度x板材的衰减情况，即剂量仪的读数I，根据$\ln I = F(x)$求出板材的半值层值$x_{1/2}$（计算时，前两个半值层一般不用）。X射线束穿过吸收材料时，其衰减规律见式（D.1）。

$$I = I_0 e^{-\mu x} \qquad \cdots\cdots(D.1)$$

式中：

e ——2.718 28（自然对数）；

x ——吸收板材厚度，单位为毫米（mm）；

I_0 ——吸收板材厚度x为0时测得的吸收剂量率，单位为戈瑞每分（Gy/min）；

I ——不同x值下测得的吸收剂量率值，单位为戈瑞每分（Gy/min）；

μ ——为线性衰减系数。

根据测量结果绘出不同厚度板材下的X射线束剂量率曲线，利用最小二乘法作拟合求得μ值，进一步求出半值层$x_{1/2}$值。

D.2　X射线束空气吸收剂量率

将剂量仪探头放在X射线束中心轴线距靶正前方1 m处进行测量，开机运行，在剂量率达到标称值并稳定后，记录剂量仪1 min时间内的吸收剂量值，取三次测量的平均值为X射线束最大空气吸收剂量率D_0。

D.3　X射线束焦点

X射线束焦点测量使用叠块法。它是由厚度为h_1（通常为0.2 mm）的铜片和厚度为h_2（通常为0.2 mm）的塑胶片，宽度为100 mm，长度约250 mm，二者交替排列并紧密固定后形成的叠层块，如图D.1所示。测量时，将叠块以水平（或垂直）方向放置于X射线束中心轴线上尽可能靠近靶处（O）测量（见图D.2）。射线束使放在叠块另一端的胶片感光，处理后的胶片出现数根黑白相间的条纹，靠近中央的黑度较大，两边的黑度较小。

计算方法：取黑度等于中央黑度50%的黑条数n按式（D.2）计算焦点尺寸d_d。

$$d_d = (h_1 + h_2) \times n_d \qquad \cdots\cdots(D.2)$$

式中：

d_d——焦点尺寸，单位为毫米（mm）；

h_1——铜片厚度，单位为毫米（mm）；

h_2——塑胶片厚度，单位为毫米(mm)；

n_d——黑条数。

求出 3 个不同距离的 d_d 值后，用最小二乘法拟合出曲线并外推至 O 点处，O 点处的截距即为焦点尺寸。

经协商同意，也可以选取最靠近靶处一点的 d_d 值，作为 X 射线束焦点尺寸。

经协商同意，也可以用其他测试方法。

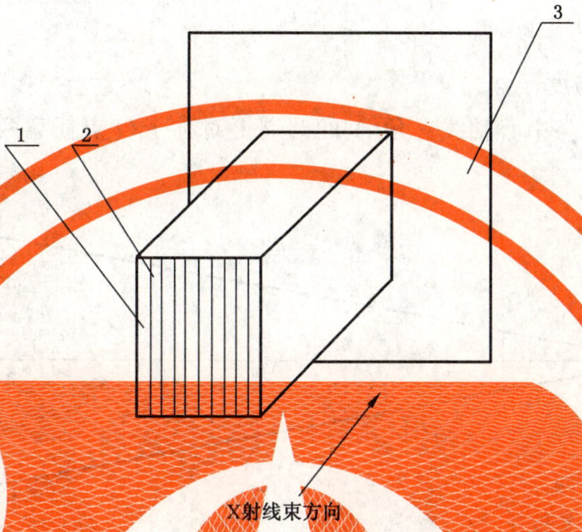

说明：

1——铜片；

2——塑胶片；

3——胶片。

图 D.1 叠块及测量示意图

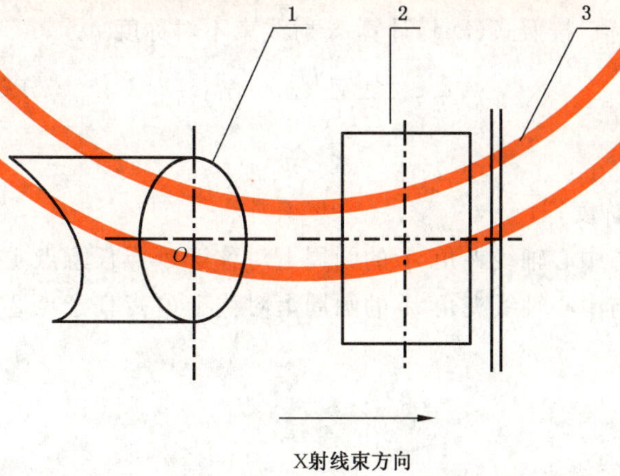

说明：

1——靶；

2——叠层块；

3——胶片。

图 D.2 叠块及胶片摆放位置示意图

D.4 X射线束均匀度

将剂量仪探头放置在距靶1 m处,在相同条件下测量出中心轴线上的吸收剂量率值 D_0 和与中心轴线夹角 A 的圆周上对称于 O 点任意两点的吸收剂量率值(见图D.3),取其最小值 D_{min} 按式(D.3)进行计算,η_h 值为均匀度测量结果。

$$\eta_h=\frac{D_{min}}{D_0}\times 100\% \qquad \cdots\cdots(D.3)$$

式中:

η_h ——X射线束均匀度;

D_{min}——距靶1 m处,与中心轴线夹角 A 的圆周上对称于 O 点任意两点的吸收剂量率最小值。

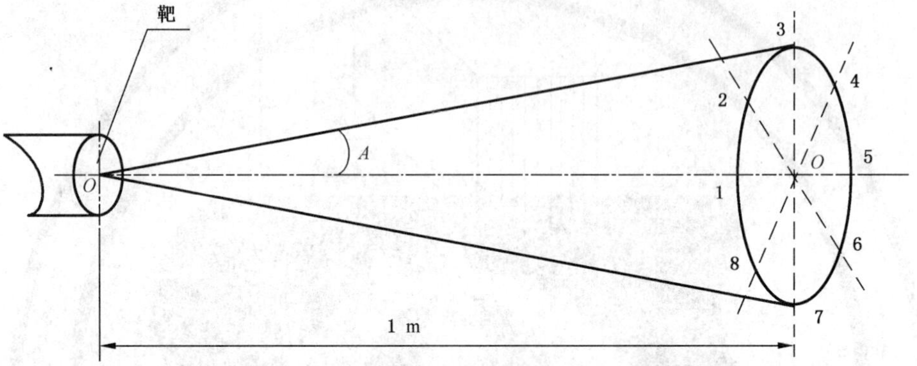

图D.3 X射线束均匀度测量示意图

D.5 X射线束不对称度

利用D.4均匀度测量方法,在距靶1 m处且与中心轴线夹角 A 的圆周上对称于 O 点任意两点,测量出吸收剂量率 D_1 和 D_2 值,按照式(D.4)计算X射线束不对称度 η。

$$\eta=\frac{D_1-D_2}{D_0}\times 100\% \qquad \cdots\cdots(D.4)$$

式中:

η ——X射线束不对称度;

D_1——距靶1 m处,与中心轴线夹角 A 的圆周上对称于 O 点任意点1的吸收剂量率值;

D_2——距靶1 m处,与中心轴线夹角 A 的圆周上对称于 O 点任意点2的吸收剂量率值。

D.6 泄露剂量

用铅块遮挡住X射线机头前向准直器口。

以X射线束中心轴线为0°,距靶1 m处,在X射线束前向+1/2(−1/2)准直器锥角到+90°(−90°)准直器外的圆弧上任取3点,放置剂量计,连续出束1 min,测量各点吸收剂量率;计算各点吸收剂量率相对于D.2测得的X射线束最大吸收剂量率的百分比。

经协商同意,也可以采用GB/T 20129—2006中图6所示方法。

D.7 中子剂量

以X射线束中心轴线为0°,距靶1 m处,在X射线束前向+1/2(−1/2)准直器锥角到+90°(−90°)准直器外的球面上任取3点,放置中子剂量计,连续出束1 min,测量各点中子剂量率;计算各点剂量率相对于D.2测得的X射线束最大吸收剂量率的百分比。

ICS 25.040.40
N 18

中华人民共和国国家标准

GB/T 30372—2013

火力发电厂分散控制系统验收导则

Guide for acceptance of distributed control system in fossil fuel power plant

2013-12-31 发布 2015-03-01 实施

中华人民共和国国家质量监督检验检疫总局
中国国家标准化管理委员会 发布

前言

本标准按照 GB/T 1.1—2009 给出的规则起草。

本标准由中国电力企业联合会提出。

本标准由全国电站过程监控及信息标准化技术委员会(SAC/TC 376)归口。

本标准负责起草单位:西安热工研究院有限公司、神华国华(北京)电力研究院有限公司、广东省粤电集团有限公司沙角C电厂。

本标准主要起草人:周明、张秋生、宁立明、薛建中。

火力发电厂分散控制系统验收导则

1 范围

本标准规定了火力发电厂分散控制系统(DCS)验收(包括出厂验收与现场复原试验)的基本内容和要求。

本标准适用于单机容量300 MW及以上机组新建或改造升级的DCS。其他容量机组的DCS也可参照使用。

本标准不涉及进行破坏性的各种试验。

2 规范性引用文件

下列文件对于本文件的应用是必不可少的。凡是注日期的引用文件,仅注日期的版本适用于本文件。凡是不注日期的引用文件,其最新版本(包括所有的修改单)适用于本文件。

GB/T 8117.1 汽轮机热力性能验收试验规程 第1部分:方法A 大型凝汽式汽轮机高准确度试验

GB/T 10184 电站锅炉性能试验规程

GB/T 15479 工业自动化仪表绝缘电阻、绝缘强度技术要求和试验方法

GB/T 20438(所有部分) 电气/电子/可编程电子安全相关系统的功能安全

GB/T 21109.1 过程工业领域安全仪表系统的功能安全 第1部分:框架、定义、系统、硬件和软件要求

DL/T 656—2006 火力发电厂汽轮机控制系统验收测试规程

DL/T 1083—2008 火力发电厂分散控制系统技术条件

3 术语、定义和缩略语

下列术语、定义和缩略语适用于本文件。

3.1

分散控制系统 distributed control system;DCS

采用计算机、通信和屏幕显示技术,实现对生产过程的数据采集、控制和保护等功能,利用通信技术实现数据共享的多计算机监控系统,其主要特点是功能分散,操作显示集中,数据共享。根据具体情况也可以是硬件布置上的分散。

[GB/T 26863—2011,8.13]

3.2

DCS控制器 controller of DCS

是以微计算机为基础的数据运算和处理单元,是DCS的核心部件,承担整个系统I/O的数据采集和控制功能,一般作为DCS网络拓扑结构中的一个节点。

注:由于DCS型号与供货方的不同,对于DCS的一个部件和网络拓扑结构中的一个节点的控制器,在(习惯、俗称)叫法上不一致,在本标准中统一称"控制器"。

3.3

验收形式　acceptance way

甲方[业主(含设计院)、需方]对乙方(供货方、供方)供应的DCS相关验收项目所采取的相应验收形式。

3.4

停顿待验　hold point

H验收形式。即验收项目在验收时,甲、乙双方代表应同时在场,有一方不在场,验收工作应停顿,H验收形式为不可逾越的停顿待验掌控点。

3.5

试验见证　witness point

W验收形式。即验收项目在验收时,甲、乙双方代表应同时在场,若在规定的地点及规定的时间内,甲方代表未能到达,乙方可按标准规定进行试验进程,甲方代表对乙方的试验记录(正式)进行见证,W验收形式为甲方对乙方试验见证掌控点。

3.6

文件见证　report point

R验收形式。即验收项目在验收时,甲方代表对乙方提供的文本与电子版文档、报告、记录(正式)等进行见证验收,R验收形式为甲方对乙方提供的文件验收见证掌控点。

4　总则

4.1　应对DCS初始基础要素的测试、安全性能测试、功能测试进行出厂验收。

4.2　应在与乙方工厂不同的现场环境下进行现场复原试验项目,以及系统关键的安全性能测试。

4.3　对于涉及DCS安全性能及DCS重要功能的测试验收项目,应采取"H"验收形式。

4.4　测试验收及签单、报告汇编等,计量单位应符合法定计量单位的要求。

5　DCS出厂验收

5.1　验收依据

5.1.1　DCS合同书。

5.1.2　甲、乙双方历次联络会议纪要。

5.1.3　DCS说明书。

5.2　验收测试条件及所需仪器、设备

5.2.1　测试条件

验收测试应具备下列条件:

a)　应按本标准的要求,完成验收大纲的编写并经过批准;

b)　乙方应按工程设计要求,完成控制系统设备制造、配置和软件组态、装载;

c)　乙方应完成反映系统状况的有关文件汇编(参见5.3);

d)　待验收测试的DCS,在乙方车间内应已处于通电模拟运行状态;

e)　乙方应对供货的DCS进行了出厂前联调自测,并对在测试过程中出现的问题进行了故障分析和处理。

5.2.2 仪器、设备

5.2.2.1 验收测试应备有下列仪器和设备：

a) 多量程高精度模拟量信号发生器；

b) 开关量信号发生器；

c) 信号发生器(脉冲量信号、转速量信号)；

d) SOE 测试仪(SOE 信号发生器)；

e) 继电保护测试仪；

f) 绝缘电阻表(数字兆欧表)；

g) 步话机(频率为 400 MHz～500 MHz，功率：瞬时或短暂时间功率可达 4.8 W～5.0 W)；

h) 仿真器(硬件仿真设备或 DCS 内部软件组态仿真)；

i) 系统储备容量(负荷率)测试专用工具；

j) 示波器；

k) 数字万用表；

l) 电阻箱；

m) 接地电阻测试仪；

n) 温、湿度测试仪；

o) 调压仪；

p) 秒表；

q) 网络测试仪；

r) 其他设备。

5.2.2.2 测试所需的计量仪器应具备有效的计量检定证书(标签)。计量仪器的“误差限”应不大于被校对象“误差限”的三分之一。

5.2.2.3 测试环境应符合下列要求：

a) 温度：+5 ℃～+40 ℃；

b) 相对湿度：20%～96%，不结露；

c) 大气压：86 kPa～106 kPa；

d) 最大温度变化率：1 ℃/10min。

5.3 文档资料验收

5.3.1 工程资料

工程资料应包括下列资料：

a) 系统硬件手册；

b) 系统操作手册；

c) 系统维护手册；

d) 构成系统所有部件的原理图；

e) 电源系统接线图及机柜电源分配图(含空开、保险容量的计算说明书)；

f) DCS 网络连接图；

g) DCS 接地系统图；

h) 控制器柜内布置图；

i) FSSS 跳闸继电器柜原理图与接线图；

j) 首次应用于工程项目的产品(硬件、软件)记录(清单)；

k) 直接运往现场设备清单。

5.3.2 系统资料

系统资料应包括下列资料：

a) 数据库清册；

b) 控制原理图的定义和说明(包括对每一张 SAMA 图和逻辑图所作的说明)；

c) 含联锁和判据的逻辑图(应标出与之相关的 SAMA 图的对应编号和注释)；

d) 组态文件打印程序；

e) 与编程语言有关的指导和参考手册；

f) 系统软件安装盘(含密钥)；

g) 计算机及打印机名称、IP 地址、工作组分配表；

h) I/O 等硬件配置清单；

i) 系统组态手册。

5.3.3 乙方测试记录

乙方测试记录应包括下列资料：

a) 模件测试报告，含常规型式试验，抗共模、串模干扰、噪音容限及模件负载能力测试等测试报告；

b) 应用工程出厂前联调自测报告；

c) 系统连续拷机记录；

d) 电磁兼容性检测报告，检测应按 DL/T 1083—2008 中附录 A 的要求进行，由具有国家认可的测试资质检测单位完成。

5.3.4 填写文档验收结果

应按照附录 A 的要求填写验收结果。

5.4 系统配置检查验收

5.4.1 配置总量

5.4.1.1 应对操作员站、工程师站、历史站、服务器、控制器、电源分配柜、扩展继电器柜、接口计算机、交换机等的配置总量进行核查。

5.4.1.2 系统实际测点数核查，应对下列各项 DCS 实际配置的测点数进行核查：

a) 模拟量输入(AI)(4～20)mA；

b) 模拟量输入(TC)(热电偶)；

c) 模拟量输入(RTD)(热电阻)；

d) 模拟量输入(AI)(电压)；

e) 模拟量输出(AO)；

f) 开关量输入(DI)；

g) 开关量输出(DO)；

h) 脉冲量输入(PI)；

i) 转速量输入(n)；

j) SOE 输入(SOE)。

5.4.1.3 机柜 I/O 余量检查验收，应按照合同要求对机柜模件槽位备用余量、各类型 I/O 模件通道备用余量及端子排的余量进行验收，这些余量应均匀分布于各机柜中。

5.4.2 各站、柜、配置

5.4.2.1 应对操作员站、工程师站、历史站、服务器检查验收，包括：计算机主机、显示器、打印机、键盘、鼠标及音响的型号、数量及配置。
5.4.2.2 应对非 I/O 机柜检查验收，包括：电源分配柜（含电源余量检查）、扩展继电器柜等。
5.4.2.3 应对网络设备检查验收，包括：交换机、网络适配卡的型号、数量及配置。
5.4.2.4 应对各控制器（柜）检查验收，包括：控制器、电源组件、模件的型号、数量及配置。

5.4.3 填写系统配置验收结果

应按照附录 B 的要求填写系统配置验收结果。

5.4.4 填写控制器（柜）配置验收结果

应按照附录 C 的要求填写控制器（柜）配置验收结果。

5.5 外观与结构检查验收

5.5.1 外观检查各机柜的喷漆应均匀光洁，没有明显的凹痕、划伤和污染。柜门铰链及门锁开/关应顺畅，无变形。计算机的主机、显示器应干净无污渍等。
5.5.2 结构应标准化，模件插拔灵活。
5.5.3 外形应整齐、无破损、无开裂、无锈蚀。
5.5.4 标识应齐全、整齐（装检标签、设备编号标签、机柜标签、机柜标牌等）。
5.5.5 安装模件应紧固无松动，布线固定牢靠、干净整齐。
5.5.6 按键开关（包括机柜电源开关）应灵活可靠，通断正确，指示灯正确，无任何故障。
5.5.7 模件型号、规格和标识应正确，指示灯显示清晰，PVC（polyvinyl chloride 聚氯乙烯）贴面无脱落，部件无破损。
5.5.8 机柜粘块不应脱落。
5.5.9 过滤网应清洁，无破损。
5.5.10 机柜风机转动应灵活无异常，安装应便于维护，风机供电电源宜相对独立。
5.5.11 应按照附录 D 的要求填写验收结果。

5.6 系统运行环境检查验收

5.6.1 计算机的网络参数及设置

计算机的网络参数及设置应符合下列规定：

a) 应根据操作系统不同，确定检查 MAC 地址的方法，例如：Windows 2000/XP/Vista 三种常用操作系统检查方法为：在计算机（包括操作员站、工程师站、服务器）“运行”窗口输入 cmd 后，再输入 ipconfig/all，查得 MAC 地址，做好记录；
b) 对以太网，应进行“IP 地址”设置核查，并做好记录；
c) 对配置“专用网络”的 DCS，应根据供货商说明进行“私有 IP 地址”等网络设置核查，并做好记录。

5.6.2 交换机的相关参数及设置

在上位机上登录到交换机的 web 界面（或超级终端或建立界面），核查交换机的设置，同时应检查 IP 地址及相关参数的设置情况。

注：交换机的 MAC 地址及各端口 MAC 地址，参阅相关资料。

5.6.3 计算机显示

计算机的显示设置核查,色彩、分辨率应符合要求。

5.6.4 打印机

打印机按要求配置,应正确安装打印机驱动程序,并设置了默认打印机。

5.6.5 时区和日期、时间格式

计算机时区、日期格式、时间格式应符合要求。

5.6.6 密钥

应进行计算机各级密钥的设立、修改功能及使用权限核查,并防止密码丢失。

5.6.7 填写环境验收结果

应按照附录E的要求填写验收结果。

5.7 软件安装检查验收

应按照乙方提供的系统说明书或专用系统工具进行软件安装检查。检查范围如下:

a) 各操作员站软件版本、工程师站软件版本、各服务器软件版本应符合甲方要求;

b) 所有软件应为正版,应有软件使用许可证;

c) 所有软件应能正确安装,软件全部功能测试正常,最新版本的系统软件应兼容早期版本软件创建的文件。

d) 应按照附录F的要求填写验收结果。

5.8 系统安全性能测试验收

5.8.1 接地连接

接地检查使用万用表进行,应符合下列要求:

a) 系统保护地接地正确,系统保护地是机柜外壳与地直接相连,不应与系统屏蔽地混淆;

b) 系统屏蔽地接地应正确,各机柜系统屏蔽地不应自行与地相连,应是各机柜系统屏蔽地以接地电缆相连,最后通过一汇流点与地相接,不应与系统保护地混淆;

c) 在机柜内电源“浮空”、I/O模件内部电路“浮空”和机柜对地绝缘的前提下,机柜内的屏蔽地与保护地可相连后,再通过一汇流点与地相连;

d) 乙方对接地有专门说明的,可按乙方的说明进行检查。

5.8.2 绝缘

在机柜断电的情况下,采用绝缘电阻表(数字兆欧表)进行绝缘电阻测试,绝缘电阻应符合下列规定:

a) 绝缘电阻表(兆欧表)的线路端钮与接地端钮分别接至AI通道的输入端与信号屏蔽地端,端钮电压为60 V DC,AI通道的输入端与信号屏蔽地端之间的绝缘电阻,不小于100 MΩ时为合格;

b) 绝缘电阻表(兆欧表)的线路端钮与接地端钮分别接至AO通道的输出端与信号屏蔽地端,端钮电压为60 V DC,AO通道的输出端与信号屏蔽地端之间的绝缘电阻,不小于100 MΩ时为合格;

c) 端钮电压为60 V DC,全隔离型AI模件各通道之间绝缘电阻不小于100 MΩ时为合格;

d) 端钮电压为 60 V DC，全隔离型 AO 模件各通道之间绝缘电阻不小于 100 MΩ 时为合格；

e) 按照 GB/T 15479 规定，对于系统成套装置，其绝缘电阻、绝缘强度的技术要求和试验方法可按有关标准或制造厂的规定，或由制造厂与用户协商确定。

5.8.3 电源冗余

将控制站上冗余配置的两个系统电源组件分别关闭，控制系统应正常工作，模件输入/输出信号不发生错误中断或翻转，且中间数据及累计数据不应丢失。CRT（屏幕）画面诊断状态显示与报警应正确。

5.8.4 控制器冗余

应对冗余配置控制器进行测试：

a) 二冗余控制器测试，将控制站上冗余配置的主/从控制器分别复位。系统应能正常无扰动地进行“主”“从”控制器的冗余切换。冗余控制器任一个或同时故障，应有诊断状态显示与报警；

b) 三冗余控制器测试，参考二冗余控制器冗余测试进行。

5.8.5 网络冗余

应对冗余配置的网络进行测试：

a) 配置两条网线的通信网络测试，模拟一条网线故障，系统应能够正常运转，报警应正确，I/O 站与操作员站之间的数据交换正确。系统不应出错或出现死机情况，恢复时，通信系统应工作正常。

b) 冗余配置超过两条网线的通信网络测试，参见配置两条网线的通信网络测试方法进行。

c) 冗余配置交换机的通信网络测试，切断冗余配置交换机中的一台的电源，系统应能够正常运转，报警应正确，I/O 站与操作员站之间的数据交换仍正确。系统不应出错或出现死机情况，恢复时，通信系统应工作正常。

d) 第三方通信卡冗余配置测试，应根据第三方通信卡说明进行。

5.8.6 操作员站冗余

人为退出正在运行的任一台操作员站，其功能应能在其他的操作员站上实现。

5.8.7 模件冗余

人为退出（拔出模件、断电等）冗余模件中正在运行的模件，备用的模件应自动投入工作，切换过程中，系统不应出错或出现死机情况。

5.8.8 服务器冗余

退出冗余服务器中的运行服务器，备用服务器应自动投入工作，DCS 通讯应正常，存储的数据不应有丢失，DCS 的其他功能应不受影响。

5.8.9 操作容错

操作操作员站键盘上任何未经定义的键时，操作员站涉及到的所有控制系统应不发生出错、死机或其他异常现象。

5.8.10 通信网络容错

应分别切、投通信网络上设备的电源：

a） 关闭控制站的系统电源组件，30 s后重新闭合；

b） 关闭运行的显示器电源，然后再合上；

c） 关闭运行的操作员站主机电源，然后再合上；

d） 关闭正在打印和未在打印的打印机电源，然后再合上。

上述测试过程中控制系统应运行正常，系统不应出错或出现死机情况，故障诊断显示与实际相符。

5.8.11 模件插拔

在系统运行时，任意拔出一块I/O模件，CRT（屏幕）应能显示该模件的异常状态，状态指示应与实际相符。在拔出和恢复模件的过程中，控制系统的其他功能应不受影响。

5.8.12 重置能力

在系统运行时，切除并恢复系统的外围设备（例打印机），控制系统不应出现异常工况。

5.8.13 抗射频干扰

用步话机在距敞开柜门的机柜1.5 m处，正常音量对之讲话作干扰源发出射频干扰信号进行测验。测试过程中系统应正常工作，热电偶信号示值变化范围，应不大于测量系统允许误差的2倍。

5.8.14 I/O模件抽检

应在乙方DCS生产车间对各种类型I/O模件进行抽检，以核查乙方对DCS I/O模件的测试。

对DCS生产车间不具备测试条件的乙方，乙方应出具具有测试资质单位的测试报告（正式）。同时对按5.3.3规定提供的I/O模件测试报告中的测试数据进行复核。

5.8.15 输出掉电保护

在控制站系统电源组件关闭然后再恢复的过程中，模件输出应能够按照预先设定的安全模式（保位或归零），控制外部设备运行。CRT（屏幕）画面诊断状态显示与报警应正确。

5.8.16 专用键盘

计算机分别连接标准键盘和专用键盘，计算机应能正常启动，进入系统画面。

专用键盘上系统状态及各流程图定义键，应能够及时、准确地实现各项功能，各键操作灵活、键盘声音正常。

将标准键盘与专用键盘同时连接计算机时，标准键盘与专用键盘之间的切换功能应正常。

5.8.17 公用系统监控闭锁

除在授权单元机组操作员站能对公用系统进行有效的控制外，其他单元机组操作员站应只能进行监视，不可进行操作。

5.8.18 控制器分配、组态核查及冗余信号分配

应重点对下列控制逻辑组态进行核查：

a） 磨煤机的控制逻辑组态，应分散分配，每对控制器最多控制2台磨煤机；

b） 两侧烟风系统的控制逻辑组态，应分配在不同的控制器中；

c） 给水泵、凝结水泵、循环水泵等重要的同功能多台辅机的控制逻辑组态，应分配在不同的控制器中；

d) FSSS(炉膛安全监控系统)中的FSS(燃料安全系统),应由独立、冗余配置的控制器实现;

e) 所有触发MFT的信号应采用硬接线,不可通过通讯总线传送;

f) 电气A/B段设备的控制逻辑组态,应分配在不同的控制器中;

g) 冗余配置的测量信号应分配在不同的模件之中。

5.8.19 填写验收测试结果

应按照附录G的要求填写验收结果。

5.9 数据采集功能测试验收

5.9.1 I/O通道精度

5.9.1.1 通道精度测试应采取抽样检查的方法,抽检总量应不小于该类模件数量的方根和,或按照甲、乙双方协商一致的模件抽检率进行检查,被抽检的模件应全部合格,否则应成倍增加抽检数量,直至全部检查。

5.9.1.2 应对下列系统I/O信号的通道精度进行测试:

a) 模拟量输入(AI)通道,输入测点全量程0%、25%、50%、75%、100%的信号(递增和递减方向)进行测试,测试结果与表1比对;

b) 模拟量输出(AO)通道,设置测点全量程0%、25%、50%、75%、100%五点的输出给定值,实际输出值与表1比对;

c) 开关量输入(DI)通道,输入通/断信号,开关量输入模件面板上指示灯的状态应正确;

d) 开关量输出(DO)通道,设置0和1的输出给定值,相应端子上通/断、开关量输出模件面板上指示灯的状态应正确;

e) 脉冲量输入(PI)通道,输入一定频率和一定电压的脉冲信号,测试结果与表1比对;

f) 转速量输入(n)通道,输入一定频率和一定电压的正弦信号,对应的转速值与表1比对。

表1 I/O通道精度要求

信号类型	模入量,精度/%				模出量,精度/%	开入量	开出量	脉入量/%	转速量
	电流	电压	热电阻	热电偶					
合格判定	≤0.1	≤0.1	≤0.2	≤0.2	≤0.25	灵活	灵活	≤0.2	±1 r/min

5.9.1.3 应按照附录H的要求填写验收结果。

5.9.2 CRT(屏幕)画面响应时间

任意调用不少于10幅画面,计算CRT(屏幕)画面响应时间(从调用操作到该幅画面全部内容显示完毕的时间)的平均值应小于1.5 s(一般画面不大于1 s,复杂画面小于2 s)。

5.9.3 控制器处理周期

应按DL/T 1083—2008中6.4.1.2的规定进行下列控制器处理周期测试:

a) 处理模拟量控制的扫描周期应不大于250 ms;

b) 对于要求快速处理的控制回路应不大于125 ms;

c) 对于温度等慢过程控制对象，扫描周期可为 500 ms～750 ms；
d) 应用于汽轮机、电气等控制系统的扫描周期应满足相关的标准、规程或设备制造厂的要求；
e) 处理开关量控制的扫描周期应不大于 100 ms；
f) 汽轮机紧急跳闸系统(ETS)应不大于 50 ms；
g) 执行汽轮机超速跳闸保护(OPT)部分的逻辑，扫描周期应不大于 20 ms；
h) 按 DL/T 656 中 6.9 的规定，采用硬件的 OPC 控制器的动作回路的响应时间应不大于 20 ms；采用软件系统的 OPC 处理周期应不大于 50 ms。

5.9.4 系统操作响应时间

5.9.4.1 开关量操作信号响应时间测试，将系统开关量信号的输出接入该对象的反馈信号输入，测量通过操作员站键盘发出操作指令，到 CRT(屏幕)上显示该信号反馈的时间。重复 10 次的平均值应不大于 2 s(或按合同规定)。

5.9.4.2 模拟量操作信号的响应时间测试，将模拟量输出信号接入该对象的反馈信号输入，测量操作员站上键入一数值，到 CRT(屏幕)反馈信号变化接近停止的时间。重复 10 次的平均值应不大于 2 s(或按合同规定)。

5.9.5 输入参数真实性判断

5.9.5.1 超量程

应对下列输入通道进行测试：

a) 4 mA～20 mA 输入通道，用信号发生器缓慢输入大于上限 20 mA 或小于下限 4 mA 的测试信号，工程师站及操作员站的 CRT(屏幕)应能显示超量程；
b) 热电偶通道，用信号发生器缓慢输入超过量程的测试信号(mV 信号)，工程师站及操作员站的 CRT(屏幕)应能显示超量程；
c) 热电阻通道，用电阻箱输入超过量程的测试信号(电阻信号)，工程师站及操作员站的 CRT(屏幕)应能显示超量程；
d) 应按照附录 H 的要求填写验收结果。

5.9.5.2 输入回路断线

应对下列输入通道进行测试：

a) 4 mA～20 mA 输入通道回路断线后点的状态，工程师站及操作员站的 CRT(屏幕)应能正确显示；
b) 热电偶(TC)通道回路断线后点的状态，工程师站及操作员站的 CRT(屏幕)应能正确显示；
c) 热电阻(RTD)通道回路断线后点的状态，工程师站及操作员站的 CRT(屏幕)应能正确显示；
d) 应按照附录 H 的要求填写验收结果。

5.9.6 报警设定点动作差和恢复差

a) 输入参数越限报警功能测试，设定模拟量输入(AI)通道报警值，用信号发生器在通道输入端逐渐增加信号至 CRT(屏幕)画面报警，之后逐渐减少输入信号至 CRT(屏幕)画面报警信号消失，记录报警信号产生和报警信号消失时的输入信号值(动作值与返回值)，填入表 2；

表 2 动作值与返回值

设定值/%	切换类型	标准信号输入值		报警与报警消失时显示值/%	切换误差/%	备注
		mA	%			
25	上行(增)					
	下行(减)					
50	上行(增)					
	下行(减)					
100	上行(增)					
	下行(减)					

b) 报警设定点动作差(动作值与设点值之差)和恢复差(返回值与设定值之差)均应不大于模件通道本身测量允许误差;

c) 应按照附录 H 的要求填写验收结果。

5.9.7 输入参数二次计算功能

5.9.7.1 从 I/O 端子用信号发生器同时输入某过程参数不同数值的信号,通过功能块测试图或 CRT(屏幕)画面上查看:差值、平均值、选大值、选小值、选中值,其值应与实际相符,各示值最大误差应小于模件允许误差。

5.9.7.2 选中值的显示,应为三个输入电量信号中的中间值,当任一输入信号与中值信号偏差超过设定值时应产生报警,当任一输入信号为坏品质时,应转为二取平均值。

5.9.8 水-水蒸气热物性计算模块

应对在锅炉控制策略中引入"焓"的 DCS 的水-水蒸气热物性计算模块进行功能测试。在水-水蒸气热物性计算模块所能计算的所有区域随机抽测,计算程序运行正确,计算结果的精度满足合同要求。

5.9.9 输入信号冗余功能

应对下列输入信号冗余功能进行测试:

a) 三取中冗余配置的测量系统,从 3 个 I/O 端子用信号发生器输入不同数值的信号,当任一信号值超越设定值时应报警,其相应的控制系统应不受影响;当其中 2 个信号超越设定值时应报警,相应的控制系统应由自动切至手动;

b) 三取二冗余配置的测量系统,从 3 个 I/O 端子用信号发生器输入不同数值的信号,当任一信号值超越设定值时应报警;当其中 2 个信号超越设定值时,发出报警信号,同时相应的联锁保护功能应符合设计要求;

c) 双重冗余配置的测量系统,从 2 个 I/O 端子用信号发生器输入不同数值的信号,当 2 个测量信号之间偏差超出偏差允许范围时应报警,相应的控制系统可以由自动切至手动,也可以手动选择一信号用于显示或自动控制。

5.9.10 记录、报表、打印功能

应对下列记录、报表、打印功能进行测试:

a) 全日志、操作日志、报警日志、设备日志及 SOE 日志的数据、格式显示应正确;

b) 定时打印报表格式、类型、数量、表内包含的过程变量数及表内参数应显示正确;

c) 日志报表和各种日志的记录打印的格式及数据应正确；

d) 参数越限打印、复位打印、开关量状态改变打印、事故追忆打印、事件顺序打印以及工程帅站的打印等随机制表打印应正确；

e) 模拟量一览打印、成组打印、机组启停参数打印、测点清单打印、CRT(屏幕)画面拷贝打印、组态图、逻辑图打印等请求打印应正确。

注：记录、报表、打印功能测试，可在“现场复原试验”中完善。

5.9.11 SOE记录和事故追忆

5.9.11.1 选择不少于5点的SOE信号输入通道，连接SOE信号发生器，并通过SOE信号发生器发出如图1所示的脉冲信号(开关量信号)，由长变短改变脉冲信号间隔时间 T，直至事件顺序记录无法分辨时为止，此时之前设定的“T”即为事件顺序记录的分辨力(率)。SOE系统记录的事件顺序应与信号发生器一致。

5.9.11.2 任意变换SOE信号点序，多次测试，SOE系统记录的事件顺序与信号发生器应一致。

5.9.11.3 分辨力(率)不应超过1 ms。最小分辨时间应能稳定重现。

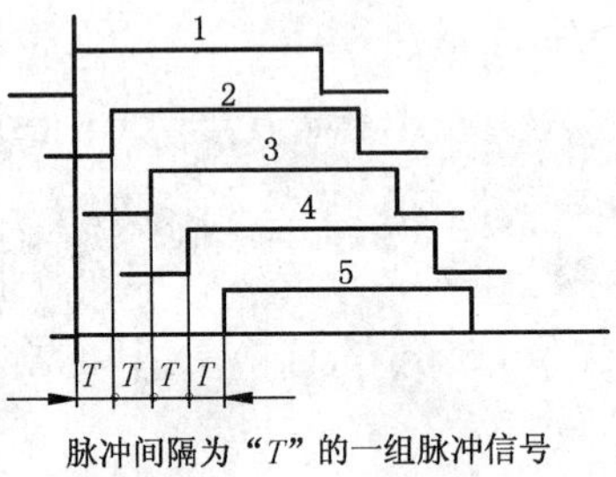

图1 脉冲信号(开关量信号)

5.9.11.4 SOE报警显示、打印信号的内容、次序及时间顺序，应与输入信号一致。重复打印时，时序应无变化。

5.9.11.5 应针对下列配置分别进行SOE分辨力(率)测试：

a) 相同控制器相同SOE卡的事件顺序记录分辨力(率)；

b) 相同控制器不同SOE卡的事件顺序记录分辨力(率)；

c) 不同控制器的SOE事件顺序记录分辨力(率)。

5.9.11.6 SOE信号发生器(SOE测试仪)发出的多路开关量，其间隔时间应高准确性可控，应符合下列要求：

a) 信号间隔时间应在0.1 ms～3 ms之间可调节；

b) 信号间隔时间为1 ms时，其绝对误差应不大于0.01 ms。

5.9.12 历史数据存储和检索功能

应进行下列历史数据存储和检索功能测试：

a) 历史数据存储的点覆盖面、历史数据存储记录死区设定和历史数据采样存储频率的设置应符合设计要求；

b) 数据检索、趋势检索、操作记录检索，系统应正确响应，打印结果应与显示结果相同；

c) SOE事件顺序记录检索，时间分辨能力及时间顺序应符合要求，打印结果应与显示结果相同。

5.9.13 性能计算功能

该功能应在复原试验中完善测试过程，出厂验收时应对下列功能进行检查：

a) 性能计算程序应具备在线计算能力，能计算发电机组及辅机的各种效率及性能参数，计算结果应能在操作员站、工程师站上显示；
b) 发电机组及辅机的各种效率及性能参数在线性能计算，应在负荷大于 40%额定负荷进行，计算周期 1 min～5 min 一次，计算误差应不大于 0.5%；
c) 所有的计算均应有数据质量检查，计算所用的任何一点输入数据出现问题，应有提示并中断计算。操作员应能采用存储的某一常数来替代这一故障数据，继续进行计算。采用替代数据时，计算结果上应有注明；
d) 性能计算应有判别机组运行状况是否稳定的功能；
e) 发电机组及辅机的各种效率及性能参数性能计算，应有对应的计算公式、文字说明和计算实例；
f) 检查性能计算程序应按照 GB/T 8117.1、GB/T 10184 的规定。

5.9.14 填写验收测试结果

应按照附录 H 的要求填写验收结果。

5.10 卫星时钟校时功能测试验收

卫星时钟校时功能测试验收应符合下列规定：
a) 应检查卫星时钟输出信号精度达到规定要求；
b) DCS 各个站的时钟应同步，同步精度应达到 0.1 ms；
c) 当 DCS 时钟与卫星时钟失锁时，DCS 应有输出报警；
d) 所有事件顺序记录(SOE)应参比于同一时间基准；
e) 应按照附录 I 的要求填写验收结果。

5.11 操作员站功能测试验收

5.11.1 系统状态诊断画面显示

系统状态诊断画面显示应符合下列要求：
a) 系统状态诊断画面应与工程项目结构和硬件配置一致，模件名称、模件号及模件的位置应正确；
b) 应能诊断至模件级故障，宜诊断到通道级故障，易于识别判断。

5.11.2 系统流程图画面显示

系统流程图画面显示应符合下列要求：
a) 系统流程图画面应与系统总定义的各个流程图的名称及表征一致；
b) 流程图切换应正常，切换速度应满足 5.9.2 的要求；
c) 专用键盘功能键定义应正确(配有专用键盘的 DCS)。

5.11.3 图形显示及操作

图形显示及操作应符合下列要求：
a) 图形显示画面的画面幅数，应符合合同要求；
b) 画面显示应清晰、整齐、色彩分明；
c) 调用一般画面，响应时间应小于 1 s，对于复杂画面，画面响应时间应小于 2 s；
d) 模拟量控制图形，其窗口、填充、曲线、棒图等应显示正常；

e) 模拟量动态数值，其显示应准确；

f) 开关量图形，其动画、变色，应能及时准确的变化；

g) 调用任一画面的击键次数，不应多于3次。

5.11.4 报警功能

该项测试可结合5.9.6进行，报警功能应符合下列要求：

a) 模拟量输入报警，操作员站显示报警提示条的内容应正确，报警声音与颜色应正确变化；

b) 开关量输入报警，操作员站显示报警提示条的内容应正确，报警声音与颜色应正确变化；

c) 报警点确认，报警提示条应变色。撤销报警信号，该点报警应从列表中消失，相应的报警点显示颜色应恢复正常。

5.11.5 趋势管理功能

趋势管理功能应符合下列要求：

a) 定义曲线的颜色应可改变；

b) 修改时间间隔，曲线的变化应正常；

c) 进行放大、收缩、查看历史、进入实时等操作，曲线的变化应正常；

d) 在线修改量程(量程设置应与显示死区相适应)和增删趋势点，曲线的变化应正常。

5.11.6 填写验收测试结果

应按照附录I的要求填写验收结果。

5.12 系统在线下装功能测试验收

5.12.1 全下装

通过工程师站对控制器及操作员站进行全部应用组态下装功能测试，下装过程中，下装的应用组态不应有缺失、错码等错误出现，控制系统运行应正常。

5.12.2 新建组态

在工程师站建立一个组态，增量下装，系统应自动刷新，其刷新周期应不大于1s，新建组态功能正常。下装过程中应无出错或死机等现象发生。

5.12.3 组态修改

对现有组态进行修改，包括删除测点、删除控制回路，增加测点、增加控制回路、修改测点参数等，增量下装到原主控制器或功能模件中，系统原组态数据应自动刷新，其刷新周期应不大于1 s，下装过程中应无出错或死机等现象发生。

5.12.4 填写验收测试结果

应按照附录J的要求填写验收结果。

注：对不具备“在线下装”功能或供货商不推荐机组运行中使用该功能的DCS可不进行此项测试。

5.13 组态功能测试验收

5.13.1 MCS功能

5.13.1.1 对全部MCS控制回路应按“R验收形式”进行，对乙方“出厂前联调自测”报告中该项测试内容及测试结果应进行核查。

5.13.1.2 对 MCS 主要控制回路进行功能测试，应对下列主要系统（不限于此）进行 MCS 功能测试：

a) 炉膛压力调节系统；
b) 送风调节系统；
c) 燃料调节系统；
d) 给水调节系统；
e) 中间点汽温（焓）、主蒸汽温度、再热蒸汽温度调节系统；
f) 协调主控系统和负荷指令处理系统；
g) 分离器水位调节系统（直流锅炉）；
h) 汽包水位调节系统（汽包锅炉）。

5.13.1.3 测试方法与核查内容如下：

a) 在工程师站上，核对控制器内控制回路的组态功能（含初始参数设置）应与 MCS 的设计功能说明书一致；
b) MCS 控制回路应与仿真系统（硬件仿真设备或 DCS 内部软件组态仿真器）相连，或甲、乙双方代表约定方式进行闭环仿真测试；
c) 测试手动、自动切换功能应符合下列要求：
   1) 模拟图画面手操站和组态图手操站状态显示应一致并真实反映实际状态；
   2) 手动、自动切换应为无扰切换；
   3) 故障时切手动的功能应正确。
d) 修改输出值和设定值，算法中的控制输出（CO）和设定值（SP）应有对应变化；
e) 设置 SP（设定值）＞PV（过程变量）与 SP＜PV，输出值按组态的作用方向变化应正确；
f) 修改 P、I、D 三个参数，数据应写入算法，控制输出（CO）的趋势曲线应有对应变化。

5.13.2 SCS 功能

5.13.2.1 对全部 SCS 控制回路应按“R 验收形式”进行，对乙方“出厂前联调自测报告”中该项测试内容及测试结果应进行核查。

5.13.2.2 对 SCS 控制回路进行抽检，对于典型的驱动级控制、功能子组控制、功能组控制、工艺联锁的逻辑控制，各抽检应不少于 1 个控制回路。

5.13.2.3 测试方法与核查内容如下：

a) 在工程师站上，核对各控制回路的逻辑组态、启/停许可条件、操作顺序、运行方式及各控制回路初始参数设置，应符合设计要求；
b) 控制器实现的功能与说明书要求应一致；
c) SCS 控制回路应与仿真系统相连，进行仿真模拟测试；
d) 人机界面测试 1：模拟工艺联锁条件，对模拟图中的对象进行单操，相关设备操作连接方式和状态显示应正确；
e) 人机界面测试 2：通过 SCS 专用操作画面进行操作，包括功能组、子组的自动启停、单步操作和对对象的单操应正确；
f) 人机界面测试 1、2[d)、e)]的共同要求：控制对象动作状态、每一步的执行情况和时间在流程或模拟图上应能监视，对应控制对象开、关方向的输出信号和闭锁条件应与运行实际要求相符，系统动作状态、首出记忆功能、操作记录及故障时的报警应正确；
g) 功能测试 1：典型功能组，进行自动启动、步序中断重启、停止等测试，操作和显示应正确；
h) 功能测试 2：典型功能子组，进行自动启动、步序中断重启、停止等测试，操作和显示应正确；
i) 功能测试 3：典型备用逻辑，进行切、投备用和自启停等测试，操作和显示应正确；
j) 功能测试 4：典型联锁逻辑，进行联锁试验测试，操作和显示应正确。

5.13.3 FSSS 功能

5.13.3.1 BCS 测试方法与核查内容如下：

a) 在工程师站上，核查各控制回路的逻辑组态、启/停许可条件、操作顺序、运行方式及初始参数设置，应符合设计要求；

b) 人机界面测试：燃烧器管理功能画面显示和操作内容应齐全；

c) 功能测试 1：磨煤机启动、停止逻辑应符合设计要求；

d) 功能测试 2：点火的单控方式、层控方式应能正确动作、执行；

e) 功能测试 3：快速减负荷(RB、FCB 等)工况下，燃烧器自动切除逻辑应正确。

5.13.3.2 FSS 测试方法与核查内容如下：

a) 在工程师站上，核查控制器实现的功能应与说明书要求一致；

b) 人机界面测试：炉膛安全监视与保护功能的画面应齐全，画面显示和操作内容应齐全；

c) 功能测试 1：燃油泄漏试验功能应正常；

d) 功能测试 2：炉膛吹扫功能应满足要求；

e) 功能测试 3：MFT(总燃料跳闸)和 OFT(燃油切断)条件应覆盖齐全；

f) 功能测试 4：MFT 和 OFT 首出原因应正确显示；

g) 功能测试 5：火检状况显示和灭火判别功能应正常；

h) MFT 跳闸前后信号追忆显示时间与内容应符合设计要求。

5.13.3.3 用功能安全系统组态的 FSS(简称功能安全型 FSS)测试方法与核查内容如下：

a) 常规项目应按 5.13.3.2 进行核查；

b) 功能安全型 FSS 应是经认证的达到某 SIL 级的安全相关系统；

c) 应由具有相关资质的人员根据国家标准 GB/T 20438 和 GB/T 21109.1 对功能安全型 FSS 的安全功能进行核查；

d) 应核查功能安全型 FSS 的下列主要(不限于此)功能：

1) 应能通过自诊断和测试发现隐性故障，执行相关功能以保证系统的正常工作，即当内部出现随机的、共同原因故障，或者系统自身出现故障时，系统不应出现安全功能的丧失或误动作；

2) 应具有根据系统故障的位置或严重性的不同，进行安全切断功能。例如：

——卡件级安全切断，卡件级的故障，应仅仅切断故障卡件，不使故障影响扩大；

——组级安全切断，相关设备的信号被分在同一个安全组中，一个安全组的故障，应仅仅切除故障安全组，不使故障影响扩大；

——系统级安全切断，当出现系统级的故障时，安全系统的“最高管理层”发出对所有输出卡件的切断触发信号，应使过程系统处于安全状态。

注：安全完整性等级 SIL(SIL——safe integrated level)共分 4 级，以表示安全相关系统实现风险降低的能力。SIL 等级越高，安全级别越高。

5.13.4 DEH/ETS 功能

控制范围覆盖 DEH(数字式电液控制系统)的 DCS，应对 DEH 功能进行测试验收：

a) 在工程师站核对控制系统软件逻辑、各控制回路初始参数设置应与设计要求一致；

b) 操作任何未经定义的键，系统不应出错或出现死机情况；

c) 操作员站上调出各模拟量控制子系统相关画面，各控制子系统应齐全；

d) 连接 DEH 仿真器，DEH 系统的控制功能应正常。包括：升速、暖机、并网、OPC(超速保护控制)试验、严密性试验、OPT(超速跳闸保护)、升负荷、单/多阀(单/顺序阀)切换、阀门试验回路投/切(阀门活动试验)、遥控功能、甩负荷等；

e) DEH 的功能和逻辑应符合设计要求；

f) ETS(汽轮机紧急跳闸系统)应由独立、冗余配置的控制器实现，ETS 的功能和逻辑应符合设计要求。

5.13.5 填写验收测试结果

应按照附录 K 的要求填写验收结果。

5.14 MFT 跳闸继电器柜功能测试验收

测试方法与核查内容：

a) MFT 跳闸继电器柜内的继电器型号、容量与设计要求应一致；

b) 进行电源冗余功能测试，人为切除工作电源，备用电源应自动投入工作。在电源切换过程中，MFT 跳闸继电器柜应正常工作，无出错报警；

c) 模拟跳闸条件，由 MFT 控制逻辑所在的控制器发出跳闸命令，MFT 跳闸继电器应正常动作，报警应正确；

d) 手动 MFT 跳闸，MFT 跳闸继电器应正常动作，报警应正确；

e) "三取二"跳闸逻辑应能正确实现；

f) 应按照附录 K 的要求填写验收结果。

5.15 系统储备容量(负荷率)测试验收

5.15.1 应对 DCS 的中央处理单元(CPU)负荷率、通讯负荷率进行测试。测试方法由乙方提供，经甲方代表确认后，方可作为测试方法使用。

5.15.2 应对所有控制器负荷率进行测试，测试时所有控制模块均应处于自动方式。

5.15.3 应对所有数据通信总线的负荷率进行测试。

5.15.4 负荷率应在不同工况下共测试 5 次，每次测试时间为 10 s，取最高值。

5.15.5 系统各部件储备容量(负荷率)应达到以下要求：

a) 所有控制站的 CPU 恶劣工况下的负荷率均不应超过 60%；

b) 计算站、操作员站和数据管理站的 CPU，恶劣工况下的负荷率不应超过 40%；

c) 在繁忙工况(RUNBACK、甩负荷、跳磨工况等)下数据通讯总线的负荷率不应超过 30%。以太网负荷率不应超过 20%。

5.15.6 应按照附录 L 的要求填写验收结果。

5.16 系统稳定性考核验收

5.16.1 系统连续运行考核，应按下列方法之一进行：

a) 系统连续运行 72 h 无故障为合格。如有任何故障出现，应进行处理，故障消失后重新计时；

b) 系统连续运行 480 h，运行期间允许有可消除的、系统不中断运行的故障出现，可消除的故障出现次数不应超过 2 次为合格；

c) 乙方工厂连续通电拷机试验时间应达到上述 a)或 b)的要求。

5.16.2 应按照附录 M 的要求填写验收结果。

6 DCS 出厂验收报告

各项测试验收结束后，应汇编出厂验收记录，提交出厂验收报告，经甲、乙双方代表签字后存档备查。

7 现场复原试验

7.1 试验条件

DCS 出厂测试验收已通过,现场安装和接线完成、外供电源具备、接地安装完成。

7.2 试验重点

DCS 现场复原试验是出厂测试验收的延续,其试验重点是与乙方工厂环境不同的现场环境下的试验项目,以及系统关键的安全性能测试。应至少包含:接地、绝缘检查,受电、抗干扰及对关键控制器进行切换试验等。

7.3 DCS 受电

7.3.1 DCS 的电子装置机柜、操作员站和工程师站等,应能接受由业主提供可靠、稳定的二路交流 220(1±10%)V,50 Hz±2.5 Hz 的单相电源。

注:对于采用 110 V AC 的 DCS,同等要求。

7.3.2 乙方所供 DCS 的配电系统的接线方式应与全厂供电接线方式相符合(低压系统接地型式)。

7.3.3 各系统(电源柜、工程师站、各控制器、各操作员站、历史站、其他用电设备)受电应在第一路电源受电正常后,再送另一路电源。

7.4 复原试验安全措施

7.4.1 在进行复原试验时应根据机组运行情况,做好必要的安全措施(例如:相应控制器的 DO 出口解列、相应模拟量调整门停电、具有跳闸功能控制器的相应跳闸条件屏蔽等)。

7.4.2 复原试验应得到批准后进行。

7.4.3 试验结束后应及时恢复。

7.5 具体试验项目

7.5.1 接地

系统保护地接地应正确,系统屏蔽地接地应正确。

7.5.2 绝缘

系统接地电阻应符合要求,机柜与信号屏蔽地的绝缘电阻应符合要求。

7.5.3 抗射频干扰

现场条件下系统抗射频干扰能力应达到 5.8.13 的要求。

7.5.4 电源切换试验

人为切除工作电源,在备用电源投入时,上位机及控制器应无异常工况出现。

7.5.5 关键控制器切换试验

MFT、ETS、DEH 等具有跳闸功能的控制器,应以多种方式(处理器掉电、拔网线、硬切换、软切换等)进行冗余配置控制器的切换试验。控制器在工作状态、备用状态之间应往复切换至少两次,每次切换,控制器状态应正常,CRT(屏幕)实时趋势画面中的测点数值应不发生变化。

7.5.6 逻辑回路验证试验

应通过加载信号或强制信号，对各控制器控制逻辑回路进行抽检，系统中控制器、数据库、控制逻辑、卡件、上位机等的显示应一致。

7.5.7 填写验收结果

应按照附录N的要求填写验收结果。

8 现场复原试验报告

各项测试验收结束后，应汇编现场复原试验记录，提交现场复原试验报告，经甲、乙双方代表签字后存档备查。

附　录　A
(规范性附录)
文档资料验收

表 A.1 提供了文档资料验收应填写的内容与格式。

表 A.1　文档资料验收

(编号)　　　　　　　　　　日期：

项目名称			项目负责人(乙方)	
项目编号	系统名称	系统版本	验收签字(甲方)	
检验项目	内　容	验收形式	判　定	备　注
工程资料	系统硬件手册	□H □W □R	□合格 □不合格	
	系统操作手册	□H □W □R	□合格 □不合格	
	系统维护手册	□H □W □R	□合格 □不合格	
	构成系统所有部件的原理图	□H □W □R	□合格 □不合格	
	电源系统接线图及机柜电源分配图	□H □W □R	□合格 □不合格	
	DCS 网络连接图	□H □W □R	□合格 □不合格	
	DCS 接地系统图	□H □W □R	□合格 □不合格	
	控制器柜内布置图	□H □W □R	□合格 □不合格	
	FSSS 跳闸继电器柜原理图与接线图	□H □W □R	□合格 □不合格	
	首次应用于工程项目的产品记录	□H □W □R	□合格 □不合格	
	直接运往现场设备清单	□H □W □R	□合格 □不合格	
系统资料	数据库清册	□H □W □R	□合格 □不合格	
	控制原理图的定义和说明	□H □W □R	□合格 □不合格	
	含联锁和判据的逻辑图	□H □W □R	□合格 □不合格	
	组态文件打印程序	□H □W □R	□合格 □不合格	
	与编程语言有关的指导和参考手册	□H □W □R	□合格 □不合格	
	系统软件安装盘(含密钥)	□H □W □R	□合格 □不合格	
	计算机及打印机名称、IP 地址、工作组分配表	□H □W □R	□合格 □不合格	
	I/O 等硬件配置清单	□H □W □R	□合格 □不合格	
	系统组态手册	□H □W □R	□合格 □不合格	
测试记录	模件测试报告	□H □W □R	□合格 □不合格	
	应用工程出厂前联调自测报告	□H □W □R	□合格 □不合格	
	系统连续拷机记录	□H □W □R	□合格 □不合格	
	电磁兼容性检测报告	□H □W □R	□合格 □不合格	
不合格项	不合格内容	处理意见与结果	处理人(乙方)	备　注

附 录 B
(规范性附录)
系统配置检查验收

表 B.1 提供了系统配置检查验收应填写的内容与格式。

表 B.1 系统配置检查验收

(编号) 日期:

项目名称						项目负责人(乙方)	
项目编号		系统名称		系统版本		验收签字(甲方)	
检验项目	内 容			数量	验收形式	判 定	备 注
配置总量检查	操作员站				□H □W □R	□合格 □不合格	
	工程师站				□H □W □R	□合格 □不合格	
	历史站				□H □W □R	□合格 □不合格	
	服务器				□H □W □R	□合格 □不合格	
	控制器				□H □W □R	□合格 □不合格	
	非 I/O 机柜:电源分配柜				□H □W □R	□合格 □不合格	
	扩展继电器柜				□H □W □R	□合格 □不合格	
	接口计算机				□H □W □R	□合格 □不合格	
	交换机				□H □W □R	□合格 □不合格	
	模拟量输入(AI)4 mA ~20 mA 实际测点数				□H □W □R	□合格 □不合格	
	模拟量输入(AI)(热电偶 TC)实际测点数				□H □W □R	□合格 □不合格	
	模拟量输入(AI)(热电阻 RTD)实际测点数				□H □W □R	□合格 □不合格	
	模拟量输入(AI)(电压)实际测点数				□H □W □R	□合格 □不合格	
	模拟量输出(AO)实际测点数				□H □W □R	□合格 □不合格	
	开关量输入(DI)实际测点数				□H □W □R	□合格 □不合格	
	开关量输出(DO)实际测点数				□H □W □R	□合格 □不合格	
	脉冲量输入(PI)实际测点数				□H □W □R	□合格 □不合格	
	转速量输入(n)实际测点数				□H □W □R	□合格 □不合格	
	SOE 输入(SOE)实际点数				□H □W □R	□合格 □不合格	

表 B.1(续)

<table>
<tr><td>检验项目</td><td colspan="3">内 容</td><td>数量</td><td>验收形式</td><td>判 定</td><td>备 注</td></tr>
<tr><td>余量检查</td><td colspan="3">机柜模件槽位、I/O 模件通道、端子排的余量,且均匀分布于各机柜中</td><td></td><td>□H □W □R</td><td>□合格 □不合格</td><td></td></tr>
<tr><td rowspan="21">各站、柜配置检查</td><td>站、柜</td><td>名 称</td><td>型号与配置</td><td>数量</td><td>验收形式</td><td>判 定</td><td>备 注</td></tr>
<tr><td rowspan="4">操作员站</td><td>计算机主机</td><td></td><td></td><td>□H □W □R</td><td>□合格 □不合格</td><td></td></tr>
<tr><td>显示器</td><td></td><td></td><td>□H □W □R</td><td>□合格 □不合格</td><td></td></tr>
<tr><td>打印机</td><td></td><td></td><td>□H □W □R</td><td>□合格 □不合格</td><td></td></tr>
<tr><td>键盘、鼠标及音响</td><td></td><td></td><td>□H □W □R</td><td>□合格 □不合格</td><td></td></tr>
<tr><td rowspan="4">工程师站</td><td>计算机主机</td><td></td><td></td><td>□H □W □R</td><td>□合格 □不合格</td><td></td></tr>
<tr><td>显示器</td><td></td><td></td><td>□H □W □R</td><td>□合格 □不合格</td><td></td></tr>
<tr><td>打印机</td><td></td><td></td><td>□H □W □R</td><td>□合格 □不合格</td><td></td></tr>
<tr><td>键盘、鼠标及音响</td><td></td><td></td><td>□H □W □R</td><td>□合格 □不合格</td><td></td></tr>
<tr><td rowspan="4">历史站</td><td>计算机主机</td><td></td><td></td><td>□H □W □R</td><td>□合格 □不合格</td><td></td></tr>
<tr><td>显示器</td><td></td><td></td><td>□H □W □R</td><td>□合格 □不合格</td><td></td></tr>
<tr><td>打印机</td><td></td><td></td><td>□H □W □R</td><td>□合格 □不合格</td><td></td></tr>
<tr><td>键盘、鼠标及音响</td><td></td><td></td><td>□H □W □R</td><td>□合格 □不合格</td><td></td></tr>
<tr><td rowspan="4">服务器</td><td>计算机主机</td><td></td><td></td><td>□H □W □R</td><td>□合格 □不合格</td><td></td></tr>
<tr><td>显示器</td><td></td><td></td><td>□H □W □R</td><td>□合格 □不合格</td><td></td></tr>
<tr><td>打印机</td><td></td><td></td><td>□H □W □R</td><td>□合格 □不合格</td><td></td></tr>
<tr><td>键盘、鼠标及音响</td><td></td><td></td><td>□H □W □R</td><td>□合格 □不合格</td><td></td></tr>
<tr><td>电源柜</td><td>含:电源余量</td><td></td><td></td><td>□H □W □R</td><td>□合格 □不合格</td><td></td></tr>
<tr><td>继电器柜</td><td></td><td></td><td></td><td>□H □W □R</td><td>□合格 □不合格</td><td></td></tr>
<tr><td colspan="2" rowspan="2">网络设备</td><td>交换机</td><td></td><td></td><td>□H □W □R</td><td>□合格 □不合格</td><td></td></tr>
<tr><td>网络适配卡</td><td></td><td></td><td>□H □W □R</td><td>□合格 □不合格</td><td></td></tr>
<tr><td colspan="8"></td></tr>
<tr><td rowspan="3">不合格项</td><td colspan="2">不合格内容</td><td colspan="3">处理意见与结果</td><td>处理人(乙方)</td><td>备 注</td></tr>
<tr><td colspan="2"></td><td colspan="3"></td><td></td><td></td></tr>
<tr><td colspan="2"></td><td colspan="3"></td><td></td><td></td></tr>
</table>

附 录 C
（规范性附录）
控制器(柜)配置检查验收

表 C.1 提供了控制器(柜)配置检查验收应填写的内容与格式。

表 C.1 控制器(柜)配置检查验收

（编号） 日期：

项目名称						项目负责人(乙方)	
项目编号		系统名称		系统版本		验收签字(甲方)	
检验项目	卡 件	名 称	型 号	数量	验收形式	判 定	备 注
1# 控制器(柜)配置	控制器				□H □W □R	□合格 □不合格	
	电源组件				□H □W □R	□合格 □不合格	
	模拟量输入模件	电流			□H □W □R	□合格 □不合格	
		电压			□H □W □R	□合格 □不合格	
		热电阻			□H □W □R	□合格 □不合格	
		热电偶			□H □W □R	□合格 □不合格	
	模拟量输出模件				□H □W □R	□合格 □不合格	
	开关量输入模件				□H □W □R	□合格 □不合格	
	开关量输出模件				□H □W □R	□合格 □不合格	
	脉冲量输入模件				□H □W □R	□合格 □不合格	
	转速量模件				□H □W □R	□合格 □不合格	
	SOE 卡				□H □W □R	□合格 □不合格	
	机柜 I/O 余量	机柜模件槽位			□H □W □R	□合格 □不合格	
		I/O 模件通道数			□H □W □R	□合格 □不合格	
		端子排			□H □W □R	□合格 □不合格	

表 C.1（续）

检验项目	卡 件	名 称	型 号	数量	验收形式	判 定	备 注
2[#]控制器（柜）配置	控制器				□H □W □R	□合格 □不合格	
	电源模块				□H □W □R	□合格 □不合格	
	模拟量输入模件	电流			□H □W □R	□合格 □不合格	
		电压			□H □W □R	□合格 □不合格	
		热电阻			□H □W □R	□合格 □不合格	
		热电偶			□H □W □R	□合格 □不合格	
	模拟量输出模件				□H □W □R	□合格 □不合格	
	开关量输入模件				□H □W □R	□合格 □不合格	
	开关量输出模件				□H □W □R	□合格 □不合格	
	脉冲量输入模件				□H □W □R	□合格 □不合格	
	转速量模件				□H □W □R	□合格 □不合格	
	SOE 卡				□H □W □R	□合格 □不合格	
	机柜 I/O 余量	机柜模件槽位			□H □W □R	□合格 □不合格	
		I/O 模件通道数			□H □W □R	□合格 □不合格	
		端子排			□H □W □R	□合格 □不合格	
……					□H □W □R	□合格 □不合格	
					□H □W □R	□合格 □不合格	
					□H □W □R	□合格 □不合格	
					□H □W □R	□合格 □不合格	
					□H □W □R	□合格 □不合格	

	不合格内容	处理意见与结果	处理人（乙方）	备 注
不合格项				

注：本附录只列出 1[#]、2[#] 控制器（柜）的签单格式，以下序号控制器（柜）的签单格式与此相同，由验收参与者参照绘制（附录略）。

附　录　D
（规范性附录）
外观与结构检查验收

表D.1提供了外观与结构检查验收应填写的内容与格式。

表D.1　外观与结构检查验收

（编号）　　　　　　　　　　日期：

<table>
<tr><td>项目名称</td><td colspan="5"></td><td>项目负责人(乙方)</td><td></td></tr>
<tr><td>项目编号</td><td></td><td>系统名称</td><td></td><td>系统版本</td><td></td><td>验收签字(甲方)</td><td></td></tr>
<tr><td>检验项目</td><td colspan="4">内　容</td><td>验收形式</td><td>判　定</td><td>备　注</td></tr>
<tr><td>外观</td><td colspan="4">喷漆均匀光洁，没有凹痕、划伤和污染。柜门铰链及门锁开/关顺畅。计算机的主机、显示器应干净无污渍等</td><td>□H □W □R</td><td>□合格 □不合格</td><td></td></tr>
<tr><td>结构</td><td colspan="4">应标准化，模件插拔灵活</td><td>□H □W □R</td><td>□合格 □不合格</td><td></td></tr>
<tr><td>外形</td><td colspan="4">整齐、无破损、无开裂、无锈蚀</td><td>□H □W □R</td><td>□合格 □不合格</td><td></td></tr>
<tr><td>标识</td><td colspan="4">齐全、整齐</td><td>□H □W □R</td><td>□合格 □不合格</td><td></td></tr>
<tr><td>安装</td><td colspan="4">模件紧固无松动，布线干净整齐</td><td>□H □W □R</td><td>□合格 □不合格</td><td></td></tr>
<tr><td>按键开关</td><td colspan="4">灵活可靠，通断正确，指示灯正确，无任何故障</td><td>□H □W □R</td><td>□合格 □不合格</td><td></td></tr>
<tr><td>模件</td><td colspan="4">型号、规格和标识正确，指示灯显示清晰，贴面无脱落，部件无破损</td><td>□H □W □R</td><td>□合格 □不合格</td><td></td></tr>
<tr><td>机柜粘块</td><td colspan="4">机柜上的粘块不能脱落</td><td>□H □W □R</td><td>□合格 □不合格</td><td></td></tr>
<tr><td>过滤网</td><td colspan="4">过滤网清洁，无破损</td><td>□H □W □R</td><td>□合格 □不合格</td><td></td></tr>
<tr><td rowspan="2">机柜风机</td><td colspan="4">机柜风机转动灵活无异常</td><td>□H □W □R</td><td>□合格 □不合格</td><td></td></tr>
<tr><td colspan="4">便于现场维护，风机供电电源宜相对独立</td><td>□H □W □R</td><td>□合格 □不合格</td><td></td></tr>
<tr><td colspan="8"></td></tr>
<tr><td rowspan="4">不合格项</td><td colspan="3">不合格内容</td><td colspan="2">处理意见与结果</td><td>处理人(乙方)</td><td>备　注</td></tr>
<tr><td colspan="3"></td><td colspan="2"></td><td></td><td></td></tr>
<tr><td colspan="3"></td><td colspan="2"></td><td></td><td></td></tr>
<tr><td colspan="3"></td><td colspan="2"></td><td></td><td></td></tr>
</table>

附 录 E
(规范性附录)
系统运行环境检查验收

表 E.1 提供了系统运行环境检查验收应填写的内容与格式。

表 E.1 系统运行环境检查验收

(编号) 日期:

<table>
<tr><td>项目名称</td><td colspan="5"></td><td>项目负责人(乙方)</td><td></td></tr>
<tr><td>项目编号</td><td></td><td>系统名称</td><td></td><td>系统版本</td><td></td><td>验收签字(甲方)</td><td></td></tr>
<tr><td>检验
项目</td><td colspan="3">内 容</td><td colspan="2">验收形式</td><td>判 定</td><td>备 注</td></tr>
<tr><td rowspan="3">网络设置</td><td colspan="3">MAC 地址</td><td colspan="2">□H □W □R</td><td>□合格 □不合格</td><td></td></tr>
<tr><td colspan="3">计算机 IP 地址(以太网)</td><td colspan="2">□H □W □R</td><td>□合格 □不合格</td><td></td></tr>
<tr><td colspan="3">计算机 IP 地址(专用网络)</td><td colspan="2">□H □W □R</td><td>□合格 □不合格</td><td></td></tr>
<tr><td rowspan="2">交换机</td><td colspan="3">IP 地址及相关参数的设置</td><td colspan="2">□H □W □R</td><td>□合格 □不合格</td><td></td></tr>
<tr><td colspan="3">交换机的 MAC 地址及各端口 MAC 地址</td><td colspan="2">□H □W □R</td><td>□合格 □不合格</td><td></td></tr>
<tr><td>显示</td><td colspan="3">计算机显示设置</td><td colspan="2">□H □W □R</td><td>□合格 □不合格</td><td></td></tr>
<tr><td>打印机</td><td colspan="3">计算机打印机驱动安装</td><td colspan="2">□H □W □R</td><td>□合格 □不合格</td><td></td></tr>
<tr><td>时区</td><td colspan="3">计算机时区、日期格式、时间格式</td><td colspan="2">□H □W □R</td><td>□合格 □不合格</td><td></td></tr>
<tr><td>密钥</td><td colspan="3">计算机密钥的设立与使用权限</td><td colspan="2">□H □W □R</td><td>□合格 □不合格</td><td></td></tr>
<tr><td></td><td colspan="3"></td><td colspan="2">□H □W □R</td><td>□合格 □不合格</td><td></td></tr>
<tr><td></td><td colspan="3"></td><td colspan="2">□H □W □R</td><td>□合格 □不合格</td><td></td></tr>
<tr><td colspan="8"></td></tr>
<tr><td rowspan="4">不
合
格
项</td><td colspan="2">不合格内容</td><td colspan="3">处理意见与结果</td><td>处理人(乙方)</td><td>备 注</td></tr>
<tr><td colspan="2"></td><td colspan="3"></td><td></td><td></td></tr>
<tr><td colspan="2"></td><td colspan="3"></td><td></td><td></td></tr>
<tr><td colspan="2"></td><td colspan="3"></td><td></td><td></td></tr>
</table>

附　录　F
（规范性附录）
软件安装检查验收

表 F.1 提供了软件安装检查验收应填写的内容与格式。

表 F.1　软件安装检查验收

（编号）　　　　　　　　　　　日期：

项目名称						项目负责人(乙方)	
项目编号		系统名称		系统版本		验收签字(甲方)	
测试设备：							

检验项目	内　容	验收形式	判　定	备　注
操作员站软件版本	1[#] 站为甲方要求版本	□H □W □R	□合格 □不合格	
	2[#] 站为甲方要求版本	□H □W □R	□合格 □不合格	
	3[#] 站为甲方要求版本	□H □W □R	□合格 □不合格	
	4[#] 站为甲方要求版本	□H □W □R	□合格 □不合格	
	5[#] 站为甲方要求版本	□H □W □R	□合格 □不合格	
	……	□H □W □R	□合格 □不合格	
工程师站软件版本为甲方要求版本		□H □W □R	□合格 □不合格	
服务器软件版本	1[#] 服务器为甲方要求版本	□H □W □R	□合格 □不合格	
	2[#] 服务器为甲方要求版本	□H □W □R	□合格 □不合格	
	……	□H □W □R	□合格 □不合格	
软件应为正版，应有软件使用许可证	操作员站操作系统软件	□H □W □R	□合格 □不合格	
	工程师站操作系统软件	□H □W □R	□合格 □不合格	
	服务器操作系统软件	□H □W □R	□合格 □不合格	
软件升级	无需停运工艺过程(甲、乙双方商定)	□H □W □R	□合格 □不合格	
	操作员站接口不会失效	□H □W □R	□合格 □不合格	
	应用软件无需进行修改	□H □W □R	□合格 □不合格	
	新、老版本软件创建的文件兼容	□H □W □R	□合格 □不合格	
		□H □W □R	□合格 □不合格	

	不合格内容	处理意见与结果	处理人(乙方)	备　注
不合格项				

附 录 G
(规范性附录)
系统安全性能测试验收

表 G.1 提供了系统安全性能测试验收应填写的内容与格式。

表 G.1 系统安全性能测试验收

(编号) 日期：

项目名称						项目负责人(乙方)	
项目编号		系统名称		系统版本		验收签字(甲方)	
测试设备：							

检验项目	内 容	验收形式	判 定	备 注
接地连接	系统保护地接地	□H □W □R	□合格 □不合格	
	系统屏蔽地接地	□H □W □R	□合格 □不合格	
绝缘	AI 通道的输入端与信号屏蔽地端	□H □W □R	□合格 □不合格	
	AO 通道的输出端与信号屏蔽地端	□H □W □R	□合格 □不合格	
	全隔离型 AI 模件各通道之间	□H □W □R	□合格 □不合格	
	全隔离型 AO 模件各通道之间	□H □W □R	□合格 □不合格	
电源冗余	系统电源冗余测试	□H □W □R	□合格 □不合格	
控制器冗余	系统控制器冗余测试(二冗余)	□H □W □R	□合格 □不合格	
	系统控制器冗余测试(三冗余)	□H □W □R	□合格 □不合格	
网络冗余	通讯网络冗余测试(两条网线)	□H □W □R	□合格 □不合格	
	通讯网络冗余测试(多条网线)	□H □W □R	□合格 □不合格	
	冗余网络交换机的测试	□H □W □R	□合格 □不合格	
	第三方通信卡冗余配置测试	□H □W □R	□合格 □不合格	
操作员站冗余	操作员站冗余测试	□H □W □R	□合格 □不合格	
模件冗余	各种冗余模件的冗余测试	□H □W □R	□合格 □不合格	
服务器冗余	各服务器冗余测试	□H □W □R	□合格 □不合格	
操作容错	键盘或鼠标操作的容错能力测试	□H □W □R	□合格 □不合格	
通信网络容错	通信网络容错性能试验	□H □W □R	□合格 □不合格	
模件插拔	过程 I/O 模件带电插拔测试	□H □W □R	□合格 □不合格	
重置能力	系统重置能力测试	□H □W □R	□合格 □不合格	
抗射频干扰	系统抗射频干扰能力的测试	□H □W □R	□合格 □不合格	
I/O 模件抽检	抗串、共模干扰的能力、噪音容限及模件负载能力	□H □W □R	□合格 □不合格	
输出掉电保护	控制回路输出掉电保护测试	□H □W □R	□合格 □不合格	
专用键盘	专用键盘与标准键盘连接、切换测试	□H □W □R	□合格 □不合格	
公用系统监控闭锁	公用系统监控闭锁功能测试	□H □W □R	□合格 □不合格	

表 G.1（续）

<table>
<tr><th>检验项目</th><th>内　容</th><th>验收形式</th><th>判　定</th><th>备　注</th></tr>
<tr><td colspan="2">各磨煤机的控制逻辑组态，应分散分配，每对控制器最多控制 2 台磨煤机。</td><td>□H □W □R</td><td>□合格 □不合格</td><td></td></tr>
<tr><td colspan="2">两侧烟风系统控制逻辑组态分配在不同的控制器中</td><td>□H □W □R</td><td>□合格 □不合格</td><td></td></tr>
<tr><td colspan="2">给水泵、凝结水泵、循环水泵等重要的同功能多台辅机的控制逻辑组态分配在不同的控制器中</td><td>□H □W □R</td><td>□合格 □不合格</td><td></td></tr>
<tr><td colspan="2">FSS（炉膛安全系统）应由独立、冗余配置的控制器实现</td><td>□H □W □R</td><td>□合格 □不合格</td><td></td></tr>
<tr><td colspan="2">触发 MFT 的信号应采用硬接线，不应通过通讯总线传送</td><td>□H □W □R</td><td>□合格 □不合格</td><td></td></tr>
<tr><td colspan="2">电气 A/B 段设备的控制逻辑组态分配在不同的控制器中</td><td>□H □W □R</td><td>□合格 □不合格</td><td></td></tr>
<tr><td colspan="2">冗余配置的测量信号应分配在不同的模件之中</td><td>□H □W □R</td><td>□合格 □不合格</td><td></td></tr>
<tr><td colspan="5"></td></tr>
</table>

<table>
<tr><td rowspan="4">不合格项</td><td>不合格内容</td><td>处理意见与结果</td><td>处理人（乙方）</td><td>备　注</td></tr>
<tr><td></td><td></td><td></td><td></td></tr>
<tr><td></td><td></td><td></td><td></td></tr>
<tr><td></td><td></td><td></td><td></td></tr>
</table>

附 录 H
（规范性附录）
数据采集功能测试验收

表 H.1 提供了数据采集功能测试验收应填写的内容与格式。

表 H.1 数据采集功能测试验收

（编号） 日期：

项目名称						项目负责人(乙方)	
项目编号		系统名称		系统版本		验收签字(甲方)	
测试设备：							

检验项目	内 容	验收形式	判 定	备 注
I/O 通道精度	模拟量输入(AI)通道	□H □W □R	□合格 □不合格	
	模拟量输出(AO)通道	□H □W □R	□合格 □不合格	
	开关量输入(DI)通道	□H □W □R	□合格 □不合格	
	开关量输出(DO)通道	□H □W □R	□合格 □不合格	
	脉冲量输入(PI)通道	□H □W □R	□合格 □不合格	
	转速量输入(n)通道	□H □W □R	□合格 □不合格	
CRT(屏幕)画面响应时间	调用显示画面响应时间测试	□H □W □R	□合格 □不合格	
控制器处理周期	一般模拟量	□H □W □R	□合格 □不合格	
	快速模拟量	□H □W □R	□合格 □不合格	
	慢过程模拟量	□H □W □R	□合格 □不合格	
	汽轮机、电气	□H □W □R	□合格 □不合格	
	开关量	□H □W □R	□合格 □不合格	
	汽轮机紧急跳闸系统(ETS)	□H □W □R	□合格 □不合格	
	汽轮机超速跳闸保护(OPT)	□H □W □R	□合格 □不合格	
	汽轮机超速保护控制(OPC)	□H □W □R	□合格 □不合格	
系统操作响应时间	开关量操作信号的响应时间测试	□H □W □R	□合格 □不合格	
	模拟量操作信号的响应时间测试	□H □W □R	□合格 □不合格	
输入参数真实性	(4～20)mA 输入通道超量程	□H □W □R	□合格 □不合格	
	热电偶通道超量程	□H □W □R	□合格 □不合格	
	热电阻通道超量程	□H □W □R	□合格 □不合格	
	(4～20)mA 输入通道回路断线	□H □W □R	□合格 □不合格	
	热电偶(TC)通道回路断线	□H □W □R	□合格 □不合格	
	热电阻(RTD)通道回路断线	□H □W □R	□合格 □不合格	
报警设定点动作差和恢复差	报警功能	□H □W □R	□合格 □不合格	
	报警设定点动作差	□H □W □R	□合格 □不合格	
	报警设定点恢复差	□H □W □R	□合格 □不合格	

表 H.1（续）

检验项目	内　容	验收形式	判　定	备　注
输入参数二次计算	差值	□H □W □R	□合格 □不合格	
	平均值	□H □W □R	□合格 □不合格	
	选大值	□H □W □R	□合格 □不合格	
	选小值	□H □W □R	□合格 □不合格	
	选中值	□H □W □R	□合格 □不合格	
水-水蒸气热物性计算模块计算程序正确及计算结果精度		□H □W □R	□合格 □不合格	
输入信号冗余	三取中冗余配置	□H □W □R	□合格 □不合格	
	三取二冗余配置	□H □W □R	□合格 □不合格	
	双重冗余配置	□H □W □R	□合格 □不合格	
记录、报表、打印	数据、格式	□H □W □R	□合格 □不合格	
	定时打印	□H □W □R	□合格 □不合格	
	日志打印	□H □W □R	□合格 □不合格	
	随机制表打印	□H □W □R	□合格 □不合格	
	请求打印	□H □W □R	□合格 □不合格	
SOE 记录和事故追忆	相同控制器相同 SOE 卡分辨率	□H □W □R	□合格 □不合格	
	相同控制器不同 SOE 卡分辨率	□H □W □R	□合格 □不合格	
	不同控制器的 SOE 分辨率	□H □W □R	□合格 □不合格	
	SOE 信号发生器信号间隔时间应在 0.1 ms～3 ms 之间可调节	□H □W □R	□合格 □不合格	
	SOE 信号发生器信号间隔时间为 1 ms 时，其绝对误差应不大于 0.01 ms	□H □W □R	□合格 □不合格	
历史数据存储和检索	点覆盖面、记录死区、采样存储频率	□H □W □R	□合格 □不合格	
	数据检索、趋势检索、操作记录检索	□H □W □R	□合格 □不合格	
	SOE 事件顺序记录检索	□H □W □R	□合格 □不合格	
性能计算（确认性检查）	计算的范围	□H □W □R	□合格 □不合格	
	计算精确度	□H □W □R	□合格 □不合格	
	数据质量检查	□H □W □R	□合格 □不合格	
	计算公式、文字说明和计算实例	□H □W □R	□合格 □不合格	
	最新版本	□H □W □R	□合格 □不合格	

	不合格内容	处理意见与结果	处理人(乙方)	备　注
不合格项				

附 录 I
（规范性附录）
操作员站功能测试验收

表 I.1 提供了操作员站功能测试验收应填写的内容与格式。

表 I.1 操作员站功能测试验收

（编号） 日期：

项目名称					项目负责人(乙方)	
项目编号		系统名称		系统版本	验收签字(甲方)	
测试设备：						

检验项目	内 容	验收形式	判 定	备 注
卫星时钟校时功能	卫星时钟输出信号精度	□H □W □R	□合格 □不合格	
	各个站的时钟应同步	□H □W □R	□合格 □不合格	
	卫星时钟失锁报警	□H □W □R	□合格 □不合格	
系统状态诊断画面	模件名称、模件号及模件的位置	□H □W □R	□合格 □不合格	
	自诊断功能应至少能诊断至模件级故障，宜诊断到通道级故障	□H □W □R	□合格 □不合格	
系统流程图画面	名称及表征	□H □W □R	□合格 □不合格	
	流程图切换	□H □W □R	□合格 □不合格	
	专用键盘功能键	□H □W □R	□合格 □不合格	
图形显示及操作	画面幅数	□H □W □R	□合格 □不合格	
	画面质量	□H □W □R	□合格 □不合格	
	平均响应时间	□H □W □R	□合格 □不合格	
	模拟量控制图形	□H □W □R	□合格 □不合格	
	模拟量动态数值	□H □W □R	□合格 □不合格	
	开关量图形	□H □W □R	□合格 □不合格	
	调用任一画面的击键次数，不应多于 3 次	□H □W □R	□合格 □不合格	
报警功能	模拟量输入报警提示条的内容	□H □W □R	□合格 □不合格	
	开关量输入报警提示条的内容	□H □W □R	□合格 □不合格	
	撤销某一点的报警显示	□H □W □R	□合格 □不合格	
趋势管理	曲线颜色改变	□H □W □R	□合格 □不合格	
	时间间隔修改	□H □W □R	□合格 □不合格	
	放大、收缩、查看历史、进入实时等操作	□H □W □R	□合格 □不合格	
	修改量程和增删趋势点	□H □W □R	□合格 □不合格	

	不合格内容	处理意见与结果	处理人(乙方)	备 注
不合格项				

附　录　J
（规范性附录）
系统在线下装功能测试验收

表 J.1 提供了系统在线下装功能测试验收应填写的内容与格式。

表 J.1　系统在线下装功能测试验收

（编号）　　　　　　　　　　日期：

<table>
<tr><td>项目名称</td><td colspan="5"></td><td>项目负责人(乙方)</td><td></td></tr>
<tr><td>项目编号</td><td></td><td>系统名称</td><td></td><td>系统版本</td><td></td><td>验收签字(甲方)</td><td></td></tr>
<tr><td colspan="8">测试设备：</td></tr>
</table>

<table>
<tr><td colspan="2">检验项目</td><td colspan="2">内　容</td><td>验收形式</td><td>判　定</td><td>备　注</td></tr>
<tr><td colspan="2" rowspan="2">组态软件功能</td><td colspan="2">制作和修改画面</td><td>□H □W □R</td><td>□合格 □不合格</td><td></td></tr>
<tr><td colspan="2">建立自定义的新图素</td><td>□H □W □R</td><td>□合格 □不合格</td><td></td></tr>
<tr><td colspan="2"></td><td colspan="2"></td><td>□H □W □R</td><td>□合格 □不合格</td><td></td></tr>
<tr><td rowspan="16">系统在线下装功能</td><td rowspan="8">操作员站</td><td rowspan="2">$1^{\#}$站</td><td>全下装</td><td>□H □W □R</td><td>□合格 □不合格</td><td></td></tr>
<tr><td>增量下装（含新建组态、组态修改）</td><td>□H □W □R</td><td>□合格 □不合格</td><td></td></tr>
<tr><td rowspan="2">$2^{\#}$站</td><td>全下装</td><td>□H □W □R</td><td>□合格 □不合格</td><td></td></tr>
<tr><td>增量下装（含新建组态、组态修改）</td><td>□H □W □R</td><td>□合格 □不合格</td><td></td></tr>
<tr><td rowspan="2">$3^{\#}$站</td><td>全下装</td><td>□H □W □R</td><td>□合格 □不合格</td><td></td></tr>
<tr><td>增量下装（含新建组态、组态修改）</td><td>□H □W □R</td><td>□合格 □不合格</td><td></td></tr>
<tr><td rowspan="2">……</td><td>全下装</td><td>□H □W □R</td><td>□合格 □不合格</td><td></td></tr>
<tr><td>增量下装（含新建组态、组态修改）</td><td>□H □W □R</td><td>□合格 □不合格</td><td></td></tr>
<tr><td rowspan="8">控制器</td><td rowspan="2">$1^{\#}$控制器</td><td>全下装</td><td>□H □W □R</td><td>□合格 □不合格</td><td></td></tr>
<tr><td>增量下装（含新建组态、组态修改）</td><td>□H □W □R</td><td>□合格 □不合格</td><td></td></tr>
<tr><td rowspan="2">$2^{\#}$控制器</td><td>全下装</td><td>□H □W □R</td><td>□合格 □不合格</td><td></td></tr>
<tr><td>增量下装（含新建组态、组态修改）</td><td>□H □W □R</td><td>□合格 □不合格</td><td></td></tr>
<tr><td rowspan="2">$3^{\#}$控制器</td><td>全下装</td><td>□H □W □R</td><td>□合格 □不合格</td><td></td></tr>
<tr><td>增量下装（含新建组态、组态修改）</td><td>□H □W □R</td><td>□合格 □不合格</td><td></td></tr>
<tr><td rowspan="2">……</td><td>全下装</td><td>□H □W □R</td><td>□合格 □不合格</td><td></td></tr>
<tr><td>增量下装（含新建组态、组态修改）</td><td>□H □W □R</td><td>□合格 □不合格</td><td></td></tr>
<tr><td colspan="7"></td></tr>
</table>

<table>
<tr><td rowspan="4">不合格项</td><td>不合格内容</td><td>处理意见与结果</td><td>处理人(乙方)</td><td>备　注</td></tr>
<tr><td></td><td></td><td></td><td></td></tr>
<tr><td></td><td></td><td></td><td></td></tr>
<tr><td></td><td></td><td></td><td></td></tr>
</table>

附 录 K
（规范性附录）
组态功能测试验收

表 K.1 提供了组态功能测试验收应填写的内容与格式。

表 K.1 组态功能测试验收

（编号） 日期：

项目名称					项目负责人(乙方)	
项目编号		系统名称		系统版本	验收签字(甲方)	
测试设备：						

检验项目	内 容	验收形式	判 定	备 注
MCS 功能测试	"R 验收形式"测试百分之百控制回路	□H □W □R	□合格 □不合格	
	抽检测试主要控制回路	□H □W □R	□合格 □不合格	
	组态功能与设计说明书一致性	□H □W □R	□合格 □不合格	
	手动、自动切换功能	□H □W □R	□合格 □不合格	
	输出值和设定值的修改	□H □W □R	□合格 □不合格	
	输出值正反作用方向变化	□H □W □R	□合格 □不合格	
	修改 P、I、D 三个参数	□H □W □R	□合格 □不合格	
SCS 功能测试	"R 验收形式"测试百分之百控制回路	□H □W □R	□合格 □不合格	
	抽检 SCS 控制回路	□H □W □R	□合格 □不合格	
	各控制回路符合设计要求	□H □W □R	□合格 □不合格	
	组态功能实现与说明书要求一致	□H □W □R	□合格 □不合格	
	人机界面测试 1，模拟图显示	□H □W □R	□合格 □不合格	
	人机界面测试 2，操作画面显示	□H □W □R	□合格 □不合格	
	功能测试 1：典型功能组	□H □W □R	□合格 □不合格	
	功能测试 2：典型功能子组	□H □W □R	□合格 □不合格	
	功能测试 3：典型备用逻辑进行切、投	□H □W □R	□合格 □不合格	
	功能测试 4：典型的联锁逻辑	□H □W □R	□合格 □不合格	
BCS 功能测试	组态功能实现与设计说明书一致	□H □W □R	□合格 □不合格	
	人机界面测试：燃烧器管理功能画面	□H □W □R	□合格 □不合格	
	功能测试 1：磨煤机启动、停止逻辑	□H □W □R	□合格 □不合格	
	功能测试 2：点火单控方式、层控方式	□H □W □R	□合格 □不合格	
	功能测试 3：特殊工况下，燃烧器自动切除	□H □W □R	□合格 □不合格	

表 K.1（续）

检验项目	内 容	验收形式	判 定	备 注
FSS 功能测试	组态功能与设计说明书一致性	□H □W □R	□合格 □不合格	
	人机界面测试 1：监视与保护功能的画面	□H □W □R	□合格 □不合格	
	功能测试 1：燃油泄漏试验功能正常	□H □W □R	□合格 □不合格	
	功能测试 2：炉膛吹扫功能满足要求	□H □W □R	□合格 □不合格	
	功能测试 3：MFT 和 OFT 条件覆盖	□H □W □R	□合格 □不合格	
	功能测试 4：MFT 和 OFT 首出原因显示	□H □W □R	□合格 □不合格	
	功能测试 5：火检状况显示和灭火判别功能正常	□H □W □R	□合格 □不合格	
	MFT 跳闸前后信号追忆显示时间与内容	□H □W □R	□合格 □不合格	
功能安全型 FSS 功能测试	常规项目核查同“FSS 功能测试”	□H □W □R	□合格 □不合格	
	SIL 级的安全相关系统认证	□H □W □R	□合格 □不合格	
DEH/ETS 功能测试	系统软件逻辑、各控制回路初始参数设置	□H □W □R	□合格 □不合格	
	操作容错	□H □W □R	□合格 □不合格	
	各模拟量控制子系统相关画面	□H □W □R	□合格 □不合格	
	DEH 系统的控制功能(全过程)	□H □W □R	□合格 □不合格	
	ETS 应由独立、冗余配置的控制器实现	□H □W □R	□合格 □不合格	
MFT 跳闸继电器柜功能测试	继电器型号/容量与设计一致	□H □W □R	□合格 □不合格	
	电源冗余功能	□H □W □R	□合格 □不合格	
	跳闸试验 跳闸条件满足触发跳闸	□H □W □R	□合格 □不合格	
	跳闸试验 手动 MFT 跳闸	□H □W □R	□合格 □不合格	
	“三取二逻辑”跳闸	□H □W □R	□合格 □不合格	

	不合格内容	处理意见与结果	处理人(乙方)	备 注
不合格项				

附 录 L
（规范性附录）
系统储备容量（负荷率）测试验收

表 L.1 提供了系统储备容量（负荷率）测试验收应填写的内容与格式。

表 L.1 系统储备容量（负荷率）测试验收

（编号） 日期：

项目名称				项目负责人（乙方）	
项目编号		系统名称	系统版本	验收签字（甲方）	
测试设备：					

检验项目	内 容	验收形式	判 定	备 注
控制站的 CPU 恶劣工况下的负荷率	1# 站	□H □W □R	□合格 □不合格	
	2# 站	□H □W □R	□合格 □不合格	
	3# 站	□H □W □R	□合格 □不合格	
	4# 站	□H □W □R	□合格 □不合格	
	5# 站	□H □W □R	□合格 □不合格	
	……	□H □W □R	□合格 □不合格	
计算站的 CPU 恶劣工况下的负荷率	1# 计算站	□H □W □R	□合格 □不合格	
	2# 计算站	□H □W □R	□合格 □不合格	
	……	□H □W □R	□合格 □不合格	
操作员站的 CPU 恶劣工况下的负荷率	1# 站	□H □W □R	□合格 □不合格	
	2# 站	□H □W □R	□合格 □不合格	
	3# 站	□H □W □R	□合格 □不合格	
	4# 站	□H □W □R	□合格 □不合格	
	5# 站	□H □W □R	□合格 □不合格	
	……	□H □W □R	□合格 □不合格	
数据管理站的 CPU 恶劣工况下的负荷率	1# 数据管理站	□H □W □R	□合格 □不合格	
	2# 数据管理站	□H □W □R	□合格 □不合格	
	……	□H □W □R	□合格 □不合格	
繁忙工况下数据通讯总线的负荷率	1# 段数据通讯总线	□H □W □R	□合格 □不合格	
	2# 段数据通讯总线	□H □W □R	□合格 □不合格	
	……	□H □W □R	□合格 □不合格	
	以太网 1# 段	□H □W □R	□合格 □不合格	
	以太网 2# 段	□H □W □R	□合格 □不合格	
	……	□H □W □R	□合格 □不合格	

表 L.1（续）

检验项目	内　容	验收形式	判　定	备　注
功能单一的部件负荷率	1# 计算机	□H □W □R	□合格 □不合格	
	2# 计算机	□H □W □R	□合格 □不合格	
	……	□H □W □R	□合格 □不合格	
不合格项	不合格内容	处理意见与结果	处理人(乙方)	备　注

附 录 M
（规范性附录）
DCS 出厂测试验收总表

表 M.1 提供了 DCS 出厂测试验收总表应填写的内容与格式。

表 M.1 DCS 出厂测试验收总表

（编号） 日期：

<table>
<tr><td>项目名称</td><td colspan="5"></td><td>项目负责人(乙方)</td><td></td></tr>
<tr><td>项目编号</td><td></td><td>系统名称</td><td></td><td>系统版本</td><td></td><td>验收签字(甲方)</td><td></td></tr>
<tr><td colspan="8">测试设备：</td></tr>
<tr><td colspan="5">检验项目、内容</td><td>验收形式</td><td>判　定</td><td>备　注</td></tr>
<tr><td colspan="5">文档资料验收</td><td>□H □W □R</td><td>□合格 □不合格</td><td></td></tr>
<tr><td colspan="5">系统配置检查验收</td><td>□H □W □R</td><td>□合格 □不合格</td><td></td></tr>
<tr><td colspan="5">外观与结构检查验收</td><td>□H □W □R</td><td>□合格 □不合格</td><td></td></tr>
<tr><td colspan="5">系统运行环境检查验收</td><td>□H □W □R</td><td>□合格 □不合格</td><td></td></tr>
<tr><td colspan="5">系统安全性能测试验收</td><td>□H □W □R</td><td>□合格 □不合格</td><td></td></tr>
<tr><td colspan="5">数据采集功能测试验收</td><td>□H □W □R</td><td>□合格 □不合格</td><td></td></tr>
<tr><td colspan="5">卫星时钟校时功能测试验收</td><td>□H □W □R</td><td>□合格 □不合格</td><td></td></tr>
<tr><td colspan="5">操作员站功能测试验收</td><td>□H □W □R</td><td>□合格 □不合格</td><td></td></tr>
<tr><td colspan="5">系统在线下装功能测试验收</td><td>□H □W □R</td><td>□合格 □不合格</td><td></td></tr>
<tr><td colspan="5">MCS 组态功能测试</td><td>□H □W □R</td><td>□合格 □不合格</td><td></td></tr>
<tr><td colspan="5">SCS 组态功能测试</td><td>□H □W □R</td><td>□合格 □不合格</td><td></td></tr>
<tr><td colspan="5">FSSS 组态功能测试</td><td>□H □W □R</td><td>□合格 □不合格</td><td></td></tr>
<tr><td colspan="5">DEH/ETS 组态功能测试</td><td>□H □W □R</td><td>□合格 □不合格</td><td></td></tr>
<tr><td colspan="5">MFT 跳闸继电器柜功能测试</td><td>□H □W □R</td><td>□合格 □不合格</td><td></td></tr>
<tr><td colspan="5">系统储备容量(负荷率)的测试</td><td>□H □W □R</td><td>□合格 □不合格</td><td></td></tr>
<tr><td colspan="5">上位机软件安装检查</td><td>□H □W □R</td><td>□合格 □不合格</td><td></td></tr>
<tr><td colspan="5">系统稳定性考核试验验收</td><td>□H □W □R</td><td>□合格 □不合格</td><td></td></tr>
<tr><td colspan="2" rowspan="3">甲、乙双方
同意增补项</td><td colspan="3"></td><td>□H □W □R</td><td>□合格 □不合格</td><td></td></tr>
<tr><td colspan="3"></td><td>□H □W □R</td><td>□合格 □不合格</td><td></td></tr>
<tr><td colspan="3"></td><td>□H □W □R</td><td>□合格 □不合格</td><td></td></tr>
<tr><td colspan="8"></td></tr>
<tr><td rowspan="4">不
合
格
项</td><td colspan="4">不合格内容</td><td>处理意见与结果</td><td>处理人(乙方)</td><td>备　注</td></tr>
<tr><td colspan="4"></td><td></td><td></td><td></td></tr>
<tr><td colspan="4"></td><td></td><td></td><td></td></tr>
<tr><td colspan="4"></td><td></td><td></td><td></td></tr>
<tr><td colspan="2">不合格项数</td><td colspan="3"></td><td>检验日期</td><td colspan="2"></td></tr>
<tr><td colspan="8">出厂测试验收总结：
签字：</td></tr>
<tr><td colspan="5">□是 □否 同意出厂
甲方部门负责人(签字)
年 月 日</td><td colspan="3">□是 □否 同意出厂
乙方部门负责人(签字)
年 月 日</td></tr>
<tr><td colspan="5">甲方负责人(签字)
年 月 日</td><td colspan="3">乙方负责人(签字)
年 月 日</td></tr>
</table>

附 录 N
(规范性附录)
现场复原试验总表

表 N.1 提供了现场复原试验应填写的内容与格式。

表 N.1 现场复原试验总表

(编号)　　　　　　　　　　日期：

项目名称						项目负责人(乙方)	
项目编号		系统名称		系统版本		验收签字(甲方)	
测试设备：							

检验项目、内容		验收形式	判定	备注
DCS 设备接受二路交流单相电源		□H □W □R	□合格 □不合格	
DCS 配电系统接线方式与全厂相符合		□H □W □R	□合格 □不合格	
电源柜受电		□H □W □R	□合格 □不合格	
工程师站受电		□H □W □R	□合格 □不合格	
各控制器受电		□H □W □R	□合格 □不合格	
各操作员站受电		□H □W □R	□合格 □不合格	
历史站受电		□H □W □R	□合格 □不合格	
其他用电设备受电		□H □W □R	□合格 □不合格	
保护地接地正确		□H □W □R	□合格 □不合格	
绝缘检查		□H □W □R	□合格 □不合格	
抗射频干扰		□H □W □R	□合格 □不合格	
DCS 电源柜电源切换试验		□H □W □R	□合格 □不合格	
关键控制器切换试验	MFT 的控制器切换试验	□H □W □R	□合格 □不合格	
	ETS 的控制器切换试验	□H □W □R	□合格 □不合格	
	DEH 的控制器切换试验	□H □W □R	□合格 □不合格	
控制逻辑回路验证		□H □W □R	□合格 □不合格	

不合格项	不合格内容	处理意见与结果	处理人(乙方)	备注

不合格项数		检验日期	

复原试验总结：

签字：

甲方部门负责人(签字) 年 月 日	乙方部门负责人(签字) 年 月 日
甲方负责人(签字) 年 月 日	乙方负责人(签字) 年 月 日

参 考 文 献

[1] GB/T 26863—2011 火电站监控系统术语

ICS 13.020.50
K 04

中华人民共和国国家标准化指导性技术文件

GB/Z 30373—2013

电子电气产品材料声明问卷 基本指南

Materials declaration questionnaires of electrical and electronic products—Basic guidelines

(IEC Guide 113:2000,Materials declaration questionnaires—Basic guidelines,MOD)

2013-12-31 发布　　2015-03-01 实施

中华人民共和国国家质量监督检验检疫总局
中国国家标准化管理委员会　发布

前　言

本指导性技术文件按照 GB/T 1.1—2009 给出的规则起草。

本指导性技术文件采用重新起草法修改采用 IEC 指南 113:2000《材料声明问卷　基本指南》。

本指导性技术文件与 IEC 指南 113:2000《材料声明问卷　基本指南》相比在结构上的调整见附录 A,主要技术性差异如下:

——第 1 章中删除了"本标准不是规范性的"描述,并增加了"本指导性技术文件适用于电子电气产品材料声明问卷的制作。"部分内容;

——删除了原文第 2 章内容,并调整后续章的编号。

本指导性技术文件还做了下列编辑性修改:

——删除国际标准的前言和引言;

——增加附录 A(资料性附录)本指导性技术文件与 IEC 指南 113:2000 章编号对照一览表;

——对附录 B(资料性附录)的标题及内容进行了编辑性修改。

本指导性技术文件由全国电工电子产品与系统的环境标准化技术委员会(SAC/TC 297)归口。

本指导性技术文件起草单位:中国质量认证中心、中国检验认证(集团)有限公司、上海市质量监督检验技术研究院。

本指导性技术文件主要起草人:马奇菊、王虹、李仰钞、金伟。

电子电气产品材料声明问卷
基本指南

1 范围

对环境安全的产品进行循环利用或处置是产品环境保护的一个重要方面。只有在了解了产品所含物质及其对健康和环境潜在危害的基础上,才可能实现产品安全的再生利用与处置。因此,制造商宜知道其产品所包含的环境相关物质,以及这些物质的分布和浓度,并向需要者提供这些信息。材料含量信息流程图涉及几个相关方,如图 1 所述。

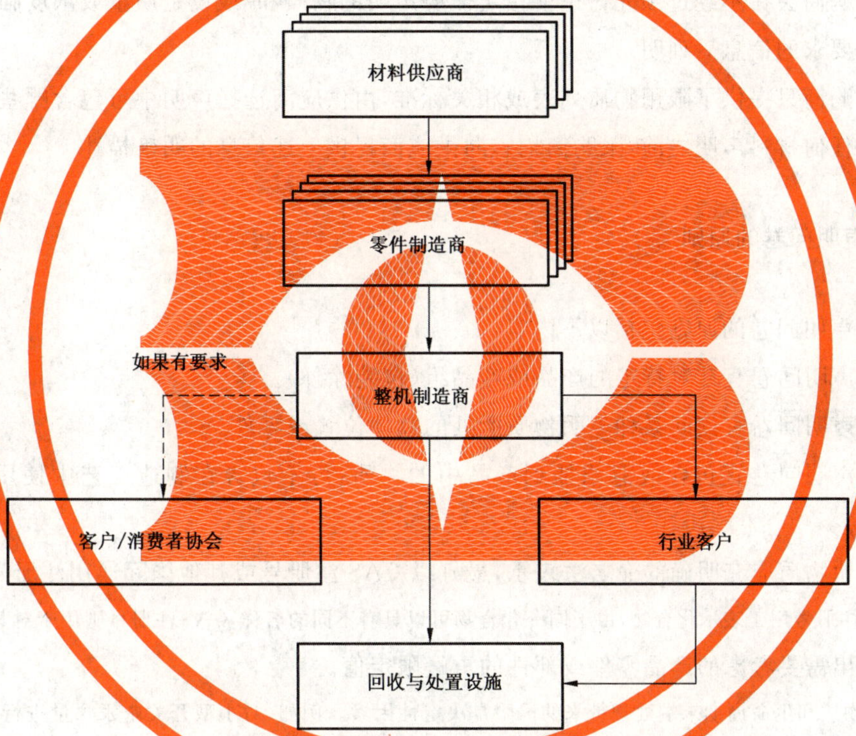

图 1 材料含量信息流程图

本指导性技术文件用于指导企业制作产品的材料声明问卷,如作为购买说明的一部分。本指导性技术文件目的在于增加不同问卷的一致性和可比性,这有利于发送问卷和回答问卷的双方减少成本。但应注意,由于问卷需要信息需求的不同以及限用物质列表的不断变化,不可能完全统一材料声明问卷。

本指导性技术文件适用于电子电气产品材料声明问卷的制作。

2 制定材料声明问卷的程序

根据产品、需求、保密级别等,材料声明可采用不同的形式,由相关方协商决定。然而,考虑所有材料声明中具有共性的基本要素将有助于提高一致性,从而简化工作并降低成本。

一份材料声明涉及至少两方,通常为采购商(信息需求方)和供应商(信息提供方)。此外,其他各方也有可能使用原始的材料声明,例如,翻新企业、回收商、二手设备输出商等。这些第三方在特定阶段亦成为信息需求方。

在采购商与供应商定义一份材料声明之前,应当解决一系列问题。以下为最重要的问题:

a) 宜确定需考虑哪些对象(如成品、部件、零件、子组件等),以及哪些对象宜采用声明树状图,以便将最终产品与零件分开考虑。若采用声明树状图,宜考虑细化到何种程度;

b) 宜采用何种标准定义需要声明的物质;

c) 宜声明物质的质量和/或浓度的临界值;

d) 宜采用何种量化单位。

采购商与供应商宜就上述问题达成共识,最好在供应链上的所有相关方都宜达成共识。然而,某些情况下:

——当采购商会在不经过预先讨论就指定需要声明的物质和/或设定质量或浓度临界值,调整原因要在要求的信息后列明;

——当采购商只提供了限用物质列表或相关标准,由供应商选择声明中可包含哪些物质;

——阐述任何材料声明之前,采购商均宜向供应商提供上述信息的明确描述。

3 制定材料声明问卷的原则

制定材料声明问卷的原则包括以下内容:

a) 材料声明问卷宜针对特定的产品或产品组(包装除外)。

b) 材料声明问卷宜询问某种声明物质所处的具体位置或零件。

c) 材料声明问卷宜包含故意添加到产品中的物质,可不包含在制造工艺中使用的物质和残留物质。

d) 所声明物质应有明确的命名法表示,最好以 CAS 注册号或其他国际通用注册号表示。

注 1:CAS 注册号用于表示化合物,由于同一化合物可以具有不同的名称,CAS 注册号则用于对其明确定义。

e) 宜给出需要考虑的产品零件或部件的重量限定值。

注 2:所含物质和生命周期末端处理带来的风险是决定性因素。例如,对小型开关中汞含量进行声明是有必要的,因为少量的水银就可能导致污染。而如果整个产品将被焚烧处理,微小的含阻燃剂的塑料部件则可以不必考虑。

f) 在材料声明问卷中定义出物质的浓度限定值。对于有害物质而言,浓度限定值宜在对物质风险评估的基础上给出。

注 3:限定值可能为 0.1%(质量分数),宜考虑与其致癌致畸性分类界定相一致。在致癌致畸类物质进行声明时宜选用明确的限定值。为简化材料声明,该浓度限定值也可能用于所有其他的物质。

g) 只要可能,浓度值是指该物质在直接相关材料中的比例。例如,绝缘层中某种有毒的稳定剂或塑料壳中致癌的颜料。

h) 材料声明问卷可包含以下物质:

——纳入相关法规中的物质(见附录 B);

——纳入相关国际条约中的物质;

注 4:涉及的材料在运输和废弃处理中受国际公约(如巴塞尔公约)限制。

——对健康和环境有害的物质(见附录C)。在大多数情况中,这些物质集中在产品特定的零件或部件中[见附录D及3b)条款];

——与生命周期末端处理相关的物质;

——除上述物质外的其他相关物质。

i) 材料声明问卷中宜对声明物质的不同类别进行明确辨识。

j) 在某些情况中,最好对零件分类。建议使用计算机进行问卷的处理。

注5:上述原则并未划分优先等级。

附 录 A
（资料性附录）
本指导性技术文件与 IEC 指南 113:2000 章编号对照一览表

本指导性技术文件与 IEC 指南 113:2000 相比较有较多调整，具体章编号对照情况见表 A.1。

表 A.1 本指导性技术文件与 IEC 指南 113:2000 的章编号对照情况

本指导性技术文件章编号	IEC 指南 113:2000 章编号
—	2
2	3
3	4
附录 A	—
附录 B	附录 A
附录 C	附录 B
附录 D	附录 C

附 录 B
（资料性附录）
法规中限用的物质（2010 年情况）

下述是影响投放市场的电子电气产品中受相关法规限制的物质或物质组。表 B.1 给出了一些重要经济体限用情况。法规范围从限制使用到全部禁用（除少数特例外）。对于所有限用、禁用，都应设置浓度限值（取决于相关的应用）。

供应商有责任向相关国家咨询最新的注册信息。

表 B.1 限用物质

限用物质或物质组	限用情况[a]			
	中国	欧盟	日本	美国
石棉(asbestos)	是	是	是	是
镉及其化合物(cadmium and its compounds)	是	是	是	是
碳氟氯化物(CFCs)	是	是	是	是
汞(电池中)	是	是	是	是
多氯化二联苯(PCBs)和多氯化三联苯(PCTs)	是	是	是	是
多溴联苯 (PBBs) 和多溴二苯醚(PBDEs)	是	是	是	是

[a] 需向相关国家咨询最新的注册信息，以确保满足相关方要求。

附　录　C
（资料性附录）
有害物质声明准则

若产品中所含物质满足表 C.1 中的有害物质声明准则，则该物质宜列入材料声明问卷中。

表 C.1　有害物质声明准则

有害于健康	致癌，致突变，生殖毒性(CMR) 急性或慢性中毒 易于[a]转化为 CMR 物质或有毒物质 致敏 放射性
有害于环境	水污染 持久性与生物累积性 温室效应 破坏臭氧层 酸化 土壤污染

[a] 易于是指物质的转化条件(例如温度)接近于该物质在加工处理或是正常工作时的条件。例如，含有添加剂(属于此组物质)的热塑性化合物模塑成型时形成卤代二恶英。

附 录 D
（资料性附录）
关键零部件

进行有害材料声明时需关注产品的特定零件或部件。为了确保产品回收再利用的安全性以及废弃处理时的环保性，需要将此类零件或部件拆除并选择特定的处理工艺：

- 电容器和变压器（capacitors and transformers）；
- 继电器和开关（relays and switches）；
- 放电灯（discharge lamps）；
- 电池和蓄电池（batteries and accumulators）；
- 二极管、整流器和带有光（电）导层的零部件（diodes，rectifiers，and parts with photoconductive layers）；
- 阴极射线管（cathode ray tubes）；
- 显示器（displays）；
- 阻燃塑料壳（non-inflammable plastic housings）。

ICS 13.020.50
K 04

中华人民共和国国家标准化指导性技术文件

GB/Z 30374—2013/IEC/TR 62476:2010

电子电气产品中限用物质评价指南

Guidance for evaluation of products with respect to substance-use restrictions in electrical and electronic products

(IEC/TR 62476:2010,IDT)

2013-12-31 发布　　　　2015-03-01 实施

中华人民共和国国家质量监督检验检疫总局
中国国家标准化管理委员会　发布

前　言

本指导性技术文件按照 GB/T 1.1—2009 给出的规则起草。

本指导性技术文件使用翻译法等同采用 IEC/TR 62476:2010《电子电气产品中限用物质评价指南》。

本指导性技术文件与 IEC/TR 62476:2010 相比,做了下列编辑性修改:

——增加了规范性引用文件"IEC 62430:2009　电子电气产品的环境意识设计"(见第 2 章);

——根据国际标准最新制定情况,将原文中的参考文献"IEC 62321"修改为"GB/T 26125—2011　电子电气产品　六种限用物质(铅、汞、镉、六价铬、多溴联苯和多溴二苯醚)的测定(IEC 62321:2008,IDT)"(见参考文献);

——根据国际标准最新制定情况,将原文中的参考文献"IEC 62474　电子电气产品的材料声明"修改为"IEC 62474:2012　电工行业或用于电工行业产品的材料声明"(见参考文献);

——根据国际标准最新制定情况,将原文中的参考文献"IEC/PAS 62596"修改为"IEC/PAS 62596:2009"(见参考文献);

——根据国际标准最新制定情况,删除了原文中的参考文献"IEC/PAS 61906　电子电气产品的材料声明程序"(见 IEC/TR 62476 参考文献)。

本指导性技术文件由全国电工电子产品与系统的环境标准化技术委员会(SAC/TC 297)提出并归口。

本指导性技术文件起草单位:江苏省检验检疫科学技术研究院、中华人民共和国江苏出入境检验检疫局、中华人民共和国广东出入境检验检疫局、中国质量认证中心、河北工业大学。

本指导性技术文件主要起草人:何重辉、肖前、马奇菊、晏红、李雪、曹丽华、王云胜、潘生林。

引　言

法规和顾客对电子电气产品中限用物质的要求越来越关注。因此,生产商迫切需要建立程序以满足电子电气产品中限用物质的要求。由于电子电气行业供应链的复杂性,需建立不同的方案以适应不同类型的电子电气产品及其零部件的生产商。

不同的法规和顾客对限用物质的要求可能并不相同。

一般情况下,采用"符合性假定"。然而,需要时,生产商提供相关文件作为额外的证据给相关方。这些材料可来源于分析测试结果。但是,对于复杂产品,难于完成全部的分析测试;因此,需要采用其他的评价方法,比如来源于供应链的信息等。

本指导性技术文件基于国际标准和行业实践,旨在提供评价方法的应用范围以及相关技术文件的指南。

不同的生产商针对不同的产品确定适宜的评价方法。本指导性技术文件提供限用物质控制方案的一些基本内容。

电子电气产品中限用物质评价指南

1 范围

本指导性技术文件提供了采用国际公认的标准、工具和行业实践对电子电气产品中限用物质进行评价的方案。本标准也适用于电子电气产品中非限用的应声明物质。

本指导性技术文件提供了针对电子电气产品中限用物质或应声明物质宜如何选择和应用技术文件和相关的评价与控制方法的指南。

本指导性技术文件并不意图建立新的管理框架或用作认证目的。然而在可能的情况下，产品中特定物质的评价和控制方法可整合到现有的管理体系中。

2 规范性引用文件

下列文件对于本文件的应用是必不可少的。凡是注日期的引用文件，仅注日期的版本适用于本文件。凡是不注日期的引用文件，其最新版本(包括所有的修改单)适用于本文件。

IEC 62430:2009 电子电气产品的环境意识设计

3 术语和定义

IEC 62430:2009 界定的以及下列术语和定义适用于本文件。为了便于使用，以下重复列出了 IEC 62430:2009 中的某些术语和定义。

3.1

限用物质 restricted substance

根据法规或顾客的合同要求在产品、部件或材料中限制使用的物质。

3.2

应声明物质 declarable substance

根据法规或顾客的合同要求在产品中需声明的物质。

3.3

生产商 producer

接受供应商的材料、部件和组件并提供产品给顾客的组织。

注 1：本指导性技术文件中生产商负有评价产品中限用物质要求的责任。

注 2：本指导性技术文件是从供应链上生产商的角度编制的。在供应链上当该生产商提供产品给下游时，其生产商的角色将转变为供应商。

3.4

供应商 supplier

提供材料、部件和/或组件给下游生产商的组织。

3.5

顾客 customer

接受产品的组织或个人。

注：改写 GB/T 19000—2008，定义 3.3.5。

3.6

限用物质控制　restricted substance controls;RSC

由生产商对其产品中限用物质进行控制的程序性方案。

3.7

技术文件　technical documentation

使用并保留基于产品的数据和信息以证明其符合性的文件。

注：这些信息可能与产品的组成和成分有关,如检测报告或描述所使用的材料或部件的其他数据;或者这些信息可能与管理体系有关,如与制造部件或产品的过程控制有关。

3.8

生产商自我声明　producer self-declaration

关于产品中限用物质符合性评价的第一方声明。

3.9

产品族　product category

技术性或功能性类似的产品组,其环境因素也可推定为是类似的。

[IEC 62430:2009,定义 3.15]

4　产品评价方案

如有必要,组织可采用自我声明或通过供应商合约来证明其符合法规和市场的要求。针对电子电气产品中各种材料、部件和/或组件,产品的符合性评价可采用一系列适宜的方法、策略或过程。由于电子电气产品中常常包含各种具有不同复杂程度的材料、部件和/或组件,所以通常需要多种方法。因此,多层次的方法将有助于控制产品中限用物质。

产品的限用物质评价方案包含所有的设计、制造和其他作业程序(如采购等)。

生产商应在每一道与产品族有关的生产工序上建立并执行限用物质控制(RSC)程序并确保其供应商也执行相应的 RSC。在评价产品时,生产商应具有一系列可证明其 RSC 有效的技术文件。

电子电气产品中具体的限用物质可由法规或顾客要求确定。生产商宜考虑限用物质要求的相关来源。

RSC 宜包含以下要素:

——限用物质和评价准则。产品规划和设计宜包含产品族制造工艺、结构,产品所用材料、部件和组件的来源以及相关的设计加工原则。

——识别信息来源。根据具体产品或产品族的材料、部件或组件的复杂程度,可采用以下三种信息源(无优先顺序)之一或其组合:

- 供应商信息;
- 分析测试;
- 制造和装配作业,包括进货、加工和运输管理。

——信息评价。

生产商负责实施 RSC 程序,即 RSC 程序的建立、文件化和执行。宜建立 RSC 的审核和持续改进程序。

注:这些对内的文件化程序可被看作“公司机密”,不必在供应链上公开。

图 1 中显示的是如上所述的产品评价方案。图 1 中引用的是国际电工委员会第 111 技术委员会的相关环境标准。详细的描述见相关章节。

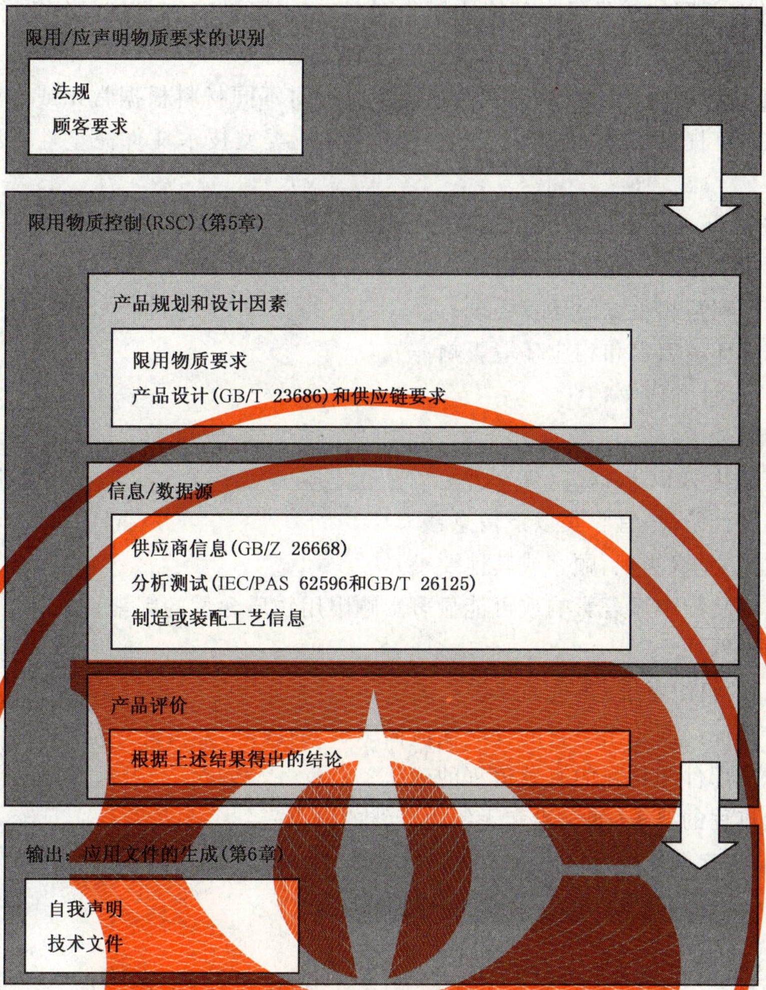

图 1 产品的评价方案

供应链上所有的生产商负责为每一个产品或产品族确定各自的评价方法。生产商基于对产品线的了解负责将产品归入相应的产品族。

每个生产商的 RSC 有所不同。它可能是已有的质量管理体系(如 ISO 9001)或环境管理体系(如 ISO 14001)或相当者的一部分;也可能是单独的一套文件化的程序和记录。依靠外协制造的生产商需确保其外协制造作业也有有效的 RSC。附录 A 提供了 RSC 和某些国际认可的管理体系中相关要素的对应关系。

应用于每一个产品的评价策略和方法可能是唯一的,但这些策略宜基于生产商方针、产品规划和设计以及技术文件而确定。因此,通过生产商的经验或技术判断某限用物质存在于供应链或内部生产作业的可能性大小,选择或确定产品材料、部件和/或组件的评价方法。

最后,为了声明满足限用物质的要求,生产商可提供"生产商自我声明"。如需要进一步的信息,可提供技术文件。

5 限用物质控制(RSC)因素

5.1 产品规划和设计因素

生产商最高管理者宜确保有关限用物质控制的策略已制定、文件化并与组织的目标相适应。生产商的 RSC 策略可针对不同的产品线或环境法规分别制定，也可针对多个产品线和作业、多地区的多个环境法规制定通用的、较为宽泛的 RSC 策略，以适应组织的需要。

首先，应列出限用物质清单。生产商及其供应商宜针对不同材料根据常识或专业知识确定适宜的评价方法并文件化。宜提供程序实施以及材料声明或其他类型技术文件完整性和准确性评估的证据材料。

产品的评价方案可采用如 GB/T 23686 所定义的有关限用物质的环境意识设计（ECD）流程。GB/T 23686 标准中对 ECD 流程规定如下：

a) 分析法规和利益相关方的环境要求；

b) 识别与评价环境因素和相应环境影响；

c) 产品规划、设计和研发；

d) 评审和持续改进；

e) 在供应链上共享 ECD 信息。

在产品规划和设计阶段，宜收集以下信息：

——限用物质的要求（法规、顾客或其他要求）；

——产品制造或装配中显著影响或可能显著影响限用物质含量的因素；

——产品族的识别；

——实施 RSC 的组织系统、角色和职责的确定；

——规划和设计部门制定出适宜的针对供应商 RSC 的规范，并将此规范提供给采购部门；

——评价和选择部件和材料的有效流程的确认；

——审核作业流程的要求（如含铅和无铅生产线的隔离）。

注：附录 A 提供了补充指南。

5.2 信息/数据源

5.2.1 数据选择策略

为了确保信息具有成本效益，生产商宜确定产品中每种材料、部件和组件的限用物质存在的可能性。

产品中限用物质的评价可基于若干信息源的组合：

——供应商信息；

——分析测试；

——制造和装配作业，包括供给、加工和运输管理。

不可能也没有必要检测某一产品的所有材料、部件和组件，而且测试结果仅代表被测样品。

这些信息源通常需要联合使用。宜根据产品中限用物质存在可能性大小选择技术文件的类型和详细程度以确认限用物质的要求得到满足。

信息源选择理由宜文件化且及时更新。

5.2.2 供应商信息

对于复杂产品，供应商信息的采集避免了对材料、部件和组件进行昂贵、重复的测试。在可能的情况下，供应商信息的采集宜遵循产业标准，以确保在整个供应链上信息传输的一致性和成本效益，减少供应链对信息传递的影响。

从供应商处可得的文件类型包括：

——用于表明材料、部件或组件中限用物质含量的供应商符合性声明或符合性证书；

——材料声明数据表（提供具体物质的含量信息）；

注 1：IEC 62474:2012“材料声明”标准内容包含了材料声明数据表。IEC/PAS 61906 已被 IEC 62474 所取代。

注 2：联合工业导则(JIG)、JGPSSI、IPC 1752 等是材料声明数据表的例子。

——分析测试结果(使用的局限性和建议见 5.2.3)；

——已签署的有关材料、部件或组件中限用物质含量的合同；

——供应商审核和/或评价报告。

当使用供应商提供的信息时，生产商应审核这些信息以确保符合生产商控制程序的要求。当可能时，这些要求宜根据标准建立。生产商宜确保它的供应商执行合格的 RSC。为了确定供应商的产品实施了合格的控制程序，生产商宜评价所采购的部件或产品中限用物质存在的可能性。生产商可基于以下情况判断其可能性：

——部件和/或产品所用材料的种类以及这些材料中限用物质存在可能性的既往历史；

——供应商提供的信息；

——对供应商组织的历史经验。

材料声明数据表，应声明物质列表，声明的定义和预设以及数据格式宜遵循产业标准。当控制物质增加时，这些附加要求宜传达给供应商并在审核材料声明信息时予以考虑。

当供应商信息不能满足生产商 RSC 要求时，或者采购产品的材料、部件和组件中可能含有限用物质时，生产商宜考虑获取供应商的其他信息或采用分析测试或其他评价办法以满足要求。

5.2.3 分析测试

利用分析测试技术可测得制备后样品中限用物质的含量。一般来说，不同类型的材料需要不同的测试技术和样品制备方法。取样和样品制备对分析测试的准确性至关重要。电子电气产品和部件的样品采集、制备和测试方法宜尽可能遵循行业标准。

根据限用物质的要求，由多种材料组成的产品，有必要对其进行拆解并对材料取样。IEC/PAS 62596:2009 对分析测试样品的制备包括整机拆解、拆分和取样方法和适用范围提供了指南。

GB/T 26125—2011 规定了电子电气产品中常见限用物质的样品制备和分析测试方法并提出了建议意见。本标准将测试分为筛选和确证。筛选测试为低成本的测试手段，有助于识别需要进一步确证分析的部位(部件和材料)。然而，筛选测试通常在准确性和识别具体的限用物质方面存在局限。当结论不确定时，需要确证分析。更多的信息可参考 GB/T 26125—2011。

可结合供应商的信息对均质材料中限用物质进行测试。对一般的电子或电气产品来说，测试所有部件中的全部限用物质既不现实也不经济。因此，生产商可基于以下因素制定测试方案：

——根据限用物质在产品材料、部件和组件中的使用历史，经判断，限用物质存在为高风险的部件或材料；

——了解制造工艺和可能的污染来源和/或部件混用(测试可作为控制生产商制造和/或装配作业的手段之一)；

——供应商资料缺失或质量低劣；

——基于生产商对供应商之前的评价，经判断具有潜在的不符合情形；

——了解分析技术的局限性(即由于筛选方法对某些限用物质检测的局限性，可导致结论不确定，需要进一步的分析)。

分析测试也可用作生产商在制造和/或装配作业中控制限用物质的一种手段。这种测试可作为生产商的总体策略的一部分，但不作为本标准的一个特定要求。在下列情形下，在制造或装配作业过程中，分析测试也是一种适宜的评价手段：

——对材料、部件和组件作进货检验和/或随机抽检，当限用物质存在高风险时，作筛选检测；

——过程质量控制：当存在部件混用和/或交叉污染可能性时，作为制造和/或装配工序的控制策略(如焊接作业等)；

——产品在装运前的最终筛选检测以防部件混用。

对于原材料、简单部件或产品，由于它们可以全部拆解成足够量的用于检测的均质材料，对此，分析测试作为一种评价方法是适宜的。然而，对于复杂的电子电气产品，分析方法只能应用在有限的产品部件上。

由于限用物质的分析测试是基于均质材料的，因此具有以下的局限性：

——获取产品中各均质单元代表性样品的可行性问题；

——单个产品可能不具有足够的样品量用于规定的分析测试；

——由于拟分析的目标物种类或样品/产品形状，需要不得不采用破坏性方法，将影响用于产品性能测试。

分析结果只针对的是被测试的样品、批或产品，不可能代表其他的生产单元。

测试报告的内容依据分析物、完成的检测类型(如筛选还是确证检测)、检测方法、测试样品、顾客要求和其他与检测结果相关的因素而变化。当 RSC 需要对检测报告进行评审时，宜包含的评审要素参见附录 B。

5.2.4 制造和装配工序信息

在制造和装配工序中存在诸多的可能性将限用物质带入产品中。生产商宜识别在搬运、制造和/或装配作业中可能出现的污染。如污染可来源于：

a) 供应商提供的材料、部件或组件不符合生产商的要求；

b) 在同一车间，制造和装配作业存在不同的限用物质要求。

生产商宜针对供应链和内部生产工序确定 RSC 核查内容。生产商宜确保：

——进货的材料、部件和组件符合规定的限用物质要求；

——采取措施确保责职范围内所有库房和生产工序受控。当存在不同的限用物质要求时，生产商宜防止和/或纠正因制造工序、工具的误用和/或部件的混用而产生的污染；

——员工接受相关的培训或信息。

假如生产是外协的，生产商宜要求外协的制造厂商具有本标准规定的控制程序。同时，生产商宜周期性核查并记录外协制造商是否遵循 RSC 程序文件。

生产商应确保最终产品符合限用物质规定的限值要求。生产商宜将不符合限用物质要求的产品进行识别并控制其交货。

来自供应商的有关制造和装配作业中限用物质管理的证明文件有：

——生产商自我声明，适合于通过质量、环境或其他管理体系认证并在体系中整合了 RSC 要素的组织；

——生产商“RSC 程序”，适合于无管理体系的组织。

5.3 产品评价

生产商应根据 5.2 获取的信息实施产品评价。核查要点如下：

——构成产品的所有材料、部件和组件的信息是否充分和有效；且

——所有的材料、部件和组件是否满足限用物质的要求。

如果核查结果不满意，生产商可决定追加信息/数据。生产商有必要重新评价所获取的这些信息/数据。

当出现影响限用物质使用的因素时，生产商宜重新评价产品，例如：

——当有关限用物质的要求发生变化时；或

——当供应的材料、部件和组件发生变化时；或

——当制造和装配作业发生变化时。

生产商在开始大批量生产前宜执行本评价程序。

6 评价结论的依据文件

当法规和顾客并不要求生产商提供声明时，采用“符合性假定”，这意味着当无生产商自我声明时默认为满足要求。

一经要求，生产商可出具一份生产商自我声明。

当需要提供更多信息时，生产商宜能够提供相关的技术文件。

当顾客要求时，生产商宜能够提供执行本指导性技术文件 RSC 要素的证明材料。

假如生产商并无质量、环境或其他业界认可的管理体系运行，或生产商决定不将 RSC 整合进体系，可使用基于产品的文件对其进行评价。生产商宜有能力提供简要描述组织是如何满足本指导性技术文件要求的程序文件。

注：后者可能更适合于中小型企业。

附 录 A
（资料性附录）
RSC 相关内容与现有业界的 ISO 管理体系之间的对照

RSC 相关内容与现有的 ISO 管理体系之间的对照参见表 A.1。

表 A.1 RSC 相关内容与现有的 ISO 管理体系之间的对照

条款	本指导性技术文件	ISO 9001:2008	ISO 14001:2004
4	产品符合性评价方案	5.1 管理承诺	4.2 环境方针
	生产商应在每一道与产品族有关的生产工序上建立并执行限用物质控制(RSC)程序并确保其供应商也执行相应的 RSC。在评价产品时,生产商应具有一系列可证明其 RSC 有效的技术文件		
5.1	产品规划和设计因素	5.2 以顾客为关注焦点 5.4.1 质量目标 7.1 产品实现的策划 7.2.1 与产品有关的要求的确定 7.2.2 与产品有关的要求的评审 7.3.1～7.3.6 设计和开发:策划、输入、输出、评审、验证和确认	4.3.1 环境因素 4.3.2 法律法规和其他要求 4.3.3 目标、指标和方案 4.4.1 资源、作用、职责和权限 4.4.6 运行控制
	确定法规、顾客和其他物质含量要求		
	确定限用物质管理的组织体系、角色和职责		
	确保建立有效的设计程序用于材料、部件和组件评价和选择。该程序包含以下要素: ——使设计者在其设计中避免使用不符合要求的部件或材料的方法或工具; ——对材料、部件和组件满足限用物质控制要求的评价; ——对 RSC 设计程序有效性进行确认,必要时要求改进		
	审核作业流程要求(如含铅和无铅生产线的隔离)		
5.2.2	供应商信息	7.4.1 采购过程 7.4.2 采购信息	
	确保供应商 RSC 有效,并包含以下要素: ——构成生产商最终产品的所有材料、部件和组件供应商均有适宜的 RSC; ——基于是否能够按照生产商的 RSC 标准提供产品来评价和选择材料、部件和组件供应商; ——对供应商的 RSC 有效性进行确认,必要时要求改进		

表 A.1(续)

条款	本指导性技术文件	ISO 9001:2008	ISO 14001:2004
5.2.4	制造和装配工序	7.4.1 采购过程 7.4.2 采购信息 7.4.3 采购产品的验证 7.5.1 生产和服务提供的控制 7.5.2 生产和服务提供过程的确认 7.5.5 产品防护	4.4.6 运行控制
	确保进货的材料、部件和组件符合规定的限用物质要求		
	确保对制造工序中导致原有物质化学属性或浓度发生变化的化学反应进行控制		
	在使用限用物质的场所,确保采取措施防止制造工序的误用或部件的混用		
		7.6 监视和测量设备的控制 8 测量、分析和改进 8.2.3 过程的监视和测量 8.2.4 产品的监视和测量 8.4 数据分析	4.5.1 监测和测量 4.5.2 合规性评价
	生产商应建立一个程序,审核最终产品是否符合 RSC 的要求。审核程序体系将确认不符合 RSC 要求的产品,并控制这些产品以防其误用或交付		

附 录 B
（资料性附录）
检测报告的评价要素

检测报告的评价要素有：

——所有涉及检测的实验室名称、地址和进行检测的地点；

——样品的接收日期和检测日期；

——检测报告的唯一性标识（如系列号）和每一页上的页码和报告的总页数；

——对样品和检测部位清晰的标识和描述，包括为了获得测试样品所进行的产品拆分的描述。样品的标识宜包括任何识别标志和其他可能的信息，如供应商名称、部件编号、批次代码、日期代码和其他唯一性标识；

——测试物质名称；

——所用的样品制备方法，包括所采用的标准和对标准的偏离；

——所用的分析测试方法，包括所采用的标准和对标准的偏离；

——检测限（LOD）或定量限（LOQ）；

——检测结果（带有测量单位），包括检测结果的不确定度；

——对结果有影响的样品制备和测试程序的说明；

——报告的授权签字人姓名和签名。

参 考 文 献

[1] GB/T 19000—2008 质量管理体系 基础和术语(ISO 9000:2005,IDT)

[2] GB/T 23686—2009 电子电气产品环境意识设计(IEC 62430CDV:2007,IDT)

[3] GB/T 26125—2011 电子电气产品 六种限用物质(铅、汞、镉、六价铬、多溴联苯和多溴二苯醚)的测定(IEC 62321:2008,IDT)

[4] ISO 9001:2008 Quality management systems—Requirements

[5] ISO 14001:2004 Environmental management systems—Requirements with guidance for use

[6] IEC 62474:2012 Material declaration for electrical and electronic equipment

[7] IEC/PAS 62596:2009 Electrotechnical products—Determination of restricted substances—Sampling procedure—Guidelines

ICS 67.140.10
X 55

中华人民共和国国家标准

GB/T 30375—2013

茶 叶 贮 存

Tea storage

2013-12-31 发布 2014-06-22 实施

中华人民共和国国家质量监督检验检疫总局
中国国家标准化管理委员会 发布

前　言

本标准按照 GB/T 1.1—2009 给出的规则起草。

本标准由中华全国供销合作总社提出。

本标准由全国茶叶标准化技术委员会(SAC/TC 339)归口。

本标准起草单位：中华全国供销合作总社杭州茶叶研究院、浙江天赐生态科技有限公司、浙江省茶叶集团股份有限公司、杭州亨达茶业技术开发公司、福建省安溪广福包装有限公司、福建省安溪溪韵茶叶有限公司。

本标准主要起草人：翁昆、宋林荣、张亚丽、王金贤、吴永福、林为棒、陈万年。

茶 叶 贮 存

1 范围

本标准规定了各类茶叶产品贮存的要求、管理、保质措施、试验方法。

本标准适用于我国各类茶叶产品的贮存。

2 规范性引用文件

下列文件对于本文件的应用是必不可少的。凡是注日期的引用文件，仅注日期的版本适用于本文件。凡是不注日期的引用文件，其最新版本(包括所有的修改单)适用于本文件。

GB 2762 食品安全国家标准 食品中污染物限量

GB 2763 食品安全国家标准 食品中农药最大残留限量

GB/T 8302 茶 取样

GB/T 8304 茶 水分测定

GB/T 8946 塑料编织袋

GB 9683 复合食品包装袋卫生标准

GB 9687 食品包装用聚乙烯成型品卫生标准

GB 9688 食品包装用聚丙烯成型品卫生标准

GB 11680 食品包装用原纸卫生标准

GB/T 23776 茶叶感官审评方法

3 要求

3.1 产品

3.1.1 应具有该类茶产品正常的色、香、味、形，不得混有非茶类物质，无异气味，无霉变。

3.1.2 污染物限量应符合 GB 2762 的规定。

3.1.3 农药最大残留限量应符合 GB 2763 的规定。

3.1.4 水分含量应符合其相应的产品标准。

3.2 库房

3.2.1 周围应无异味：应远离污染源。库房内应整洁、干燥、无异气味。

3.2.2 地面应有硬质处理，并有防潮、防火、防鼠、防虫、防尘设施。

3.2.3 应防止日光照射，有避光措施。

3.2.4 宜有控温的设施。

3.3 包装材料

3.3.1 包装材料应符合相应的卫生要求。

3.3.2 包装用纸应符合 GB 11680 的规定。

3.3.3 聚乙烯袋、聚丙烯袋或复合袋应符合 GB 9687、GB 9688 和 GB 9683 的规定。

3.3.4 编织袋应符合 GB/T 8946 的规定。

4 管理

4.1 入库

4.1.1 茶叶应及时包装入库。

4.1.2 入库的茶叶应有相应的记录(种类、等级、数量、产地、生产日期等)和标识。

4.1.3 入库的茶叶应分类、分区存放,防止相互串味。

4.1.4 入库的包装件应牢固、完整、防潮,无破损、无污染、无异味。

4.2 堆码

4.2.1 堆码应以安全、平稳、方便、节约面积和防火为原则。可根据不同的包装材料和包装形式选择不同的堆码形式。

4.2.2 货垛应分等级、分批次进行堆放,不得靠柱,距墙不少于 200 mm。

4.2.3 堆码应有相应的垫垛,垫垛高度应不低于 150 mm。

4.3 库检

4.3.1 项目

4.3.1.1 货垛的底层和表面水分含量变化情况。

4.3.1.2 包装件是否有霉味、串味、污染及其他感官质量问题。

4.3.1.3 茶垛里层有无发热现象。

4.3.1.4 仓库内的温度、相对湿度、通风情况。

4.3.2 检查周期

每月应检查 1 次,高温、多雨季节应不少于 2 次,并做好记录。

4.4 温度、湿度控制

4.4.1 温度

库房内应有通风散热措施,应有温度计显示库内温度。库内温度应根据茶类的特点进行控制。

4.4.2 湿度

库房内应有除湿措施,应有湿度计显示库内相对湿度。库内相对湿度应根据茶类的特点进行控制。

4.5 卫生管理

应保持库房内的整洁。库房内不得存放其他物品。

4.6 安全防范

应有防火、防盗措施,确保安全。

5 保质措施

5.1 库房

库房应具有封闭性。黑茶和紧压茶的库房应具有通风功能。

5.2 包装

包装应选用气密性良好且符合卫生要求的塑料袋(塑料编织袋)或相应复合袋。黑茶和紧压茶的包装宜选用透气性较好且符合卫生要求的材料。

5.3 温度和湿度

5.3.1 绿茶贮存宜控制温度10 ℃以下、相对湿度50%以下。

5.3.2 红茶贮存宜控制温度25 ℃以下、相对湿度50%以下。

5.3.3 乌龙茶贮存宜控制温度25 ℃以下、相对湿度50%以下。对于文火烘干的乌龙茶贮存,宜控制温度10 ℃以下。

5.3.4 黄茶贮存宜控制温度10 ℃以下、相对湿度50%以下。

5.3.5 白茶贮存宜控制温度25 ℃以下、相对湿度50%以下。

5.3.6 花茶贮存宜控制温度25 ℃以下、相对湿度50%以下。

5.3.7 黑茶贮存宜控制温度25 ℃以下、相对湿度70%以下。

5.3.8 紧压茶贮存宜控制温度25 ℃以下、相对湿度70%以下。

6 试验方法

6.1 茶叶取样按GB/T 8302的规定执行。

6.2 库房温度、湿度采用温度计、湿度计直接读取,垛内温度采用温度传感器测试。

6.3 茶叶感官品质按GB/T 23776的规定执行。

6.4 茶叶的含水率按GB/T 8304的规定执行。

6.5 茶叶的污染物按GB 2762的规定执行。

6.6 茶叶的农药残留按GB 2763的规定执行。

ICS 67.140.10
X 55

中华人民共和国国家标准

GB/T 30376—2013

茶叶中铁、锰、铜、锌、钙、镁、钾、钠、磷、硫的测定 电感耦合等离子体原子发射光谱法

Determination of iron, manganese, copper, zinc, calcium, magnesium, potassium, sodium, phosphorus, sulfur in tea—Inductively coupled plasma atomic emission spectrometry

2013-12-31 发布

2014-06-22 实施

中华人民共和国国家质量监督检验检疫总局
中国国家标准化管理委员会 发布

前　　言

本标准按照 GB/T 1.1—2009 给出的规则起草。

本标准由中华全国供销合作总社提出。

本标准由全国茶叶标准化技术委员会(SAC/TC 339)归口。

本标准起草单位:中国测试技术研究院、中华全国供销合作总社杭州茶叶研究院。

本标准主要起草人:谭和平、张玉兰、吕昊、高杨、周卫龙、孙羽婕、王顾希。

茶叶中铁、锰、铜、锌、钙、镁、钾、钠、磷、硫的测定 电感耦合等离子体原子发射光谱法

1 范围

本标准规定了茶叶中铁(Fe)、锰(Mn)、铜(Cu)、锌(Zn)、钙(Ca)、镁(Mg)、钾(K)、钠(Na)、磷(P)、硫(S)的电感耦合等离子原子发射光谱法(ICP-AES)测定的原理、试剂、仪器与设备、试样的制备、测定、结果计算、精密度。

本标准适用于茶叶中铁、锰、铜、锌、钙、镁、钾、钠、磷、硫的测定。

本方法规定的各元素检出限见表1。

表1 电感耦合等离子体原子发射光谱法检出限

单位为微克每千克

元素	Fe	Mn	Cu	Zn	Ca	Mg	P	S	K	Na
微波消解	9	1	6	4	22	2	19	29	25	11
湿法消解	11	3	7	6	21	4	22	31	32	15

2 规范性引用文件

下列文件对于本文件的应用是必不可少的。凡是注日期的引用文件,仅注日期的版本适用于本文件。凡是不注日期的引用文件,其最新版本(包括所有的修改单)适用于本文件。

GB/T 8302 茶 取样

GB/T 8303 茶 磨碎试样的制备及其干物质含量测定

3 原理

样品经处理后,待测液引入电感耦合等离子原子发射光谱仪(ICP-AES),与工作曲线中各元素的特征谱线所对应的信号响应值相对照,得出各元素的含量。

4 试剂

4.1 要求

除特别注明外,所用试剂均为优级纯,所用水均为通过超纯水机处理后的超纯水,电阻率不低于18.2 MΩ·cm。

4.2 试剂准备

4.2.1 硝酸。

4.2.2 30%过氧化氢。

4.2.3 2%硝酸溶液。

4.2.4 高氯酸。

4.2.5 Fe、Mn、Cu、Zn、Ca、Mg、P、S、K、Na 元素持证标准溶液(1 000 μg・mL^{-1})。

5 仪器与设备

5.1 要求

实验器皿应尽量避免使用玻璃或陶瓷器皿,以防钠元素污染;所用器皿经 15%～20%硝酸浸泡过夜。

5.2 仪器设备

5.2.1 天平:感量为 0.1 mg。

5.2.2 超纯水制备系统。

5.2.3 微波消解系统。

5.2.4 电感耦合等离子原子发射光谱仪。

5.2.5 可调式电热板。

6 试样的制备

6.1 试样的准备

按照 GB/T 8302 进行取样,GB/T 8303 进行制样。制备过程中应注意防止样品污染。

6.2 试样的消解

6.2.1 微波消解法

准确称取试样 0.25 g(精确至 0.000 1 g)至消解罐中,共 2 个平行样。加入 6 mL 硝酸(4.2.1),静置 30 min,再加入 2 mL 过氧化氢(4.2.2),静置 2 min,将消解罐盖上内塞,旋紧外盖,依次放入消解转盘。消解罐位置尽量对称分布。消解完成待自然冷却,将试样消化液转移到 25 mL 聚氯乙烯容量瓶中,用超纯水少量多次洗涤消解罐,并定容至刻度,混匀待测,同时作试剂空白。对茶叶中含量较高的钾、磷、硫、钙、镁 5 种元素,应将待测液按一定比例稀释后再测定。微波消解程序参见附录 A。

6.2.2 湿法消解法

准确称取粉碎的茶叶样品 0.25 g(精确至 0.000 1 g)至聚四氟乙烯坩埚中,共 2 个平行样。加入 10 mL 混酸(硝酸:高氯酸=10:1),盖上表面皿,静置过夜。次日置可调式电热板上 160 ℃加热消化,若消化不完全,补加少量混合酸,直至冒白烟,溶液呈无色透明或略带黄色且残留量不超过 1 mL,冷却。用超纯水少量多次洗入 25 mL 聚氯乙烯容量瓶中并定容至刻度,混匀待测,同时作试剂空白。对茶叶中含量较高的钾、磷、硫、钙、镁 5 种元素,应将待测液按一定比例稀释后再测定。

7 测定

7.1 标准曲线的配制

标准系列 1:准确吸取 5.00 mL 铁、锰、铜、锌、钙、镁持证单元素标准溶液(1 000 μg・mL^{-1}),置于 50 mL 容量瓶中,用 2%硝酸溶液稀释至刻度,摇匀,配制成混合标准使用液,4 ℃保存,备用。此溶液每毫升相当于 0.1 mg 铁、锰、铜、锌、钙、镁。再将该混合标准使用液逐级稀释成不同浓度系列的标准溶液，待测。

标准系列2：准确吸取5.00 mL钾、钠、磷、硫持证单元素标准溶液(1 000 μg·mL^{-1})，置于50 mL聚氯乙烯容量瓶中，用超纯水稀释至刻度，摇匀，配制成混合标准使用液，4 ℃保存，备用。此溶液每毫升相当于0.1 mg钾、钠、磷、硫。再将该混合标准使用液逐级稀释成不同浓度系列的标准溶液，待测。10种元素标准溶液浓度见表2。

表2 10种元素标准溶液浓度

单位为微克每毫升

元素	浓度1	浓度2	浓度3	浓度4	浓度5
铁	0.0	0.01	0.1	1.0	10
锰	0.0	0.01	0.1	1.0	10
铜	0.0	0.01	0.1	1.0	10
锌	0.0	0.01	0.05	0.5	5.0
钙	0.0	0.02	0.2	2.0	20
镁	0.0	0.02	0.2	2.0	20
钾	0.0	0.01	0.1	1.0	10
钠	0.0	0.01	0.1	1.0	10
磷	0.0	0.01	0.1	1.0	10
硫	0.0	0.01	0.1	1.0	10

7.2 试样测定

待等离子体稳定后方可进行测定。测定时，将标准空白、标准曲线溶液、试剂空白液、供试液分别导入电感耦合等离子原子发射光谱仪(ICP-AES)中进行测定，以2%硝酸溶液(4.2.3)作为标准空白。标准曲线溶液按照浓度由低到高顺序导入ICP-AES，测定供试液中待测元素含量。仪器参考条件参见附录B。

8 结果计算

试样中待测元素含量按式(1)进行计算：

$$X_i = (A_{1i} - A_{0i}) \times f \times V/m \qquad \cdots\cdots (1)$$

式中：

X_i ——试样中待测元素 i 的含量，单位为毫克每千克(mg·kg^{-1})；

A_{1i} ——供试液中待测元素 i 的含量，单位为毫克每升(mg·L^{-1})；

A_{0i} ——试剂空白液中待测元素 i 的含量，单位为毫克每升(mg·L^{-1})；

f ——供试液稀释倍数；

V ——供试液体积，单位为毫升(mL)；

m ——试样干物质质量，单位为克(g)。

计算结果保留3位有效数字。

9 精密度

在重复性条件下获得的2次独立测定结果的绝对差值不得超过算术平均值的10%。

附 录 A
（资料性附录）
微波消解程序

表 A.1 微波消解程序

步 骤	功 率/W	升温时间/min	温度控制/℃	保持时间/min
1	1 600	10	120	5
2	1 600	8	170	20

附 录 B
（资料性附录）
ICP-AES 仪器参考条件

B.1 元素分析谱线

元素分析谱线见表 B.1。

表 B.1 元素分析谱线

元素	铁	锰	铜	锌	钙
波长/nm	259.940	257.610	324.754	213.856	317.933
元素	镁	磷	硫	钾	钠
波长/nm	280.271	178.287	182.034	766.491	589.592

B.2 各元素仪器工作条件

B.2.1 Fe、Mn、Cu、Zn、Ca、Mg 的参考条件：

a） 射频功率：1 150 W；

b） 雾化器压力：25 psi[1]；

c） 辅助气流量：0.5 L/min；

d） 紫外区积分时间：20 s；

e） 可见区积分时间：10 s；

f） 样品冲洗时间：25 s。

B.2.2 P、S 的参考条件：氩气吹扫光路 6 h～8 h 以上（真空光室可适当减少吹扫时间），待等离子体完全稳定后方可进行测试。其余参数设置同 B.2.1。

B.2.3 K 的参考条件：

a） 射频功率：1 150 W；

b） 雾化器压力：35 psi；

c） 辅助气流量：1.5 L/min；

d） 积分时间：10 s；

e） 样品冲洗时间：25 s。

B.2.4 Na 的参考条件：

a） 射频功率：950 W；

b） 雾化器压力：35 psi；

1） psi 为非法定计量单位，1 psi＝6.895 kPa。

c） 辅助气流量:1.5 L/min;

d） 积分时间:10 s;

e） 样品冲洗时间:25 s。

ICS 67.140.10
X 55

GB

中华人民共和国国家标准

GB/T 30377—2013

紧压茶茶树种植良好规范

Planting technology standard for tree of brick tea

2013-12-31 发布　　2014-06-22 实施

中华人民共和国国家质量监督检验检疫总局
中国国家标准化管理委员会　发布

前　言

本标准按照 GB/T 1.1—2009 给出的规则起草。

本标准由中华全国供销合作总社提出。

本标准由全国茶叶标准化技术委员会(SAC/TC 339)归口。

本标准起草单位:四川省茶叶产品质量检验中心、四川农业大学、四川省雅安茶厂有限公司、雅安市名山县西藏朗赛茶厂、雅安市茶业协会、宜宾市外贸金叶茶业有限责任公司、湖南省安化茶厂、湖南省益阳茶厂有限公司、湖南省白沙溪茶厂有限责任公司、陕西苍山茶业有限责任公司、咸阳泾渭茯茶有限公司、湖北省赵李桥茶厂有限责任公司、浙江武义骆驼九龙砖茶有限公司。

本标准主要起草人:杜晓、何春雷、余正伦、魏晓惠、邓健、陈书谦、陈昌辉、李朝贵、罗丹、郝逸红、徐小晖、张福彬、邓晓林、刘杏益、刘雪慧、甘多平、刘新安、胥伟、胡燕、郭浩、李建华、郑云华、祝雅松。

紧压茶茶树种植良好规范

1 范围

本标准规定了建园要求、品种与种苗选择、茶苗定植、茶籽直播、土肥管理、修剪、病虫防治和管理。

本标准适用于紧压茶原料的种植园区。

2 规范性引用文件

下列文件对于本文件的应用是必不可少的。凡是注日期的引用文件，仅注日期的版本适用于本文件。凡是不注日期的引用文件，其最新版本(包括所有的修改单)适用于本文件。

GB/T 8321.1～8321.9 农药合理使用准则

GB 11767 茶树种苗

NY/T 496 肥料合理使用准则 通则

NY/T 1105 肥料合理使用准则 氮肥

NY/T 1535 肥料合理使用准则 微生物肥料

NY/T 1868 肥料合理使用准则 有机肥料

NY/T 1869 肥料合理使用准则 钾肥

NY 5020 无公害食品 茶叶产地环境条件

3 建园要求

3.1 园地选择

园地选择应符合 NY 5020 的要求，应距离磷矿、铅锌矿区 20 km 以上，距离高速公路或交通干道 0.5 km以上。茶园土壤(0 cm～20 cm)水溶性氟(F^-)应小于 1.5 mg/kg，茶园水体氟含量(F^-)应小于 2.0 mg/L，茶园空气日氟化物浓度应小于 7.0 $\mu g/m^3$。

3.2 园地规划

3.2.1 茶园道路

建园时根据茶园面积的大小、地形和地理位置进行合理规划。干道、支道、步道、环道组成道路网，路路相通。

3.2.2 茶园防护林带

茶园应合理设置防护林带，位于高速公路或交通要道两侧茶园应设 0.5 km 以上的隔离林带，防护林种植的品种应与茶树无共生病虫害。

3.2.3 水利设施

平地茶园合理布置排灌沟渠，低洼茶园的排水沟渠深度应达到 40 cm～50 cm；坡地茶园注意排蓄结合，应按一定面积修建中小型蓄水池等设施。

3.3 茶园开垦

3.3.1 茶园的坡度应小于 25°，平地和坡度小于 15°的缓坡地等高开垦；坡度大于 15°的应建筑内倾等高梯级园地，梯面宽在 150 cm 以上。

3.3.2 开垦深度在 45 cm 以上，在此深度内有明显障碍层（如：硬塥层、网纹层或犁底层）的土壤应破除障碍层。

4 品种、种苗及茶籽的选择

4.1 品种的选择

应选用适应当地土壤、气候等生态条件，对主要病虫有较强抗性，品质好、产量高，持嫩性强、聚氟能力较弱的良种。

4.2 种苗与茶籽的选择

种苗的选择应符合 GB 11767 的要求。茶籽应选择出芽率高、成熟度良好的种子。

5 茶苗定植

5.1 定植时间

应根据当地气候和品种发芽时间等特点，选择在茶树地上部生长进入相对休止期、地下部根系生长较为旺盛的时期。春季定植宜在 2 月下旬前，秋季定植宜在 9 月中旬～11 月上旬。

5.2 茶行布置

双行定植按大行距 150 cm±15 cm，小行距 35 cm±5 cm，株距 16 cm±4 cm。单行定植按大行距 120 cm±15 cm，株距 16 cm±4 cm。每 667 m^2 茶园按 5 500～6 500 株种植。

5.3 开种植沟与施底肥

开种植沟宽 50 cm、深 20 cm 以上，按每 667 m^2 茶园施入农家有机肥 3 000 kg 以上，磷肥 50 kg～100 kg，与土壤拌匀，再回填表土至植茶行高出地面 5 cm 以上，培细土壤。

5.4 定植方法

按设定茶行开沟定植，回填土压紧至根茎部，再薄盖一层细土，浇足定根水。栽时根系不能直接接触底肥，栽后应定期检查成活情况，发现缺株，及时补齐。

6 茶籽直播

6.1 播种时间

秋季宜在 9 月中旬～11 月上旬直播，春季宜在 2 月下旬前。温水浸种 48 h 以上播种。

6.2 茶行布置

双行按大行距 150 cm±15 cm，小行距 30 cm±5 cm，行间距 40 cm～45 cm，密植沟播。每 667 m^2 茶园播种 100 kg～150 kg 茶籽。

6.3 开种植沟与施底肥

开种植沟宽 60 cm、深 20 cm 以上，按每 667 m^2 茶园施入饼肥或商品有机肥 200 kg～400 kg 或农家有机肥 1 000 kg～2 000 kg 以上，磷肥 50 kg～100 kg，与土壤拌匀，再回填表土至植茶行高出地面 5 cm以上，培细土壤。

6.4 播种方式

播种后薄盖一层细土，浇足水，保持土壤湿度，出苗后应定期检查成活情况，发现缺株，及时补齐。

7 土肥管理

7.1 耕作

幼龄茶园适当浅耕，并除草保苗。成龄茶园每年在茶芽萌发前浅耕 1～2 次，浅耕深度 10 cm 左右，并结合速效施肥；在秋末茶季结束后深耕 20 cm～30 cm，并结合施基肥，尽量不伤根或少伤根。

7.2 施肥

7.2.1 肥料选择

按 NY/T 496、NY/T 1105、NY/T 1535、NY/T 1868、NY/T 1869 要求选择和施用肥料。

7.2.2 施肥次数和时间

7.2.2.1 茶园每年至少施追肥 3 次、基肥 1 次。

7.2.2.2 追肥应在各季茶芽萌发前施，时间分别是春肥 2 月中旬、夏肥 4 月下旬～5 月上旬、秋肥 7 月中旬。基肥在秋末茶树地上部进入休眠期后施，时间是 10 月中旬～11 月上旬。

7.2.3 施肥数量

施肥数量应符合表 1 规定。

表 1 不同茶园施肥数量

茶园类型	追肥数量/(kg/667 m^2)	基肥数量/(kg/667 m^2)		
	以 N 计	P_2O_5	K_2O	有机肥
苗期(定剪期)	≥7	≥7	≥7	≥1 000
初投产期	≥15	≥7	≥7	≥1 000
盛产期	20～40	8～15	10～20	≥2 000

7.2.4 施肥方法

7.2.4.1 追肥以速效肥料为主，开沟 10 cm 施后覆土。春夏秋三次追肥数量比例为 40∶30∶30。

7.2.4.2 基肥以有机肥和农家肥为主，结合秋末深耕开沟施肥，施肥深度 20 cm 以上，并根据土壤养分状况配施磷肥、钾肥和微量元素肥料。

7.2.5 施肥降氟

7.2.5.1 降氟方式

分为叶面喷施降氟和土壤施肥降氟两种方式。

7.2.5.2 降氟方法

7.2.5.2.1 叶面喷施降氟方法

新梢长成一芽一叶至三叶期间，在叶片正、背面以背面为主喷施0.5%的尿素水溶液及其复配0.5%的草酸钙溶液、或1%的过磷酸钙溶液、或50 mg/kg的硫酸锌溶液、或50 mg/kg的硼酸溶液等，喷施时间宜在傍晚或清晨，阴天最好。每批紧压茶原料喷施1～2次，采摘前10 d应停止使用。喷施浓度依照相应的产品使用说明。

7.2.5.2.2 土壤施肥降氟方法

在pH低于5.0以下的酸性土壤茶园的茶树树冠滴水处开沟10 cm左右，添加0.5%碳酸钙或大理石粉，充分混匀，使土壤pH不高于6.5为宜。

8 修剪

8.1 幼龄茶园修剪

8.1.1 幼龄茶园

定型修剪一般分三次完成。第一次定剪高度离地15 cm～20 cm，剪去主枝，留下侧枝不剪。第二次定剪高度离地30 cm～35 cm或在上次剪口上提高10 cm～15 cm，剪平茶树蓬面。第三次定剪高度离地45 cm～50 cm或在上次剪口上提高10 cm～15 cm，剪平茶树蓬面。

8.1.2 播种幼龄茶园

待茶籽萌发，茶苗长至45 cm～50 cm时，用采茶机剪成水平状。

8.2 成龄茶园修剪

8.2.1 轻修剪

在茶季结束或春茶结束后进行，修剪深度3 cm～5 cm，结合采收紧压茶原料。

8.2.2 深修剪

剪除冠面细弱枝，宜春茶或秋茶结束后实施，修剪深度15 cm～20 cm，结合采收紧压茶原料。

8.2.3 重修剪

剪除冠面衰老鸡爪枝、细弱枝、干枯枝，剪去茶树高的1/3～1/2；修剪的切口应光滑平整。

8.2.4 台刈

一般离地5cm左右剪除枝干；修剪的切口应光滑平整。

9 病虫防治

9.1 农业防治

9.1.1 换种改植或发展新茶园时，应选用对当地病虫害抗性较强的符合本标准要求的品种。

9.1.2 分批、多轮、及时采摘，控制危害嫩芽叶的病虫如小绿叶蝉、蚜虫、茶橙瘿螨、茶饼病和茶白星病等的食物源，创造不利于病虫的环境。

9.1.3 适时中耕除草，合理施肥、修剪、疏枝清园，以减少病虫的种群密度和消除栖息场所。

9.2 物理防治

9.2.1 采用人工捕杀，减轻茶毛虫、茶蚕、茶尺蠖、蓑蛾类等害虫危害。

9.2.2 利用害虫的趋性，进行灯光诱杀、色板诱杀或性激素诱杀。

9.3 生物防治

9.3.1 保护和利用草蛉、瓢虫、蜘蛛、捕食螨、寄生蜂等有益生物。

9.3.2 有条件地使用生物源农药，如微生物源农药、植物源农药和动物源农药。

9.4 化学防治

9.4.1 有限制地使用高效、低毒、低残留化学农药，按 GB/T 8321.1～8321.9 的要求选择和施用农药。

9.4.2 宜一药多治或农药的合理混用、轮用，防止病虫的抗药性。

9.4.3 宜低容量喷雾，注意喷药质量，控制农药对天敌的伤害和环境污染。

10 管理

10.1 可追溯性

10.1.1 全程追溯

所用投入品应向前可以追溯到最初来源。

10.1.2 可追溯记录

应有园地档案、种苗合格证、肥料合格证与施用记录、农药合格证与施用记录、采摘运输与安全间隔期记录。

10.2 氟含量监测

10.2.1 对茶园环境，包括土壤、灌溉水、茶园空气、茶园肥料、农药等投入品，以及茶树的氟含量背景值全面调查、评估，并做好档案记录。

10.2.2 应对紧压茶茶树生长过程中的氟含量变化动态进行监测，每月 1～2 次。

10.3 记录档案

10.3.1 本标准规定的所有记录，保存期不少于 2 年。

10.3.2 本标准规定的记录，每年至少内部自查 1 次，并对问题进行纠正。自查和纠正结果应保存记录。

ICS 67.140.10
X 55

中华人民共和国国家标准

GB/T 30378—2013

紧压茶企业良好规范

Good manufacturing practice in brick tea enterprise

2013-12-31 发布　　2014-06-22 实施

中华人民共和国国家质量监督检验检疫总局
中国国家标准化管理委员会　发布

前言

本标准按照 GB/T 1.1—2009 给出的规则起草。

本标准由中华全国供销合作总社提出。

本标准由全国茶叶标准化技术委员会(SAC/TC 339)归口。

本标准起草单位:四川省茶叶产品质量检验中心、四川农业大学、四川省雅安茶厂有限公司、雅安市名山县西藏朗赛茶厂、雅安市茶业协会、宜宾市外贸金叶茶业有限责任公司、湖南省安化茶厂、湖南省益阳茶厂有限公司、湖南省白沙溪茶厂有限责任公司、陕西苍山茶业有限责任公司、咸阳泾渭茯茶有限公司、湖北省赵里桥茶厂有限责任公司、浙江武义骆驼九龙砖茶有限公司。

本标准主要起草人:杜晓、何春雷、余正伦、魏晓惠、陈书谦、陈昌辉、李朝贵、罗丹、郝逸红、张福彬、邓晓林、周兴长、刘雪慧、刘杏益、甘多平、刘新安、祝雅松、胥伟、胡燕、郭浩、李建华、郑云华。

紧压茶企业良好规范

1 范围

本标准规定了紧压茶企业的厂区环境、厂房及设施、机械设备、机构与人员、卫生管理、过程管理、质量管理、标志、标签。

本标准适用于紧压茶生产加工企业。

2 规范性引用文件

下列文件对于本文件的应用是必不可少的。凡是注日期的引用文件,仅注日期的版本适用于本文件。凡是不注日期的引用文件,其最新版本(包括所有的修改单)适用于本文件。

GB/T 191 包装储运图示标志

GB 5749 生活饮用水卫生标准

GB 7718 食品安全国家标准 预包装食品标签通则

GB/T 8302 茶 取样

GB 8978 污水综合排放标准

GB 13271 锅炉大气污染物排放标准

GB 14881 食品安全国家标准 食品企业通用卫生规范

GB/T 15091 食品工业基本术语

GB 17051 二次供水设施卫生规范

GB/T 24614 紧压茶原料要求

3 术语和定义

GB/T 15091 界定的以及下列术语和定义适用于本文件。

3.1

辅助场所 auxiliary spaces

不直接处理食品的区域。包括检验室、锅炉房、机修车间、更衣室、洗手消毒室、厕所和其他为生产服务的配套场所。

3.2

外来杂物 foreign debris

除原料之外,在生产中混入或附着于原料、半成品、成品或内包装材料上的污染物或导致食品失去卫生及安全性的物质。

4 厂区环境

4.1 厂区应离开垃圾场、畜牧场、医院、粪池 50 m 以上,离开经常喷施农药的农田 100 m 以上,厂区周围不应有粉尘、有害气体、放射性物质和其他扩散性污染源,不得有昆虫大量孳生的潜在场所。

4.2 厂区四周环境应保持清洁,地面不得有严重积水、泥泞、污秽等。

4.3 厂区邻近及厂内道路，应采用便于清洗的混凝土、沥青及其他硬质材料铺设。厂区空置地带应绿化。

4.4 生活区、生产区应当相互隔离；生产区内不得饲养家禽、家畜。

4.5 厂区内垃圾应密闭式存放，并远离生产区，排污沟渠也应为密闭式，厂区内不得散发出异味。杂物堆放有序。

5 厂房及设施

5.1 基本要求

新建、扩建、改建的厂房及设施应按本标准进行设计和施工，并符合 GB 14881 的规定。

5.2 厂房设置与布局

5.2.1 厂房设置应包括洗手更衣间、生产场所和辅助场所，并符合消防安全要求。

5.2.2 厂房设置应按生产工艺流程需要和卫生要求，有序、整齐、科学布局，工序衔接合理，避免人流和物流之间的交叉污染。

5.2.3 生产作业场所的配置及使用面积应与产品质量要求、品种和数量相适应，其中生产车间面积应不小于设备占用面积的 10 倍。

5.2.4 生产车间内，设备之间、设备与墙壁之间有适当的通道或工作空间，该空间的大小应以生产经营人员完成作业（包括清洗、消毒）时不致因衣服或身体的接触而污染茶叶。

5.2.5 应根据生产需要，设立独立的渥堆发酵车间，控制相对湿度和温度。

5.2.6 应设置独立的、具有足够空间的理化检验室、感官检验室；必要时设立卫生指标检验室、留样室。

5.2.7 厂房的各项建筑物应坚固耐用，易于维修和清洁；并有能防止各种污染物侵入的结构。

5.2.8 为防止交叉污染，应分别设置人员通道及物料运输通道，各车间应装有防蝇（蚊）、防虫、防鼠设施。

5.2.9 应将通向外界的管路、门窗和通风道四周的空隙完全充填，所有窗户、通风口和风机开口均应装上防护网。

5.2.10 生产厂房的高度应能满足工艺、卫生要求，以及设备安装、维护、保养的需要。

5.2.11 应有专门的区域贮存设备备件，以便设备维修时能及时获得必要的备件；应保持备件贮存区域清洁干燥。

5.3 地面

地面应使用无毒、不渗水、不吸水、防滑，无裂隙且易于清洗消毒的建筑材料铺砌（如：耐酸砖、水磨石、混凝土等），地面应有适当坡度（以 1.0%～1.5%为宜），最低点设置地漏。

5.4 屋顶与天花板

5.4.1 屋顶与天花板应选用不吸水、表面光洁、无毒、防霉、耐腐蚀、易清洁的浅色材料覆涂或装修，在结构上减少凝结水滴落，便于洗刷和消毒。

5.4.2 茶叶及茶叶接触面暴露的上方不应设有蒸汽、水、电气等主副管道。

5.5 墙壁与门窗

5.5.1 生产车间的墙壁应采用无毒、不吸水、不渗水、防霉、平滑、易清洗的材料；如要装修墙裙，高度宜不低于 1.5 m。

5.5.2 墙壁与墙壁之间、墙壁与天花板之间、墙壁与地面之间的连接应有适当的弧度（曲率半径应在

3 cm左右)。

5.5.3 门、窗、天窗要严密不变形,应采用防锈、防潮、易清洗的密封框架,防护门要能两面开,设置位置适当,并便于卫生防护设施的设置。

5.5.4 车间的门窗应有防蝇、防蚊、防尘设施,若安装纱门、纱窗,应装设易拆下清洗的不生锈纱网。

5.5.5 生产车间所有窗台要设于地面 1 m 以上,内侧要下斜 45°。

5.6 采光、照明设施

5.6.1 有充足的自然采光或人工照明,加工场所有工作面的混合照度不低于 300 lx,包装车间不低于 800 lx。

5.6.2 工作台、敞开式生产线及裸露食品与原料上方的照明设备应有防护装置。

5.7 车间通风口

5.7.1 车间必须安装有效地通风设备,采用机械通风时,换气量应大于 3 次/h。

5.7.2 通风口必须安装易清洗、更换的耐腐蚀防护罩,进气口必须距地面 2 m 以上,并远离污染源和排气口。

5.8 锅炉房

5.8.1 锅炉间应单独设置,蒸汽管道设置合理。应有单独存放燃料的场所,有防止燃煤污染和保障安全的措施。

5.8.2 锅炉操作人员应经过职业技能培训,持证上岗。

5.9 供水设施

5.9.1 应能保证生产用水的水质、压力、水量等符合生产需要。

5.9.2 供水设备及用具应取得省级以上卫生行政部门的涉及饮用水卫生安全产品卫生许可批件。

5.9.3 供水设施出入口应增设安全卫生设施,防止动物及其他物质进入导致紧压茶污染。

5.9.4 使用二次供水的,应符合 GB 17051 的规定。

5.9.5 使用自备水源的供水过程应符合国家卫生行政管理部门关于生活饮用水集中式供水单位的相关卫生要求。

5.9.6 用于茶叶渥堆的水管应与其他生产用水的管道用颜色加以醒目区别,应符合 GB 5749 的规定。

5.10 污水排放及废弃物处理设施

5.10.1 应设有废水、废气排放及废弃物的处理系统。

5.10.2 所有废水排放管道(排水沟必须密闭)应能适应排放高峰的需要,建造方式应避免对工艺用水的污染。

5.10.3 应设有密闭式废弃物储存设施,该设施能防止有害动物的侵入、不良气味或有毒、有害气体溢出,便于清洗消毒。

5.11 清洗消毒设施

5.11.1 洗手设施应采用不锈钢或陶瓷等不透水材料,并易于清洗消毒。

5.11.2 清洗池、消毒池应设立在车间入口处,采用非手动式开关,水龙头数量不低于 10 人/个。

5.11.3 洗手设施中应包括免关式洗涤剂和消毒液的分配器、干手器。

5.12 更衣室

5.12.1 更衣室应设于生产车间进口处,并靠近洗手设施,其大小与生产人员数量相适应。工作服悬挂上方应设紫外灯。

5.12.2 更衣室内应有与生产人员数相适应的储衣柜、鞋架。

5.13 仓库

5.13.1 仓库内应设置足够数量的货架,并使储存的物品离墙不小于200 mm,离地不小于150 mm。

5.13.2 贮存包装容器的仓库应清洁,并有防尘、防污染设施,应有新包装容器、回收包装容器分类堆放的空间。

5.13.3 辅助储存区应配置通风系统,储存危险品的区域应远离生产车间及食品。

5.14 厕所

5.14.1 厕所设置应有利于生产和卫生,其数量和便池坑位应根据生产需要和人员情况适当设置。

5.14.2 生产车间的厕所应设置在车间外侧,并一律为水冲式,设有洗手设施。出入口不能正对车间门,要避开通道,厕所门应设自动关闭装置,要有良好的排风及照明设施。

5.14.3 厕所的地面、墙壁、天花板、隔板和门要用易清洗、不透气的材料构筑。

5.15 淋浴室

5.15.1 淋浴室可分散或集中设置,淋浴器按每班工作人员适当设置。

5.15.2 淋浴室应设置天窗或通风排气孔和采暖设备。

6 机械设备

6.1 设计

6.1.1 用于紧压茶生产、包装、贮存的机器设备,其设计和构造应能防止危害茶叶卫生、易于清洗消毒、易于检查,并能避免机器润滑油、金属碎屑、污水或其他污染物混入茶叶。

6.1.2 所有悬空的传送带、电动机或齿轮箱均应安装滴油盘,并确保泵和搅拌器的密封结构能防止润滑剂、齿轮油或密封水渗入或漏入茶叶及茶叶接触面。

6.1.3 贮存、运输、加工系统的设计与制造应易于使其维持良好的卫生状况。

6.2 材质

6.2.1 用于茶叶生产和可能接触茶叶的设备、操作台、传送带、运输车和工器具等辅助设施,应由无毒、无味、耐腐蚀、不易脱落且可重复清洗和消毒的材料制作,接触面应光滑,无吸收性,易于清洁、保养和消毒。

6.2.2 车间内的木工器具(包括木制砧板和有木柄的刀具)和容器不得有气味。

6.2.3 与产品接触的设备所使用的润滑剂应是食品级的。

6.3 设置与安装

6.3.1 设置

6.3.1.1 设备设置应根据工艺要求,布局合理;上、下工序衔接要紧凑,各设备的能力应能相互匹配。

6.3.1.2 各种管道、管线尽可能集中走向。冷水管不宜在生产线和设备包装台上方通过,防止冷凝水滴入紧压茶。其他管线和阀门也不应设置在暴露原料和成品的上方。

6.3.2 安装

安装应符合工艺卫生要求,与屋顶(天花板)、墙壁等应有足够的距离,设备一般应用脚架固定,与地面应有一定的距离。传动部分应有防水、防尘罩，以便于清洗和消毒。

6.4 生产设备

6.4.1 企业应具备与其生产的产品和加工工艺相适应的生产设备，不同设备的加工能力应互相配套。紧压茶加工应具备筛分、锅炉、压制、干燥设备或设施（该处 50 m 以内应设置消防设施）。

6.4.2 生产设备应排列有序，保证生产顺畅有序进行，避免引起交叉污染。

6.4.3 应建立设备保养、维修程序，严格执行，做好记录。

6.4.4 每次生产前应检查设备是否处于正常状态，防止影响产品卫生质量的情形发生；出现故障应及时排除并记录故障发生时间、原因及可能受影响的产品批次。

6.5 质量检验设备

6.5.1 应根据原辅料、半成品及产品质量、卫生检验的需要配置检验设备。

6.5.2 检验设备应定期检定，及时维修，确保检验数据准确。

6.5.3 必要时可委托具有资质的检验机构检验自身无法检测的项目。

6.5.4 检验室应配备检测仪器的项目包括：感官指标、水分、茶梗、非茶类夹杂物、总灰分、净含量、含氟量。

7 机构与人员

7.1 机构与职责

7.1.1 应设置质量管理、生产管理等机构。

7.1.2 质量管理机构的负责人应由企业法人或企业法人授权的负责人担当；应至少有一人全面负责食品质量安全工作，生产管理负责人与质量管理负责人不应相互兼任。

7.1.3 生产管理机构负责原材料处理、生产作业及成品包装等与生产有关的管理工作。

7.1.4 质量管理机构负责质量管理体系的建立、实施和保持工作。质量管理部门应有执行质量管理职责的充分权限，其负责人应有停止生产和成品出厂的权力。

7.1.5 质量管理机构应配备产品检验人员，负责原料、半成品、成品的检验分析工作。

7.1.6 应建立健全各项食品安全管理制度的制度，采取相应管理措施对紧压茶实施从原料进厂到成品出厂全过程的安全质量控制。保证产品符合相关法律、法规和相关标准的要求。

7.1.7 应配备经专业培训的专职或兼职的食品安全管理人员，负责宣传贯彻食品安全法律、法规及有关规章制度，负责食品安全制度执行情况的督查，并做好有关记录。

7.2 人员与资格

7.2.1 企业负责人应具有食品安全和生产、加工等专业知识。

7.2.2 生产管理、质量管理、食品安全管理负责人应具备大专以上相关专业学历或中级以上职称；或具备中专相关专业学历并具备 4 年以上直接或相关管理经验。

7.2.3 生产管理负责人应具有相应的工艺及生产技术与食品安全知识。

7.2.4 质量管理人员应具有发现、鉴别各生产环节以及产品中潜在不符合的能力。

7.2.5 产品检验人员应具有大专以上相关专业学历；或中专学校毕业从事相关检验工作两年以上或经行政主管部门认可的专业培训后，取得相关专业检验资格。

7.2.6 专职食品安全管理人员应具备食品安全或相关专业大专以上学历或同等学历，兼职食品安全管理人员应具备食品安全或相关专业中专以上学历或同等学历。

7.3 教育培训

企业应制订培训计划，组织各部门负责人和从业人员参加各种职前、在职培训和学习。

8 卫生管理

8.1 管理要求

8.1.1 应制定卫生管理制度及考核标准，并实行岗位责任制。

8.1.2 应制定卫生检查计划，并对计划的执行情况进行记录并存档。

8.2 厂区环境卫生管理

8.2.1 厂区及邻近厂区的区域应保持清洁。厂区内道路、地面养护良好，无破损，无积水，不扬尘。

8.2.2 厂区内草木应定期修剪，保持环境整洁；不得堆放杂物。

8.2.3 排水系统应保持通畅，不得有污泥淤积。

8.2.4 应设置废弃物临时存放设施。废弃物根据其性质分类存放。废弃物存放设施应为密闭式，污物不得外溢，做到日产日清。

8.2.5 厂区除虫、灭害按 8.8 的有关规定执行。

8.3 厂房设施卫生管理

8.3.1 原材料预处理场所、加工制造场所，每天开工前和下班后应及时清洁，保持良好卫生状况。

8.3.2 生产作业场所，应采取措施（如：纱窗、气幕、栅栏等）防止有害动物侵入。

8.3.3 存放废弃物的容器应密闭，做到日产日清。

8.3.4 包装车间内应设置简易配料库，避免在生产期间频繁开门，以免昆虫等病媒进入生产区域。

8.3.5 生产车间不得存放有毒物品。供车间内部使用的清洁消毒用品，应设专区或专柜存放，并明确标示，有专人负责管理。

8.3.6 生产车间进口应备有工作鞋或备有防污染鞋套。

8.4 机器设备卫生管理

8.4.1 用于生产、包装、储运等的设备、工器具，应定期清洁。

8.4.2 对使用的机器设备、工器具每天开工前和下班后应进行清洁。

8.4.3 可移动设备和工器具，应放置在能防止其食品接触面再受污染的场所，并保持适用状态。

8.4.4 车间内移动水源的软质水管喷头或者水枪保持正常的工作状态，在任何情况下都不得落地。

8.4.5 所有茶叶接触面应防止锈蚀。

8.4.6 用于清洗与产品接触的设备和工器具的清洗用水，应符合 GB 5749 的规定。

8.4.7 定期对压缩空气的过滤材料进行更换。

8.5 辅助设施卫生管理

8.5.1 企业内供水站

8.5.1.1 所有设备应经常维护保养，保持良好卫生状况，做好清洗记录。

8.5.1.2 贮水槽（塔、池）应定期（至少每季度 1 次）清洗、消毒，并定期检查水质，确保生产用水的水质符合 GB 5749 规定。

8.5.1.3 对水处理设备应根据实际运行情况进行定期或加频清洗及检修。

8.5.1.4 非相关人员不得进入供水站，检修后，各种检修口、门窗应及时关闭。

8.5.2 企业内锅炉房

8.5.2.1 严格按有关管理部门的要求对锅炉进行安全操作与维修、保养。炉内水处理药剂应无毒并严格控制用量，定期排污，做好记录。

8.5.2.2 对锅炉排烟进行监控，确保其排放符合 GB 13271 的规定。定期清理排烟管道，防止污染厂区环境。

8.6 清洗和消毒管理

8.6.1 企业应制订清洗、消毒制度和措施，保证企业所有场所、设备和工器具的清洁卫生。

8.6.2 直接用于清洁茶叶加工设备、工器具及包装材料的清洁剂应是食品级清洁剂。

8.6.3 一般不得使用金属材料(如钢丝绒)清洗设备和工器具。特殊情况下必须使用金属材料清洗时，应严格防止金属物混入产品。

8.6.4 清洗消毒的方法应安全、卫生，消毒剂、洗涤剂应在安全、适用的状态下使用。

8.6.5 用于清扫、清洗和消毒的设备、工器具应放置于专用场所内，由专人妥善管理。

8.7 人员卫生管理

8.7.1 人员健康

8.7.1.1 企业应建立并执行从业人员健康管理制度。

8.7.1.2 紧压茶加工人员每年应进行健康检查，取得健康证明后方可参加工作。

8.7.1.3 患有痢疾、伤寒、甲型病毒性肝炎、戊型病毒性肝炎等消化道传染病的人员，以及患有活动性肺结核、化脓性或者渗出性皮肤病等有碍紧压茶安全疾病的人员，以及皮肤有未愈伤口的人员，企业应将其调整到其他不影响紧压茶安全的工作岗位。

8.7.2 个人卫生

8.7.2.1 紧压茶加工人员应保持良好的个人卫生。

8.7.2.2 进入生产车间前，应穿戴好整洁的工作服、工作帽、工作鞋(靴)。工作服应盖住外衣，头发不应露出帽外，必要时需戴口罩。

8.7.2.3 上岗前、如厕后、接触可能污染紧压茶的物品后或从事与生产无关的其他活动后，应洗手消毒。生产加工、操作过程中应保持手部清洁。

8.7.2.4 紧压茶加工人员不应涂指甲油，不应使用香水，不应佩戴手表及饰物。

8.7.2.5 工作场所不得吸烟、吃食物或进行其他有碍紧压茶卫生的活动。

8.7.2.6 个人衣物应贮存在更衣室个人专用的更衣柜内，个人用其他物品不应带入生产车间。

8.7.3 来访者

来访者进入紧压茶生产加工、操作场所应符合现场操作人员卫生要求。

8.8 除虫、灭害管理

8.8.1 应制定虫害控制措施，保持建筑物完好、环境整洁，防止虫害侵入及孳生。

8.8.2 在生产车间和贮存场所的入口处应设捕虫灯(器)，窗户等与外界直接相连的地方应当安装纱窗或采取其他措施，防止或消除虫害。

8.8.3 应定期监测和检查厂区环境和生产场所中是否有虫害迹象，若发现虫害存在时，应追查其来源，并杜绝再次发生。

8.8.4 可采用物理、化学或生物制剂进行处理，其灭除方法应不影响紧压茶的安全和产品特性，不污染食品接触面及包装材料(应尽量避免使用杀虫剂等)。

8.8.5 使用各类杀虫剂或其他药剂前，应做好防止人身、产品、设备、工器具的污染和中毒的预防措施。

8.8.6 除虫灭害工作不能在生产过程中进行。

8.9 污水管理

污水排放应符合 GB 8978 规定，达标后排放。

8.10 工作服管理

8.10.1 工作服包括工作衣、裤、发帽、鞋等，紧压茶包装工序应配备口罩；工作服应定期更换，保持清洁。

8.10.2 可能接触到茶叶的操作工人不得戴胶体制成的手套。

8.10.3 穿工作服时不应进入卫生间、餐厅、非生产区域；管理人员、维修人员、参观人员等进入生产区域前在该区域所属的更衣室更换工作服。

8.10.4 工作服应有清洗保洁制度。应集中清洗消毒，专人进行管理。

8.11 有毒有害物管理

8.11.1 清洗剂、消毒剂均应有固定包装，定点存放，专人保管，建立管理制度。

8.11.2 使用时应由经过培训的人员按照使用方法进行，防止污染和人身中毒。

8.11.3 除卫生和工艺需要，均不得在生产车间使用和存放可能污染茶叶的任何种类的药剂。

8.11.4 各种药剂的使用品种和范围，应符合食品安全相关规定。

9 过程管理

9.1 《生产作业指导书》的制定与执行

9.1.1 企业应制定《生产作业指导书》。

《生产作业指导书》应包括以下内容：

a) 产品拼配和配方；

b) 产品标准生产作业程序；

c) 生产管理规定(至少应包括生产作业流程、管理对象、关键控制点及注意事项等)；

d) 原料采购标准及验证；

e) 机器设备操作与维护规程。

9.1.2 生产人员应按照《生产作业指导书》进行操作。

9.2 原料管理

9.2.1 原料的采购应符合 GB/T 24614 的规定。

9.2.2 原料应有专用库房保管，标识清晰，离地离墙、通风防潮。

9.2.3 检验不合格的原料，应单独存放，并明确标示“检验不合格”，做不合格处理并记录。

9.2.4 原料储存场所应有有效防止有害生物孳生繁殖措施，并应防止其外包装破损而造成污染。

9.3 生产作业管理

9.3.1 生产作业应符合安全、卫生原则。

9.3.2 用于输送、装载、贮存原材料、半成品、成品的设备、容器及用具，其操作、使用与维护，应避免对加工过程中或贮存中的产品造成污染。与原料或污染物接触过的设备、容器及用具，应清洁卫生。生产过程中所有的半成品不可直接放在地面上。

9.3.3 应采取有效措施防止金属物或其他外来杂物混入产品中。

9.4 食品添加剂

紧压茶生产中不得使用食品添加剂。

9.5 包装材料

9.5.1 包装材料应清洁、无毒且符合国家相关规定。

9.5.2 包装材料在特定的存储和使用条件下不影响食品安全和产品特性。

9.5.3 应对即将投入使用的包装材料标识进行检查，并予以记录，避免包装材料的误用。

10 质量管理

10.1 《质量管理手册》的制定与执行

企业应由质量管理部门制定《质量管理手册》，经最高管理者批准后实施。《质量管理手册》应包括10.2～10.8的内容。

10.2 原料的质量管理

10.2.1 应制定原料采购管理制度，按生产能力与生产计划制定采购计划，避免造成积压。

10.2.2 应制定原料验收制度，对不合格原料进行管理。

10.2.3 应设立原料台帐，内容包括产地、数量、质量状况等内容。

10.2.4 应建立供应商评价制度，为合格供方提供依据。

10.3 生产过程的质量管理

10.3.1 应合理设定加工过程中的关键控制点，并做好控制记录。

10.3.2 应制定生产过程质量管理制度及相应的考核办法。

10.3.3 应制定在生产加工过程中有效防止产品污染、损坏或变质的制度。

10.3.4 应制定在原料、半成品及成品运输过程中有效防止产品污染、损坏或变质的制度。

10.3.5 对直接或间接接触包装产品的器皿，应保持清洁，定期更换。

10.3.6 应对拼配后在制品的感官品质确认无异常后方可生产。

10.3.7 加工中的产品质量发现异常时，应迅速查明原因并及时纠正。

10.4 成品的质量管理

10.4.1 应规定成品的品质、规格、检验项目、检验标准、抽样及检验方法等内容。

10.4.2 成品检验：产品出厂前的取样按GB/T 8302规定执行，依照规定的检验项目进行检验，检验合格后方可出厂。每批成品应有留样，并做好记录。

10.5 贮存、运输的管理

10.5.1 原料及成品不得露天存放，应贮存在清洁、防潮、无异味、无污染的库房中，库房中应有通风设施并经常通风。不得混放其他物品。

10.5.2　各种原料的贮存要求应符合 9.2 的规定。

10.5.3　成品应按品种、包装形式、生产日期分别贮存，以先进先出为原则。

10.5.4　各种运输工具，车辆应清洁、干燥、无异味、无污染。运输时应有防雨、防潮、防曝晒措施。

10.5.5　运输时，不得与有毒、有害、有腐蚀性的物品混装。

10.5.6　原料及成品的出入库和运输应有详细记录。

10.6　成品售后意见管理

10.6.1　企业应建立受理消费者举报制度，对消费者投诉的质量问题，品质管理部门应立即查明原因，妥善解决。

10.6.2　建立成品回收处理制度。

10.6.3　消费者投诉和召回成品均应做好记录，并注明产品名称、批号、数量、原因、处理日期及最终处理方式。该记录应定期进行统计、分析，并分送有关部门，以改进工作。

10.7　记录管理

10.7.1　基本要求

10.7.1.1　应详细记录从原材料进厂到成品出厂整个过程的质量管理活动及结果，并和原定的目标相比较、核对，记录异常情况的处理结果和预防措施。

10.7.1.2　各项记录均应由执行人员和有关管理人员复核签名或签章。记录必须真实，与现场检验或监控同步，不得事先预记和事后追记。记录应规范、清晰。记录内容如有修改，不得涂改原始记录，修改后由修改人在修改文字附近签章。

10.7.2　原料验收记录

进厂的原料应有验收记录，记录应包括进厂日期、原料名称、产地、数量、等级、规格等。

10.7.3　生产过程记录

生产过程中规定的各关键控制点应有检查和控制的记录。

10.7.4　出厂检验记录

出厂的产品应有出厂检验记录和检验报告。记录应是根据产品标准中规定的出厂检验项目进行逐批检验的结果。

10.7.5　产品贮存和销售记录

应有产品贮存和产品销售的记录。

10.7.6　记录审核

记录应由相应的管理部门审核，以确定所有的记录和处理符合规定，如发现异常现象，应立即处理。

10.7.7　记录保存

企业对本标准所规定的有关记录，至少保存 2 年。

11 标志、标签

11.1 产品标签应符合 GB 7718 和相应的产品标准。

11.2 外包装应标示批号，便于仓储管理和产品召回管理。

11.3 外包装的储运标志应符合 GB/T 191 的规定。

ICS 67.220.10
X 66

中华人民共和国国家标准

GB/T 30379—2013/ISO 10622:1997

大 豆 蔻

Large cardamom

(ISO 10622:1997, Large cadamom (*Amomum sublatum* Roxb.), as capsules and seed—Specification, IDT)

2013-12-31 发布 2014-06-22 实施

中华人民共和国国家质量监督检验检疫总局
中国国家标准化管理委员会 发布

前　言

本标准按照 GB/T 1.1—2009 给出的规则起草。

本标准用翻译法等同采用 ISO 10622:1997《大豆蔻　规格》。

与本标准中规范性引用的国际文件有一致性对应关系的我国文件如下：

——GB/T 12729.2—2008　香辛料和调味品　取样方法(ISO 948:1980,NEQ)；

——GB/T 12729.3—2008　香辛料和调味品　分析用粉末试样的制备(ISO 2825:1981,MOD)；

——GB/T 12729.5—2008　香辛料和调味品　外来物含量的测定(ISO 927:1982,NEQ)；

——GB/T 12729.6—2008　香辛料和调味品　水分含量的测定(蒸馏法)(ISO 939:1980,NEQ)；

——GB/T 12729.7—2008　香辛料和调味品　总灰分的测定(ISO 928:1997,NEQ)；

——GB/T 12729.9—2008　香辛料和调味品　酸不溶性灰分的测定 (ISO 930:1997,MOD)。

本标准做了下列编辑性修改：

——为与我国大豆蔻产品名称一致,将标准名称改为《大豆蔻 》。

本标准由中华全国供销合作总社提出。

本标准由全国辛香料标准化技术委员会(SAC/TC 408)归口。

本标准起草单位：宏芳香料(昆山)有限公司、南京野生植物综合利用研究院。

本标准主要起草人：廖英崇、吴耀军、陈仕荣、张卫明。

大 豆 蔻

1 范围

本标准规定了大豆蔻(果荚和种子)的技术要求、试验方法、包装、标志。

本标准适用于大豆蔻(果荚和种子)的质量评定及其贸易。

2 规范性引用文件

下列文件对于本文件的应用是必不可少的。凡是注日期的引用文件,仅注日期的版本适用于本文件。凡是不注日期的引用文件,其最新版本(包括所有的修改单)适用于本文件。

ISO 927 香辛料和调味品 外来物含量的测定(Spices and condiments—Determination of extraneous matter content)

ISO 928 香辛料和调味品 总灰分的测定(Spices and condiments—Determination of total ash)

ISO 930 香辛料和调味品 酸不溶性灰分的测定(Spices and condiments—Determination of acid-insoluble ash)

ISO 939 香辛料和调味品 水分含量的测定(蒸馏法)(Spices and condiments—Determination of moisture content—Entrainment method)

ISO 948 香辛料和调味品 取样方法(Spices and condiments—Sampling)

ISO 2825 香辛料和调味品 分析用粉末试样的制备(Spices and condiments—Preparation of a ground sample for analysis)

ISO 6571 香辛料和调味品 挥发油含量的测定(蒸馏法)(Spices,condiments and herbs—Determination of volatile oil content—Hydrodistillation method)

3 描述

3.1 大豆蔻果荚

大豆蔻果荚系 *Amomum subulatum* Roxb.的干燥、成熟的果实,其颜色为棕色至粉红色,呈卵型或三角形,外表有螺纹状;果实可剪收,其果柄可摘除,正常生长的果荚里有完好的种子。

3.2 大豆蔻种子

大豆蔻果荚去壳后可得到大豆蔻种子。

4 要求

4.1 气味、滋味

具有大豆蔻果荚和种子特有的新鲜气味,不得有异味、腐烂和霉味。

4.2 无虫、无霉变

大豆蔻果荚和种子不得带活虫,不得霉变,更不得带肉眼可见的死虫、虫尸碎片及啮齿动物的残留物，必要时可借助放大镜观察，当放大倍数大于10倍时，应在检验报告中加以说明。

4.3 外来物

大豆蔻不得带污物或灰尘。按ISO 927规定的方法测定，大豆蔻果荚和种子中花萼果梗碎片及其他外来物的含量分别不应大于5%和2%(质量分数)。

4.4 空壳果、畸形果

从样品中随机取100个果荚，剥开果壳，计算空壳果(果内无种子)和畸形果(果内种子少)的数目，空壳果或畸形果的比例应不大于5%。

4.5 未熟果、枯萎果

分拣出未熟果和枯萎果(果荚发育不完全)，按ISO 927的规定测定，其质量分数应不大于7%。

4.6 轻种子

轻种子包括红色、棕色、碎裂、未成熟和枯萎的种子；按ISO 927的规定测定，大豆蔻种子中轻种子的质量分数应不大于5%。

4.7 理化指标

按规定的方法测定，大豆蔻(果荚或种子)的理化指标应符合表1的要求。

表1 大豆蔻的理化指标

项目		指标		检验方法
		果荚	种子	
水分(质量分数)/%	≤	12	12	ISO 939
挥发油(干基)/(mL/100 g)	≥	1	1	ISO 6571
总灰分(质量分数，干基)/%	≤	8	8	ISO 928
酸不溶性灰分(质量分数，干基)/%	≤	2	2	ISO 930
注：水分含量、总灰分和酸不溶性灰分的测定用整果荚；挥发油的测定用果荚中的种子。				

5 取样方法

取样按ISO 948的规定执行。

6 试验方法

大豆蔻(果荚或种子)样品按4.2～4.7和表1规定的理化方法测定，以确定是否符合本标准的要求。分析用粉末试样的制备按ISO 2825的规定执行。

7 包装、标志

7.1 包装

大豆蔻应包装在洁净完好的包装中；包装材料不得影响产品质量，应能防止湿气的进入和挥发性物质的散失。包装应符合国家有关环境保护法规的要求。

7.2 标志

下列各项应标注于每个包装或标签上：

a) 产品名称和商品名称(如有)；

b) 生产商或包装商名称、地址及商标(如有)；

c) 批号或代号；

d) 净重；

e) 生产国；

f) 购买者需要的其他信息，如收获年代和包装日期等；

g) 本标准的编号。

ICS 67.220.10
X 44

中华人民共和国国家标准

GB/T 30380—2013/ISO 973:1999

多香果

Piment

(ISO 973:1999,Pimento (allspice)[*Pimenta dioica* (L.)Merr.],
whole or ground—Specification,IDT)

2013-12-31 发布　　2014-06-22 实施

中华人民共和国国家质量监督检验检疫总局
中国国家标准化管理委员会　发布

前　言

本标准按照 GB/T 1.1—2009 给出的规则起草。

本标准用翻译法等同采用 ISO 973:1999《多香果(整的或粉状)　规格》。

与本标准中规范性引用的国际文件有一致性对应关系的我国文件如下：

——GB/T 12729.2—2008　香辛料和调味品　取样方法(ISO 948:1980,NEQ)；

——GB/T 12729.3—2008　香辛料和调味品　分析用粉末试样的制备(ISO 2825:1981,MOD)；

——GB/T 12729.5—2008　香辛料和调味品　外来物含量的测定(ISO 927:1982,NEQ)；

——GB/T 12729.6—2008　香辛料和调味品　水分含量的测定(蒸馏法)(ISO 939:1980,NEQ)；

——GB/T 12729.7—2008　香辛料和调味品　总灰分的测定(ISO 928:1997,NEQ)；

——GB/T 12729.9—2008　香辛料和调味品　酸不溶性灰分的测定 (ISO 930:1997,MOD)；

——GB/T 12729.12　香辛料和调味品　不挥发性乙醚抽提物的测定 (ISO 1108:1992,NEQ)；

——GB/T 12729.13　香辛料和调味品　污物的测定(ISO 1208:1982,MOD)。

本标准做了下列编辑性修改：

——为与我国多香果产品名称一致,将标准名称改为《多香果》。

本标准由中华全国供销合作总社提出。

本标准由全国辛香料标准化技术委员会(SAC/TC 408)归口。

本标准起草单位:南京野生植物综合利用研究院。

本标准主要起草人:陈仕荣、张卫明。

多　香　果

1　范围

本标准规定了多香果(整的或粉状)的技术要求、试验方法、包装、标志。

本标准适用于多香果(整的或粉状)的质量评定及其贸易。

2　规范性引用文件

下列文件对于本文件的应用是必不可少的。凡是注日期的引用文件,仅注日期的版本适用于本文件。凡是不注日期的引用文件,其最新版本(包括所有的修改单)适用于本文件。

ISO 927　香辛料和调味品　外来物含量的测定(Spices and condiments—Determination of extraneous matter content)

ISO 928　香辛料和调味品　总灰分的测定(Spices and condiments—Determination of total ash)

ISO 930　香辛料和调味品　酸不溶性灰分的测定(Spices and condiments—Determination of acid-insoluble ash)

ISO 939　香辛料和调味品　水分含量的测定(蒸馏法)(Spices and condiments—Determination of moisture content—Entrainment method)

ISO 948　香辛料和调味品　取样方法(Spices and condiments—Sampling)

ISO 1108　香辛料和调味品　不挥发性乙醚抽提物的测定 (Spices and condiments—Determination of non-volatile ether extract)

ISO 1208　香辛料和调味品　污物的测定(Spices and condiments—Determination of filth)

ISO 2825　香辛料和调味品　分析用粉末试样的制备(Spices and condiments—Preparation of a ground sample for analysis)

ISO 5498　农产食品　粗纤维测定　通用方法(Agricultural food products—Determination of crude fibre content—General method)

ISO 6571　香辛料和调味品　挥发油含量的测定(蒸馏法)(Spices,condiments and herbs—Determination of volatile oil content—Hydrodistillation method)

3　外观

多香果系 *Pimenta dioica* (L.)Merr.的未成熟、饱满的干浆果,呈深棕色,果径 3.5 mm～9.5 mm,表面略粗糙,可见由花萼上的四个萼片围成的小环带;多香果也有全粉末形式,呈均匀的深棕色粉末状。

4　要求

4.1　气味和滋味

多香果有丁香、肉桂、肉豆蔻和胡椒四种香辛料的复合气味,以丁香味为主。不得有其他异味,如腐烂或霉味。

4.2 无虫、无霉变

多香果(整的或粉状)不得带活虫,不得霉变,更不得带肉眼可见的死虫、虫尸碎片及啮齿动物的残留物,必要时可借助放大镜观察,当放大倍数大于 10 倍时,应在检验报告中加以说明。

若有争议,粉状多香果残留物的测定按 ISO 1208 的规定执行。

4.3 外来物

本标准规定,除多香果以外的物质,包括动物、植物和矿物均属于外来物;碎果不属于外来物。干多香果(整的)外来物总含量的测定,按 ISO 927 的规定执行,其质量分数应不大于 1%。

4.4 分类

多香果按挥发油含量(见表 1)分为 A、B 两类。

5 理化指标

多香果应符合表 1 的规定。

表 1 多香果的理化指标

项目		指标		试验方法
		果实	种子	
水分(质量分数)/%	≤	12	12	ISO 939
总灰分(质量分数,干基)/%	≤	4.5	4.5	ISO 928
酸不溶性灰分(质量分数,干基)/%	≤	0.4	0.4	ISO 930
挥发油(干基)/(mL/100 g): A 类 B 类	 > ≥	 3 2	 2 1	ISO 6571
不挥发性乙醚抽提物(质量分数,干基)/%	≤	—	8.5	ISO 1108
粗纤维(质量分数,干基)/%	≤	—	27.5	ISO 5498

6 取样

取样按 ISO 948 的规定执行。

7 试验方法

多香果按 4.2、4.3 和表 1 的规定测定,以确定其是否符合本标准要求。

分析用粉末试样的制备按 ISO 2825 的规定执行。

整多香果应研碎成粉末,全部通过孔径 1 mm 的筛。粉状多香果可直接用于表 1 各项指标的测定。

8 包装和标志

8.1 包装

包装应符合以下要求：

a) 多香果应包装在洁净、完好的包装中；

b) 包装材料不得影响产品质量，应能防止湿气的进入和挥发性物质的散失；

c) 包装应符合国家有关环境保护法规的要求。

8.2 标志

下列各项应标注于每个包装或包装的标签上：

a) 产品名称(形式：整的或粉状)和商品名称；

b) 生产商或包装商名称、地址，商标名称(如有)；

c) 批号或代号；

d) 净重；

e) 等级；

f) 生产国；

g) 购买者需要的其他信息，如收获年代和包装日期；

h) 本标准的编号。

ICS 67.220.10
X 66

中华人民共和国国家标准

GB/T 30381—2013/ISO 6538:1997

桂 皮

Cassia

(ISO 6538:1997, Cassia, Chinese type, Indonesian type and Vietnamese type[*Cinnamomum aromaticum* (Nees) syn. *Cinnamomum cassia* (Nees) ex Blume, *Cinnamomum burmanii* (C.G.Nees) Blume and *Cinnamomum loureirii* Nees]—Specification, IDT)

2013-12-31 发布　　2014-06-22 实施

中华人民共和国国家质量监督检验检疫总局
中国国家标准化管理委员会　发布

前言

本标准按照 GB/T 1.1—2009 给出的规则起草。

本标准用翻译法等同采用 ISO 6538:1997《桂皮　规格》。

与本标准中规范性引用的国际文件有一致性对应关系的我国文件如下:

——GB/T 12729.2—2008　香辛料和调味品　取样方法(ISO 948:1980,NEQ);

——GB/T 12729.3—2008　香辛料和调味品　分析用粉末试样的制备(ISO 2825:1981,MOD);

——GB/T 12729.5—2008　香辛料和调味品　外来物含量的测定(ISO 927:1982,NEQ);

——GB/T 12729.6—2008　香辛料和调味品　水分含量的测定(蒸馏法)(ISO 939:1980,NEQ);

——GB/T 12729.7—2008　香辛料和调味品　总灰分的测定(ISO 928:1997,NEQ);

——GB/T 12729.9—2008　香辛料和调味品　酸不溶性灰分的测定 (ISO 930:1997,MOD);

——GB/T 12729.13　香辛料和调味品　污物的测定(ISO 1208:1982,MOD)。

本标准做了下列编辑性修改:

——为与我国桂皮产品名称一致,将标准名称改为《桂皮》。

本标准由中华全国供销合作总社提出。

本标准由全国辛香料标准化技术委员会(SAC/TC 408)归口。

本标准起草单位:南京野生植物综合利用研究院、玉林市赫香源香料食品有限公司。

本标准主要起草人:陈仕荣、张卫明、杨福明。

桂　　皮

1　范围

本标准规定了中国桂皮、印尼桂皮、越南桂皮的技术要求、试验方法、包装、标志。

本标准适用于中国桂皮、印尼桂皮、越南桂皮的质量评定及其贸易。

2　规范性引用文件

下列文件对于本文件的应用是必不可少的。凡是注日期的引用文件，仅注日期的版本适用于本文件。凡是不注日期的引用文件，其最新版本(包括所有的修改单)适用于本文件。

ISO 927　香辛料和调味品　外来物含量的测定(Spices and condiments—Determination of extraneous matter content)

ISO 928　香辛料和调味品　总灰分的测定(Spices and condiments—Determination of total ash)

ISO 930　香辛料和调味品　酸不溶性灰分的测定(Spices and condiments—Determination of acid—insoluble ash)

ISO 939　香辛料和调味品　水分含量的测定(蒸馏法)(Spices and condiments—Determination of moisture content—Entrainment method)

ISO 948　香辛料和调味品　取样方法(Spices and condiments—Sampling)

ISO 1208　香辛料和调味品　污物的测定(Spices and condiments—Determination of filth)

ISO 2825　香辛料和调味品　分析用粉末试样的制备(Spices and condiments—Preparation of a ground sample for analysis)

ISO 6571　香辛料和调味品　挥发油含量的测定(蒸馏法)(Spices, condiments and herbs—Determination of volatile oil content—Hydrodistillation method)

3　术语和定义

下列术语和定义适用于本文件。

3.1

整筒　whole quill

削去外表皮的成熟嫩枝皮，洗净干燥后，自然卷成的单卷或多卷的筒状。

3.2

削皮　scraped bark

将成熟桂皮树嫩枝的外表皮削去，再剥取桂皮。

3.3

不削皮　unscraped bark

不削去成熟桂皮树嫩枝的外表皮，直接剥取桂皮。

3.4

桂碎　piece

采收、分级、搬运和包装过程中产生的、大小不等的碎片(削皮或不削皮)。

3.5

桂皮粉 ground cassla

各型桂皮经研碎后得到的、不含添加物的粉状产品。

4 型式和分级

4.1 型式

4.1.1 中国桂皮

来自 *Cinnamomum cassia*(Nees)ex Blume 的树枝皮,有筒状的单卷或多卷重叠。

4.1.2 印尼桂皮(爪洼桂皮)

来自 *Cinnamomum burmanii*(C.G.Nees)的树干皮,有薄的或厚的、削皮的单卷或多卷,呈深红棕色。

4.1.3 越南桂皮

来自 *Cinnamomum loureirii* Nees 的小树枝皮,有单卷和多卷。

4.2 商品分级

4.2.1 中国桂皮

中国桂皮,筒长 250 mm～380 mm 不等,直径 20 mm,有削皮和不削皮,厚度通常为 3 mm(有时达 6 mm),具有甜的芳香味,有时略带涩味。中国桂皮分为三个级别,见表 1。

表 1 中国桂皮的分级

商品分级	中国桂皮的物理特性
广东桂皮	削皮或不削皮的筒状;不削皮产品为棕灰色,表面带灰白斑、粗糙不规则。不太令人愉快的气味。削皮的桂皮呈淡红棕色(有时灰白色),表面光滑或接近光滑
广西桂皮	筒状(整的或碎片、削皮或不削皮),芳香味浓烈,表面不像广东桂皮那样粗糙
桂碎(1 级和 2 级)	采收、分级、搬运和包装卷状(削皮或不削皮)产品的过程中产生的小碎片

4.2.2 印尼桂皮

印尼桂皮为筒状的单卷和多卷,长约 1 m、宽为 50 mm～100 mm 的条状树皮,皮厚 1 mm～5 mm 不等。印尼桂皮分为四个等级,见表 2。

4.2.3 越南桂皮

越南桂皮主要有单卷和多卷,呈棕灰色,长 150 mm～300 mm 不等,直径 10 mm～38 mm,皮厚达 6 mm。越南桂皮分为四个等级,见表 3。

表 2 印尼桂皮的分级

商品分级	印尼桂皮的物理特性
AA 级:优选	直径 5 mm～15 mm 的削皮卷状,黄色至棕黄色,无白斑,具有印尼桂皮特有的刺激性甜味
A 级:爪洼桂皮(korintje 或印尼桂皮)	削皮;黄色至褐黄色,具有印尼桂皮特有的刺激性甜味
B 级:爪洼桂皮(korintje 或印尼桂皮)	削皮或部分削皮;棕色至棕灰色,表面粗糙,具有印尼桂皮特有的刺激性甜味
C 级:桂碎	采收、分级、搬运和包装卷状(削皮或不削皮)产品的过程中产生的小碎片

表 3 越南桂皮的分级

商品分级	越南桂皮的物理特性
整卷(薄)	厚度达 1.5 mm,皮薄略粗糙,深棕色,纵向有脊状波浪、许多树瘤状疤痕凸起物
整卷(中)	皮厚 1.5 mm～3.0 mm 之间
整卷(厚)	皮厚 3 mm～6 mm,皮厚质较轻,呈灰色,粗糙,无凸起物
桂碎	采收、分级、搬运和包装卷状产品的过程中产生的小碎片

5 桂皮粉

各型桂皮(4.1)的粉状产品(不加任何添加物)。

注:若标明产地,应使用来自该产地的桂皮生产桂皮粉。

6 要求

6.1 气味、滋味

具有该产地产品所特有的新鲜气味和滋味,不得发霉,不得带异味。

6.2 颜色

桂皮粉为淡黄色至红棕色;整桂皮的颜色如 4.2 所述。

6.3 无霉变、不生虫

整桂皮不得带活虫,不得霉变,更不得带肉眼可见的死虫、虫尸碎片及啮齿动物的残留物,必要时可借助放大镜观察,当放大倍数大于 10 倍时,应在检验报告中加以说明。

若有争议,桂皮粉中残留物可按 ISO 1208 的规定进行测定。

6.4 外来物

外来物包括茎、叶、壳以及其他植物性物质和砂土、灰尘,外来物含量按 ISO 927 规定的方法测定,其质量分数不得超过 1%。

6.5 理化指标

桂皮(筒状、卷状和粉状)应符合表4的要求。

表4 理化指标

项　目	要　求			试验方法
	中国桂皮	印尼桂皮	越南桂皮	
水分(质量分数)/%				
整桂皮　≤	15	15	15	ISO 939
桂皮粉　≤	14	14	14	
总灰分(质量分数,干基)/%　≤	4.0	5.0	4.5	ISO 928
酸不溶性灰分(质量分数,干基)/%　≤	0.8	1.0	2.0	ISO 930
挥发油(干基)/(mL/100g)				
整桂皮　≥	1.5	1.0	3.0	ISO 6571
桂皮粉　≥	1.1	0.8	3.0	

7 取样

取样按ISO 948的规定执行。

8 试验方法

8.1 样品按6.3、6.4和表4规定的理化分析方法测定,以确定其是否符合本标准的要求。

8.2 制备分析用粉末试样时,应先将样品粗碎成直径约5 mm的颗粒后,再按ISO 2825的规定执行。

9 包装、标志

9.1 包装

包装应符合以下要求:

a) 整桂皮或桂皮粉应包装在洁净、完好、干燥的包装中;

b) 包装材料不得影响产品风味,并能防止湿气的进入和挥发性物质的散失。

c) 包装应符合国家有关环境保护法规的要求。

9.2 标志

下列各项应直接标注在每个包装上或包装的标签上:

a) 产品名称;

b) 商品名称或商标名称(如有);

c) 生产商或包装商的名称和地址;

d) 批号或代号;

e) 净重;

f) 等级;

g） 生产国；

h） 购买者要求的其他标注，如收获年代、包装日期；

i） 本标准的参考资料。

ICS 67.220.10
X 66

中华人民共和国国家标准

GB/T 30382—2013/ISO 972:1997

辣椒(整的或粉状)

Chillies(whole or ground)

(ISO 972:1997,Chillis and capsicums,
whole or ground(powdered)—Specification,IDT)

2013-12-31 发布 2014-06-22 实施

中华人民共和国国家质量监督检验检疫总局
中国国家标准化管理委员会 发布

前　言

本标准按照 GB/T 1.1—2009 给出的规则起草。

本标准用翻译法等同采用 ISO 972:1997《辣椒(整的或粉状)　规格》。

与本标准中规范性引用的国际文件有一致性对应关系的我国文件如下：

——GB/T 12729.2—2008　香辛料和调味品　取样方法(ISO 948:1980,NEQ)；

——GB/T 12729.3—2008　香辛料和调味品　分析用粉末试样的制备(ISO 2825:1981,MOD)；

——GB/T 12729.5—2008　香辛料和调味品　外来物含量的测定(ISO 927:1982,NEQ)；

——GB/T 12729.6—2008　香辛料和调味品　水分含量的测定(蒸馏法)(ISO 939:1980,NEQ)；

——GB/T 12729.7—2008　香辛料和调味品　总灰分的测定(ISO 928:1997,NEQ)；

——GB/T 12729.9—2008　香辛料和调味品　酸不溶性灰分的测定 (ISO 930:1997,MOD)；

——GB/T 12729.13　香辛料和调味品　污物的测定(ISO 1208:1982,MOD)。

本标准做了下列编辑性修改：

——为与我国辣椒产品名称一致，将标准名称改为《辣椒(整的或粉状)》。

本标准由中华全国供销合作总社提出。

本标准由全国辛香料标准化技术委员会(SAC/TC 408)归口。

本标准起草单位：重庆骄业生物科技有限公司、南京野生植物综合利用研究院。

本标准主要起草人：聂勋杰、聂勋良、陈仕荣、张卫明。

辣椒(整的或粉状)

1 范围

本标准规定了辣椒(整的或粉状)的技术要求、试验方法、包装、标志。

本标准适用于4.1中所述辣椒(整的或粉状)的质量评定及其贸易。

2 规范性引用文件

下列文件对于本文件的应用是必不可少的。凡是注日期的引用文件,仅注日期的版本适用于本文件。凡是不注日期的引用文件,其最新版本(包括所有的修改单)适用于本文件。

ISO 927 香辛料和调味品 外来物含量的测定(Spices and condiments—Determination of extraneous matter content)

ISO 928 香辛料和调味品 总灰分的测定(Spices and condiments—Determination of total ash)

ISO 930 香辛料和调味品 酸不溶性灰分的测定(Spices and condiments—Determination of acid—insoluble ash)

ISO 939 香辛料和调味品 水分含量的测定(蒸馏法)(Spices and condiments—Determination of moisture content—Entrainment method)

ISO 948 香辛料和调味品 取样方法(Spices and condiments—Sampling)

ISO 1208 香辛料和调味品 污物的测定(Spices and condiments—Determination of filth)

ISO 2825 香辛料和调味品 分析用粉末试样的制备(Spices and condiments—Preparation of a ground sample for analysis)

3 术语和定义

下列术语和定义适用于本文件。

3.1

未熟果 unripe fruit

呈绿色至淡黄色、尚未成熟的辣椒果,与同批次的其他辣椒果明显不同。

3.2

斑痕果 marked fruit

黑色或带黑斑的辣椒果。

3.3

碎果 broken fruit

加工过程中碎裂或部分缺失的辣椒果。

3.4

碎片 fragment

来自碎果的辣椒碎。

4 描述

4.1 辣椒是辣椒属(*Capsicum*)的干果荚,果荚纵截面大致呈三角形,三角形底边位于胎座(果梗)连接点上,三角形的内角依据品种的不同,差别很大,果梗连接点的对角为锐角,为钝角的很少。果荚内有数目不等、质硬、呈盘状分布、直径 1 mm～5 mm 的黄白色种子,种子数及大小与品种有关。成熟时,果荚内的种子分别通过各自胎座(叶柄)与柔软的中心果核相连,但商品辣椒干中,种子与中心果核分离,种子可在果荚内自由移动。现已知胎座中刺激性成分(辣椒碱)的含量最高。辣椒的品种不同,成熟果荚的颜色也有较大差别,从深棕红色到橙黄色再到黄绿色。色素类物质尤其是红色,保存期间暴露在空气中或受光照,其色度会随时间的延长而降低。果荚长 10 mm～120 mm 、直径 4 mm～50 mm,果荚大小与辣椒的品种有关。

4.2 辣椒粉为整辣椒经研碎得到的、不添加其他物质的粉末。辣椒的品种不同,其粉末的颜色也有很大差别,从深红色到橙黄色再到淡绿色。贸易上,可根据买卖双方的约定,将辣椒研碎成不同粒度的粉末,通常最大粒度为 500 μm。为保持稳定的辣椒碱含量(辣度)或预期色泽,通常将辣椒和辣椒类混合,调配成复合粉。

5 要求

5.1 气味和滋味

辣椒(整的或粉状)具有浓烈的刺激性气味、滋味。

5.2 无虫、无霉变

辣椒及辣椒类(整的或粉状)不得带活虫,不得霉变,更不得带肉眼可见的死虫、虫尸碎片及啮齿动物的残留物,必要时可借助放大镜观察,当放大倍数大于 10 倍时,应在检验报告中加以说明;若有争议,可按 ISO 1208 的规定对残留物进行测定。

5.3 外来物

不属辣椒或辣椒类的所有其他物质,以及梗、叶、砂土均为外来物;未熟果、斑点果、碎果和碎片(见 5.4)不属于外来物。外来物含量按 ISO 927 的规定测定,应不超过 1%(质量分数)。

5.4 未熟果、斑点果和碎果

按附录 A 测定,整辣椒中未熟果和斑点果应不超过 2%,碎果和碎片应不超过 5%(质量分数)。

5.5 理化指标

辣椒(整的或粉状)理化指标应符合表 1 的规定。

表 1 辣椒(整的或粉状)的理化指标

项　　目		指　　标	试验方法
水分(质量分数)/%	≤	11	ISO 939
总灰分(质量分数,干基)/%	≤	10	ISO 928
酸不溶性灰分(质量分数,干基)/%	≤	1.6	ISO 930

6 取样

取样按 ISO 948 的规定执行。

7 试验方法

试验方法按以下规定执行：

a) 辣椒(整的或粉状)应按 5.2～5.5、表 1 和附录 A 的规定测定；

b) 分析用粉末试样的制备按 ISO 2825 的规定执行；

c) 分析用的辣椒粉，应有 95%以上能通过孔径为 500 μm 的筛，其粒度才符合要求。

8 包装、标志

8.1 包装

辣椒产品应包装在洁净、完好的包装中；包装材料不得影响产品质量，应能防止湿气的进入和挥发性物质的散失。包装应符合国家有关环境保护法规的要求。

8.2 标志

下列各项应直接标注于包装或包装的标签上：

a) 产品名称和商品名称(如有)；

b) 制造商或包装商的名称、地址及商标名称；

c) 代号或批号；

d) 净重；

e) 生产国；

f) 购买者需要的其他信息，如收获年代、包装日期；

g) 本标准的参考文献。

附　录　A
（规范性附录）
未熟果、斑点果、碎果和碎片的测定

A.1　将已除去外来物的整辣椒样品平摊在白纸上，分拣出未熟果、斑点果、碎果和碎片。

A.2　分别称量未成熟果、斑点果、碎果和碎片的质量（m_0、m_1、m_2），精确至0.1g。

未成熟果的含量（质量分数）按式（A.1）计算：

$$\frac{m_0}{m} \times 100\% \tag{A.1}$$

斑点果的含量（质量分数）按式（A.2）计算：

$$\frac{m_1}{m} \times 100\% \tag{A.2}$$

碎果和碎片的含量（质量分数）按式（A.3）计算：

$$\frac{m_2}{m} \times 100\% \tag{A.3}$$

式中：

m ——初始样品质量，单位为克（g）；

m_0——未熟果质量，单位为克（g）；

m_1——斑点果质量，单位为克（g）；

m_2——碎果和碎片的质量，单位为克（g）。

ICS 67.220.10
X 66

中华人民共和国国家标准

GB/T 30383—2013/ISO 1003:2008

生 姜

Ginger

(ISO 1003:2008,Spices—Gringer(*Zingiber officinale* Roscoe)—Specification,IDT)

2013-12-31 发布 2014-06-22 实施

中华人民共和国国家质量监督检验检疫总局
中国国家标准化管理委员会 发布

前　言

本标准按照 GB/T 1.1—2009 给出的规则起草。

本标准用翻译法等同采用 ISO 1003:2008《香料和调味品　姜、姜片或姜粉　规范》。

与本标准中规范性引用的国际文件有一致性对应关系的我国文件如下：

——GB/T 12729.2—2008　香辛料和调味品　取样方法(ISO 948:1980,NEQ)；

——GB/T 12729.3—2008　香辛料和调味品　分析用粉末试样的制备(ISO 2825:1981,MOD)；

——GB/T 12729.5—2008　香辛料和调味品　外来物含量的测定(ISO 927:1982,NEQ)；

——GB/T 12729.6—2008　香辛料和调味品　水分含量的测定(蒸馏法)(ISO 939:1980,NEQ)；

——GB/T 12729.7—2008　香辛料和调味品　总灰分的测定(ISO 928:1997,NEQ)；

——GB/T 12729.9—2008　香辛料和调味品　酸不溶性灰分的测定 (ISO 930:1997,MOD)；

——GB/T 12729.13　香辛料和调味品 污物的测定(ISO 1208:1982,MOD)。

本标准做了下列编辑性修改：

——为与我国生姜产品名称一致,将标准名称改为《生姜》。

本标准由中华全国供销合作总社提出。

本标准由全国辛香料标准化技术委员会(SAC/TC 408)归口。

本标准起草单位:宏芳香料(昆山)有限公司、南京野生植物综合利用研究院。

本标准主要起草人:廖英崇、吴耀军、陈仕荣、张卫明。

生　　姜

1 范围

本标准规定了生姜的技术要求、试验方法、包装、标志。

本标准适用于生姜的质量评定及其贸易。

2 规范性引用文件

下列文件对于本文件的应用是必不可少的。凡是注日期的引用文件，仅注日期的版本适用于本文件。凡是不注日期的引用文件，其最新版本(包括所有的修改单)适用于本文件。

ISO 565　试验筛　金属丝编织网布、孔板和电加工成形薄板　孔径的公称尺寸(Test sieves—Metal wire cloth、perforated metal plate and electroformed sheet—Nominal sizes of openings)

ISO 927　香辛料和调味品　外来物含量的测定(Spices and condiments—Determination of extraneous matter content)

ISO 928　香辛料和调味品　总灰分的测定(Spices and condiments—Determination of total ash)

ISO 930　香辛料和调味品　酸不溶性灰分的测定(Spices and condiments—Determination of acid-insoluble ash)

ISO 939　香辛料和调味品　水分含量的测定(蒸馏法)(Spices and condiments—Determination of moisture content—Entrainment method)

ISO 948　香辛料和调味品　取样方法(Spices and condiments—Sampling)

ISO 1208　香辛料和调味品　污物的测定(Spices and condiments—Determination of filth)

ISO 6571　香辛料和调味品　挥发油含量的测定(蒸馏法)(Spices, condiments and herbs—Determination of volatile oil content—Hydrodistillation method)

3 描述

3.1 形状和外观

生姜是姜科植物 *Zingiber officinale* Roscoe 的带皮或不带皮的干燥块根茎；形状有长大于 20 mm 的不规则碎块、薄片、小切块和姜粉。生姜为黄白色，可刮皮或削皮后洗净、干燥，可用熟石灰漂白。生姜可按产地、加工方式或颜色进行分级。

3.2 气味和滋味

应具有生姜特有的、清新的刺激性气味。不得发霉、腐烂或带苦味。

4 要求

4.1 通用要求

应符合食品安全和消费者保护法规有关掺杂(包括用天然或合成色素着色)、残留(如：重金属和霉菌毒素)、杀虫剂和卫生规范的相关要求。当买卖双方达成协议后,才能进行诸如使用溴甲烷、磷化铝、环氧乙烷、辐照以及加工助剂、化学漂白剂进行处理。

4.2 物理要求

4.2.1 虫害

生姜不得带活虫,更不得带有可见的死虫或虫尸碎片;姜粉中污物按 ISO 1208 的规定测定。

4.2.2 外来物和异物

按 ISO 927 的规定测定,生姜的外来物含量应不大于 1%、异物含量应不大于 1.0%(质量分数)。

4.2.3 无粗颗粒

姜粉中不得带纤维和粗颗粒,姜粉粒度应达到买卖双方约定的要求。

4.3 理化指标

生姜及姜粉的理化指标应符合表 1 的规定。

表 1 生姜及姜粉的理化指标

项目		指标	试验方法
水分(质量分数,干基)/% : a) 整的或片状 b) 姜粉	 ≤ ≤	 12.0 11.0	ISO 939
总灰分(质量分数,干基)/%	≤	8.0	ISO 928
酸不溶性灰分(质量分数,干基)/%	≤	1.5	ISO 930
挥发油(干基)/(mL/100 g): a) 整的或片状 b) 姜粉	 ≥ ≥	 1.5 1.0	ISO 6571
钙(质量分数,以氧化物计)/% : a) 未漂白 b) 漂白(可选)[a]	 ≤ ≤	 1.1 2.5	附录 A
[a] 由买卖双方约定。			

4.4 卫生要求

4.4.1 生姜应按《国际推荐规范准则 食品卫生通则》及《香辛料和干制芳香植物卫生规范准则》相关章节的要求进行处理。

4.4.2 还应满足以下要求:

a) 不带危害健康的微生物,具体由买卖双方协商;

b) 不带危害健康的杀虫剂;

c) 应符合进口国现行有效的食品安全法规。

5 取样

5.1 取样按 ISO 948 的规定执行。

5.2 整的或片状的生姜样品应研碎至全部通过 1 mm 孔径的筛，才可用于表 1 中各项指标的测定。

6 试验方法

生姜按表 1 的规定测定。总灰分测定的灰化温度为 600 ℃±25 ℃（而不是 ISO 928 中规定的 550 ℃±25 ℃）。

7 包装、标志或标签

7.1 包装

生姜应包装在洁净、密封、完好的包装中；包装材料不得影响产品质量或安全，能防止湿气的进入和挥发性物质或色素的散失。

包装应符合国家有关食品分级和环境保护法规的要求。

7.2 标志或标签

由买卖双方就标志或标签要求达成一致，应包括以下内容：

a) 产品名称（植物学名和形态），商品名称或品种名称；

b) 生产商或包装商名称、地址；

c) 商标名称；

d) 代号或批号；

e) 质量等级；

f) 净重；

g) 保质期；

h) 产地国名称；

i) 产地国产区；

j) 购买者要求的其他信息；

k) 本标准的参考文件。

上述信息的全部或部分可写在买卖双方达成协议的文件里。

附 录 A
（规范性附录）
钙的测定

A.1 定义

A.1.1

钙含量 calcium content

本标准条件下被测样品中钙的质量分数(以氧化钙质量分数表示)。

A.2 原理

试样经灰化得到总灰分,用盐酸处理,将钙以草酸钙形式沉淀后,用高锰酸钾溶液滴定。

A.3 试剂

所用试剂为分析纯,水为蒸馏水。

A.3.1 乙酸。

A.3.2 浓盐酸：ρ_{20}(HCl)＝1.16 g/mL。

A.3.3 稀盐酸:2 体积浓盐酸加 5 体积水。

A.3.4 氢氧化铵溶液：$\rho(NH_4OH)$＝0.90 g/mL。

A.3.5 草酸铵饱和溶液。

A.3.6 硫酸溶液:20%(质量分数);1 体积浓硫酸[$\rho_{20}(H_2SO_4)$＝1.84 g/mL]加 4 体积水。

A.3.7 高锰酸钾标准滴定液:$c(KMnO_4)$＝0.05 mol/L。

A.3.8 溴甲酚绿指示液：0.4 g/L;称取 0.1 g 溴甲酚绿(精确至 0.001 g),置研钵中,加 14.3 mL 0.01 mol/L氢氧化钠溶液研磨,定量移入 250 mL 容量瓶中,用水稀至刻度。该指示液的 pH 为 3.8～5.4,在酸性介质中显黄色,在碱性介质中显绿色。

A.4 仪器

A.4.1 坩埚。

A.4.2 定量滤纸。

A.4.3 烧杯:250 mL。

A.4.4 蒸汽浴。

A.4.5 水浴。

A.4.6 分析天平。

A.4.7 容量瓶。

A.4.8 研钵。

A.5 方法

A.5.1 试样

称取 2 g～4 g 样品,精确至±0.001 g。

A.5.2 测定

按 GB/T 12729.7 灰化试样(温度 600 ℃±25 ℃),用稀盐酸溶解坩埚中的灰分,在蒸汽浴上蒸干,再用稀盐酸溶解残渣后再蒸干。用 5 mL～10 mL 浓盐酸处理残渣,然后加 50 mL 水,置水浴上几分钟后滤入 250 mL 烧杯(A)中,用热水洗涤不溶性残渣,将洗涤液也收集于烧杯(A)中,往烧杯中滴加 8～10 滴溴甲酚绿指示液,加氢氧化铵溶液至显蓝色(pH 为 4.8～5.0),然后逐滴加醋酸至溶液明显变绿(pH 为 4.4～4.6),定量过滤溶液,将滤液和洗涤液收集于烧杯(B)中,煮沸后滴加乙酸铵溶液至沉淀形成,再滴加少量(过量)乙酸铵溶液,加热至沸,然后放置 3 h 以上,通过滤纸倾出并弃去上层清液,再用 13 mL～20 mL 热水洗涤沉淀弃去清液。

热稀盐酸溶解沉淀,再倾出清液,溶解残留于滤纸上的沉淀,合并入烧杯(C)中,用热水彻底洗涤滤纸,沸腾下加足量的氢氧化铵和少量乙酸铵溶液进行二次沉淀,放置 3 h 以上,用上述滤纸过滤,热水洗涤至滤液不含氯为止。将滤纸锥体顶点处戳破,将沉淀洗入烧杯(D)中,然后用热硫酸(A.3.6)洗涤滤纸,溶液在低于 70 ℃下,用高锰酸钾溶液返滴定,直至稳定的粉红色出现时为终点。

A.6 结果表示

钙含量(w_{CaO})以氧化钙质量分数表示,如式(A.1):

$$w_{CaO}=\frac{0.028\times V}{m}\times 100\% \qquad \text{(A.1)}$$

式中:

w_{CaO}——钙含量(质量分数);

m ——试样质量,单位为克(g);

V ——高锰酸钾溶液体积,单位为毫升(mL)。

注:若滴定液浓度不是 0.05 mol/L,则用实际使用浓度对应的校正系数进行计算。

ICS 67.220.10
X 66

中华人民共和国国家标准

GB/T 30384—2013/ISO 10621:1997

脱水绿胡椒

Dehydrated green pepper

(ISO 10621:1997, Dehydrated green pepper(*Piper nigrum* L.)—Specification, IDT)

2013-12-31 发布　　2014-06-22 实施

中华人民共和国国家质量监督检验检疫总局
中国国家标准化管理委员会　发布

前　言

本标准按照 GB/T 1.1—2009 给出的规则起草。

本标准用翻译法等同采用 ISO 10621:1997《脱水鲜胡椒　规范》。

与本标准中规范性引用的国际文件有一致性对应关系的我国文件如下：

——GB/T 12729.2—2008　香辛料和调味品　取样方法(ISO 948:1980，NEQ)；

——GB/T 12729.5—2008　香辛料和调味品　外来物含量的测定(ISO 927:1982，NEQ)；

——GB/T 12729.6—2008　香辛料和调味品　水分含量的测定(蒸馏法)(ISO 939:1980，NEQ)；

——GB/T 12729.7—2008　香辛料和调味品　总灰分的测定(ISO 928:1997，NEQ)；

——GB/T 12729.9—2008　香辛料和调味品　酸不溶性灰分的测定 (ISO 930:1997,MOD)。

本标准做了下列编辑性修改：

——为与我国脱水绿胡椒产品名称一致，将标准名称改为《脱水绿胡椒》。

本标准由中华全国供销合作总社提出。

本标准由全国辛香料标准化技术委员会(SAC/TC 408)归口。

本标准起草单位：宁波海通食品科技有限公司、南京野生植物综合利用研究院。

本标准主要起草人：孙金才、陈仕荣、张卫明、国维华。

脱 水 绿 胡 椒

1 范围

本标准规定了脱水绿胡椒的技术要求、试验方法、包装、标志。

本标准适用于脱水绿胡椒的质量评定及其贸易。

2 规范性引用文件

下列文件对于本文件的应用是必不可少的。凡是注日期的引用文件，仅注日期的版本适用于本文件。凡是不注日期的引用文件，其最新版本(包括所有的修改单)适用于本文件。

ISO 927 香辛料和调味品 外来物含量的测定(Spices and condiments—Determination of extraneous matter content)

ISO 928 香辛料和调味品 总灰分的测定(Spices and condiments—Determination of total ash)

ISO 930 香辛料和调味品 酸不溶性灰分的测定(Spices and condiments—Determination of acid-insoluble ash)

ISO 939 香辛料和调味品 水分含量的测定(蒸馏法)(Spices and condiments—Determination of moisture content—Entrainment method)

ISO 948 香辛料和调味品 取样方法(Spices and condiments—Sampling)

ISO 5522 水果、蔬菜及其制品 二氧化硫总含量的测定(Fruits, vegetables and derived products—Determination of total sulphur dioxide content)

3 术语和定义

下列术语和定义适用于本文件。

3.1

碎果 broken berry

裂成两瓣或两瓣以上的胡椒果。

3.2

轻质果 light berry

外表生长正常，但无果核的胡椒果。

3.3

针头果 pinhead berry

果形很小且发育不完全的胡椒果。

3.4

黑果 dark-coloured berry

果色比正常鲜果深的胡椒果。

3.5

褪色果 discoloured berry

颜色消退或带色斑的胡椒果。

4 描述

脱水绿胡椒是由来自 *Piper nigrum* L.的新鲜绿胡椒果在可控条件下，经干燥处理后得到的产品。

5 要求

5.1 色泽

胡椒果应具有合适成熟度的绿胡椒所具有的特征颜色。

5.2 无虫、无霉变

脱水绿胡椒不得带活虫，不得霉变，更不得带肉眼可见的死虫、虫尸碎片及啮齿动物的残留物，必要时可借助放大镜观察，当放大倍数大于10倍时，应在检验报告中加以说明。

5.3 外来物

本标准规定的外来物如下：

a) 除脱水绿胡椒以外的所有其他物质；

b) 不管是源自植物的茎叶，还是源自矿物的砂土，均属外来物；

c) 外来物按 ISO 927 规定的方法测定，应不大于1%(质量分数)。

注：轻质果、针头果和碎果不属外来物。

5.4 不完善果

不完善果包括：褪色果、黑果、轻质果、碎果和针头果。不完善果最大不得超过7%，黑果不得超过4%(质量分数)。

5.5 脱水性

将1份脱水绿胡椒与10份1%(质量分数)氯化钠共煮20 min后，脱水绿胡椒应能复原成质量优良的绿胡椒，质感柔软，具有绿胡椒的特征刺激性香辛气味、滋味和颜色。

脱水绿胡椒不得霉变或带烟熏的印迹。

5.6 理化指标

脱水绿胡椒的理化指标应符合表1的规定。

表1 脱水绿胡椒的理化指标

项　　目		指　　标	试验方法
水分(质量分数)/%	≤	8	ISO 939
总灰分(质量分数，干基)/%	≤	5	ISO 928
酸不溶性灰分(质量分数，干基)/%	≤	0.3	ISO 930
二氧化硫/(mg/kg)	≤	500	ISO 5522

6 取样

取样按 ISO 948 执行。

7 测定方法

按 5.3～5.6 和表 1 的规定测定，以确定脱水绿胡椒是否符合本标准的要求。

8 包装、标志

8.1 包装

包装应符合以下要求：

a) 脱水绿胡椒应包装在洁净、完好的包装中；

b) 包装材料不得影响产品质量，并能防止湿气进入；

c) 包装应符合国家有关环境保护法规的要求。

8.2 标志

下列各项应直接标注于包装或包装的标签上：

a) 产品名称；

b) 加工商或包装商的名称、地址；

c) 商品名称或商标名称；

d) 代号或批号；

e) 净重；

f) 生产国；

g) 购买者需要的其他信息，如包装日期、收获年代等；

h) 本标准的参考资料；

i) 产品是否含添加剂，进口国是否允许添加这些添加剂。

ICS 67.220.10
X 44

中华人民共和国国家标准

GB/T 30385—2013/ISO 6571:2008

香辛料和调味品　挥发油含量的测定

Spices and condiments—Determination of volatile oil content

(ISO 6571:2008 ,IDT)

2013-12-31 发布　　　　2014-06-22 实施

中华人民共和国国家质量监督检验检疫总局
中国国家标准化管理委员会　发布

前　言

本标准按照 GB/T 1.1—2009 给出的规则起草。

本标准用翻译法等同采用 ISO 6571:2008《香辛料和调味品　挥发油含量的测定》

与本标准中规范性引用的国际文件有一致性对应关系的我国文件如下：

——GB/T 12729.2—2008　香辛料和调味品　取样方法(ISO 948:1980，NEQ)；

——GB/T 12729.3—2008　香辛料和调味品　分析用粉末试样的制备(ISO 2825:1981,MOD)；

——GB/T 12729.6—2008　香辛料和调味品　水分含量的测定(蒸馏法)(ISO 939:1980，NEQ)。

本标准由中华全国供销合作总社提出。

本标准由全国辛香料标准化技术委员会(SAC/TC 408)归口。

本标准起草单位：宏芳香料(昆山)有限公司、南京野生植物综合利用研究院、驻马店市十三香调味食品集团公司。

本标准主要起草人：廖英崇、吴耀军、陈仕荣、张卫明、张慧、韩明军。

香辛料和调味品　挥发油含量的测定

1　范围

本标准规定了香辛料和调味品中挥发油含量的测定方法。

本标准适用于香辛料和调味品中挥发油含量的测定。

2　规范性引用文件

下列文件对于本文件的应用是必不可少的。凡是注日期的引用文件，仅注日期的版本适用于本文件。凡是不注日期的引用文件，其最新版本(包括所有修改单)适用于本文件。

ISO 939　香辛料和调味品　水分含量的测定(蒸馏法)(Spices and condiments—Determination of moisture content—Entrainment method)

ISO 948　香辛料和调味品　取样方法(Spices and condiments—Sampling)

ISO 2825　香辛料和调味品　分析用粉末试样的制备(Spices and condiments—Preparation of a ground sample for analysis)

3　术语和定义

下列术语和定义适用于本文件。

3.1

挥发油含量　volatile oil content

本标准条件下，由水蒸气蒸馏出来的所有物质，以每 100 g 干样品中所含毫升数表示。

注：挥发油含量表示为每 100 g 绝干产品中所含挥发油的毫升数。

4　原理

蒸馏试样的水悬浮液，馏分收集于存有二甲苯的刻度管中，当有机相与水相分层后，读取有机相的体积毫升数，扣除二甲苯体积后计算出挥发油含量。

5　试剂

试剂为分析纯，水为蒸馏水。

5.1　二甲苯

5.2　洗涤液

5.2.1　丙酮。

5.2.2　硫酸-重铬酸钾洗液：持续搅拌下，将 1 体积浓硫酸缓慢加到 1 体积的饱和重铬酸钾溶液中，混匀冷却后，用玻璃漏斗过滤。

注意：皮肤和黏膜不要接触上述洗液。

6　仪器

实验室常用仪器，其他仪器如下：

6.1 蒸馏器:由圆底烧瓶和冷凝器组成。

6.1.1 圆底烧瓶

500 mL 或 1 000 mL(容量按附录 A 选择)。

6.1.2 冷凝器(见图 1)

由以下部分组成:

a) 直管(AC):下端带磨口,与圆底烧瓶(6.1.1)连接;

b) 弯管(CDE);

c) 直形球状冷凝管(FG);

d) 附件:带塞(K′)支管(K)、梨形缓冲瓶(J)、分度 0.05 mL 的刻度管(JL)、球形缓冲瓶(L)、三通阀(M)[连接带安全管(N)的斜管(O)与直管(AC);汽阱(6.1.3)可插入安全管中]。

单位为毫米

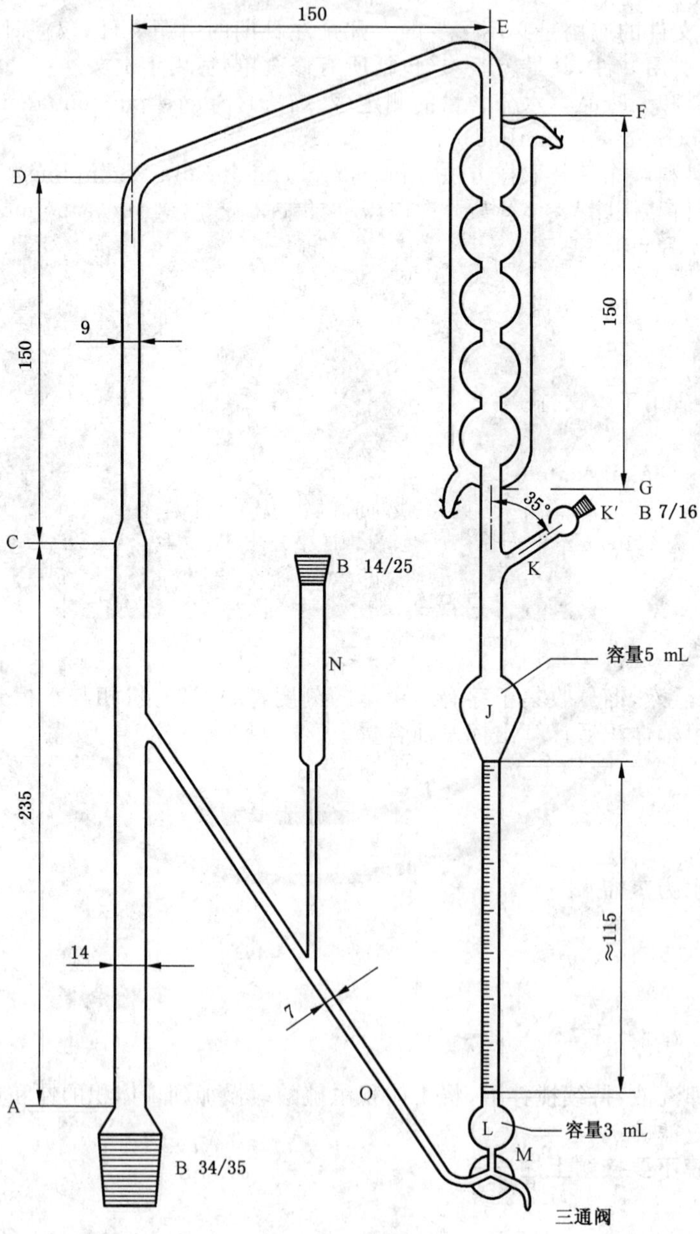

图 1 蒸馏器

6.1.3 汽阱(见图 2)

汽阱可插入支管(K)或安全管(N)中(6.1.2)。

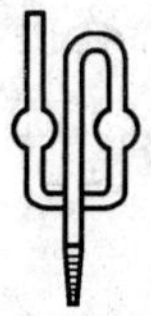

图 2 汽阱

6.2 滤纸:直径 110 mm。

6.3 移液管:1.0 mL。

6.4 可调式电热装置。

6.5 小玻璃珠。

6.6 量筒:500 mL。

6.7 分析天平。

7 取样

实验室样品应具有代表性,贮运过程中不得损坏或发生变化。取样虽然不属本标准规定方法所包括的内容,建议取样按 ISO 948 的规定执行。

8 分析步骤

注:本标准将每个香辛料调味品的测定参数作为规定要求,列于附录 A 中。

8.1 蒸馏器的准备

洗净冷凝器(6.1.2),将玻璃塞子(K′)盖紧支管(K)、汽阱置于安全管(N)上,将冷凝器倒置,注满洗涤液(5.2),放置过夜,洗净后再用水漂洗,烘干备用。

8.2 样品的准备

如试样需要粉碎(见附录 A),应根据不同产品,磨碎足量的实验室样品至符合要求的细度(见 ISO 2825),才能加到圆底烧瓶中。磨碎过程中应确保试样的温度不升高。

8.3 试样

按附录 A 规定的样品量,称样,精确至 0.01 g。

8.4 测定

8.4.1 二甲苯体积的测定

用量筒将一定量的水(见附录 A)倒入圆底烧瓶(6.1.1)并加入几粒小玻璃珠,将圆底烧瓶与冷凝器(6.1.2)连接,从支管(K)加水,将刻度管(JL)、收集球(L)和斜管(O)充满;用移液管(6.3)从支管(K)处加入 1.0 mL 二甲苯(5.1),汽阱(6.1.3)半充满水后,连接至冷凝器,加热圆底烧瓶,将蒸馏速度调节为 2 mL/min~3 mL/min,蒸馏 30 min 后,停止加热。调节三通阀,使二甲苯上液面与刻度管(JL)零刻度处平齐,冷却 10 min 后,读取二甲苯的毫升数。

8.4.2 有机相体积的测定

将试样(8.3)移入圆底烧瓶(6.1.1)中,与冷凝器连接,加热圆底烧瓶,将蒸馏速率调节至 2 mL/min~3 mL/min,按附录 A 规定的时间持续蒸馏,完成蒸馏后,停止加热,冷却 10 min,读取刻度管中有机相的毫升数。

8.4.3 水分含量的测定

按 ISO 939 的规定执行。

9 结果表示

挥发油含量按式(1)计算,以每 100 g 干样品中所含挥发油的毫升数表示:

$$X = 100 \times \frac{V_1 - V_0}{m} \times \frac{100}{100 - w} \qquad \cdots\cdots(1)$$

式中:

X ——挥发油含量,单位为毫升每百克(mL/100 g);

V_0——二甲苯体积(8.4.1),单位为毫升(mL);

V_1——有机相体积(8.4.2),单位为毫升(mL);

m ——试样质量,单位为克(g);

w ——试样水分含量(质量分数)的数值。

10 精密度

10.1 重复性

同一操作者用同一样品、在同一实验室、利用相同仪器、在较短间隔内完成的 2 个独立的单次测定结果的绝对误差,应不大于表 1 中给出的重复性限(r)的 5%。

表 1 重复性

样品	挥发油平均含量(X) mL/100 g	重复性限(r) mL/100 g
牛至(碎片)	1.907	0.176
丁香(粉状)	13.956	1.960
黑胡椒(粉状)	2.624	0.331

10.2 重现性

用相同方法、相同样品、在不同实验室、用不同的仪器、由不同的操作者完成的 2 个单次测定结果的绝对误差,应不大于表 2 中给出的重现性限(R)的 5%。

表 2 重现性

样品	挥发油平均含量(*X*) mL/100 g	重现性限(*R*) mL/100 g
牛至(整的或叶)	1.907	0.536
丁香(粉状)	13.956	3.662
黑胡椒(粉状)	2.624	0.796

11 检验报告

检验报告至少应包括以下内容:

a) 全面鉴别样品所需要的全部信息;

b) 采用的试验方法及本标准的参考资料;

c) 蒸馏时间(h);

d) 测得结果及规定的单位;

e) 分析完成时间;

f) 是否符合重复性限的要求;

g) 本标准未规定的所有操作细节,包括可选的、可能影响测定结果的偶然因素。

附　录　A
（规范性附录）
香辛料挥发油测定参数

香辛料挥发油测定参数见表 A.1。

表 A.1　测定参数

序号	名称	试样质量/g	蒸馏形式	水体积/mL	蒸馏时间/h
1	茴香籽	25	粉状	500	4
2	甜罗勒	50	整/叶	500	5
3	春黄菊(罗马)	30	整/叶	300	3
4	春黄菊(普通)	50	整/叶	500(0.5 mol/L 盐酸)	4
5	葛缕子	20	整	300	4
6	小豆蔻	20	整	400	5
7	肉桂	40	粉末	400	5
8	细叶芹	40	整/叶	600	5
9	桂皮	40	粉状	400	5
10	丁香	4	粉状	400	4
11	芫荽	40	粉状	400	4
12	枯茗籽	25	粉状	500	4
13	咖喱粉	25	粉状	500	4
14	莳萝、土茴香	25	粉状	500	4
15	小茴香	25	粉状	300	4
16	大蒜	25	粉状	500	4
17	姜	30	粉状	500	4
18	杜松子	25	粉状	500	5
19	肉豆蔻衣	15	粉状	400	4
20	甜牛至	40	整/叶	600	4
21	野牛至	40	整/叶	600	5
22	野薄荷	40	整/叶	600	4
23	混合香草	40	整/叶	600	4
24	混合香辛料	40	粉状	600	5
25	肉豆蔻	15	粉状	400	4
26	牛至	40	整/叶	600	4
27	欧芹	40	整/叶	600	5
28	胡薄荷	40	整/叶	600	5
29	胡椒	40	粉状	400	4

表 A.1（续）

序号	名称	试样质量/g	蒸馏形式	水体积/mL	蒸馏时间/h
30	薄荷	50	整/叶	500	2
31	腌制香辛料	25	粉状	500	4
32	多香果	30	粉状	500	5
33	迷迭香	40	整/叶	600	5
34	鼠尾草	40	整/叶	600	5
35	香薄荷	40	整/叶	600	5
36	龙蒿	40	整/叶	600	5
37	百里香	40	整/叶	600	5
38	姜黄	40	粉状	400	5

ICS 67.220.10
X 66

中华人民共和国国家标准

GB/T 30386—2013/ISO 11162:2001

盐水胡椒

Peppercorns in brine

(ISO 11162:2001,Peppercorns(*Piper nigrum* L.) in brine—Specification and test methods,IDT)

2013-12-31 发布　　　　2014-06-22 实施

中华人民共和国国家质量监督检验检疫总局
中国国家标准化管理委员会　发布

前　言

本标准按照 GB/T 1.1—2009 给出的规则起草。

本标准用翻译法等同采用 ISO 11162:2001《盐渍胡椒子(*Piper nigrum* L.)　规范和测定方法》。

与本标准中规范性引用的国际文件有一致性对应关系的我国文件如下：

——GB/T 12729.2—2008　香辛料和调味品　取样方法(ISO 948:1980,NEQ)；

——GB/T 12729.5—2008　香辛料和调味品　外来物含量的测定(ISO 927:1982,NEQ)；

——GB/T 12729.6—2008　香辛料和调味品　水分含量的测定(蒸馏法)(ISO 939:1980,NEQ)。

本标准做了下列编辑性修改：

——为与我国盐水胡椒产品名称一致，将标准名称改为《盐水胡椒》。

本标准由中华全国供销合作总社提出。

本标准由全国辛香料标准化技术委员会(SAC/TC 408)归口。

本标准起草单位：宁波海通食品科技有限公司、南京野生植物综合利用研究院。

本标准主要起草人：孙金才、陈仕荣、张卫明、国维华。

盐 水 胡 椒

1 范围

本标准规定了盐水胡椒的技术要求、试验方法、包装、标志。

本标准适用于盐水胡椒的质量评定及其贸易。

2 规范性引用文件

下列文件对于本文件的应用是必不可少的。凡是注日期的引用文件，仅注日期的版本适用于本文件。凡是不注日期的引用文件，其最新版本（包括所有的修改单）适用于本文件。

ISO 927 香辛料和调味品 外来物含量的测定（Spices and condiments—Determination of extraneous matter content）

ISO 939 香辛料和调味品 水分含量的测定（蒸馏法）（Spices and condiments—Determination of moisture content—Entrainment method）

ISO 948 香辛料和调味品 取样方法（Spices and condiments—Sampling）

ISO 3310-1 试验筛 技术要求和试验 第1部分：金属丝网布试验筛（Test sieves—Technical requirements and testing—Part 1:Test sieves of metal wire cloth）

ISO 5564 整粒黑、白胡椒或胡椒粉 胡椒碱含量的测定（Black pepper and white pepper, whole or ground—Determination of piperine content）

3 术语和定义

下列术语和定义适用于本文件。

3.1

盐水胡椒 peppercorns in brine

部分成熟的鲜绿胡椒果（*Piper nigrum* L.）盐渍得到的产品。

3.2

盐水总酸度 total acidity of brine

盐水胡椒中所有酸性物质的酸度，以柠檬酸的质量分数表示。

注：柠檬酸是三元酸，其摩尔质量为 192.13 g/mol。

3.3

胡椒碱含量 piperine content

本标准测得的刺激性成分（胡椒碱）的含量。

注：含量以质量分数表示。

3.4

氯化物含量 chloride content

本标准测得的胡椒盐水中所含氯离子的质量分数（以氯化钠计）。

4 要求

4.1 颜色和大小

胡椒果应具有成熟鲜胡椒特有的浅绿至绿色，果径 3 mm～6 mm，同批次产品大小应大致相同。

4.2 气味和滋味

具有鲜绿胡椒果特有的气味、滋味，不得有其他异味。

4.3 外来物

不属盐水胡椒的物质均属外来物，外来物按 ISO 927 测定，总质量分数应不超过 1%。

注：轻质果、针头果、碎果不属外来物。

4.4 不完善果

不完善果包括：褪色果、黑果、轻果、碎果和针头果。在 500 g 沥干胡椒粒中分拣、称量，不完善果最大应不超过 4%(质量分数)。

4.5 无霉变、无虫，不含防腐剂、着色剂和调味剂

不得霉变、带虫，不得添加防腐剂、着色剂、调味剂等添加物。

4.6 盐水胡椒中胡椒碱含量

胡椒碱含量应按附录 A 的规定测定。

4.7 盐水胡椒参数和加工条件

4.7.1 盐水胡椒应符合表 1 规定的要求。

表 1 盐水胡椒的质量要求

项目		指标	试验方法
外观		清澈、无沉淀	感官检验
乙酸或柠檬酸(质量分数)/%	≤	0.6	附录 B
氯化物含量(质量分数，以氯化钠计)/%		12～15	附录 C
pH 值		4.0～4.5	pH 计

4.7.2 盐水胡椒应在卫生符合要求的环境条件下加工。

4.8 沥干质量

沥干质量按附录 D 的规定测定，应不少于净质量的 50%(质量分数)。

5 取样

取样按 ISO 948 执行。

6 包装、标志

6.1 包装

包装应符合以下要求：

a) 盐水胡椒应包装在洁净、完好的包装中；

b) 包装不得影响产品质量，并能防止产品损毁；
c) 包装应符合国家有关环境保护法规的要求。

6.2 标志

下列各项应直接标注于每个包装或标签上：
a) 产品名称或商品名称(如有)；
b) 制造商或包装商的名称、地址；
c) 商标名称(如有)；
d) 批号或代号；
e) 净重；
f) 保质期；
g) 购买者要求的其他标注(收获年代和包装日期)或国家法规要求的标注(盐水的柠檬酸含量)；
h) 加工国；
i) 本标准的参考资料。

附 录 A
（规范性附录）
胡椒碱的测定

A.1 导言

ISO 5564 虽已规定了胡椒碱测定方法，但由于氯化钠的存在，盐水胡椒中胡椒碱的测定难以获得稳定的结果，本附录为盐水胡椒中胡椒碱含量测定的校正方法。

A.2 原理

用乙醇萃取样品中的刺激性成分，在 343 nm 下进行光谱测定，然后计算胡椒碱含量。

A.3 试剂

仅使用分析纯试剂。

A.3.1 乙醇：96%（体积分数）。

A.4 仪器

所用仪器如 ISO 5564 所述，其他仪器如下。

A.4.1 塑料容器：直径大于 10 cm；

A.4.2 调温烘箱：50 ℃±5 ℃；

A.4.3 分析天平：感量 0.001 g。

A.5 试样的准备

将青胡椒果沥干盐水。称取（精确至 0.01 g）沥干后的胡椒果 50 g～60 g，置于塑料容器中，摊平后放入 50 ℃烘箱中烘 24 h。

A.6 试验方法

A.6.1 氯化钠含量测定

按附录 C 执行。

A.6.2 水分含量测定

按 ISO 939 的规定执行。

A.6.3 胡椒碱含量的测定

按 ISO 5564 测定胡椒果（沥干、干燥、研碎后）的胡椒碱含量（干基）。

A.7 结果表示

胡椒碱含量(干态),按式(A.1)计算:

$$P\bigg/\left[\left(1-\frac{H}{100}\right)\left(1+\frac{S}{100}\right)-\frac{S}{100}\times\frac{250}{100}\times\frac{(m_1-m_0)}{(m_2-m_0)}\right] \quad \cdots\cdots\cdots\cdots (A.1)$$

式中:

P ——胡椒碱含量(干态)(质量分数);

H ——胡椒果水分含量(质量分数);

S ——氯化钠含量(质量分数);

m_0——塑料容器质量,单位为克(g);

m_1——塑料容器和沥干胡椒果质量,单位为克(g);

m_2——塑料容器和干胡椒果质量,单位为克(g)。

附　录　B
（规范性附录）
总酸度的测定（以柠檬酸表示）

B.1　原理

用酚酞作指示剂，氢氧化钠为滴定液，测定盐水的总酸度。

B.2　试剂

仅使用分析纯试剂、蒸馏水或纯度相当的水。

B.2.1　乙醇：95%～96%（体积分数）。

B.2.2　酚酞溶液：将约 2 g 的酚酞溶于 1 L 乙醇中，用移液管吸取该溶液 10 mL，然后用水稀释至 1 L。

B.2.3　氢氧化钠溶液：0.1 mol/L。

B.3　仪器

常用实验室仪器，其他仪器如下：

a)　烧杯：50 mL～100 mL；
b)　移液管：10 mL；
c)　滴定管：25 mL；
d)　磁力搅拌器；
e)　分析天平：感量 0.001 g。

B.4　方法

B.4.1　试样

按式(B.1)估算从滴定管取出的试样(液)量(5 mL～20 mL)，用 100 mL 烧杯称量，精确至 0.001 g：

$$\frac{5}{a} \leqslant m \leqslant \frac{10}{a} \qquad \cdots\cdots\cdots\cdots\cdots\cdots\cdots\cdots\cdots\cdots\text{(B.1)}$$

式中：

m ——试样质量，单位为克(g)；
a ——预估的总酸度，以柠檬酸的质量分数表示。

B.4.2　柠檬酸含量的测定

在盛有试液的 50 mL 烧杯中加入酚酞溶液(B.2.2)至满刻度。用氢氧化钠溶液(B.2.3)进行 2 次平行滴定，酚酞的粉红色出现即为滴定终点。

B.4.3　结果表示

总酸度 a，用柠檬酸质量分数表示，如式(B.2)：

$$a=\frac{M\times c_{s}\times V}{3\times m} \qquad \text{(B.2)}$$

式中：

a ——总酸度；

M——柠檬酸摩尔质量，192.13 g/mol；

c_s——氢氧化钠的浓度，单位为摩尔每升(mol/L)；

V——氢氧化钠溶液体积，单位为毫升(mL)；

m——试样质量，单位为克(g)。

注：由于柠檬酸是三元酸，一定摩尔数的当量体积比相同摩尔数的乙酸(一元酸)的当量体积大三倍，由于柠檬酸与乙酸的相对分子质量比为 192.13/60.04＝3.2，用柠檬酸表示的酸度(a)与用乙酸表示的酸度(b)很接近，其关系表示为：$a/b=1.07$。

附　录　C
（规范性附录）
氯化物含量的测定

C.1　引言

本附录规定了测定胡椒盐水中氯离子的方法。

用硝酸银沉淀滴定法测定氯离子，用自动滴定电位计指示终点。

C.2　试剂

仅用分析纯试剂。

C.2.1　蒸馏水或去离子水。

C.2.2　硝酸银溶液：0.1 mol/L。

C.3　仪器

实验室常用仪器，其他仪器如下：

a）　电位滴定仪：带银电极、玻璃电极和滴定烧瓶；

b）　分析天平：感量 0.000 1 g。

C.4　试样的准备

试样为测定沥干净质量（见附录 D）时，盐水胡椒沥干后收集到的盐水。

C.5　测定

C.5.1　试液

从滴定管中取试样（溶液）约 0.5 g，称量（精确至 0.000 1 g），用水（C.2.1）稀至约 50 mL。

C.5.2　测定

用硝酸银溶液（C.2.2）滴定试样（溶液）（C.5.1）中的氯离子，1 mL 硝酸银溶液相当于 5.844 mg 氯化钠。

C.6　结果表示

氯化物含量（w），以氯化钠质量分数表示，如式（C.1）：

$$w = 0.584\,4 \times \frac{V_{eq}}{m} \quad \cdots\cdots(C.1)$$

式中：

V_{eq}——硝酸银溶液体积，单位为毫升（mL）；

m ——试样质量，单位为克（g）。

附 录 D
(规范性附录)
净质量和沥干质量的测定

D.1 导言

本附录D规定了测定盐水胡椒中胡椒果净质量和沥干净质量的方法。

D.2 仪器

实验室常用仪器,其他仪器如下:

a) 扁平筛:孔径2.5 mm,网厚0.85 mm,直径200 mm或300 mm,符合ISO 3310-1的要求;
b) 秒表;
c) 天平:感量0.1 g。

D.3 操作方法

先称量盐水胡椒(整包装)的质量(m),精确至0.1 g,然后称量筛的质量(m_1)精确至1 g(容量小于等于850 mL的包装用直径200 mm的筛,大于850 mL的用直径300 mm的筛)。将筛放在合适的容器上,将盐水胡椒倒在筛上,将筛水平倾斜20°,当胡椒倒入的瞬间开始计时,精确计时2 min,计时结束立刻将筛连同筛中物一起称量(m_2)。将装过盐水胡椒的容器沥洗、烘干、称量(m_3),精确至0.1 g。

保留盐水供附录C使用。

D.4 结果表示

D.4.1 净质量的测定

按式(D.1)计算净质量(m_N):

$$m_N = m - m_3 \qquad \cdots\cdots\cdots\cdots (D.1)$$

D.4.2 沥干净质量的测定

按式(D.2)计算沥干质量(m_E):

$$m_E = m_2 - m_1 \qquad \cdots\cdots\cdots\cdots (D.2)$$

式中:

m_N——净质量,单位为克(g);
m_E——沥干质量,单位为克(g);
m ——盐水胡椒(整包装)的质量,单位为克(g);
m_1 筛的质量,单位为克(g);
m_2——筛和沥干胡椒的质量,单位为克(g);
m_3——盐水胡椒包装的质量,单位为克(g)。

ICS 67.220.10
X 66

中华人民共和国国家标准

GB/T 30387—2013/ISO 6576:2004

月桂叶

Laurel

(ISO 6576:2004, Laurel (*Laurus nobilis* L.)—Whole and ground leaves—Specification, IDT)

2013-12-31 发布

2014-06-22 实施

中华人民共和国国家质量监督检验检疫总局
中国国家标准化管理委员会 发布

前　言

本标准按照 GB/T 1.1—2009 给出的规则起草。

本标准用翻译法等同采用 ISO 6576:2004《月桂叶　规格》。

与本标准中规范性引用的国际文件有一致性对应关系的我国文件如下：

——GB/T 12729.2—2008　香辛料和调味品　取样方法(ISO 948:1980，NEQ)；

——GB/T 12729.3—2008　香辛料和调味品　分析用粉末试样的制备(ISO 2825:1981,MOD)；

——GB/T 12729.5—2008　香辛料和调味品　外来物含量的测定(ISO 927:1982，NEQ)；

——GB/T 12729.6—2008　香辛料和调味品　水分含量的测定(蒸馏法)(ISO 939:1980，NEQ)；

——GB/T 12729.7—2008　香辛料和调味品　总灰分的测定(ISO 928:1997，NEQ)；

——GB/T 12729.9—2008　香辛料和调味品　酸不溶性灰分的测定 (ISO 930:1997,MOD)。

本标准做了下列编辑性修改：

——为与我国月桂叶产品名称一致,将标准名称改为《月桂叶》。

本标准由中华全国供销合作总社提出。

本标准由全国辛香料标准化技术委员会(SAC/TC 408)归口。

本标准起草单位:南京野生植物综合利用研究院。

本标准主要起草人:陈仕荣、张卫明。

月　桂　叶

1　范围

本标准规定了月桂叶(整的或碎叶)的技术要求、试验方法、包装、标志。

本标准适用于月桂叶(整的或碎叶)的质量评定及其贸易。

2　规范性引用文件

下列文件对于本文件的应用是必不可少的。凡是注日期的引用文件,仅注日期的版本适用于本文件。凡是不注日期的引用文件,其最新版本(包括所有修改单)适用于本文件。

ISO 927　香辛料和调味品　外来物含量的测定(Spices and condiments—Determination of extraneous matter content)

ISO 928　香辛料和调味品　总灰分的测定(Spices and condiments—Determination of total ash)

ISO 930　香辛料和调味品　酸不溶性灰分的测定(Spices and condiments—Determination of acid-insoluble ash)

ISO 939　香辛料和调味品　水分含量的测定(蒸馏法)(Spices and condiments—Determination of moisture content—Entrainment method)

ISO 948　香辛料和调味品　取样方法(Spices and condiments—Sampling)

ISO 2825　香辛料和调味品　分析用粉末试样的制备(Spices and condiments—Preparation of a ground sample for analysis)

ISO 5498　农产食品　粗纤维含量的测定　通用法(Agricultural food products—Determination of crude fibre content—General method)

ISO 6571　香辛料和调味品　挥发油含量的测定(蒸馏法)(Spices,condiments and herbs—Determination of volatile oil content—Hydrodistillation method)

3　要求

3.1　描述

月桂叶为 *Laurus nobilis* L.的干叶,椭圆形,顶部尖(或钝),短叶柄,边沿波浪状,叶面绿色(有时黄色),背面色浅,叶长 25 mm～100 mm、宽 20 mm～45 mm。干叶光亮柔软,可见叶脉,背面暗淡,叶脉更明显。

3.2　气味、滋味

月桂叶味微苦,略带刺激性,揉搓时会散发出令人愉快、浓烈、清新的气味。月桂叶不得有异味,更不得发霉。

3.3　无虫、不霉变

月桂叶不得带活虫,不得霉变,更不得带肉眼可见的死虫、虫尸碎片及啮齿动物的残留物,必要时可借助放大镜观察,当放大倍数大于 10 倍时,应在检验报告中加以说明。

3.4 外来物

本标准规定的外来物如下：

a) 不属于月桂叶的所有物质，尤其是茎；

b) 所有其他外来的动植物和矿物质。

外来物总量按 ISO 927 的规定测定，其质量分数应不大于 2%。

3.5 分类

月桂叶按产地和叶的大小进行分类。

3.6 理化指标

月桂叶理化指标应符合表 1 的规定。

表 1 月桂叶理化指标

项 目		指 标	试验方法
水分(质量分数)/%	≤	8	ISO 939
总灰分(质量分数，干基)/%	≤	7	ISO 928
酸不溶性灰分(质量分数，干基)/%	≤	2	ISO 930
挥发油(干基)/(mL/100 g)	≥	1	ISO 6571
粗纤维(质量分数，干基)/%	≤	30	ISO 5498

4 取样

取样按 ISO 948 执行。

分析用粉末试样的制备按 ISO 2825 执行，粉末试样应全部通过 500 μm 的筛。

5 试验方法

按 3.4 和表 1 规定的试验方法测定，以确定样品是否符合本标准的要求。

6 包装、标志

6.1 包装

月桂叶应包装在洁净、完好的包装中，包装材料不得影响月桂叶。月桂叶通常以压缩方包的形式装运。

6.2 标志

下列信息应标注于每个包装或包装的标签上：

a) 产品名称(植物学名和形态)，以及商品名称或商标名称(如有)；

b) 生产商或包装商的名称、地址；

c) 批号或代号；

d） 级别；

e） 净重；

f） 生产国；

g） 购买者需要的其他信息；

h） 收获年代；

i） 本标准的编号。

ICS 67.220.10
B 36

中华人民共和国国家标准

GB/T 30388—2013/ISO 7543-2:1993

辣椒及其油树脂　总辣椒碱含量的测定　高效液相色谱法

Chillies and chilli oleoresins—Determination of total capsaicinoid content—Method using HPLC

(ISO 7543-2:1993,IDT)

2013-12-31 发布　　2014-06-22 实施

中华人民共和国国家质量监督检验检疫总局
中国国家标准化管理委员会　发布

前　言

本标准按照 GB/T 1.1—2009 给出的规则起草。

本标准用翻译法等同采用 ISO 7543-2:1993《辣椒和辣椒油树脂　辣椒素总含量的测定　第 2 部分:高性能液相色谱方法》。

与本标准中规范性引用的国际文件有一致性对应关系的我国文件如下:

——GB/T 12729.2—2008　香辛料和调味品　取样方法(ISO 948:1980,NEQ);

——GB/T 12729.3—2008　香辛料和调味品　分析用粉末试样的制备(ISO 2825:1981,MOD)。

本标准由中华全国供销合作总社提出。

本标准由全国辛香料标准化技术委员会(SAC/TC 408)归口。

本标准起草单位:南京野生植物综合利用研究院、晨光生物科技集团股份有限公司。

本标准主要起草人:陈仕荣、王磊、张卫明、周丽。

辣椒及其油树脂　总辣椒碱含量的测定　高效液相色谱法

1　范围

本标准规定了辣椒及其油树脂中总辣椒碱含量的高效液相色谱测定法。

本标准适用于辣椒及其油树脂中总辣椒碱含量的高效液相色谱测定。

2　规范性引用文件

下列文件对于本文件的应用是必不可少的。凡是注日期的引用文件，仅注日期的版本适用于本文件。凡是不注日期的引用文件，其最新版本(包括所有的修改单)适用于本文件。

ISO 948　香辛料和调味品　取样方法(Spices and condiments—Sampling)

ISO 2825　香辛料和调味品　分析用粉末试样的制备(Spices and condiments—Preparation of a ground sample for analysis)

3　原理

3.1　辣椒粉

样品在索氏连续提取器中用四氢呋喃萃取，按本标准规定的方法用高效液相色谱法测定辣椒碱含量。

3.2　整辣椒

将样品研碎处理，然后萃取粉状样品，按本标准规定的方法用高效液相色谱法测定辣椒碱含量。

3.3　辣椒油树脂

用四氢呋喃-甲醇溶液将油树脂样品稀释，按本标准规定的方法用高效液相色谱法测定辣椒碱含量。

4　试剂

试剂均为分析纯，水为蒸馏水、去离子水或相当纯度的水。

4.1　标准物质

壬酸香草酰胺(合成辣椒碱)，本标准条件下，测得的纯度应大于等于 95%。

4.2　溶剂

4.2.1　四氢呋喃。

4.2.2　甲醇。

4.2.3 硝酸银溶液:1.0 mol/L。

4.2.4 四氢呋喃-甲醇溶液:50/50(体积分数)。

4.3 流动相

将70体积硝酸银溶液与30体积甲醇混合。

5 仪器

5.1 移液管:5.0 mL。

5.2 容量瓶:25 mL和100 mL。

5.3 醋酸纤维滤膜:直径25 mm,孔径0.45 μm。

5.4 分离系统:

5.4.1 色谱系统:高效液相色谱仪。

5.4.2 泵系统:高压下能提供稳定流速和程序化流速。

5.4.3 除气系统:用于溶剂除气。

5.4.4 检测器系统:280 nm可调波长。

5.5 记录仪或积分仪。

5.6 色谱柱:

a) 材质:不锈钢;

b) 长度:10 cm~25 cm;

c) 内径:0.4 cm~0.5 cm;

d) 固定相:十八烷基(C_{18})键合硅胶,最大粒度为5 μm。

5.7 进样系统:10 μL进样阀或具有相同精度的进样系统。

5.8 连续提取装置:索氏提取器。

5.9 分样筛:孔径500 μm。

6 校正方法

6.1 参比溶液:壬酸香草酰胺的四氢呋喃-甲醇溶液(1 g/L)。

6.2 校正曲线

用参比溶液(6.1)配制三份浓度在0.05 g/L~0.2 g/L之间的壬酸香草酰胺标准溶液,每份标准溶液分别进行2次平行测定,记录峰面积,若偏差大于5%应重测。以壬酸香草酰胺质量为横坐标,峰面积为纵坐标,绘制校正曲线。

6.3 校正因子K

按式(1)计算校正因子K:

$$K=\frac{m\times P_{r}}{A} \qquad (1)$$

式中:

m ——壬酸香草酰胺的质量,单位为毫克(mg);

P_{r}——壬酸香草酰胺的纯度,%;

A ——壬酸香草酰胺峰面积。

7 取样

取样按 ISO 948 执行。

8 样品处理

8.1 辣椒粉

8.1.1 样品应全部通过 500 μm 的分样筛(5.9),否则应按 ISO 2825 的规定再研磨至粒度符合要求。

8.1.2 称取 10 g~15 g 样品(8.1.1),精确至 0.1 g,用 100 mL 四氢呋喃(4.2.1)在索氏提取器(5.8)中连续提取 8 h,蒸去部分溶剂后,将所得提取物定量移入 100 mL 单标线容量瓶中,用四氢呋喃-甲醇溶液(4.2.4)稀至刻度。

8.2 整辣椒

8.2.1 按 ISO 2825 的规定,将样品研碎至所有颗粒都能通过孔径为 500 μm 的分样筛。

8.2.2 用 8.2.1 的样品,处理方法如 8.1.2。

8.3 辣椒油树脂

辣椒油树脂样品应完全混合均匀。

9 试验方法

9.1 试样

9.1.1 辣椒粉和整辣椒

吸取 5 mL 提取液(8.1.2 或 8.2.2),置于 25 mL 容量瓶中,用四氢呋喃-甲醇溶液(4.2.4)稀至刻度。

注:可依据试样中辣椒碱含量和检测仪器灵敏度变动。

9.1.2 辣椒油树脂

称取 1 g 辣椒油树脂(8.3),精确至 0.1 mg,置于 100 mL 容量瓶中,用四氢呋喃-甲醇溶液稀至刻度,吸取该溶液 5 mL,移入 25 mL 容量瓶中,用流动相(4.3)溶液稀至刻度。

注:可依据预估的总辣椒碱含量和仪器灵敏度,由分析者自行调整。

9.2 色谱测定

被测试液应清澈,否则应用醋酸纤维滤膜(5.3)过滤。将试液导入色谱系统(5.4.1),测得辣椒碱(C_1)、去二氢辣椒碱(C_2)和二氢辣椒碱色谱峰面积(C_3),典型色谱图参见附录 A。

每份样品进行 2 次平行测定,若偏差大于 5%,应重测。

10 计算

按式(2)计算总辣椒碱含量(w_T)的质量分数,数值以%表示:

$$w_T = \frac{(A_{C_1} + A_{C_2} + A_{C_3})K}{m_x} \times 500 \times 10 \qquad \cdots\cdots(2)$$

式中：

w_T ——总辣椒碱含量(质量分数)，%；

A_{C_1} ——辣椒碱峰面积；

A_{C_2} ——去二氢辣椒碱峰面积；

A_{C_3} ——二氢辣椒碱峰面积；

m_x ——试样质量，单位为克(g)；

K ——校正因子(6.3)。

注：式(2)中500为稀释倍数，可根据样品中辣椒碱含量进行调整。

11 重复性

同一样品，均取3次平行测定结果的平均值作为校正因子 K 或被测样品含量的最后结果，平行测定的相对误差应不大于其算术平均值的5%。

12 检验报告

检验报告应包含以下信息：

a) 本标准的参考资料；

b) 所用仪器；

c) 色谱柱参数(材质、尺寸、包装和固定相)；

d) 检测器(可选)参数及操作条件；

e) 流动相参数(流速和极性)；

f) 样品测定(进样量和最终稀释液)；

g) 测得的结果。

附　录　A
（资料性附录）
辣椒油树脂的典型液相色谱图

辣椒油树脂的典型液相色谱图见图 A.1。

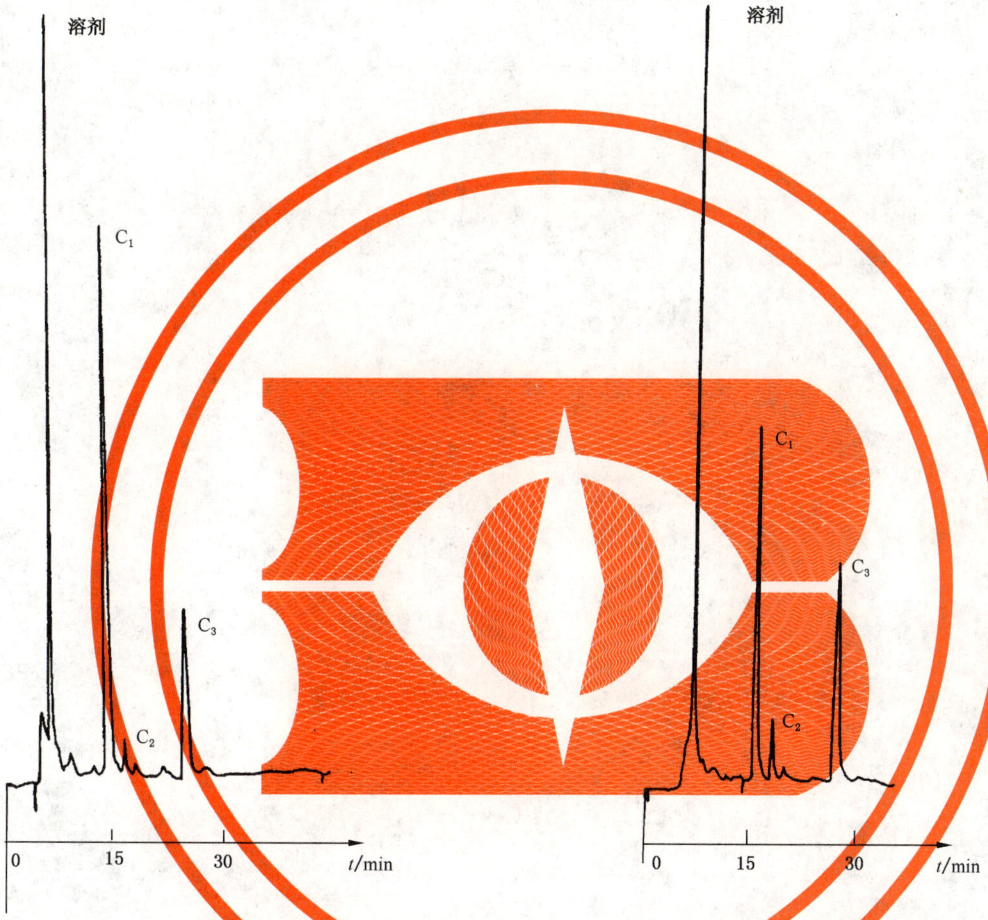

a）　油树脂 1　　　　b）　油树脂 2

说明：

C_1——辣椒碱色谱峰；

C_2——去二氢辣椒碱色谱峰；

C_3——二氢辣椒碱色谱峰。

图 A.1　辣椒油树脂的典型液相色谱图

ICS 67.220.10
X 66

中华人民共和国国家标准

GB/T 30389—2013/ISO 7543-1:1994

辣椒及其油树脂 总辣椒碱含量的测定 分光光度法

Chillies and chilli oleoresins—Determination of total capsaicinoid content—Spectrophotometric methods

(ISO 7543-1:1994,IDT)

2013-12-31 发布　　2014-06-22 实施

中华人民共和国国家质量监督检验检疫总局
中国国家标准化管理委员会 发布

前言

本标准按照GB/T 1.1—2009给出的规则起草。

本标准用翻译法等同采用ISO 7543-1:1994《辣椒及其油树脂　总辣椒碱含量的测定　分光光度法》。

与本标准中规范性引用的国际文件有一致性对应关系的我国文件如下：

——GB/T 12729.2—2008　香辛料和调味品　取样方法(ISO 948:1980,NEQ)；

——GB/T 12729.3—2008　香辛料和调味品　分析用粉末试样的制备(ISO 2825:1981,MOD)。

本标准由中华全国供销合作总社提出。

本标准由全国辛香料标准化技术委员会(SAC/TC 408)归口。

本标准起草单位:南京野生植物综合利用研究院、晨光生物科技集团股份有限公司。

本标准主要起草人:陈仕荣、王磊、张卫明、周丽。

辣椒及其油树脂
总辣椒碱含量的测定　分光光度法

1　范围

本标准规定了整辣椒或辣椒粉(*Capiscum frutescens* L.)及其油树脂中总辣椒碱含量的紫外分光光度测定方法。

本标准适用于辣椒及其油树脂中总辣椒碱含量的紫外分光光度测定。

本标准实验条件下用活性炭不能有效脱色的样品,应选用高效液相色谱法。

2　规范性引用文件

下列文件对于本文件的应用是必不可少的。凡是注日期的引用文件,仅注日期的版本适用于本文件。凡是不注日期的引用文件,其最新版本(包括所有的修改单)适用于本文件。

ISO 948　香辛料和调味品　取样方法(Spices and condiments—Sampling)

ISO 2825　香辛料和调味品　分析用粉末试样的制备(Spices and condiments—Preparation of a ground sample for analysis)

3　原理

在波长 248 nm 和 296 nm 处测定辣椒萃取物或辣椒油树脂的甲醇溶液的紫外吸收,根据吸收值计算样品中总辣椒碱的含量。

3.1　辣椒粉

用四氢呋喃萃取,按本标准的规定,用分光光度计测定辣椒碱含量。

3.2　整辣椒

将整辣椒磨碎,用四氢呋喃萃取,按本标准的规定,用分光光度计测定辣椒碱含量。

3.3　辣椒油树脂

用甲醇将油树脂稀释,按本标准的规定,用分光光度计测定辣椒碱含量。

4　试剂

除特别说明以外,试剂为分析纯,水为蒸馏水、去离子水或纯度相当的蒸馏水。

4.1　活性炭。

4.2　甲醇:光谱纯。

4.3　甲醇溶液(7+3):70 体积甲醇(4.2)和 30 体积水混合而成。

4.4　盐酸溶液:c(HCl)=1 mol/L。

4.5　氢氧化钠溶液:c(NaOH)=1 mol/L。

4.6　四氢呋喃:新蒸馏或光谱纯。

5 仪器

实验室常用仪器,其他仪器如下。

5.1 单刻线容量瓶:25 mL,100 mL,250 mL。

5.2 紫外分光光度计:单光束或双光束,可测定 220 nm～370 nm 的紫外吸收,配 1 cm 石英比色池。

5.3 磁力搅拌器。

5.4 膜过滤器:孔径 0.45 μm。

5.5 索氏提取器:配 250 mL 磨口平底烧瓶。

5.6 旋转真空蒸发器。

5.7 水浴。

5.8 分样筛:500 μm 孔径。

5.9 分析天平:感量 0.1 mg。

6 取样

实验室样品应具有代表性,在贮运过程中未受损或发生变化,取样不是本标准规定方法的组成部分,建议按 ISO 948 的规定取样。

7 试样的制备

7.1 辣椒粉

7.1.1 粉状样品应全部过 500 μm 孔径的分样筛(5.8),否则按 ISO 2825 的规定,将其研碎至粒度符合要求,然后混匀。

7.1.2 称取约 10 g 混匀的粉状样品(7.1.1),精确至 0.01 g,定量移入索氏提取器(5.5)中。

7.1.3 用 100 mL 四氢呋喃(4.6)萃取 8 h。然后用 250 mL 圆底烧瓶和旋转真空蒸发器(5.6)在水浴(5.7)上,减压除去尽可能多的溶剂。

7.2 整辣椒

7.2.1 按 ISO 2825 的规定,将整辣椒磨碎,并全部通过 500 μm 孔径的分样筛(5.8),混匀。

7.2.2 称取约 10 g 混匀的粉状样品(7.2.1),精确至 0.01 g,定量移入索氏提取器(5.5)中。

7.2.3 用 100 mL 四氢呋喃(4.6)萃取 8 h。然后用 250 mL 圆底烧瓶和旋转真空蒸发器(5.6),在水浴(5.7)上,减压除去尽可能多的溶剂。

7.3 辣椒油树脂

7.3.1 将辣椒油树脂完全混匀。

7.3.2 称取 0.5 g～1 g 混匀的辣椒油树脂(7.3.1),精确至 0.000 1 g,移入 250 mL 容量瓶(5.1)中。

8 分析步骤

8.1 试样测定液的制备

8.1.1 整辣椒和辣椒粉

在 7.1.3 或 7.2.3 得到的萃取物中加入 0.05 g～0.1 g 活性炭(4.1),活性炭与萃取物的比例为 1∶10,

然后加入约 90 mL 甲醇溶液(4.3),磁力搅拌 30 min,放置 5 min 后,通过膜过滤器滤入 100 mL 容量瓶中,用甲醇溶液(4.3)稀至刻度,滤液应清澈(略显淡黄色不影响测定)。

8.1.2 辣椒油树脂

于试样(7.3.2)中加入 0.05 g～0.1 g 活性炭,活性炭与油树脂的比例为 1∶10,然后加入约 90 mL 甲醇溶液(4.3),磁力搅拌 30 min,放置 5 min 后,通过膜过滤器滤入 100 mL 容量瓶中,用甲醇溶液(4.3)稀至刻度,滤液应清澈(略显淡黄色不影响测定)。

8.2 光度测定用稀释液的制备

8.2.1 将 3 mL 水、2 mL 盐酸(4.4)加入 25 mL 容量瓶中,用甲醇(4.2)稀至刻度,此溶液标记为“空白酸液 A”。

8.2.2 将 3 mL 水、2 mL 氢氧化钠溶液(4.5)加入 25 mL 容量瓶中,用甲醇(4.2)稀至刻度,此溶液标记为“空白碱液 B”。

8.2.3 取 3 个 25 mL 容量瓶,分别标记为 a_1、a_2、a_3,均加入 1 mL 滤液(8.1.1 或 8.1.2)、2.7 mL 水和 2 mL 盐酸(4.4),用甲醇(4.2)稀至刻度。

8.2.4 另取 3 个 25 mL 容量瓶,分别标记为 b_1、b_2、b_3,均加入 1 mL 滤液(8.1.1 或 8.1.2)、2.7 mL 水和 2 mL 氢氧化钠(4.5),用甲醇(4.2)稀至刻度。

8.3 分光光度测定

8.3.1 双光束分光光度计

用甲醇溶液(4.3)调零点和 100%透过率。以空白酸液 A 为参比,在 248 nm 和 296 nm 处测定空白碱液 B 的吸收。然后在 248 nm 和 296 nm 处分别以 a_1、a_2、a_3 为参比,对应测定 b_1、b_2、b_3 溶液的吸收值。

8.3.2 单光束分光光度计

用甲醇溶液(4.3)调零点和 100%透过率。将空白碱液 B 放入测量池后重调零点,然后分别在 248 nm 和 296 nm 处测定 a_1、a_2、a_3 的吸收值;再将空白酸液 A 放入测量池重调零点,然后分别在 248 nm 和 296 nm 处测定 b_1、b_2、b_3 的吸收值。

9 计算

9.1 在 248 nm 处,总辣椒碱含量的质量分数 w_{248},数值以%表示,按式(1)计算:

$$w_{248}=\frac{(A_s-A_b)\times d}{314\times m} \quad \cdots\cdots(1)$$

式中:

w_{248}——总辣椒碱含量(质量分数),%;

A_s ——样品溶液的吸收值;

A_b ——空白溶液的吸收值;

d ——稀释因数(本标准为 25×100);

m ——试样质量,单位为克(g)。

当吸收值大于 0.8 时,稀释后测定。

9.2 在波长 296 nm 处,总辣椒碱含量的质量分数 w_{296},数值以%表示,按式(2)计算:

$$w_{296} = \frac{(A'_s - A'_b) \times d}{127 \times m} \quad \cdots\cdots (2)$$

式中：

w_{296}——总辣椒碱含量(质量分数),%；

A'_s——样品溶液的吸收值；

A'_b——空白溶液的吸收值；

d——稀释倍数(本标准为 25×100)；

m——试样质量,单位为克(g)。

当吸收值大于 0.8 时,稀释后测定。

9.3 在 248 nm 和 296 nm 处测得的总辣椒碱含量的差不得大于 10%,否则重测。

10 检验报告

检验报告应说明：

——与方法相适应的取样方法(如知道)；

——所选用的方法；

——得到的测定结果；

——如检查了重复性,是否应用到最终结果；

——应说明本标准未规定或可选的操作细节,以及任何偶然的、可能影响测定结果的因素,检验报告还应包括测定样品所必需的全部信息。

ICS 67.200.20
B 33

中华人民共和国国家标准

GB/T 30390—2013

油料种籽中果糖、葡萄糖、蔗糖含量的测定 高效液相色谱法

Determination of monosaccharide and disaccharide in oil seeds—High-performance liquid chromatography

2013-12-31 发布　　2014-06-22 实施

中华人民共和国国家质量监督检验检疫总局
中国国家标准化管理委员会　发布

前言

本标准按照 GB/T 1.1—2009 给出的规则起草。

本标准由中华人民共和国农业部种植业管理司提出并归口。

本标准起草单位:中国农业科学院油料作物研究所、农业部油料及制品质量监督检验测试中心。

本标准主要起草人:李培武、胡小风、张文、丁小霞、周海燕。

油料种籽中果糖、葡萄糖、蔗糖含量的测定 高效液相色谱法

1 范围

本标准规定了油料种籽中果糖、葡萄糖、蔗糖含量测定的高效液相色谱法。

本标准适用于油料种籽中果糖、葡萄糖、蔗糖含量的测定。

本标准方法检出限：果糖、葡萄糖、蔗糖均为 2 mg/g。

2 规范性引用文件

下列文件对于本文件的应用是必不可少的。凡是注日期的引用文件，仅注日期的版本适用于本文件。凡是不注日期的引用文件，其最新版本(包括所有的修改单)适用于本文件。

GB 5491 粮食、油料检验 扦样、分样法

GB/T 6682 分析实验室用水规格和试验方法

GB/T 14489.1 油料 水分及挥发物含量测定

3 原理

试样经沉淀蛋白质和萃取脂肪后过滤，滤液经氨基色谱柱分离，用高效液相色谱(带示差折光检测器或蒸发光散射检测器)测定，外标法定量。

4 试剂和材料

除非另有说明，均使用分析纯试剂，水为 GB/T 6682 规定的二级水。

4.1 乙腈：色谱纯。

4.2 石油醚：沸程 30 ℃～60 ℃。

4.3 乙酸锌溶液(1 mol/L)：称取 21.9 g 乙酸锌($C_4H_6O_4Zn \cdot 2H_2O$)，加 3 mL 冰乙酸，加水溶解稀释至 100 mL。

4.4 亚铁氰化钾溶液(1 mol/L)：称取 10.6 g 亚铁氰化钾{$K_4[Fe(CN)_6] \cdot 3H_2O$}，加水溶解稀释至 100 mL。

4.5 果糖、葡萄糖、蔗糖标准品纯度≥99%。

4.6 糖系列标准储备液(20 mg/g)：分别称取 1 g(精确至 0.1 mg)经过 96 ℃ ± 2 ℃干燥 2 h 后的果糖、葡萄糖、蔗糖标准品于 50 mL 容量瓶中，加水溶解并定容。溶液放置于 4 ℃下，可保存一个月。

4.7 糖系列标准工作液：分别准确吸取糖系列标准储备液(4.6)0.00 mL、0.05 mL、0.25 mL、0.50 mL、1 mL、2.50 mL、5.00 mL 于 10 mL 容量瓶中，加水溶解并定容，分别相当于 0.0 mg/g、0.1 mg/g、0.5 mg/g、1.0 mg/g、2.0 mg/g、5.0 mg/g、10.0 mg/g 浓度标准溶液。

5 仪器设备

5.1 高效液相色谱仪：带有示差折光检测器或者蒸发光散射检测器。

5.2 电子天平:感量 0.1 mg 和 1 mg。

5.3 恒温烘箱。

5.4 磁力搅拌器。

5.5 粉碎机。

5.6 恒温水浴。

5.7 离心机:2 000 r/min。

6 样品制备

6.1 按 GB/T 5491 取样品约 200 g,经粉碎机粉碎,过 0.64 mm 孔径筛,置于密闭容器内。

6.2 花生样品应先切片,再经粉碎机粉碎。

7 分析步骤

7.1 提取

称取试样 5 g(精确至 0.1 mg),置于 50 mL 具塞离心管中,加入 25 mL 石油醚(4.2),旋涡振荡 1 min,2 000 r/min 离心 5 min,弃去上层石油醚。重复上述步骤 2 次。60 ℃水浴蒸发残留的石油醚,用玻璃棒将样品转移至 150 mL 恒重的锥形瓶中,用 50 mL 水分两次冲洗离心管,洗液并入锥形瓶,缓慢加入乙酸锌溶液(4.3)和亚铁氰化钾溶液(4.4)各 5 mL,再加水至溶液总质量约为 100 g(m_2,精确至 1 mg),室温搅拌 30 min 后,用定性滤纸过滤,滤液再用 0.45 μm 微孔滤膜过滤,待测。

7.2 标准曲线绘制

吸取糖标准工作液(4.7)于进样瓶中,液相色谱仪(带示差折光检测器或蒸发光检测器)测定,以浓度为横坐标、峰面积为纵坐标,绘制标准曲线。

7.3 样品中糖测定

吸取待测液于进样瓶中,液相色谱仪(带示差折光检测器或蒸发光检测器)测定,根据标准曲线计算样液中果糖、葡萄糖、蔗糖的含量,或者利用回归方程式计算样液中果糖、葡萄糖、蔗糖的含量。色谱图参见附录 A。

7.4 色谱参考条件

7.4.1 色谱柱:氨基柱,4.6 mm×250 mm,5 μm。

7.4.2 柱温:40 ℃。

7.4.3 流动相:乙腈(4.1)+水=85+15(体积分数)。

7.4.4 流速:1.0 mL/min。

7.4.5 进样体积:10 μL。

7.4.6 色谱图:参见图 A.1。

8 水分含量测定

按 GB/T 14489.1 测定样品中水分含量。

9 结果计算

试样中果糖、葡萄糖、蔗糖的含量以质量分数 ω 计，数值用 mg/g 表示，按式(1)计算：

$$\omega=\frac{c\times m_2}{m_1}\times\frac{100\%}{100\%-w} \qquad \cdots\cdots(1)$$

式中：

ω ——样品中糖(果糖、葡萄糖、蔗糖)含量，单位为毫克每克(mg/g)；

c ——根据标准曲线算出的样液中糖的含量，单位为毫克每克(mg/g)；

m_2——水溶液的总质量，单位为克(g)；

m_1——试样的质量，单位为克(g)；

w ——水分及挥发物(质量分数)，%。

测定结果取其两次测定的算术平均值，计算结果保留至小数点后一位。

10 精密度

10.1 重复性

在重复性条件下，获得的两次独立测试结果的绝对差值不大于算术平均值的 10%。

10.2 再现性

在再现性条件下，获得的两次独立测定结果的绝对差值不大于算术平均值的 10%。

附 录 A
（资料性附录）
果糖、葡萄糖、蔗糖液相色谱图

果糖、葡萄糖、蔗糖的标准溶液液相色谱图见图 A.1。

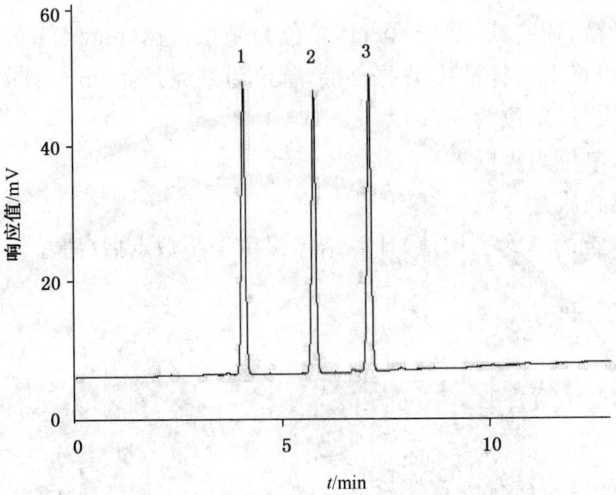

1——果糖；

2——葡萄糖；

3——蔗糖。

图 A.1　10 mg/g 果糖、葡萄糖、蔗糖的标准溶液液相色谱图

ICS 67.220.10
X 66

中华人民共和国国家标准

GB/T 30391—2013

花　　椒

Prickly ash

2013-12-31 发布　　2014-06-22 实施

中华人民共和国国家质量监督检验检疫总局
中国国家标准化管理委员会　发布

前言

本标准按照 GB/T 1.1—2009 给出的规则起草。

本标准由全国辛香料标准化技术委员会(SAC/TC 408)归口。

本标准负责起草单位:重庆骄业生物科技有限公司。

本标准参加起草单位:西北农林科技大学、南京野生植物综合利用研究院。

本标准主要起草人:李孟楼、聂勋杰、张卫明、李菲菲、陈仕荣、聂勋良、胡世宇。

花　　椒

1 范围

本标准规定了鲜花椒、冷藏花椒、干花椒和花椒粉的质量指标、试验方法、检验规则、包装、标志和贮运要求。

本标准适用于作为食品调味料用的花椒(*Zanthoxylum bungeanum* Maxim.)、竹叶椒(*Z. armatum* DC.)和青椒(*Z. schinifolium* Sieb.et Zucc.)的质量评定及其贸易。

2 规范性引用文件

下列文件对于本文件的应用是必不可少的。凡是注日期的引用文件,仅注日期的版本适用于本文件。凡是不注日期的引用文件,其最新版本(包括所有的修改单)适用于本文件。

GB 4789.3　食品安全国家标准　食品微生物学检验　大肠菌群计数

GB/T 4789.16　食品卫生微生物学检验　常见产毒霉菌的鉴定

GB/T 4789.32　食品卫生微生物学检验　大肠菌群的快速检测

GB/T 5009.11　食品中总砷及无机砷的测定

GB 5009.12　食品安全国家标准　食品中铅的测定

GB/T 5009.15　食品中镉的测定

GB/T 5009.17　食品中总汞及有机汞的测定

GB/T 5009.20　食品中有机磷农药残留量的测定

GB/T 12729.2　香辛料和调味品　取样方法

GB/T 12729.3　香辛料和调味品　分析用粉末试样的制备

GB/T 12729.5　香辛料和调味品　外来物含量的测定

GB/T 12729.6　香辛料和调味品　水分含量的测定(蒸馏法)

GB/T 12729.7　香辛料和调味品　总灰分的测定

GB/T 12729.12　香辛料和调味品　不挥发性乙醚抽提物的测定

GB/T 17527　胡椒精油含量的测定

3 术语和定义

下列术语和定义适用于本文件。

3.1

花椒　prickly ash

花椒(*Zanthoxylum bungeanum* Maxim.)、竹叶椒(*Z. armatum* DC.)和青椒(*Z. schinifolium* Sieb.et Zucc.)的果皮。

3.2

鲜花椒　fresh prickly ash

未干制的新鲜花椒。

3.3

冷藏花椒　fresh keeping of prickly ash

经杀青、冷藏的鲜花椒。

3.4

干花椒　dried prickly ash

晒干或干燥后的花椒。

3.5

花椒粉　prickly ash powder

干燥花椒经粉碎得到的粉状物。

3.6

过油椒　fried prickly ash

提取了花椒油素或经过油炸后的花椒。

3.7

闭眼椒　closed exocarp of prickly ash

干燥后果皮未开裂或开裂不充分、椒籽不能脱出的花椒果实。

3.8

霉粒　moldy prickly ash

酶变的花椒果实。

3.9

色泽　color and luster

成品花椒固有的颜色与光泽。

3.10

杂质　impurity

除花椒果实、种籽、果梗以外的所有物质。

3.11

外加物　foreign matter

来自外部、不是花椒果实固有的物质，包括染色剂及其他人为添加物。

4　采收、干制

4.1　采收

鲜花椒采收时，应根据品种和级别要求，确定具体采收时间。可手摘或剪采。鲜花椒可采带花椒复叶1个～2个；干制花椒只采摘伞状、总状果穗或果实。

4.2　干制

采用晾晒或加热(50 ℃～60 ℃)干燥进行干制，晾晒时应将鲜花椒摊平于洁净、无污染的场所。

5　要求

5.1　分级

以花椒精油含量为依据，将鲜花椒、冷藏花椒、干花椒、花椒粉分为一、二两个等级。

5.2 感官指标

花椒及花椒粉的感官指标应符合表1的要求。

表1 鲜花椒、冷藏花椒、干花椒和花椒粉感官指标

项目	鲜花椒及冷藏花椒	干花椒	花椒粉
油腺形态	油腺大而饱满	油腺凸出，手握硬脆	—
色泽	青花椒呈鲜绿或黄绿色；红花椒呈绿色、鲜红色或紫红色	青花椒褐色或绿褐色；红花椒鲜红或紫红色	青花椒粉为棕褐色或灰褐色；红花椒粉为棕红或褐红色
气味	气味清香、芳香，无异味	清香、芳香，无异味	芳香，舌感麻味浓、刺舌
杂质	无刺、霉腐粒，具种子，或果穗具1片～2片复叶及果穗柄	闭眼椒、椒籽含量≤8%，果梗≤3%，霉粒≤2%，无过油椒	—

5.3 理化指标

花椒及花椒粉理化指标应符合表2的要求。

表2 鲜花椒、冷藏花椒、干花椒、花椒粉理化指标

项目		鲜花椒及冷藏花椒		干花椒		花椒粉	
		一级	二级	一级	二级	一级	二级
精油/(mL/100 g)	≥	0.9	0.7	3.0	2.5	2.5	1.5
不挥发性乙醚提取物(质量分数)/%	≥	1.8	1.6	7.5	6.5	7.0	5.0
水分(质量分数)/%	≤	80.0		9.5	10.5	10.5	
总灰分(质量分数)/%	≤	3.0		5.5		4.5	
杂质(质量分数)/%	≤	10.0		5.0		2.0	
外加物		不得检出					

5.4 卫生指标

花椒卫生指标应符合表3的要求。

表3 鲜花椒、冷藏花椒、干花椒、花椒粉卫生指标

项目		指标		检验方法
		鲜花椒及冷藏花椒	干花椒及花椒粉	
总砷/(mg/kg)	≤	0.07	0.30	GB/T 5009.11
铅/(mg/kg)	≤	0.42	1.86	GB 5009.12
镉/(mg/kg)	≤	0.11	0.50	GB/T 5009.15
总汞/(mg/kg)	≤	0.01	0.03	GB/T 5009.17
马拉硫磷/(mg/kg)	≤	1.82	8.00	GB/T 5009.20

表 3（续）

项　　目		指　　标		检验方法
		鲜花椒及冷藏花椒	干花椒及花椒粉	
大肠菌群/(MPN/100 g)	≤	30		GB/T 4789.32
霉菌/(CFU/g)	≤	10 000		GB/T 4789.16
致病菌(指肠道致病菌及致病性球菌)		不得检出		

6　试验方法

6.1　取样方法及试样制备

按照 GB/T 12729.2 或 7.1 执行。粉末试样制备按 GB/T 12729.3 执行。

6.2　感官检验

观察样品的色泽、油腺形态、果形，有无霉粒、过油椒、杂质；鼻嗅或品尝其滋味；手感粗糙、硬脆、易碎者含水量适宜，反之含水量高；湿手撮捏椒粒，若手指染红或沾粘糊状物，表明花椒含有添加物；若内果皮成红色或紫红色，表明含有染色剂。

6.3　杂质的测定

按 GB/T 12729.5 的规定执行。

6.4　水分含量的测定

按 GB/T 12729.6 的规定执行。

6.5　花椒精油的测定

按 GB/T 17527 的规定执行。

6.6　总灰分的测定

按 GB/T 12729.7 的规定执行。

6.7　不挥发性乙醚抽提物的测定

按 GB/T 12729.12 的规定执行。

6.8　异物的检验

6.8.1　等体积称量检验

用量筒分别量取花椒标准样、待检验花椒样品各 200 mL，分别称重，若花椒样品重量大于标准样的 5%时，表明花椒样品含异物。

6.8.2　浸泡检验

称取待检验花椒样品 20 g，置于烧杯中，加入 100 mL 水，浸泡 20 min 后，若椒粒变形、水浑浊或变色，表明花椒含染色剂或异物。

6.9 卫生指标检验

按 GB 4789.3、GB/T 4789.16、GB/T 5009.11、GB 5009.12、GB/T 5009.15、GB/T 5009.17、GB/T 5009.20 的规定执行。

7 检验规则

7.1 取样

7.1.1 组批

同品种、同等级、同生产日期、同一次发运的花椒产品为一批，凡品种混杂、等级混淆、包装破损者，由交货方整理后再进行抽检。

7.1.2 抽样

成批包装的花椒按 GB/T 12729.2 取样，散装花椒应随机从样本的上、中、下抽取小样，混合小样后再从中抽取实验室样品，未加工的鲜花椒和干花椒的实验室样品总量不得少于 2 kg，花椒粉的取样量不少于 500 g；批量在 1 000 kg 以上的货物抽取 0.5%、500 kg～1 000 kg 取 1%、200 kg～500 kg 取 2%、200 kg 以下取 2 kg 的混合小样。

7.2 检验类别和判定规则

7.2.1 出厂检验

出厂检验项目为感官、水分、挥发油、总灰分和杂质。

7.2.2 型式检验

型式检验项目为第 5 章的全部项目。正常生产每 6 个月进行一次型式检验。

此外有下列情形之一时，也应进行型式检验：

a) 新产品鉴定；

b) 原辅材料、工艺有较大改变，影响产品质量；

c) 产品停产 6 个月以上，重新恢复生产；

d) 出厂检验与前一次型式检验结果有较大差异。

7.2.3 判定规则

7.2.3.1 出厂检验及判定规则

出厂检验项目全部符合标准的，判定为合格。

出厂检验项目如有一项或一项以上不符合标准的，可在同批产品中加倍抽样复验，复验后仍不符合的，按实测结果定级或判为不合格。

7.2.3.2 型式检验判定规则

型式检验项目全部符合标准要求时，判该批产品型式检验合格；型式检验项目有一项及以上项目不合格，可取备样复验，复验后仍不符合标准要求的，判该批产品型式检验不合格。

8 标志

下列各项应直接标注在包装上：

a) 品名、等级、产地；

b) 生产企业名址、电话；

c) 保质期、合格标志；

d) 净重；

e) 生产日期。

9 包装、贮存和运输

9.1 包装

包装材料应符合食品卫生要求。内包装应用聚乙烯薄膜袋(厚度≥0.18 mm)密封包装，外包装可用编织袋、麻袋、纸箱(盒)、塑料袋或盒等。所有包装应封口严实、牢固、完好、洁净。

9.2 贮存和运输

9.2.1 贮存

9.2.1.1 冷藏花椒

冷藏花椒应在－5 ℃～－3 ℃下冷藏。冷库应干燥、洁净，不得与有毒、有异味的物品混放。

9.2.1.2 干花椒、花椒粉

常温贮存，库房应通风、防潮，垛高不超过 3 m，严禁与有毒害、有异味的物品混放。

9.2.2 运输

运输途中应防止日晒雨淋，严禁与有毒害、有异味的物品混运；严禁使用受污染的运输工具装载。冷藏花椒在运输途中应保持在 25 ℃下。

ICS 71.100.35
X 14

中华人民共和国国家标准

GB/T 30392—2013

植　物　蜡

Vegetable wax

2013-12-31 发布　　2014-06-22 实施

中华人民共和国国家质量监督检验检疫总局
中国国家标准化管理委员会　发布

前言

本标准按照 GB/T 1.1—2009 给出的规则起草。

本标准由中国轻工业联合会提出。

本标准由全国牙膏蜡制品标准化中心归口。

本标准起草单位:益海(连云港)油化工业有限公司。

本标准主要起草人:林江明、顾立新、刘娟、陈刚。

植　物　蜡

1　范围

本标准规定了植物蜡的分类、技术要求、试验方法、检验规则和标志、运输和贮存。

本标准适用于由棕榈油、大豆油经氢化或水解或分提精制而成的植物蜡。

2　规范性引用文件

下列文件对于本文件的应用是必不可少的。凡是注日期的引用文件，仅注日期的版本适用于本文件。凡是不注日期的引用文件，其最新版本(包括所有的修改单)适用于本文件。

GB/T 191　包装储运图示标志

GB/T 5528　动植物油脂　水分及挥发物含量测定

GB/T 5536　植物油脂检验　熔点测定法

GB/T 6679　固体化工产品采样通则

GB/T 22460　动植物油脂　罗维朋色泽的测定

JJF 1070　定量包装商品净含量计量检验规则

定量包装商品计量监督管理办法(国家质量监督检验检疫总局令[2005]第75号)

3　产品分类和命名

3.1　植物蜡按照原料可分为棕榈蜡、大豆蜡。

棕榈蜡是以棕榈油为原料，经氢化或水解或分提方法精制加工的产品。

大豆蜡是以大豆油为原料，经氢化或水解或分提方法精制加工的产品。

3.2　植物蜡按照熔点范围不同，分为Ⅰ型(40 ℃～50 ℃)、Ⅱ型(51 ℃～55 ℃)、Ⅲ型(56 ℃～60 ℃)和Ⅳ型(61 ℃～70 ℃)四个规格。

3.3　植物蜡的外观为白色及淡黄色固体或半固体。

4　要求

4.1　植物蜡的性能指标应符合表1的规定。

表1　性能指标

项　目	性能指标			
	Ⅰ	Ⅱ	Ⅲ	Ⅳ
气味	无异味			
色泽(罗维朋比色槽133.4 mm)	R≤4，Y≤35			
水分及挥发物/%	≤0.5			
熔点/℃	<51	51～55	56～60	>61

4.2 包装要求

植物蜡宜采用复合纸袋、纸箱内衬塑料袋等包装形式，包装牢固，不应漏样。包装形式可按用户协议执行。

4.3 净含量

植物蜡为定量包装产品，应符合《定量包装商品计量监督管理办法》的规定。

5 检验方法

5.1 外观：植物蜡外观检测采用目测方法。

5.2 气味：植物蜡气味检测采用鼻嗅方法。

5.3 色泽(罗维朋)：取适量样品，加热全部熔化后，趁热倒入 133.4 mm 比色槽，按 GB/T 22460 规定检测色泽，整个比色过程应确保样品不凝固。

5.4 水分及挥发物：按 GB/T 5528 规定执行。

5.5 熔点：按 GB/T 5536 规定执行。

5.6 净含量的检测：按 JJF 1070 的规定执行。

6 检验规则

6.1 出厂检验

6.1.1 每批产品出厂前需经厂检验部门检验合格后方可出厂。

6.1.2 出厂检验项目为表 1 要求的技术指标。

6.2 型式检验

6.2.1 有下列情况之一应进行型式检验：

a) 原料、工艺有较大改变或配方调整可能影响产品质量时；
b) 长期停产后恢复生产时；
c) 出厂检验结束与上次型式检验结果有较大的差异时；
d) 正常生产时每年进行一次；
e) 国家质量监督部门提出要求时。

6.2.2 型式检验项目为本标准第 4 章的全部要求。

6.3 组批与抽样

抽样按 GB/T 6679 规定进行。

6.4 判定规则

检验结果不符合本标准要求时，可在同批产品中加倍取样，进行复检。如仍有不合格判该批产品为不合格。

7 标志、运输、贮存

7.1 标志

产品销售包装和运输包装应按照 GB/T 191 的规定。

7.1.1 出厂产品应有包装标志，内容包括：

a) 产品名称、商标；

b) 生产厂名、地址；

c) 执行的产品标准号；

d) 生产日期和保质期或生产批号和限期使用日期；

e) 特殊情况可按客户要求；

f) 应有相应警告标识。

7.1.2 运输包装标志应符合 GB/T 191 规定。内容至少包括：

a) 产品名称、商标；

b) 生产厂名、厂址；

c) 装箱数量、毛重、净重、颜色；

d) 生产日期和保质期或生产批号和限期使用日期；

e) 包装箱规格；

f) 向上、怕雨、怕晒等标志应符合 GB/T 191 的要求。

7.2 运输

7.2.1 植物蜡装卸时应避免剧烈震动、撞击和日晒雨淋，运输时应轻装轻放。

7.2.2 植物蜡运输温度应不高于 35 ℃。

7.3 贮存

7.3.1 植物蜡应贮存在通风、干燥的仓库内，切忌靠近热源，仓库内温度应低于 35 ℃。

7.3.2 植物蜡堆放时离地间隙应大于 10 cm，距离墙应大于 50 cm。放置时应考虑先进先出。

ICS 65.080
B 13

GB

中华人民共和国国家标准

GB/T 30393—2013

制取沼气秸秆预处理复合菌剂

Multiple microbial agent in straw pretreatment for biogas production

2013-12-31 发布　　2014-07-16 实施

中华人民共和国国家质量监督检验检疫总局
中国国家标准化管理委员会　发布

前　言

本标准按照 GB/T 1.1—2009 给出的规则起草。

本标准由农业部科技教育司提出并归口。

本标准起草单位:北京合百意生态能源科技开发有限公司、中国科学院成都生物研究所。

本标准主要起草人:石卫国、廖银章、张海涛、袁月祥、刘晓风、闫志英、刘克鑫、刘晓飞、常影。

制取沼气秸秆预处理复合菌剂

1 范围

本标准规定了制取沼气秸秆预处理复合菌剂的术语和定义、技术要求、抽样、检验方法、检验规则以及标识、包装、运输和贮存。

本标准适用于制取沼气的农作物秸秆预处理粉状复合菌剂。其他由微生物复合而成并能降解各种有机固体废物的制剂参照执行。

2 规范性引用文件

下列文件对于本文件的应用是必不可少的。凡是注日期的引用文件，仅注日期的版本适用于本文件。凡是不注日期的引用文件，其最新版本(包括所有的修改单)适用于本文件。

GB/T 5009.15 食品中镉的测定

GB/T 13079 饲料中总砷的测定

GB/T 13080 饲料中铅的测定 原子吸收光谱法

GB/T 13081 饲料中汞的测定

GB/T 13088 饲料中铬的测定

GB/T 19524.1 肥料中粪大肠菌群的测定

GB/T 19524.2 肥料中蛔虫卵死亡率的测定

GB/T 23881 饲用纤维素酶活性的测定 滤纸法

NY/T 912 饲料添加剂 纤维素酶活力的测定 分光光度法

3 术语和定义

下列术语和定义适用于本文件。

3.1

制取沼气秸秆预处理复合菌剂 multiple microbial agent in straw pretreatment for biogas production

由能够对农作物秸秆等有机固体废弃物进行生物预处理并有助于产沼气的多种微生物所组成的生物制剂。

3.2

有效活菌 effective living microbe

能降解有机物的功能菌及其辅助菌。

4 技术要求

4.1 菌种

使用的微生物菌种应安全、有效，有明确来源和种名，采用的生物工程菌应具有获准允许大面积释放的生物安全性有关批文。菌剂产品应作急性毒理试验，属无毒。

4.2 产品技术指标

产品技术指标应符合表1要求。

表1 产品技术指标

项　　目	指　　标
外观	粉状或不定形颗粒状、松散
有效活菌数(CFU)/(亿/g)	≥0.5
水分/%	≤25.0
纤维素酶活:羧甲基纤维素酶活(CMC)/(U/g) 滤纸酶活(FPA)/(U/g)	≥8.0 ≥5.5
pH	5.0～8.5
有效期/月	6

4.3 产品无害化指标

产品无害化指标应符合表2要求。

表2 产品无害化指标

项　　目	标准极限
大肠菌群值/(个/g)	≤1 000
蛔虫卵死亡率/%	≥95
汞及化合物(以Hg计)/(mg/kg)	≤5
镉及化合物(以Cd计)/(mg/kg)	≤10
铬及化合物(以Cr计)/(mg/kg)	≤150
砷及化合物(以As计)/(mg/kg)	≤75
铅及化合物(以Pb计)/(mg/kg)	≤100
注:菌剂的载体为麦麸或干酒糟渣等,不需测无害化指标。	

5 抽样

5.1 抽样工具

抽样前预先备好无菌塑料袋(瓶)、金属勺、剪刀、封样袋、封条等工具。

5.2 抽样方法和数量

每一批次产品采取随机法抽样检验。

抽样以件为单位,小包装(2 kg/袋以下)产品以一个包装箱(装入若干袋)为1件,随机抽取3件,每件中再随机抽取1袋,共计3袋;若每件包装小于500 g,应多抽几件;大包装(30 kg～50 kg以上)产品以1袋(筒)为1件,随机抽取5件,从每件中再抽样500 g。

在无菌条件下取样，然后将所有样品混匀，按四分法分装 3 袋，每袋不少于 500 g。

6 检验方法

6.1 仪器设备

主要仪器设备有：

——显微镜；

——恒温培养箱；

——恒温干燥箱；

——超净工作台；

——分光光度计；

——电子天平(或精密天平)；

——摇床；

——蒸汽灭菌锅；

——酸度计。

6.2 试剂

无离子水、无菌水、蒸馏水、羧甲基纤维素钠盐、乙酸-乙酸钠缓冲液(0.1 mol/L，pH 5.5)、3,5-二硝基水杨酸、氢氧化钠、酒石酸钾钠、重蒸酚、无水亚硫酸钠、检测用培养基等。

6.3 外观(感官)的测定

取少量样品放于白色搪瓷盘(或白色塑料调色板)中仔细观察样品的颜色、形状、质地。

6.4 有效活菌数的测定

6.4.1 细菌、真菌、放线菌的培养基组分及配制方法

见附录 A。

6.4.2 系列稀释

称取样品 10 g(精确到 0.01 g)，加入带玻璃珠的 100 mL 无菌水中，在旋转式摇床上(200 r/min)充分振荡 30 min，即成母液菌悬液(基础液)。

用无菌移液管分别吸取 1.0 mL 上述母液菌悬液加入 9 mL 无菌水中，按 10 倍法进行系列稀释(每稀释一次应更换无菌移液管)。

6.4.3 加样及培养

每个样品取 3 个连续适宜的稀释度，用 0.5 mL 的无菌移液管分别吸取不同稀释度的菌悬液 0.1 mL，加至预先制备好的固体培养基平板上，分别用无菌玻璃刮刀将不同稀释度的菌悬液均匀地涂于固体培养基的表面上。每个稀释度重复 3 次，同时以无菌水作空白对照。

真菌于 28 ℃～30 ℃培养 4 d～5 d；中温细菌和高温细菌分别于 35 ℃和 50 ℃培养 1 d～2 d；中温放线菌于 35 ℃培养 3 d～4 d，高温放线菌于 50 ℃培养 2 d～3 d。

6.4.4 菌落识别

根据所检测菌剂中菌种的技术资料，每个稀释度取不同类型的代表菌落通过涂片、染色、镜检等技

术方法确认有效菌。当空白对照培养皿出现菌落数时，检测结果无效，应重做。

6.4.5 菌落计数

细菌以出现20个～100个菌落数的稀释度的平板计数为宜；放线菌以出现10个～50个菌落数的稀释度的平板计数为宜；丝状真菌以出现5个～30个菌落数的稀释度的平板计数为宜。按同一稀释度三个平皿菌落的平均菌数分别统计有效活菌数目。有效活菌数按式(1)计算。

$$n=\frac{x\times k\times V_1}{m_0\times V_2} \qquad \cdots\cdots(1)$$

式中：

n ——有效活菌数，单位为个每克(个/g)；

x ——有效菌落平均数；

k ——稀释倍数；

V_1——基础液体积，单位为毫升(mL)；

m_0——样品量，单位为克(g)；

V_2——菌悬液加入量，单位为毫升(mL)。

6.5 水分的测定

将空铝盒置于干燥箱中105 ℃±2 ℃烘30 min，冷却后称量并记录空铝盒的重量。然后称取2份平行样品(有颗粒的样品应先粉碎过1.0 mm实验筛)，每份10 g(精确到0.01 g)，分别加入铝盒中后称量并记录重量。将装好样品的铝盒置于干燥箱中105 ℃±2 ℃下烘4 h～6 h。取出置于干燥器中冷却20 min后进行称量，烘到恒重为止。水分含量按式(2)计算(结果为两次测定的平均值)：

$$w=(m_1-m_0)-(m_2-m_0)/(m_1-m_0)\times 100\% \qquad \cdots\cdots(2)$$

式中：

w ——样品水分含量，%；

m_1——未烘时样品和铝盒的重量，单位为克(g)；

m_0——空铝盒的重量，单位为克(g)；

m_2——烘干后样品和铝盒的重量，单位为克(g)。

6.6 纤维素酶活的测定

6.6.1 羧甲基纤维素酶活(CMC)的测定

按NY/T 912中的规定。

6.6.2 滤纸酶活（FPA)的测定的测定

按GB/T 23881中的规定。

6.7 pH的测定

随机称取样品，将样品放于干净烧杯内，按样品：无离子水＝1：2(体积比)加入无离子水，浸泡振荡均匀，用酸度计测定。

6.8 大肠菌群的测定

按GB/T 19524.1的规定。

6.9 蛔虫卵死亡率的测定

按GB/T 19524.2的规定。

6.10 汞、镉、铬、砷和铅的测定

6.10.1 汞的测定

按GB/T 13081的规定。

6.10.2 镉的测定

按GB/T 5009.15的规定。

6.10.3 铬的测定

按GB/T 13088的规定。

6.10.4 砷的测定

按GB/T 13079的规定。

6.10.5 铅的测定

按GB/T 13080的规定。

7 检验规则

7.1 检验分类

7.1.1 出厂检验

产品出厂时，应由生产厂的质量检验部门按照表1进行质量和包装检验，检验合格并签发质量合格证的产品，方可出厂。

7.1.2 型式检验(例行检验)

有下列情况之一者，应进行型式检验：

a) 新产品；

b) 产品工艺、材料等有较大更改与变化；

c) 出厂检验的结果与上次型式检验有较大差异时；

d) 国家质量监督机构进行抽检。

7.2 判断规则

7.2.1 项目分类及判定方法

项目分类及判定方法见表3。

表3 项目分类及判定方法

分类	序号	项目名称	判定方法
A	1	有效活菌数	不允许不合格
	2	汞、镉、铬、砷、铅5种重金属	
B	3	pH、水分、大肠菌群值、蛔虫卵死亡率等	允许有两项不合格

7.2.2 判定原则

根据表3判定原则如下：

a) A中任何一项不合格，为不合格产品；

b) B中超过两项不合格，为不合格产品。

8 标识、包装、运输和贮存

8.1 标识

产品出厂时应附有合格标识、商标、产品名称、生产厂名、地址及电话、产品重量(kg)、生产日期、有效期、执行标准、生产批号、产品标准编号。

8.2 包装

包装应完整、安全、牢固，适合储存和远距离运输；包装内应有使用说明书和注意事项。

8.3 运输

运输过程中应有遮盖物，防止雨淋、日晒及高温。严禁与对微生物菌剂有毒、有害的其他物品混装、混运。装卸时应轻装、轻卸，避免包装破损。

8.4 贮存

产品应贮存在阴凉(避光)、干燥、通风的库房内，不得露天堆放，以防日晒雨淋，防止长时间35 ℃以上高温，避免不良条件的影响。

附 录 A
(规范性附录)
测定有效活菌数的培养基及其制备方法

A.1 真菌培养基——马丁-孟加拉红-链霉素培养基

A.1.1 培养基配方

葡萄糖 10.0 g,蛋白胨 5.0 g,K_2HPO_4 1.0 g,$MgSO_4 \cdot 7H_2O$ 0.5 g,孟加拉红 33.4 mg,蒸馏水 1 000 mL,琼脂 15.0 g,自然 pH。

A.1.2 制备方法

将上述培养基组分和琼脂于搪瓷盅中煮沸并使琼脂熔化,然后加入孟加拉红,补足水至 1 000 mL。使孟加拉红溶解后分装于锥形瓶中,塞好塞子,在 115 ℃下灭菌 30 min。

取国产 1 g 装链霉素一瓶,用无菌注射器注入无菌水 5 mL。溶解后,吸取 0.5 mL 链霉素溶液,移注入 330 mL 无菌蒸馏水中,即得 0.03%链霉素。使用前将上述基础培养基在沸水浴锅中溶化后冷却至 55 ℃~60 ℃,每 10 mL 基础培养基加 1 mL 0.03%链霉素溶液(含链霉素 30 μg/mL),若不用链霉素,可在基础培养基中于灭菌前加入卡那霉素 20 μg/mL。混合后倒入平皿中制成平板备用。

A.2 放线菌培养基

A.2.1 培养基配方

可溶性淀粉 20.0 g,KNO_3 1.0 g,K_2HPO_4 0.5 g,$MgSO_4 \cdot 7H_2O$ 0.5 g,NaCl 0.5 g,$FeSO_4 \cdot 7H_2O$ 0.01 g,琼脂 15.0 g,蒸馏水 1 000 mL,pH7.2~7.4。

A.2.2 制备方法

根据培养基配方,依次称取各培养基组分加入到搪瓷盅中并加入一定量的蒸馏水后进行加热。其中先将可溶性淀粉称入到 100 mL 烧杯中,加入 50 mL 蒸馏水调成糊状,待培养液沸腾时加入,边加热边搅拌。加入琼脂煮沸至完全熔化,补足水至 1 000 mL,调 pH 至 7.2~7.4;分装于锥形瓶中,塞好塞子,121 ℃下灭菌 30 min。

使用前将培养基在沸水浴锅中熔化,然后按 300 mL 培养基加入 3%的重铬酸钾溶液 1 mL,冷却至 55 ℃~60 ℃后,倒入平皿中制成平板备用。

A.3 细菌培养基

A.3.1 培养基配方

牛肉膏 5.0 g,蛋白胨 10.0 g,NaCl 5.0 g,蒸馏水 1 000 mL,琼脂 15.0 g, pH7.0。

A.3.2 制备方法

将上述培养基按量放入搪瓷盅中，加入蒸馏水 1 000 mL，加热培养基使其溶解；补足水量至 1 000 mL，并调 pH 至 7.0。分装于锥形瓶中，塞好塞子，121 ℃下灭菌 30 min。

使用前将培养基在沸水浴锅中熔化并冷却至 55 ℃～60 ℃后，倒入平皿中制成平板备用。

ICS 65.020.01
B 25

中华人民共和国国家标准

GB/T 30394—2013

草品种命名规则

Nomenclature principle of herbage variety

2013-12-31 发布　　2014-07-16 实施

中华人民共和国国家质量监督检验检疫总局
中国国家标准化管理委员会　发布

前　言

本标准按照 GB/T 1.1—2009 给出的规则起草。

本标准由中华人民共和国农业部提出。

本标准由全国畜牧业标准化技术委员会(SAC/TC 274)归口。

本标准起草单位:全国畜牧总站、中国农业科学院北京畜牧兽医研究所、全国草品种审定委员会。

本标准主要起草人:贠旭疆、苏加楷、齐晓、邵麟惠、马金星、李聪、袁庆华、张文淑。

草品种命名规则

1 范围

本标准规定了牧草、草坪草和观赏草的育成品种、地方品种、野生栽培品种和引进品种命名的原则和方法。

本标准适用于各类草品种。

2 规范性引用文件

下列文件对于本文件的应用是必不可少的。凡是注日期的引用文件,仅注日期的版本适用于本文件。凡是不注日期的引用文件,其最新版本(包括所有的修改单)适用于本文件。

农业植物品种命名规定(中华人民共和国农业部令 2012 年第 2 号)

3 术语和定义

下列术语和定义适用于本文件。

3.1

草品种 herbage variety

经人工选育,在形态学、生物学和经济性状上相对一致,遗传性相对稳定,适应一定的生态条件,并符合生产要求的草类群体。

3.2

双名法 binomial nomenclature

二名法

将每一物种的名称用两个拉丁或拉丁化词表述并后附定名人姓名的学名命名方法。第一个词是属名,取名词形式,首字母大写,排斜体;第二个词是种加词,通常为形容词,首字母小写,排斜体;定名人姓名排正体。

3.3

育成品种 bred variety

经过育种形成的新品种,与种内其他品种在一个或数个特征特性上有明显区别。

3.4

地方品种 local variety

在某一地区长期栽培,适应当地气候和土壤条件,具有良好经济和生态价值的品种。

3.5

野生栽培品种 cultivated wild variety

野生植物经过引种驯化,成功栽培,并具有利用价值的品种。

3.6

引进品种 introduced variety

从国外引进,在国内试种成功,并具有优良的性状和利用价值的品种。

4 命名原则

4.1 草品种的命名应符合《农业植物品种命名规定》的规定。

4.2 品种名应由中文名和学名组成。

4.3 中文名应由品种中文名称后加中文种名构成。

4.4 学名应由种的学名后加置于单引号内的品种英文名称构成。种的学名应符合双名法规则。

5 命名方法

5.1 育成品种

5.1.1 品种中文名称可采用育种单位的简称后加编号等方式命名。

5.1.2 品种英文名称应为品种中文名称的逐字音译，每个汉字音译的首字母大写，排正体。品种中文名称中的编号应采用意译。

5.2 地方品种

5.2.1 品种中文名称应采用该品种产地或栽培地区名称命名。

5.2.2 品种英文名称应为品种中文名称的逐字音译，每个汉字音译的首字母大写，排正体。

5.3 野生栽培品种

5.3.1 品种中文名称应采用产地名称命名。

5.3.2 品种英文名称命名应符合 5.2.2 的要求。

5.4 引进品种

5.4.1 品种中文名称应优先采用品种外文名称的音译命名；音译名称与已知品种重复的，应采用意译命名；意译仍有重复的，应当另行命名。

5.4.2 品种英文名称应采用原名或原名的英文译名，首字母大写，排正体。

ICS 65.020.01
B 25

中华人民共和国国家标准

GB/T 30395—2013

草品种审定技术规程

Code of practice for herbage variety registration

2013-12-31 发布　　2014-07-16 实施

中华人民共和国国家质量监督检验检疫总局
中国国家标准化管理委员会　发布

前言

本标准按照 GB/T 1.1—2009 给出的规则起草。

本标准由中华人民共和国农业部提出。

本标准由全国畜牧业标准化技术委员会(SAC/TC 274)归口。

本标准起草单位:全国畜牧总站、全国草品种审定委员会、中国农业科学院北京畜牧兽医研究所。

本标准主要起草人:贠旭疆、袁庆华、苏加楷、张文淑、李聪、齐晓、邵麟惠、马金星。

草品种审定技术规程

1 范围

本标准规定了牧草、草坪草及观赏草品种审定的内容及依据、品种试验和审定要求等内容。

本标准适用于草品种审定。

2 术语和定义

下列术语和定义适用于本文件。

2.1

草品种 herbage variety

经人工选育，在形态学、生物学和经济性状上相对一致，遗传性相对稳定，适应一定的生态条件，并符合生产要求的草类群体。

2.2

品种审定 variety registration

由品种审定机构对品种进行审定的过程。

2.3

育成品种 bred variety

经过育种形成的新品种，与种内其他品种在一个或数个特征特性上有明显区别。

2.4

地方品种 local variety

在某一地区长期栽培，适应当地气候和土壤条件，具有良好经济和生态价值的品种。

2.5

野生栽培品种 cultivated wild variety

野生植物经过引种驯化，成功栽培，并具有利用价值的品种。

2.6

引进品种 introduced variety

从国外引进，在国内试种成功，并具有优良的性状和利用价值的品种。

2.7

丰产性 yielding ability

品种在试验中比对照品种平均增(减)产的百分率和差异显著性。

2.8

适应性 adaptability

品种对其栽培地区气候、土壤及栽培条件的适应能力。

2.9

抗逆性 stress tolerance

品种对寒、热、旱、涝、盐、碱、酸等逆境的耐受和抵抗能力。

2.10

抗病虫性 disease and pest resistance

品种对病、虫害的耐受和抵抗能力。

2.11

饲用品质 feeding quality

牧草品种的适口性、营养价值、消化率等。

2.12

草坪密度 turf density

单位面积上草坪草个体或分蘖(枝)的数量。

2.13

草坪均一性 turf uniformity

草坪表面均匀一致的程度。

2.14

草坪质地 turf texture

草坪草的柔软程度。

2.15

草坪弹性 turf elasticity

草坪在外力作用下产生变形,除去外力后变形随即消失的性能。

2.16

观赏草 ornamental grass

具有观赏价值可用于各种生境造园的禾本科草为主的草类植物统称。

2.17

观赏性 ornamental quality

观赏草的观赏性状,要求新、奇、特,叶形美观,叶色独特,花序新颖,株形优美。

2.18

品种比较试验 varietal comparison trial

在相同试验条件下参试品种与对照品种进行的比较试验。

2.19

引种试验 introduced variety trial

为鉴定引进品种对本地生态条件的适应性和在生产上的利用价值而进行的小区观察试验和品种比较试验。

2.20

区域试验 regional trial

为确定草品种的适宜栽培区域而进行的多个地点的联合试验。

2.21

生产试验 productive trial

在大田生产条件下为评价草品种的经济性状和其他特性而进行的较大面积试验。

3 内容及依据

3.1 内容

3.1.1 牧草品种审定的内容主要包括品种的特征特性、丰产性、适应性、抗逆性、抗病虫性、饲用品质和栽培技术等。

3.1.2 草坪草品种审定的内容主要包括品种的特征特性、适应性、抗逆性、抗病虫性、杂草危害程度、成坪速度、密度、均一性、色泽、质地、草坪弹性、绿色期、建坪以及养护管理技术等。

3.1.3 观赏草品种审定的内容主要包括品种的特征特性、观赏性、适应性、抗逆性、抗病虫性和栽培技术等。

3.2 依据

3.2.1 3.1所涉及的审定内容以草品种审定机构认可的区域试验结果为主要依据，以品种申报者所提供的资料为参考。

3.2.2 以品种的抗逆性和抗病虫性作为育种目标时，抗性性状的检测以草品种审定机构认可的专业机构提供的鉴定结果为主要依据。

4 品种试验

4.1 品种比较试验

4.1.1 试验采用随机区组设计，重复不少于3次。

4.1.2 矮秆窄行条播牧草试验小区面积为15 m^2～20 m^2；高秆宽行条播牧草试验小区面积为30 m^2～40 m^2。草坪草和观赏草试验小区面积为4 m^2～8 m^2。种子产量试验小区面积为15 m^2～20 m^2。全部试验地块四周设1 m～2 m宽的保护行。

4.1.3 栽培措施和田间管理与当地大田生产相同。

4.1.4 一个试验组的同一项田间操作宜在同一天内完成。无法在同一天内完成时，同一区组的该项田间操作应在同一天内完成。

4.1.5 一年生和二年生品种的试验时间不少于2个生产周期；多年生草本品种的试验时间不少于3个生产周年；饲用灌木品种的试验时间不少于4个生产周年。

4.1.6 对照品种应是近年审定通过的品种，或当地生产上应用最广泛的品种，或在育种目标性状上表现最突出的品种和亲本。

4.1.7 参试品种应不少于3个(包括对照品种)。

4.1.8 基本情况、田间观测等所有与试验相关的内容应详细记载。观测项目与记载要求见附录A～附录C。草坪草质量评价方法见附录D。观赏草质量评价方法见附录E。

4.1.9 对试验结果进行统计分析。对产量结果进行方差分析，并用新复极差法进行多重比较。

4.2 引种试验

4.2.1 引进品种应先进行小区观察试验，矮杆窄行条播草品种小区面积2 m^2～5 m^2，高杆宽行条播草品种小区面积5 m^2～10 m^2。可不设重复。

4.2.2 小区观察试验完成后，应按照4.1要求进行品种比较试验。

4.3 区域试验

4.3.1 应根据品种适应性，安排3个以上(含3个)不同地区的试验点。

4.3.2 符合4.1要求。

4.4 生产试验

4.4.1 完成品种比较试验后，可在进行区域试验的同时安排生产试验。

4.4.2 符合4.3.1要求。

4.4.3 每个试验点的种植面积为1 000 m^2～3 000 m^2。

4.4.4 符合4.1.3、4.1.5、4.1.6和4.1.8要求。

5 审定要求

5.1 牧草品种

5.1.1 育成品种

5.1.1.1 通过人工选育或发现并经过改良，与草品种审定机构已受理或审定通过的品种有明显区别，遗传性状相对稳定，形态特征和生物学特性相对一致的品种。

5.1.1.2 申报品种产量应高于近年审定通过的当地同类型主要栽培品种10%以上(杂种优势利用的杂交种增产15%以上)，并经统计分析(方差分析及多重比较)增产显著；或其饲用品质、成熟期、抗逆性、抗病抗虫性等一项或多项指标表现突出。

5.1.1.3 育种者拥有可满足5 hm^2 播种量的原种种子。

5.1.1.4 有完整的品种选育报告和品种比较试验、区域试验及生产试验报告。

5.1.1.5 品种命名时应与相同或者相近的植物属或者种中已知品种的名称相区别。

5.1.2 地方品种

5.1.2.1 在当地栽培历史达30年以上的农家品种。

5.1.2.2 对当地气候、土壤条件适应性强，有较高的经济价值。

5.1.2.3 现有栽培面积应达到70 hm^2 以上。

5.1.2.4 有完整的整理研究报告和品种比较试验、区域试验及生产试验报告。

5.1.2.5 品种命名时应在种名前冠以主要栽培地区地名。

5.1.3 野生栽培品种

5.1.3.1 经人工驯化、栽培成功的野生草。

5.1.3.2 对当地气候、土壤条件适应性强，有较高的经济价值。

5.1.3.3 试种面积应达到70 hm^2～100 hm^2。

5.1.3.4 有完整的栽培驯化研究报告和品种比较试验、区域试验及生产试验报告。

5.1.3.5 品种命名时应在种名前冠以原采集地名以区别不同的生态类型。

5.1.4 引进品种

5.1.4.1 已在国外审定通过并合法引入我国的品种。

5.1.4.2 试种面积应达到70 hm^2～100 hm^2。

5.1.4.3 有完整的引种试验、区域试验和生产试验报告。

5.1.4.4 应提供外国品种审定证书(或公布的品种名录)。申请品种为保护期内专利品种时，还应提供品种权人授权在中国申请品种审定的证明文件。

5.1.4.5 品种命名时应采用原有名称，不能另立新名。

5.2 草坪草品种

5.2.1 育成品种应符合5.1.1.1要求，具有可建植30 000 m^2 以上的原种种子或种苗，并符合5.1.1.4和5.1.1.5要求。

5.2.2 地方品种应符合5.1.2.1和5.1.2.2要求，建植面积达到70 000 m^2 以上，并符合5.1.2.4和5.1.2.5要求。

5.2.3 野生栽培品种应符合5.1.3.1和5.1.3.2要求，试种面积达到70 000 m^2～100 000 m^2，并符合

5.1.3.4和5.1.3.5要求。

5.2.4　引进品种应符合5.1.4.1要求，试种面积应达到5.2.3对野生栽培品种试种面积的要求，并符合5.1.4.3、5.1.4.4和5.1.4.5要求。

5.3　观赏草品种

5.3.1　育成品种应符合5.1.1.1要求，具有可建植25 000 m^2以上的原种种子或种苗，并符合5.1.1.4和5.1.1.5要求。

5.3.2　地方品种应符合5.1.2.1和5.1.2.2要求，建植面积达到10 000 m^2～50 000 m^2[矮小片植型观赏草(自然株高≤30 cm)为50 000 m^2，高大丛植型观赏草(自然株高≥1.5 m)为10 000 m^2，中间型观赏草为30 000 m^2]，并符合5.1.2.4和5.1.2.5要求。

5.3.3　野生栽培品种应符合5.1.3.1和5.1.3.2要求，试种面积应达到5.3.2对地方品种建植面积的要求，并符合5.1.3.4和5.1.3.5要求。

5.3.4　引进品种应符合5.1.4.1要求，试种面积应达到5.3.2对地方品种建植面积的要求，并符合5.1.4.3、5.1.4.4和5.1.4.5要求。

附 录 A
（规范性附录）
牧草及饲料作物观测项目与记载要求

A.1 基本情况记载

A.1.1 试验地概况

主要包括地理位置、海拔、地形、坡度、坡向、土壤类型、土壤 pH 值、土壤养分（有机质、速效氮、速效磷、速效钾）、土壤盐分、地下水位、前茬作物、底肥及整地情况。

A.1.2 气象资料记载

主要包括多年及试验年度的年降水量、年均温、极端最高温度、极端最低温度、最热月均温、最冷月均温、无霜期、初霜日、终霜日、年积温（≥0 ℃）、年有效积温（≥10 ℃）以及灾害天气的记载等。

A.1.3 播种情况

播种时气温、春播时地下 5 cm 地温、播种期和移栽期、播种方法、株行距、播种量、播种深度、播种前后是否镇压等。

A.1.4 田间管理

包括查苗、补种、间苗、定苗、中耕、除草、灌溉、排水、追肥、防治病虫害等。

A.2 田间观测记载

A.2.1 田间观测记载项目

禾本科牧草及饲料作物田间观测记载项目见表 A.1，豆科牧草及饲料作物田间观测记载项目见表 A.2，块根（茎）类饲料作物田间观测记载项目见表 A.3。

表 A.1 禾本科牧草及饲料作物田间观测记载表

试验地点：________草种名称：________试验年份：________观测人：________

小区编号	品种名称	播种期	出苗期（返青期）	分蘖期	拔节期	孕穗期	抽穗期	抽穗期株高 cm	开花期	成熟期			完熟期株高 cm	生育天数 d	枯黄期	生长天数 d	越冬（夏）率%	抗逆表现	抗病虫表现
										乳熟期	蜡熟期	完熟期							

注 1：禾本科牧草成熟期应在“完熟期”栏中填写。

注 2：物候期以（日/月）标注。

注 3：“抗逆表现”和“抗病虫表现”均用文字表述。

表 A.2 豆科牧草及饲料作物田间观测记载表

试验地点：________ 草种名称：________ 试验年份：________ 观测人：________

小区编号	品种名称	播种期	出苗期（返青期）	分枝期	现蕾期	现蕾期株高 cm	开花期		初花期株高 cm	结荚期	成熟期	成熟期株高 cm	生育天数 d	枯黄期	生长天数 d	越冬（夏）率 %	根颈入土深度 cm	根颈直径 cm	抗逆表现	抗病虫表现
							初花期	盛花期												

注 1：物候期以（日/月）标注。

注 2："抗逆表现"和"抗病虫表现"均用文字表述。

表 A.3 块根（茎）类饲料作物田间观测记载表

试验地点：________ 草种名称：________ 试验年份：________ 观测人：________

小区编号	品种名称	播种期	出苗期	块根（茎）膨大期	块根（茎）收获期	母根种植期	萌发期	抽薹期	开花期	结实期	成熟期	生育天数 d	抗逆表现	抗病虫表现

注 1：物候期以（日/月）标注。

注 2："抗逆表现"和"抗病虫表现"均用文字表述。

A.2.2 禾本科牧草及饲料作物田间观测记载说明

A.2.2.1 出苗（返青）期

50％幼苗出土后为出苗期（50％植株返青为返青期）。

A.2.2.2 分蘖期

50％幼苗在茎的基部茎节上生长侧芽 1 cm 以上为分蘖期。

A.2.2.3 拔节期

50%植株的第一个节露出地面 1 cm～2 cm 为拔节期。

A.2.2.4 孕穗期

50%植株出现剑叶为孕穗期。

A.2.2.5 抽穗期

50%植株的穗顶由上部叶鞘伸出而显露于外时为抽穗期。

A.2.2.6 开花期

50%植株开花为开花期。

A.2.2.7 成熟期

禾本科牧草成熟期是指 80%以上的种子成熟。禾本科饲料作物成熟期分为三个时期，即乳熟期、蜡熟期和完熟期。乳熟期是指 50%以上植株的籽粒内充满乳汁，并接近正常大小；蜡熟期是指 50%以上植株籽粒接近正常，内呈蜡状；完熟期是指 80%以上的种子完全成熟。

A.2.2.8 生育天数

由出苗(返青)至种子成熟的天数。

A.2.2.9 枯黄期

50%植株枯黄时为枯黄期。

A.2.2.10 生长天数

由出苗(返青)至枯黄期的天数。

A.2.2.11 越冬(夏)率

在同一区组的小区中随机选择有代表性的样段 3 处，每段长 1 m。在越冬(夏)前后分别计数样段中植株数量，计算越冬(夏)率。

越冬(夏)率＝越冬(夏)后样段内植株数/越冬(夏)前样段内植株数×100%

A.2.2.12 抗逆性和抗病虫性

可根据小区内发生的寒、热、旱、涝、盐、碱、酸害和病虫害等具体情况加以记载。

A.2.2.13 株高

从地面至植株的最高部位(芒除外)的绝对高度为株高。在每次刈割前、抽穗期和完熟期，在每小区随机选测 10 株样株的株高，并计算平均株高，单位为厘米(cm)。平均株高数据记入表 A.1。

A.2.3 豆科牧草及饲料作物田间观测记载说明

A.2.3.1 出苗(返青)期

50%幼苗出土后为出苗期(50%植株返青为返青期)。

A.2.3.2 分枝期

50%植株长出侧枝为分枝期。

A.2.3.3 现蕾期

50%植株有花蕾出现为现蕾期。

A.2.3.4 开花期

20%植株开花为开花初期，80%植株开花为开花盛期。

A.2.3.5 结荚期

50%植株有荚果出现为结荚期。

A.2.3.6 成熟期

60%植株种子成熟为成熟期。

A.2.3.7 生育天数

由出苗(返青)至种子成熟的天数。

A.2.3.8 枯黄期

50%的植株枯黄时为枯黄期。

A.2.3.9 生长天数

由出苗(返青)至枯黄期的天数。

A.2.3.10 越冬(夏)率

在同一区组的小区中随机选择有代表性的样段3处，每段长1 m。在越冬(夏)前后分别计数样段中植株数量，计算越冬(夏)率。

越冬(夏)率=越冬(夏)后样段内植株数/越冬(夏)前样段内植株数×100%

A.2.3.11 抗逆性和抗病虫性

可根据小区内发生的寒、热、旱、涝、盐、碱、酸害和病虫害等具体情况加以记载。

A.2.3.12 株高

从地面至植株的最高部位(卷须除外)的绝对高度为株高。在每次刈割前、现蕾期、初花期和成熟期，在每小区随机选测10株样株的株高，并计算平均株高，单位为厘米(cm)。平均株高数据记入表A.2。

A.2.3.13 根颈入土深度和直径

根颈上部到地表的距离为根颈入土深度，根颈最粗处的宽度为根颈直径。每年入冬前，在同一区组的每小区内随机选测10株样株的根颈入土深度和根颈直径，并计算平均根颈入土深度和平均根颈直径，单位为厘米(cm)。平均根颈入土深度和平均根颈直径数据记入表A.2。

A.2.4 块根(茎)类饲料作物田间观测记载说明

A.2.4.1 出苗期

50%幼苗出土后为出苗期。

A.2.4.2 块根(茎)膨大期

50%植株的块根(茎)膨大为膨大期。

A.2.4.3 块根(茎)收获期

80%植株的块根(茎)成熟,这一时期为收获期。

A.2.4.4 母根种植期

母根种植田间的时间,叫母根种植期。

A.2.4.5 萌发期

50%母根萌发后长出新叶为萌发期。

A.2.4.6 抽薹期

50%植株抽薹为抽薹期。

A.2.4.7 开花期

50%植株开花为开花期。

A.2.4.8 结实期

50%植株形成果实为结实期。

A.2.4.9 成熟期

50%植株种子成熟为成熟期。

A.2.4.10 生育天数

从母根萌发到种子成熟的天数。

A.3 产草量的测定

产草量包括第一次刈割的产量和再生草产量。产草量的测定禾本科一般于分蘖盛期或抽穗期,豆科一般于开花初期进行。最后一次测定应在植物停止生长前的15 d~30 d内进行。块根(茎)类饲料作物在块根(茎)成熟时收获,分别对地上部茎叶和地下块根(茎)进行测产。产草量包括鲜重和干重[指鲜草样品风(烘)干后的重量]。必要时可测定干物质重。测产时应除去试验小区两侧边行及小区两头各50 cm之内的植株。牧草及块根(茎)类饲料作物产量记载内容分别见表A.4和表A.5。

表 A.4 产草量登记表

试验地点：________草种名称：________试验年份：________观测人：________

小区编号	品种名称	第一次刈割					第二次刈割					第三次刈割					总产量 kg/hm²	
		测产日期	生育期	株高 cm	产量 kg/hm²		测产日期	生育期	株高 cm	产量 kg/hm²		测产日期	生育期	株高 cm	产量 kg/hm²		鲜草	干草
					鲜草	干草				鲜草	干草				鲜草	干草		

注 1：刈割次数超过 3 次者可续表填写。

注 2：测产日期以(日/月)标注。

表 A.5 块根(茎)类饲料作物产量登记表

试验地点：________草种名称：________试验年份：________观测人：________

小区编号	品种名称	测产日期	茎叶产量 kg/hm²	块根(茎)产量 kg/hm²	总产量 kg/hm²

注：测产日期以(日/月)标注。

A.4 茎叶比的测定

茎叶比测定于第一次刈割或抽穗期、开花期进行。将从每个重复中随机取得的适量草样混合均匀，取约 1 kg 混合草样，将茎和叶(含花序)按两部份分开。待风(烘)干后称重量，求百分比。禾本科牧草的叶鞘部份归于茎，穗部归于叶；豆科牧草的叶应包括叶片、叶柄及托叶三部分。茎叶比记载内容见表 A.6。

表 A.6 茎叶比测定登记表

试验地点：______草种名称：______试验年份：______观测人：______

小区编号	品种名称	测定日期	茎叶总重（风/烘干）g	茎（风/烘干）		叶（风/烘干）	
				重量 g	占茎叶总重 %	重量 g	占茎叶总重 %
注：测定日期以（日/月）标注。							

附 录 B
（规范性附录）
草坪草观测项目与记载要求

B.1 基本情况记载

B.1.1 试验地概况

主要包括地理位置、海拔、地形、坡度、坡向、土壤类型、土壤 pH、土壤养分(有机质、速效氮、速效磷、速效钾)、土壤盐分、地下水位、前茬作物、底肥及整地情况。

B.1.2 气象资料记载

主要包括多年及试验年度的年降水量、年均温、极端最高温度、极端最低温度、最热月均温、最冷月均温、无霜期、初霜日、终霜日、年积温(≥0 ℃)、年有效积温(≥10 ℃)以及灾害天气的记载等。

B.1.3 播种及种植情况

坪床准备、播种期和移栽期、播种量、播种方法和播种深度等。

B.1.4 草坪管理

包括修剪、灌溉、施肥、除草、病虫害防治等。

B.2 田间观测记载

B.2.1 田间观测记载项目

草坪草田间观测记载项目见表 B.1。

表 B.1 草坪草田间观测记载表

试验地点：________草种名称：________试验年份：________观测人：________

小区编号	品种名称	播种期	出苗期(返青期)	分蘖期	拔节期	孕穗期	抽穗期	抽穗期株高 cm	开花期	成熟期	完熟期株高 cm	生育天数 d	枯黄期	生长天数 d	越冬(夏)率 %	抗逆表现	抗病虫表现

注 1：物候期以(日/月)标注。

注 2："抗逆表现"和"抗病虫表现"均用文字表述。

B.2.2 田间观测记载说明

B.2.2.1 出苗(返青)期

见A.2.2.1。

B.2.2.2 分蘖期

见A.2.2.2。

B.2.2.3 拔节期

见A.2.2.3。

B.2.2.4 孕穗期

见A.2.2.4。

B.2.2.5 抽穗期

见A.2.2.5。

B.2.2.6 开花期

见A.2.2.6。

B.2.2.7 成熟期

见A.2.2.7。

B.2.2.8 生育天数

见A.2.2.8。

B.2.2.9 枯黄期

见A.2.2.9。

B.2.2.10 生长天数

见A.2.2.10。

B.2.2.11 越冬(夏)率

采用目测法。在入冬前及次年早春完全返青后分别估测草坪盖度,计算越冬率;根据当地最炎热的季节之前与之后估测的草坪盖度,计算越夏率。

越冬(夏)率=越冬(夏)后盖度/越冬(夏)前盖度×100%

B.2.2.12 抗逆性和抗病虫性

见A.2.2.12。

B.2.2.13 株高

从地面至植株的最高部位(芒除外)的绝对高度为株高。在抽穗期和完熟期,在每小区随机选测10株样株的株高,并计算平均株高,单位为厘米(cm)。平均株高数据记入表B.1。

附　录　C
（规范性附录）
观赏草观测项目与记载要求

C.1　基本情况记载

C.1.1　试验地概况

主要包括地理位置、海拔、地形、坡度、坡向、土壤类型、土壤 pH、土壤养分（有机质、速效氮、速效磷、速效钾）、土壤盐分、地下水位、前茬作物、底肥及整地情况。

C.1.2　气象资料记载

主要包括多年及试验年度的年降水量、年均温、极端最高温度、极端最低温度、最热月均温、最冷月均温、无霜期、初霜日、终霜日、年积温（≥0 ℃）、年有效积温（≥10 ℃）以及灾害天气的记载等。

C.1.3　育苗情况

播种育苗记载：播种时气温、播种期和移栽期、播种方法、株行距、播种量、播种深度等。

无性繁殖育苗记载：无性繁殖方法、育苗时期、气温、基质、成苗率、移栽期等。

C.1.4　田间管理

包括间苗、定苗、中耕、锄草、灌溉、追肥、防治病虫害等。

C.2　田间观测记载

C.2.1　田间观测记载项目

观赏草田间观测记载项目见表 C.1。

表 C.1　观赏草田间观测记载表

试验地点：________草种名称：________试验年份：________观测人：________

小区编号	品种名称	萌芽期	初花期	盛花期	花序枯萎期	枯黄期	花序观赏期 d	绿色期 d	越冬率 %	越夏率 %
注：物候期以（日/月）标注。										

C.2.2 田间观测记载项目说明

C.2.2.1 萌芽期

越冬后，有50%的植株萌芽。

C.2.2.2 初花期

10%的植株花序展开的日期。

C.2.2.3 盛花期

60%的植株花序展开的日期。

C.2.2.4 花序枯萎期

50%的植株花序枯萎的日期。

C.2.2.5 枯黄期

50%的植株枯黄的日期。

C.2.2.6 花序观赏期

从初花期到花序枯萎期的天数。

C.2.2.7 绿色期

在正常养护管理条件下测定品种从50%的植株萌芽到50%的植株枯黄的持续天数，单位为天(d)，采用目测法估计。

C.2.2.8 越冬(夏)率

进行品种比较试验和区域试验时，在越冬(夏)前后分别计数全部小区中植株总数和萌芽数；进行生产试验时，选择有代表性的样地3处，每处15 m^2～20 m^2，在越冬(夏)前后分别计数样地中植株总数和萌芽数，计算越冬(夏)率。

越冬(夏)率＝小区或样地内萌芽数/小区或样地内植株总数×100%

C.3 形态特征观测记载

C.3.1 形态特征观测记载项目

观赏草形态特征观测记载项目见表C.2。

表 C.2 观赏草形态特征观测记载表

试验地点：________草种名称：________试验年份：________观测人：________

小区编号	品种名称	株高 cm	冠幅 cm	生长速度 d	花序数	花序长度 cm

C.3.2 形态特征观测记载说明

C.3.2.1 株高

盛花期时，在每小区随机取 10 株，测量从地面至植株最高部位(芒除外)的绝对高度。所有样株绝对高度的平均值为株高，单位为厘米(cm)。

C.3.2.2 冠幅

测得每株样株(测量株高用的样株)冠幅大小后，其平均值为冠幅，单位为厘米(cm)。

C.3.2.3 生长速度

从种植到盖度达到 80%所需的天数，单位为天(d)。

C.3.2.4 花序数

计数每株样株(测量株高用的样株)的花序个数后，其平均值为花序个数。

C.3.2.5 花序长度

测得每株样株(测量株高用的样株)花序长度后，其平均值为花序长度，单位为厘米(cm)。

附 录 D
（规范性附录）
草坪草质量评价方法

D.1 草坪草质量评价

D.1.1 密度

在每小区内随机选择 3 个 10 cm×10 cm 的样方，分别计数各样方内植株个体或分蘖(枝)的数量，计算小区密度，单位为分蘖(枝)条数每平方厘米。同品种、不同小区密度的平均值为该试验品种的密度。密度指标共分 5 级，采用 9 分制评分。分级及评分标准见表 D.1。

表 D.1 草坪草密度分级表

等级	评分	评分标准 分蘖(枝)条数/cm^2
1	9～8	≥3.5
2	6～7	2.6～3.4
3	4～5	1.6～2.5
4	2～3	0.6～1.5
5	1	≤0.5

D.1.2 均一性

均一性是指整个草坪的外貌均匀程度，是草坪密度、颜色、质地、整齐性等差异程度的综合反映。采用目测打分法，分级及评价标准见表 D.2。

表 D.2 草坪草均一性分级表

等级	评分	评分标准	说明
1	9～8	很均匀	草坪的密度、颜色、质地、整齐性差异极小
2	6～7	均匀	草坪的密度、颜色、质地、整齐性差异不明显
3	4～5	较均匀	草坪的密度、颜色、质地、整齐性略有差异
4	2～3	不均匀	草坪的密度、颜色、质地、整齐性差异较大
5	1	极不均匀	草坪的密度、颜色、质地、整齐性差异很大

D.1.3 色泽

采用目测打分法，分级及评分标准见表 D.3。

表 D.3 草坪草色泽分级表

等级	评分	评分标准
1	9～8	墨绿
2	6～7	深绿
3	4～5	绿
4	2～3	浅绿
5	1	黄绿

D.1.4 质地

在每个小区内随机选取 30 片以上(含 30 片)叶片,测量叶片最宽处的宽度,求平均值,单位为毫米(mm)。分级及评分标准见表 D.4。

表 D.4 草坪草质地分级表

等级	评分	评分标准 mm
1	9～8	＜3
2	6～7	3～4
3	4～5	4.1～5
4	2～3	5.1～6
5	1	＞6

D.1.5 草坪弹性

用于足球场的草坪草,应测定该项目。以草坪回弹性作为草坪弹性的间接表示指标。参考国际足球联合会的标准,将足球从 3 m 高自由下落目测或用摄像机记录第一次回弹的高度,然后计算回弹率,重复 6 次,求平均值。分级及评分标准见表 D.5。

表 D.5 草坪弹性分级表

等级	评分	评分标准 %
1	9～8	20～50
2	6～7	17～19,51～53
3	4～5	14～16,54～56
4	2～3	11～13,57～59
5	1	＜10,＞60

D.1.6 绿色期

草坪绿色期用天数表示,采用目测法估计。在正常养护管理条件下测定品种从 50％的植株返青变绿到50%的植株枯黄的持续天数。

D.1.7 抗旱性

在自然干旱季节测定试验品种的抗旱性能。采用目测打分法,分级及评分标准见表D.6。

表D.6 草坪草抗旱性分级表

等级	评分	评分标准
1	9~8	强
2	6~7	较强
3	4~5	中等
4	2~3	较弱
5	1	弱

D.1.8 耐热性

越夏率数据可体现试验品种的耐热性。分级及评分标准见表D.7。

表D.7 草坪草耐热性分级表

等级	评分	评分标准(越夏率) %
1	9~8	>90
2	6~7	75~90
3	4~5	50~74
4	2~3	30~49
5	1	<30

D.1.9 抗寒性

越冬率数据可体现试验品种的抗寒性。分级及评分标准见表D.8。

表D.8 草坪草抗寒性分级表

等级	评分	评分标准(越冬率) %
1	9~8	>90
2	6~7	75~90
3	4~5	50~74
4	2~3	30~49
5	1	<30

D.1.10 抗病性

病害发生较严重的季节草坪草病害发生情况。采用目测打分法，分级及评分标准见表 D.9。

表 D.9 草坪草抗病性分级表

等级	评分	评分标准
1	9～8	高抗
2	6～7	中抗
3	4～5	低感
4	2～3	中感
5	1	高感

D.1.11 抗虫性

虫害发生较严重的季节草坪草的虫害发生情况。采用目测打分法，分级及评分标准见表 D.10。

表 D.10 草坪草抗虫性分级表

等级	评分	评分标准
1	9～8	高抗
2	6～7	中抗
3	4～5	低感
4	2～3	中感
5	1	高感

D.1.12 杂草危害程度

正常管理条件下，在杂草发生较严重的季节目测草坪草的受危害情况，以杂草盖度评价试验品种的抗杂草侵占能力。分级及评分标准见表 D.11。

表 D.11 杂草危害程度分级表

等级	评分	评分标准(杂草盖度) %
1	9～8	<10
2	6～7	10～24
3	4～5	25～39
4	2～3	40～75
5	1	>75

D.1.13 成坪速度

比较参试品种与对照品种从建坪到草坪盖度达到 85％的天数。分级及评分标准见表 D.12。

表 D.12 成坪速度分级表

等级	评分	评分标准
1	8～9	明显快于对照品种
2	6～7	快于对照品种
3	4～5	与对照品种一样
4	2～3	劣于对照品种
5	1	明显劣于对照品种

D.2 草坪草质量综合评价

将各单项质量评价指标得分对应评分时的月份填入表 D.13。打分次数多于 1 次的评价指标其最终评分为各次得分的平均值。各单项质量评价指标评分的平均分为总评分。

表 D.13 草坪草质量综合评价表

试验地点：________品种名称：________试验年份：________观测人：________

评价指标	测定时间												评分
	1月	2月	3月	4月	5月	6月	7月	8月	9月	10月	11月	12月	
密 度													
均一性													
色 泽													
质 地													
弹 性													
绿色期													
抗旱性													
耐热性													
抗寒性													
抗病性													
抗虫性													
杂草危害程度													
成坪速度													
总 评	优（ ） 良（ ） 中（ ） 差（ ） 劣（ ）												
注：总评中的优、良、中、差、劣分别对应总评分 8 分～9 分、6 分～7 分、4 分～5 分、2 分～3 分和 1 分。													

附 录 E
(规范性附录)
观赏草质量评价方法

E.1 观赏草抗性评价方法

E.1.1 观赏草抗性评价

评价指标包括抗旱性、耐热性、抗寒性、抗病性、抗虫性等。评价方法同 D.1.7～D.1.11。

E.1.2 观赏草抗性综合评价

将各单项抗性评价指标得分对应评分时的月份填入表 E.1。打分次数多于 1 次的评价指标其最终评分为各次得分的平均值。各单项抗性评价指标评分的平均分为总评分。

表 E.1 观赏草抗性综合评价表

试验地点：________品种名称：________试验年份：________观测人：________

评价指标	测定时间												评分
	1月	2月	3月	4月	5月	6月	7月	8月	9月	10月	11月	12月	
抗旱性													
耐热性													
抗寒性													
抗病性													
抗虫性													
总 评	优( ) 良( )中( )差( )劣( )												
注：总评中的优、良、中、差、劣分别对应总评分 8 分～9 分、6 分～7 分、4 分～5 分、2 分～3 分和 1 分。													

E.2 观赏草观赏性评价方法

E.2.1 观赏草观赏性评价

E.2.1.1 叶形

指叶形观赏价值，采用目测打分法，分级及评分标准见表 E.2。

表 E.2 观赏草叶形分级表

等级	评分	评分标准
1	8～9	观赏性高
2	6～7	观赏性较高
3	4～5	观赏性一般
4	2～3	观赏性较差
5	1	观赏性差

E.2.1.2 叶色

指叶色观赏价值，采用目测打分法，分级及评分标准见表 E.3。

表 E.3 观赏草叶色分级表

等级	评分	评分标准
1	8～9	叶色美观
2	6～7	叶色较美观
3	4～5	叶色较一般
4	2～3	叶色较差
5	1	叶色差

E.2.1.3 花序美感

指花序形状的观赏价值，采用目测打分法，分级及评分标准见表 E.4。

表 E.4 观赏草花序美感分级表

等级	评分	评分标准
1	8～9	好
2	6～7	较好
3	4～5	一般
4	2～3	较差
5	1	差

E.2.1.4 花序颜色

指花序醒目与艳丽程度，采用目测打分法，分级及评分标准见表 E.5。

表 E.5 观赏草花序颜色分级表

等级	评分	评分标准
1	8～9	色泽美丽
2	6～7	色泽较美丽
3	4～5	色泽一般
4	2～3	色泽较差
5	1	色泽差
6	0	无花序

E.2.1.5 花序长度

比较参试品种与对照品种的花序长度，分级及评分标准见表 E.6。

表 E.6 观赏草花序长度分级表

等级	评分	评分标准
1	8～9	明显长于对照品种
2	6～7	长于对照品种
3	4～5	与对照品种一样
4	2～3	短于对照品种
5	1	明显短于对照品种

E.2.1.6 每株花序数

采用目测打分法，分级及评分标准见表 E.7。

表 E.7 观赏草每株花序数分级表

等级	评分	评分标准
1	8～9	多且很美
2	6～7	多且美
3	4～5	适中
4	2～3	略少
5	1	少

E.2.1.7 花序观赏期

比较参试品种与对照品种的花序观赏期长短，分级及评分标准见表 E.8。

表 E.8 观赏草花序观赏期分级表

等级	评分	评分标准
1	8～9	明显长于对照品种
2	6～7	长于对照品种
3	4～5	与对照品种一样
4	2～3	短于对照品种
5	1	明显短于对照品种

E.2.1.8 绿色期

根据绿色期天数评分，分级及评分标准见表 E.9。

表 E.9 观赏草绿色期分级表

等级	评分	评分标准
1	8～9	300 天以上
2	6～7	260～300 天

表 E.9（续）

等级	评分	评分标准
3	4～5	220～259 天
4	2～3	180～219 天
5	1	180 天以下

E.2.1.9 生长速度

比较参试品种与对照品种的生长速度快慢，分级及评分标准见表 E.10。

表 E.10 观赏草生长速度分级表

等级	评分	评分标准
1	8～9	明显快于对照品种
2	6～7	快于对照品种
3	4～5	与对照品种一样
4	2～3	慢于对照品种
5	1	明显慢于对照品种

E.2.2 观赏草观赏性综合评价

将各单项观赏性评价指标得分对应评分时的月份填入表 E.11。打分次数多于 1 次的评价指标其最终评分为各次得分的平均值。各单项观赏性评价指标评分的平均分为总评分。

表 E.11 观赏草观赏性综合评价表

试验地点：________ 品种名称：________ 试验年份：________ 观测人：________

评价指标	测定时间												评分
	1 月	2 月	3 月	4 月	5 月	6 月	7 月	8 月	9 月	10 月	11 月	12 月	
叶 形													
叶 色													
花序美感													
花序颜色													
花序长度													
花序数													
花序观赏期													
绿色期													
生长速度													
总 评	优（ ） 良（ ） 中（ ） 差（ ） 劣（ ）												
注：总评分中的优、良、中、差、劣分别对应 8 分～9 分、6 分～7 分、4 分～5 分、2 分～3 分和 1 分。													

ICS 65.020.30
B 43

中华人民共和国国家标准

GB/T 30396—2013

牛冷冻精液包装、标签、贮存和运输

Pack, tag, storage and transportation of bovine frozen semen

2013-12-31 发布 2014-07-16 实施

中华人民共和国国家质量监督检验检疫总局
中国国家标准化管理委员会 发布

前　言

本标准按照 GB/T 1.1—2009 给出的规则起草。

本标准由中华人民共和国农业部提出。

本标准由全国畜牧业标准化技术委员会(SAC/TC 274)归口。

本标准起草单位:南京农业大学、农业部牛冷冻精液质量监督检验测试中心(南京)、全国畜牧总站、农业部牛冷冻精液质量监督检验测试中心(北京)。

本标准主要起草人:陆汉希、刘海良、张晓霞、孙飞舟、金穗华、黄文佳、孙振国。

牛冷冻精液包装、标签、贮存和运输

1 范围

本标准规定了牛冷冻精液包装、标签、贮存和运输的基本要求。

本标准适用于牛冷冻精液。

2 规范性引用文件

下列文件对于本文件的应用是必不可少的。凡是注日期的引用文件，仅注日期的版本适用于本文件。凡是不注日期的引用文件，其最新版本(包括所有的修改单)适用于本文件。

GB/T 5458 液氮生物容器

GB/T 14174 大口径液氮容器

3 术语和定义

下列术语和定义适用于本文件。

3.1

标签 tag

牛冷冻精液包装上的文字、图形、符号及一切说明物。

3.2

主要展示版面 principal display panel

牛冷冻精液包装物或包装容器上最容易观察到的版面。

3.3

生产日期 date of manufacture

牛冷冻精液成为最终产品的日期。

3.4

包装日期 date of packaging

将牛冷冻精液装入包装物或容器中，形成最终销售单元的日期。

3.5

贮精管 goblet

一端封闭另一端开口的柱形贮存细管冷冻精液的器材。管体要求厚薄均匀一致，在常温至超低温(−196 ℃)环境下不变形、不破裂。

3.6

外标签 exterior tag

通过棉绳等联结线栓系在包装袋上，悬挂在液氮生物容器罐体外的标签。

3.7

内标签 interior tag

印章加盖或誊写在包装袋主要展示版面上的标签。

3.8

联结线　connection string

联结包装袋和外标签的绳索。

4　包装

4.1　主要包装材料规格

4.1.1　贮精管

最多能贮存25支0.25 mL微型细管冷冻精液。注满液氮后细管冷冻精液的精液应能全部浸泡在液氮中，超声波封口端露出贮精管开口端。

4.1.2　包装袋

4.1.2.1　材料

灭菌纱布或其他纺织品（轻、薄、牢固、通透性良好）。

4.1.2.2　缝制

毛边内置、可穿系封口绳。纱布应双层裁制（见附录A中图A.1）。其他纺织品根据材质可单层裁制。

4.1.2.3　规格

长度小于等于180 mm；宽度小于等于75 mm，可根据预定装入的贮精管数量（宜为4管或8管）来决定。封口绳总长度不小于300 mm，直径不小于2 mm。

4.1.2.4　要求

装入细管冷冻精液后应能自然浸泡在液氮中。

4.2　要求

4.2.1　细管冷冻精液包装应在－140 ℃以下的环境中进行，每支贮精管最多装25支。包装后的细管冷冻精液其棉塞端应朝向贮精管的底部，不得倒置。

4.2.2　每个包装袋装贮精管数量不应超过8管。用封口绳打一个活结，打结后调节封口绳两端使之与结扣的距离相当，拴紧包装袋上的封口绳（见图A.2）。

5　标签

5.1　材料

5.1.1　内标签

包装袋主要展示版面。其材料符合4.1.2.1的规定。

5.1.2　外标签

硬纸板、无纺布。

5.2 规格

5.2.1 内标签

可直接用印章(宜采用活字组合数字 S-2 型等)在包装袋上加盖的相应内容。字体应大于粗体2号字。

5.2.2 外标签

面积不小于 2 600 mm^2。上方中部设一穿线孔。

5.3 形状

乳用型品种:圆形;肉用型品种:正方形;兼用型品种:椭圆形(短轴∶长轴=0.62);水牛:长方形(宽∶长=0.62);其他品种:正三角形。

5.4 标示

5.4.1 内标签

牛号、品种、细管数量(见图 A.1)。

5.4.2 外标签

牛号、品种、细管数量、包装日期、产品标准编号、生产许可证号、生产者名称和地址及联系方式、贮存方式和条件、使用说明等(见图 A.3)。可采用双面印制。

5.5 要求

外形美观大方,信息齐全,字体为粗体,不褪色、字迹清晰易认。

6 联结线

6.1 材料

棉绳。

6.2 规格

直径大于等于 2 mm,长度应根据液氮生物容器高度来决定,应长于液氮生物容器的高度 200 mm。

6.3 要求

联结线一端与封口绳两端并拢在一起的封口绳打两个死结,联结线的另一端穿过外标签上的穿线孔拴系在外标签上,打一至两个结。一根联结线只能联结一个包装袋(见图 A.4)。

7 贮存

7.1 贮存容器

应符合 GB/T 5458 和 GB/T 14174 的要求。

7.2 贮存介质

液氮。

7.3 要求

细管冷冻精液应浸没于液氮生物容器的液氮中。冷冻精液由一个液氮生物容器转移到另一液氮生物容器时，在液氮生物容器外停留时间不得超过 3 s。取存冷冻精液后要及时盖好液氮生物容器塞。

7.4 贮存室

应阴凉、干燥、清洁和通风良好。

8 运输

8.1 在液氮生物容器罐体外明显位置标上“向上”“小心轻放”等储运图示标志。

8.2 液氮生物容器应轻装轻卸，不得倾斜、横倒、碰撞和强烈振动，确保冷冻精液始终浸泡在液氮中。

8.3 有专人负责，移动液氮生物容器应提握液氮生物容器手柄抬起罐体后移动。

附　录　A
（规范性附录）
包装袋及标签图示

包装袋及标签见图 A.1～图 A.4。

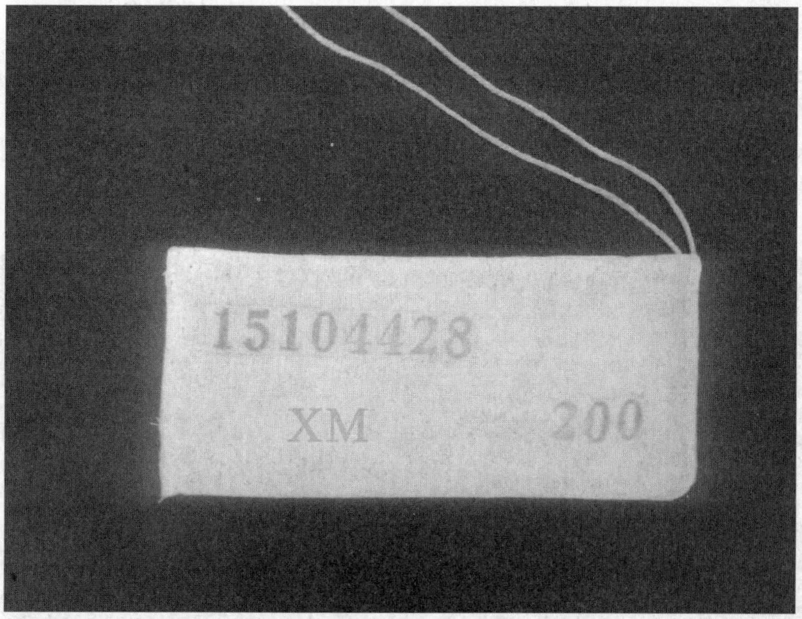

图 A.1　纱布包装袋及内标签

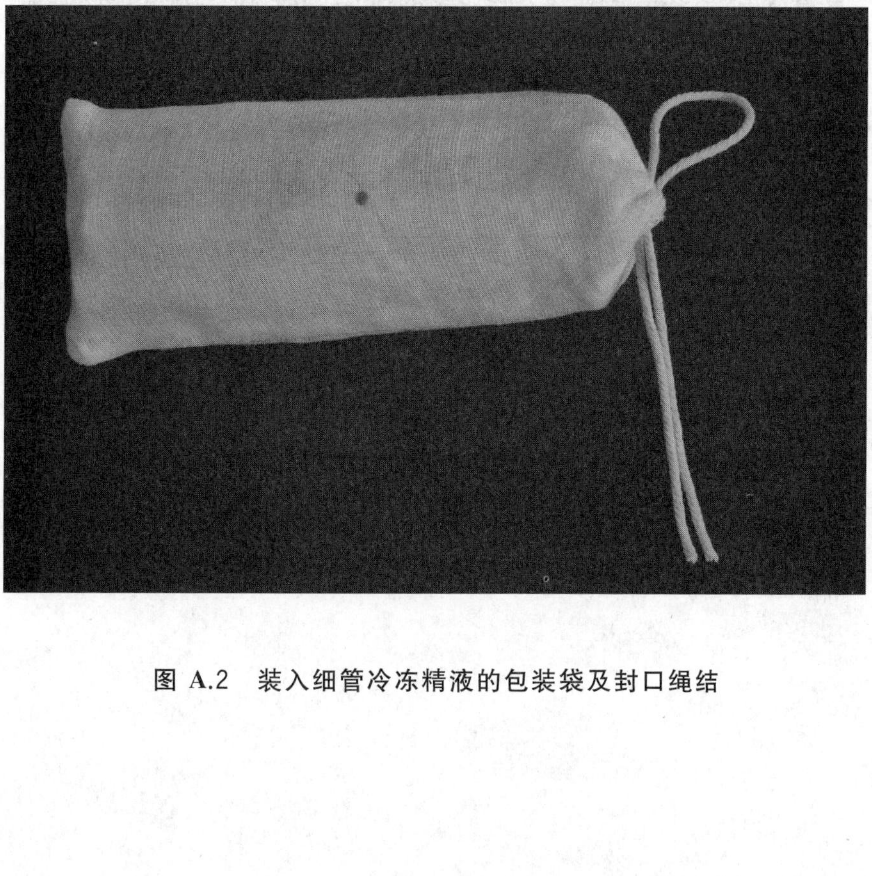

图 A.2　装入细管冷冻精液的包装袋及封口绳结

0

牛号：

品种：

数量：

包装日期：

产品标准编号：

a） 外标签 A 面

0

生产商：

生产许可证号：

地址：

联系电话：

贮存条件及方式：浸泡在液氮生物容器的液氮中。

解冻方法：37 ℃水浴解冻。

b） 外标签 B 面

图 A.3 外标签

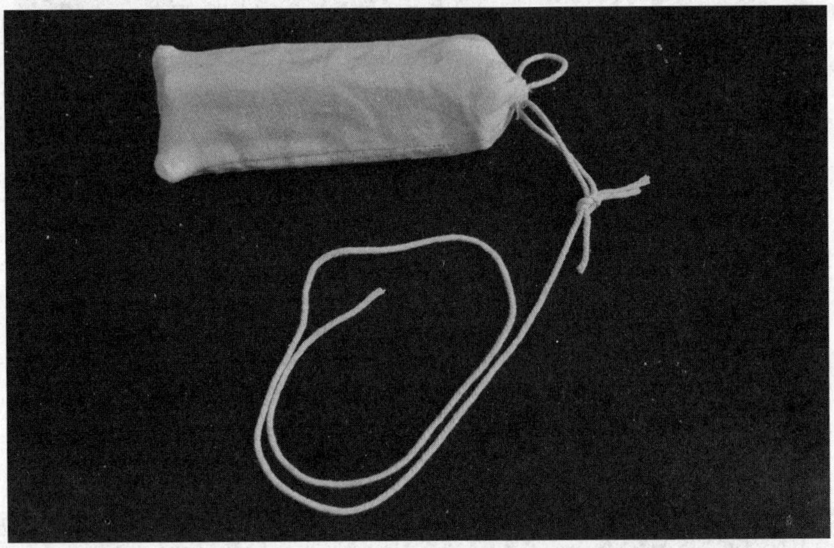

图 A.4 拴系上联结线的包装袋

ICS 61.060
Y 78

中华人民共和国国家标准

GB/T 30397—2013

皮鞋整鞋吸湿性、透湿性试验方法

Test method for leather shoes—Water vapour absorption and permeability

2013-12-31 发布　　2014-12-01 实施

中华人民共和国国家质量监督检验检疫总局
中国国家标准化管理委员会　发布

前言

本标准按照GB/T 1.1—2009给出的规则起草。

请注意本文件的某些内容可能涉及专利。本文件的发布机构不承担识别这些专利的责任。

本标准由中国轻工业联合会提出。

本标准由全国制鞋标准化技术委员会皮鞋分技术委员会(SAC/TC 305/SC 1)归口。

本标准起草单位:国家鞋类质量监督检验中心(温州)、康奈集团有限公司、温州市万丰检测设备有限公司、陕西科技大学。

本标准主要起草人:余建明、郑秀康、毛小慧、黄赢、戴金清、陈小可、杜少勋、赵子文、管建军。

皮鞋整鞋吸湿性、透湿性试验方法

1 范围

本标准规定了测定皮鞋整鞋吸湿、透湿性能的试验方法。

本标准适用于一般穿用的满帮式皮鞋。满帮式休闲鞋、旅游鞋等可参照执行。

2 规范性引用文件

下列文件对于本文件的应用是必不可少的。凡是注日期的引用文件，仅注日期的版本适用于本文件。凡是不注日期的引用文件，其最新版本(包括所有的修改单)适用于本文件。

GB/T 22049—2008 鞋类 鞋类和鞋类部件环境调节及试验用标准环境

3 术语和定义

下列术语和定义适用于本文件。

3.1

吸湿性 water vapour absorption

在一定条件下、一定时间内整鞋吸收水汽的能力。用规定时间内整鞋吸收的水汽质量来表示。

3.2

透湿性 water vapour permeability

在一定条件下、单位时间内水汽透过整鞋的能力。用单位时间内透过整鞋的水汽质量来表示。

4 原理

模拟脚在鞋内穿着产生的湿热水汽被鞋帮、鞋垫、内底等材料吸收并向鞋腔外排出的过程。给封闭的鞋腔内通入一定温度下产生的具有一定湿度、压力的水汽，通过测定规定时间内鞋吸收水汽后增加的质量得到整鞋吸湿性；通过测定单位时间内干燥剂吸收透过鞋帮的水汽后增加的质量得到整鞋透湿性。

5 试验设备和材料

5.1 整鞋吸湿透湿性试验仪

5.1.1 整鞋吸湿透湿性试验仪由水汽产生装置、压力调节装置、试验鞋楦、试验箱、质量测量装置等主要部件构成，工作原理见图1。

5.1.2 水汽产生装置产生的水汽通过进汽管进入鞋腔，未被鞋吸收及未透过鞋腔的水汽通过回汽管返回水汽产生装置。

5.1.3 鞋腔内的水汽压力通过压差传感器，反馈给压力调节装置，通过调节水汽输送量，使鞋腔内的水汽与环境大气的压差稳定在(0.12±0.02)kPa。

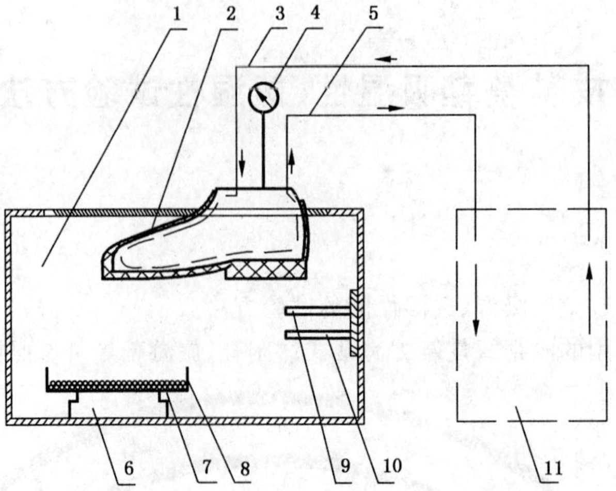

说明：

1 ——试验箱；

2 ——整鞋试样；

3 ——进汽管；

4 ——压差传感器；

5 ——回汽管；

6 ——质量测量装置；

7 ——硅胶；

8 ——托盘；

9 ——温度传感器；

10——湿度传感器；

11——水汽产生装置。

图 1　整鞋吸湿透湿性试验仪工作原理图

5.1.4　试验鞋楦，试验时套入试样内与鞋口部分吻合，装有进汽口、出汽口和压差传感器口。鞋楦在鞋的鞋口处 12 mm 以下挖空(可留下定位支撑点和导汽道)，不与衬里和鞋垫接触，使鞋口下方 12 mm 以下鞋腔内表面均能接触水汽。

5.1.5　试验箱，内腔体积不宜超过 30 L，箱体材料不能吸收水汽也不能与水汽产生化学反应，一般选不锈钢材料，试验箱内温度波动控制在±2 ℃。

5.1.6　质量测量装置，用于称干燥剂的质量，量程 500 g，最小分度值不大于 0.01 g。装干燥剂的托盘采用网状材料，孔径小于 2 mm，托盘面积为(200±10)cm^2。

5.2　天平

最大量程应满足试样称量要求，最小分度值不大于 0.01 g。

5.3　干燥剂

5.3.1　采用硅胶作为干燥剂。硅胶干燥前要用 2 mm 目径的筛子过筛除去小颗粒和灰尘，并在 125 ℃ 通风的烘箱内干燥至少 16 h，然后在干燥器内冷却至室温。

5.3.2　硅胶干燥时不能超过 130 ℃ 的规定温度，以免影响硅胶的吸水性。烘箱不宜密封，宜保持烘箱内外空气能持续对流。

6 试样

6.1 选取满帮式鞋作为试样，推荐男鞋鞋号为 245 mm～255 mm，女鞋鞋号为 230 mm～240 mm。

6.2 试样数量至少 1 双。

6.3 将试样在 GB/T 22049—2008 规定的温度(23±2)℃，相对湿度(50±5)%条件下调节至少 48 h。

7 试验步骤

7.1 试验环境

试验环境为 GB/T 22049—2008 规定的温度(23±2)℃，相对湿度(50±5)%。

7.2 吸湿性

7.2.1 启动水汽产生装置，使之产生温度为(35±2)℃，相对湿度为(90±5)%的水汽。

7.2.2 将经过调节的试样在天平上称量，记为 m_1，套入试验鞋楦，固定在试验箱内，鞋口部分露出试验箱，密封鞋口部分与试验箱壁之间的间隙。

7.2.3 将试验箱内温度设定为(35±2)℃。

7.2.4 当水汽的温度、湿度及试验箱内的温度稳定后，将水汽通入鞋腔，开始计时。

7.2.5 调节压力调节装置，使鞋腔内水汽与环境大气的压力差稳定在(0.12±0.02)kPa。

7.2.6 试验 8 h 后，取下试样立即进行称量，记为 m_2。

7.3 透湿性

7.3.1 将试样先按照 7.2 吸湿性试验条件进行至少 16 h 的吸湿试验。

7.3.2 停止通入水汽，将经干燥的硅胶(180±20)g 平铺在质量测量装置的托盘上，密封试验箱。

7.3.3 待试验箱内湿度下降到一个相对稳定的值时，读取硅胶的质量，记为 m_1，向鞋腔通入水汽，同时开始计时。经过 4 h 后，停止通入水汽。待试验箱内湿度再次达到相对稳定时，读取硅胶的质量，记为 m_4。

8 试验结果

8.1 吸湿性

吸湿性按式(1)计算，每只试样分别表示。

$$W = m_2 - m_1 \qquad \cdots\cdots(1)$$

式中：

W ——吸湿性，单位为毫克(mg)；

m_1——整鞋调节 48 h 后的质量，单位为毫克(mg)；

m_2——整鞋吸湿 8 h 后的质量，单位为毫克(mg)。

8.2 透湿性

透湿性按式(2)计算，每只试样分别表示。

$$P = (m_4 - m_3)/t \qquad \cdots\cdots(2)$$

式中：

P ——透湿性，单位为毫克每小时(mg/h)；

m_3——硅胶的初始质量，单位为毫克(mg)；

m_4——试验后硅胶的质量，单位为毫克(mg)；

t ——透湿试验时间 4 h，单位为小时(h)。

9 试验报告

试验报告应包含以下内容：

a) 试样的样式、材质(包括帮面、衬里、鞋垫等)和鞋号等；

b) 试验结果，根据第 8 章表达；

c) 本试验方法的标准号；

d) 试验日期；

e) 与本试验方法的任何偏差。

ICS 59.140.30
Y 46

中华人民共和国国家标准

GB/T 30398—2013

皮革和毛皮　化学试验　致敏性分散染料的测定

Leather and fur—Chemical tests—Determination of allergenic disperse dyestuffs

2013-12-31 发布　　2014-12-01 实施

中华人民共和国国家质量监督检验检疫总局
中国国家标准化管理委员会　发布

前　言

本标准按照GB/T 1.1—2009给出的规则起草。

本标准由中国轻工业联合会提出。

本标准由全国皮革工业标准化技术委员会(SAC/TC 252)归口。

本标准起草单位:中华人民共和国福建出入境检验检疫局、国家皮革质量监督检验中心(浙江)、中国皮革和制鞋工业研究院、国家鞋类检测中心。

本标准主要起草人:陈学灿、连小彬、张慧敏、赵立国、王玲霞、王晓霞、李小娅。

皮革和毛皮　化学试验
致敏性分散染料的测定

1　范围

本标准规定了染色皮革、毛皮及其产品中20种致敏性分散染料的测定方法。

本标准适用于染色的皮革、毛皮产品。

2　规范性引用文件

下列文件对于本文件的应用是必不可少的。凡是注日期的引用文件，仅注日期的版本适用于本文件。凡是不注日期的引用文件，其最新版本(包括所有的修改单)适用于本文件。

GB/T 6682　分析实验室用水规格和试验方法

QB/T 1267　毛皮成品　样块部位和标志

QB/T 1272　毛皮成品　化学分析试样的制备及化学分析通则

QB/T 2706　皮革　化学、物理、机械和色牢度试验　取样部位

QB/T 2716　皮革　化学试验样品的制备

3　原理

样品经甲醇超声波提取后，用具有二极管阵列检测器的高效液相色谱仪(HPLC/DAD)对萃取液进行定性、定量测定；或用高效液相色谱-串联质谱法(HPLC-MS/MS)进行定性、定量测定。

4　试剂

除另有规定外，所用试剂均为分析纯，水为符合GB/T 6682规定的二级水。

4.1　甲醇(色谱级)。

4.2　磷酸氢二钠。

4.3　磷酸二氢钠。

4.4　乙酸铵。

4.5　乙酸。

4.6　单组分标准储备溶液(200 mg/L)：配制有效浓度为200 mg/L的附录A所列的单组分分散染料标样标准储备甲醇溶液。

4.7　用于HPLC/DAD分析的标准工作溶液(5 mg/L)：

A组：从分散蓝1、分散蓝35、分散蓝106、分散蓝124、分散红1、分散红11、分散黄3、分散黄9、分散橙1、分散橙3、分散橙37/76、分散棕1的单组分标准储备溶液中各取2.5 mL置于同一容量瓶中，用甲醇定容至100 mL。

B组：从分散蓝3、分散蓝7、分散蓝26、分散蓝102、分散红17、分散黄1、分散黄39、分散黄49的单组分标准储备溶液中各取2.5 mL置于同一容量瓶中，用甲醇定容至100 mL。

4.8　用于HPLC/MS/MS分析的标准溶液(2 mg/L)：从单组分标准储备溶液中各移取1 mL置于同一容量瓶中，用甲醇定容至100 mL。

注：单组分的标准储备液见附录 A，标准工作溶液可根据需要配成其他合适的浓度。

5 仪器和装置

5.1 带旋盖(有聚四氟乙烯垫片)的管状硬质玻璃提取器(50 mL)。

5.2 可控温的超声波浴(输出功率：420 W，频率：40 kHz)，70 ℃±2 ℃。

5.3 一次性注射器(2 mL)。

5.4 聚四氟乙烯薄膜过滤头(0.45 μm)。

5.5 高效液相色谱仪：配有二极管阵列检测器(HPLC/DAD)。

5.6 高效液相色谱仪：配有两级质量分析检测器(HPLC-MS/MS)。

5.7 分析天平：精确至 0.001 g。

6 分析步骤

6.1 取样

6.1.1 标准部位取样

6.1.1.1 皮革：按 QB/T 2706 的规定进行。

6.1.1.2 毛皮：按 QB/T 1267 的规定进行。

6.1.2 非标准部位取样

如果不能从标准部位取样(如直接从鞋、服装上取样)，应在可利用面积内的任意部位取样，样品应具有代表性，对于毛皮样品，取样过程应避免毛被损失，保持毛被完好，并在试验报告中详细记录取样情况。

6.2 样品的制备和萃取

称取 1 g 试样，精确至 0.01 g，置于提取器(5.1)中。往提取器中准确加入 10.00 mL 甲醇(4.1)，旋紧盖子，将提取器置于 70 ℃的超声波浴(5.2)中提取 40min，冷却至室温后，用 0.45 μm 聚四氟乙烯薄膜过滤头(5.4)过滤，用 HPLC/DAD 或 HPLC-MS/MS 分析。

6.3 HPLC/DAD 方法

6.3.1 HPLC/DAD 分析条件

由于测试条件取决于所使用的仪器，因此不可能给出色谱分析的普遍参数。采用下列参数已被证明对测试是合适的：

a) 色谱柱：HC-C_{18}，5 μm，4.6 mm×250 mm 或相当者；

b) 流动相 A：甲醇；

c) 流动相 B：0.005 mol/L 磷酸氢二钠-磷酸二氢钠缓冲液(pH=6.6)；

d) 柱温：50 ℃；

e) 流速：1 mL/min；

f) 检测器：二极管阵列检测器(DAD)；

g) 检测波长范围：200 nm～700 nm；

h) 定量波长：360 nm，420 nm，460 nm，570 nm，630 nm；

i) 进样体积：20 μL；

j) 梯度淋洗程序：见表 1。

表 1　液相梯度淋洗程序

时间/min	流动相 A/%	流动相 B/%	递变方式
0	55	45	线性
15	70	30	线性
20	80	20	线性
22	95	5	线性
25	95	5	线性
28	55	45	线性

6.3.2　HPLC/DAD 定性、定量分析

分别取 20 μL 测试液、用于 HPLC/DAD 分析的标准工作溶液(4.7)进行 HPLC/DAD 分析，通过比较试样与标样在规定的检测波长下(见附录 A)色谱峰的保留时间以及紫外-可见(UV-VIS)光谱进行定性，外标法定量。

注：采用上述分析条件时分散染料标样的 HPLC 保留时间、色谱图和紫外可见光谱图参见附录 A、附录 B 和附录 C。

6.4　HPLC-MS/MS 方法

6.4.1　HPLC-MS/MS 分析条件

由于测试结果与使用的仪器和条件有关，因此不可能给出色谱分析的普遍参数。采用下列参数已被证明对测试是合适的：

a)　色谱柱：Eclipse Plus C_{18}，1.8 μm，2.1 mm×100 mm，或相当者；
b)　流动相 A：0.01 mol/L 乙酸铵溶液(用乙酸调节 pH=3.6)；流动相 B：甲醇；
c)　柱温：40 ℃；
d)　流速：0.2 mL/min；
e)　进样量：2 μL；
f)　梯度洗脱程序：见表 2；
g)　离子化模式：电喷雾电离正负离子模式；
h)　质谱扫描方式：多反应监测；
i)　分辨率：单位分辨率；
j)　其他质谱条件参见附录 D。

表 2　梯度洗脱程序

时间/ min	流动相 A/%	流动相 B/%	递变方式
0	70	30	线性
2	70	30	线性
5	10	90	线性
12.0	10	90	线性
13	70	30	线性
20	70	30	线性

6.4.2 HPLC-MS/MS 测定

分别取 2 μL 测试液和标准工作液进行 HPLC-MS/MS 分析，通过选择两级质谱的特定离子对，比较试样和标样色谱峰的保留时间进行定性，以外标法定量。

注：采用上述分析条件，20 种致敏染料多反应监测(MRM)光谱图参见附录 E。

6.5 空白试验

除不加试样外，均按 6.2～6.4 测定步骤进行。

7 结果计算

本方法测定结果以各种致敏性分散染料的检测结果分别表示，计算方法如式(1)：

$$x_i = \frac{A_i \times c_{is} \times V \times F}{A_{is} \times m} \quad \cdots\cdots(1)$$

式中：

x_i ——试样中分散染料 i 的含量，单位为毫克每千克(mg/kg)；

A_i ——试样萃取液中分散染料 i 的峰面积(或峰高)；

c_{is} ——标准工作溶液中分散染料 i 的浓度，单位为毫克每升(mg/L)；

V ——试样萃取液体积，单位为毫升(mL)；

F ——稀释因子；

A_{is} ——标准工作溶液中分散染料 i 的峰面积(或峰高)；

m ——试样量，单位为克(g)。

计算结果保留到小数点后一位。

8 方法的测定低限和精密度

8.1 测定低限

HPLC/DAD 方法的测定低限为 5.0 mg/kg；HPLC/MS/MS 方法的测定低限为 0.5 mg/kg。

8.2 精密度

在同一实验室，由同一操作者使用相同的设备，按相同的测试方法，并在短时间内对同一被测对象相互独立进行的测试获得的两次独立测试结果的相对标准偏差不大于 10%。

9 试验报告

试验报告至少应给出下述内容：

a) 样品来源及描述；

b) 采用的仪器和标准；

c) 试验结果；

d) 任何偏离本标准的细节；

e) 试验人员、日期。

附 录 A
（资料性附录）
致敏性分散染料的 HPLC/DAD 保留时间及最大检测波长

表 A.1 致敏性分散染料的 HPLC/DAD 保留时间及最大检测波长

序号	染料名称	化学文摘编号(CAS No.)	保留时间 min	检测波长 nm
1	分散蓝 1	2475-45-8	3.818	570
2	分散蓝 3	2475-46-9	8.409	630
3	分散蓝 7	3179-90-6	16.198	630
4	分散蓝 26	3860-63-7	8.095	570
5	分散蓝 35	12222-75-2	13.758	570
6	分散蓝 102	12222-97-8	9.484	360
7	分散蓝 106	12223-01-7	8.460	360
8	分散蓝 124	61951-51-7	15.471	460
9	分散红 1	2872-52-8	15.631	570
10	分散红 11	2872-48-2	12.645	460
11	分散红 17	3179-89-3	17.479	360
12	分散黄 1	119-15-3	20.284	460
13	分散黄 3	2832-40-8	17.811	360
14	分散黄 9	6373-73-5	19.561	460
15	分散黄 39	12236-29-2	12.001	570
16	分散黄 49	54824-37-2	16.516	460
17	分散橙 1	2581-69-3	20.374	570
18	分散橙 3	730-40-5	10.177	570
19	分散橙 37/76	13301-61-3	23.510	420
20	分散棕 1	23355-64-8	25.415	460

附 录 B
（资料性附录）
不同检测波长下浓度为 5 mg/kg 的致敏性分散染料标样的液相色谱图

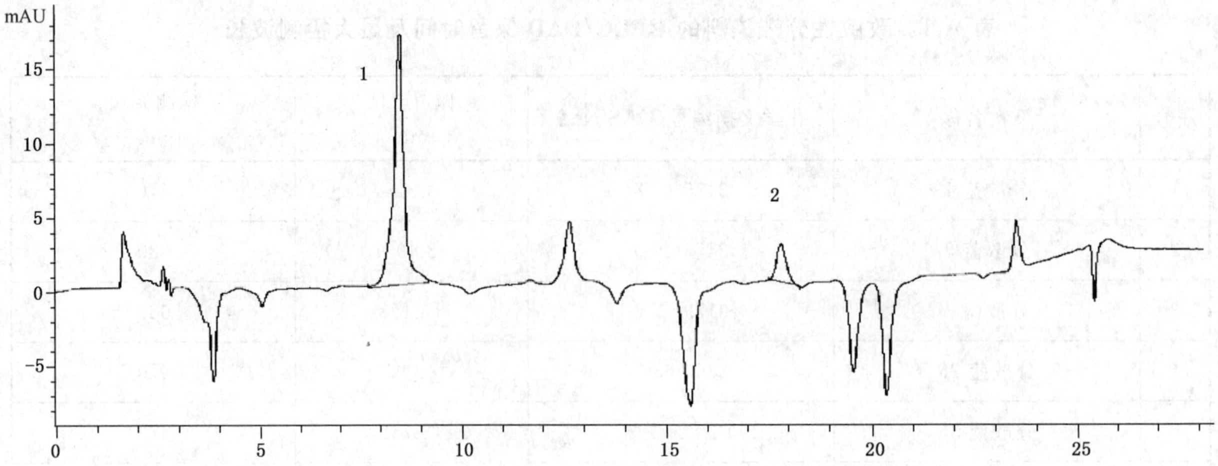

图 B.1 A 组致敏性分散染料标样的液相色谱图(360 nm)

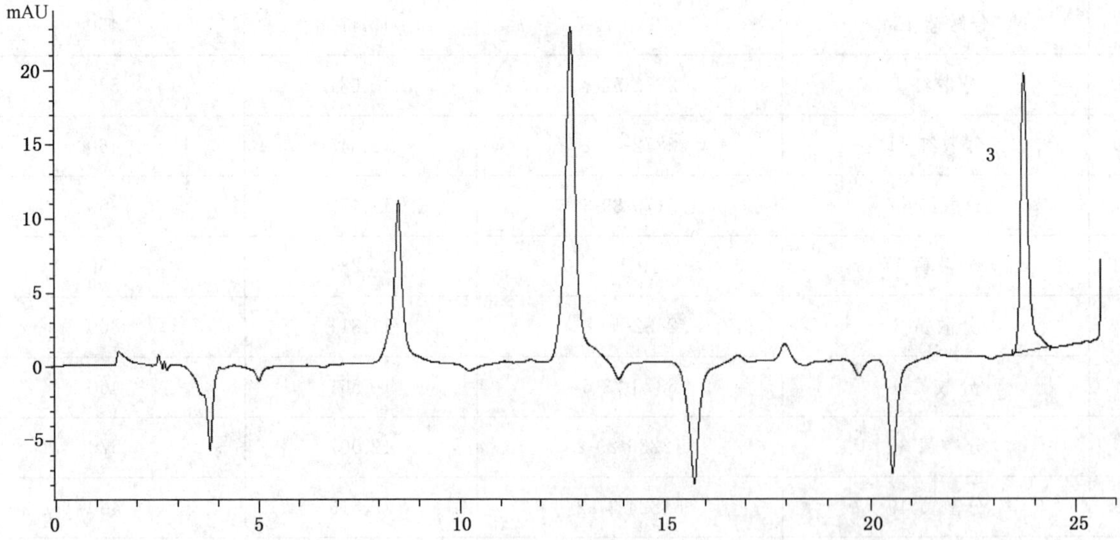

图 B.2 A 组致敏性分散染料标样的液相色谱图(420 nm)

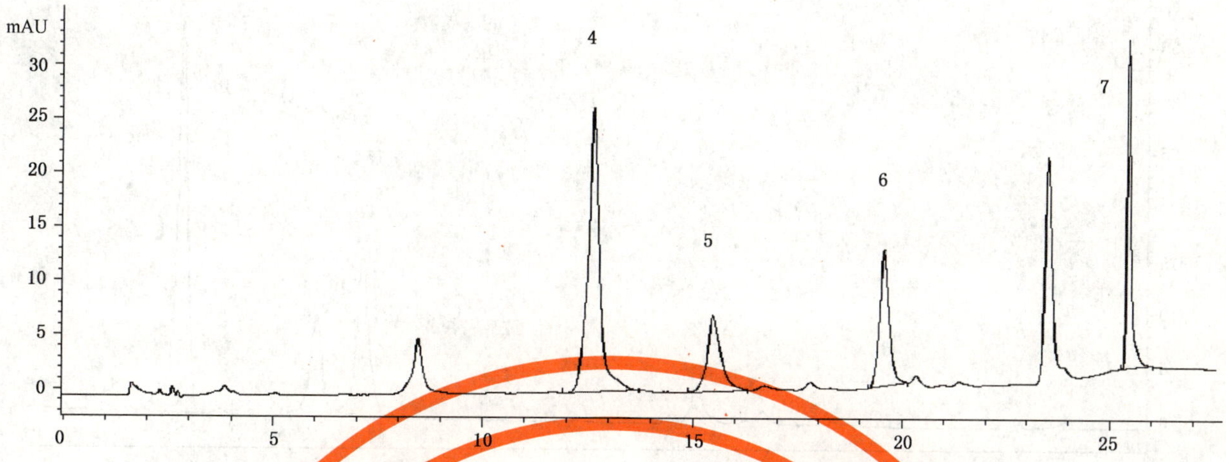

图 B.3　A 组致敏性分散染料标样的液相色谱图(460 nm)

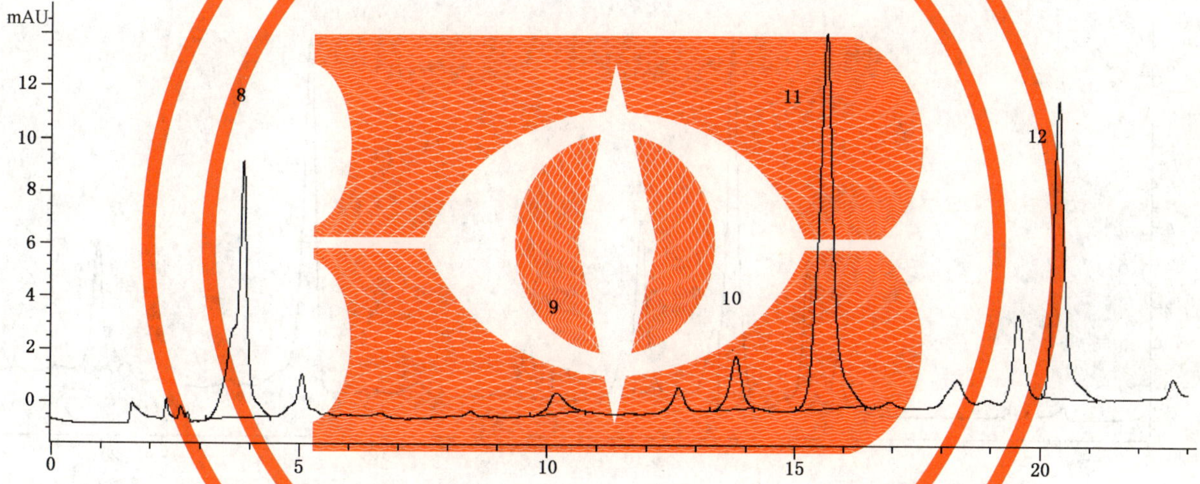

图 B.4　A 组致敏性分散染料标样的液相色谱图(570 nm)

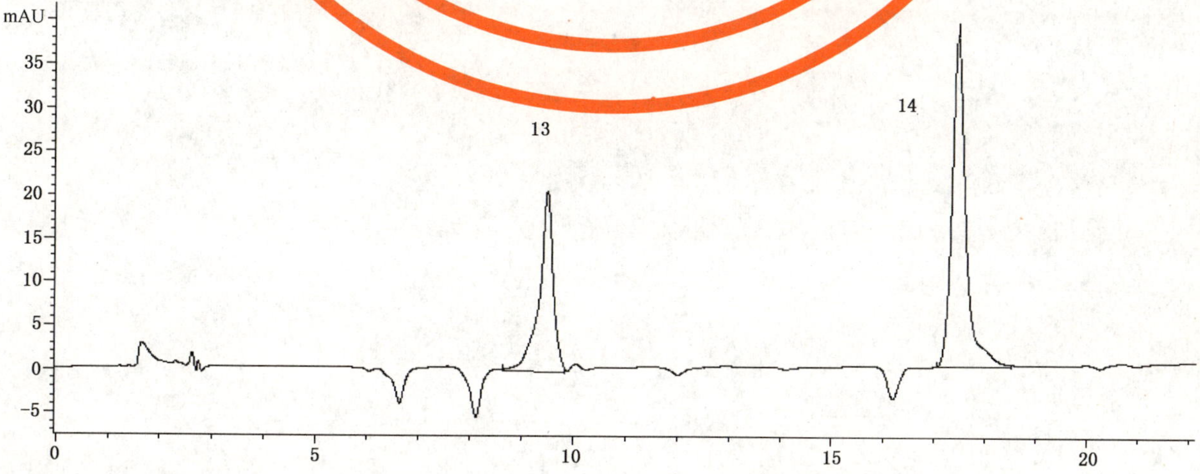

图 B.5　B 组致敏性分散染料标样的液相色谱图(360 nm)

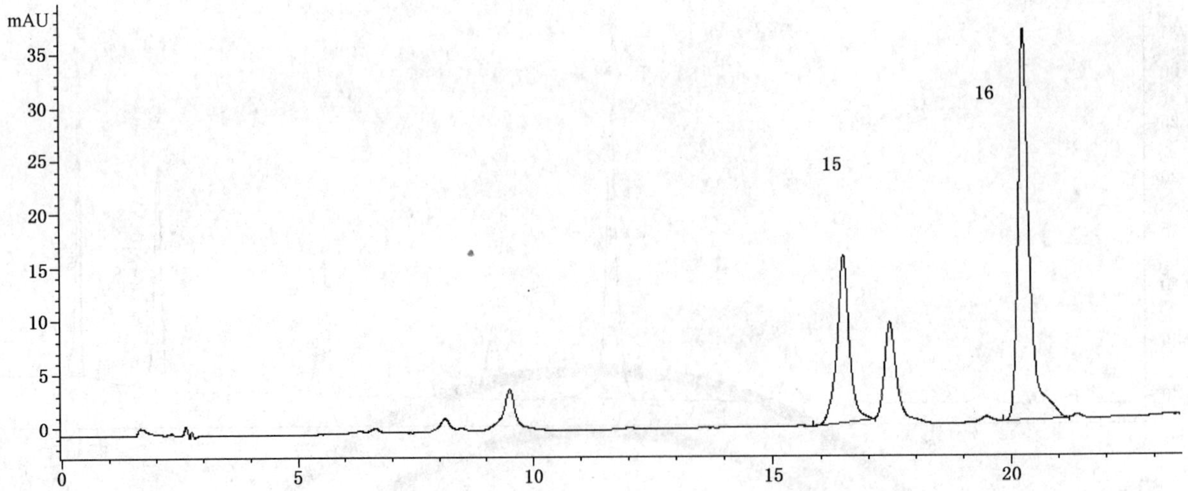

图 B.6　B 组致敏性分散染料标样的液相色谱图(460 nm)

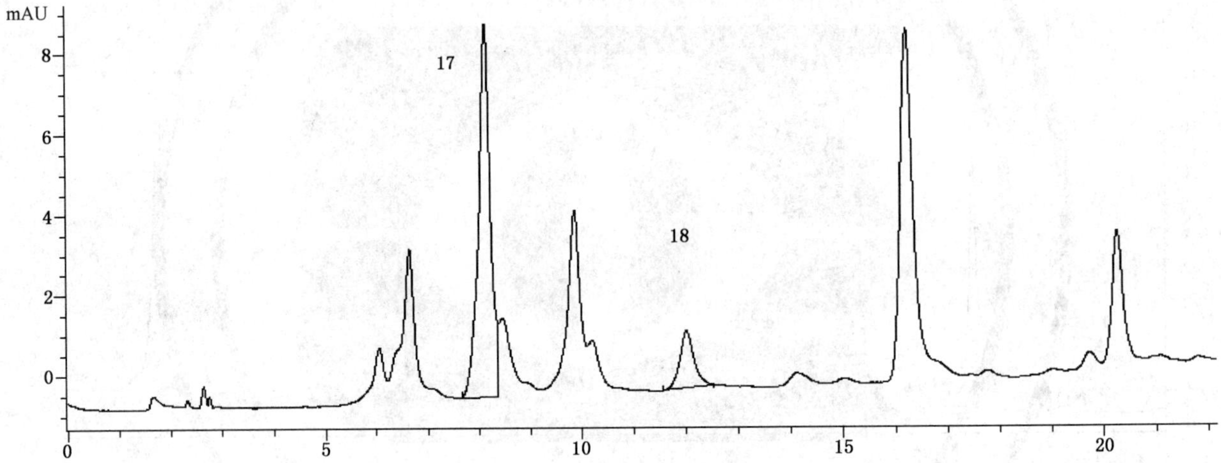

图 B.7　B 组致敏性分散染料标样的液相色谱图(570 nm)

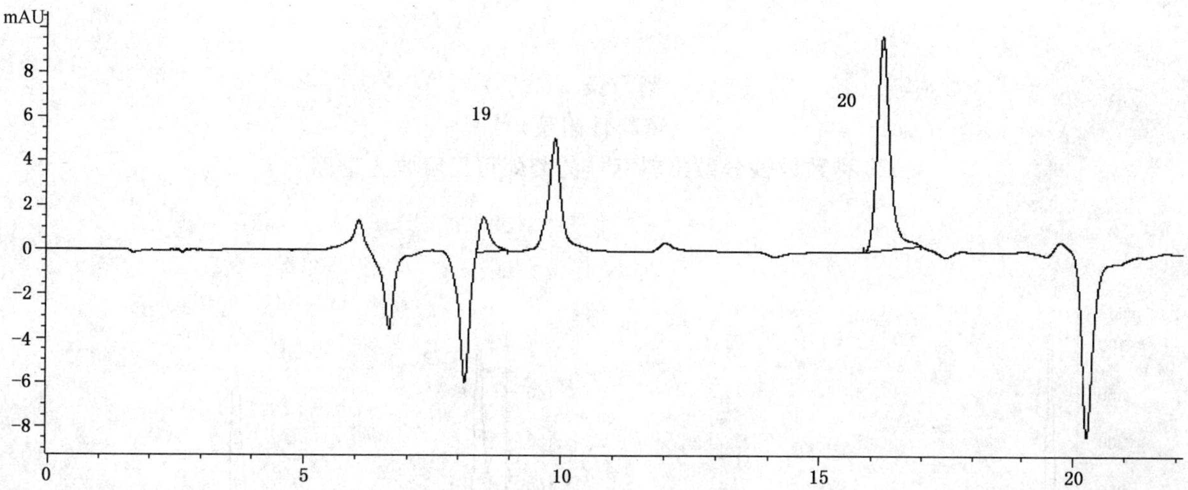

图 B.8　B 组致敏性分散染料标样的液相色谱图(630 nm)

图 1～图 8 说明：

1——分散蓝 106；
2——分散黄 3；
3——分散橙 37/76；
4——分散红 11；
5——分散蓝 124；
6——分散黄 9；
7——分散棕 1；
8——分散蓝 1；
9——分散橙 3；
10——分散蓝 35；
11——分散红 1；
12——分散橙 1；
13——分散蓝 102；
14——分散红 17；
15——分散黄 49；
16——分散黄 1；
17——分散蓝 26；
18——分散黄 39；
19——分散蓝 3；
20——分散蓝 7。

附 录 C
（资料性附录）
20种致敏性分散染料标样的紫外可见吸收光谱图

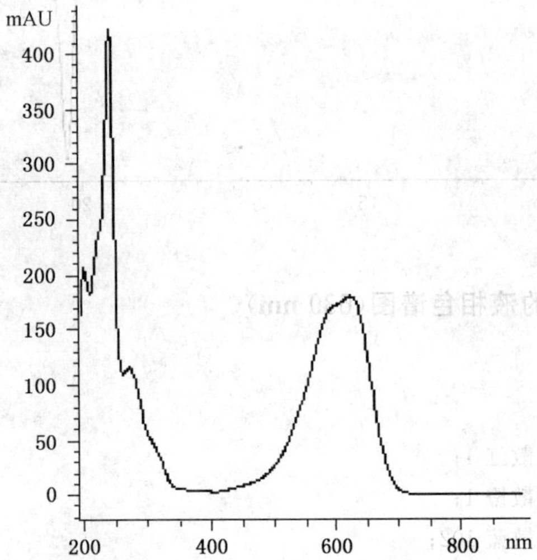

图 C.1 分散蓝1光谱图

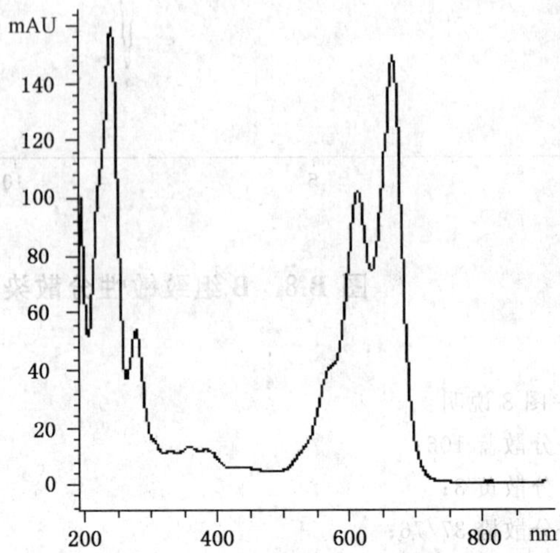

图 C.2 分散蓝3光谱图

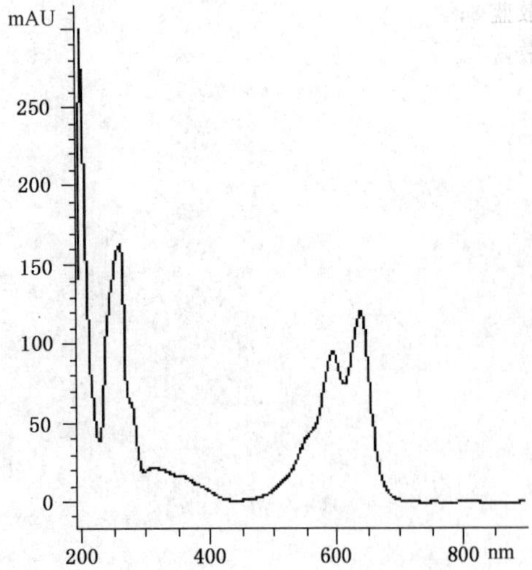

图 C.3 分散蓝7光谱图

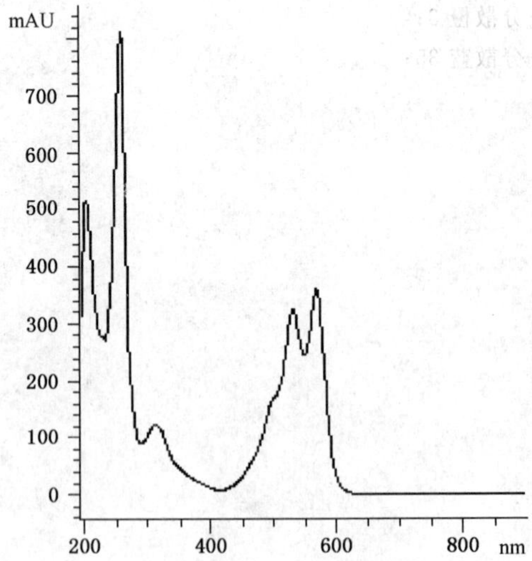

图 C.4 分散蓝26光谱图

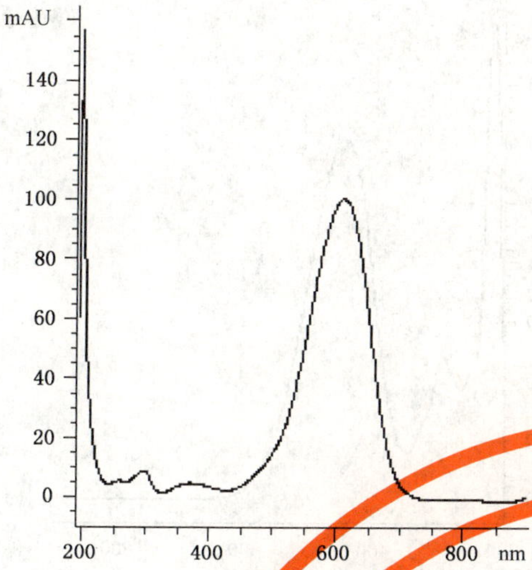

图 C.5　分散蓝 35 光谱图

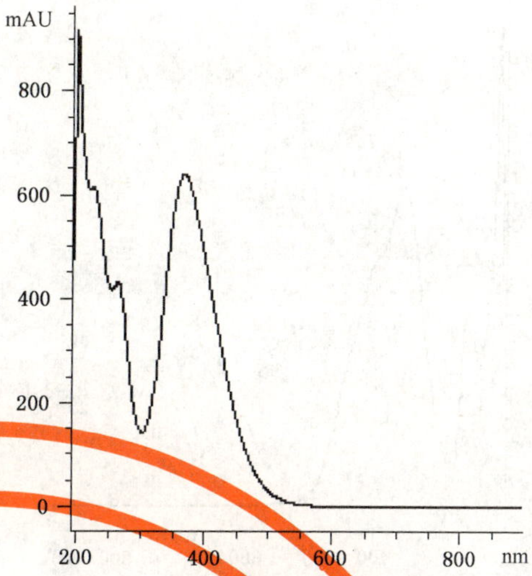

图 C.6　分散蓝 102 光谱图

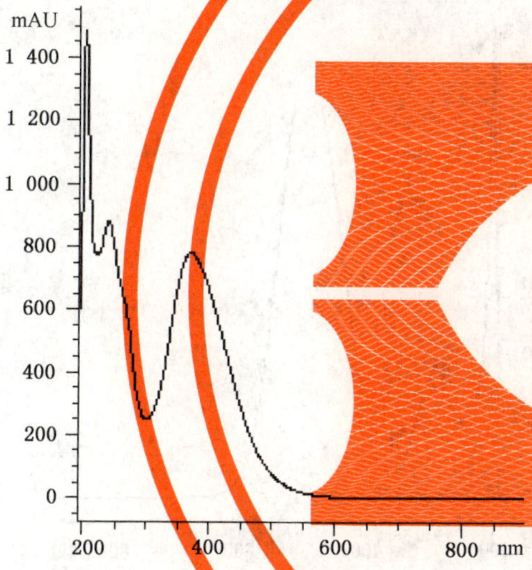

图 C.7　分散蓝 106 光谱图

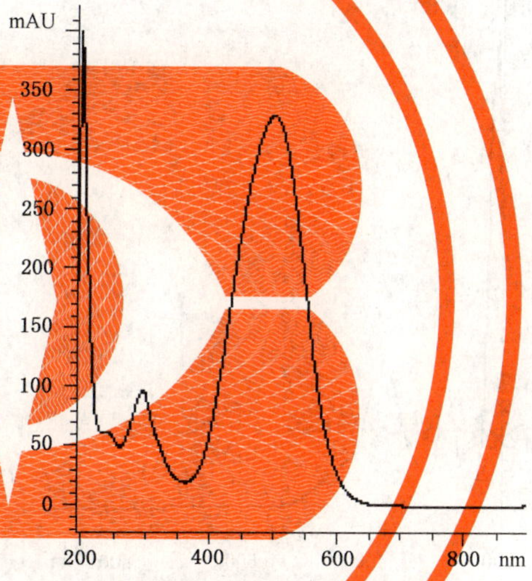

图 C.8　分散蓝 124 光谱图

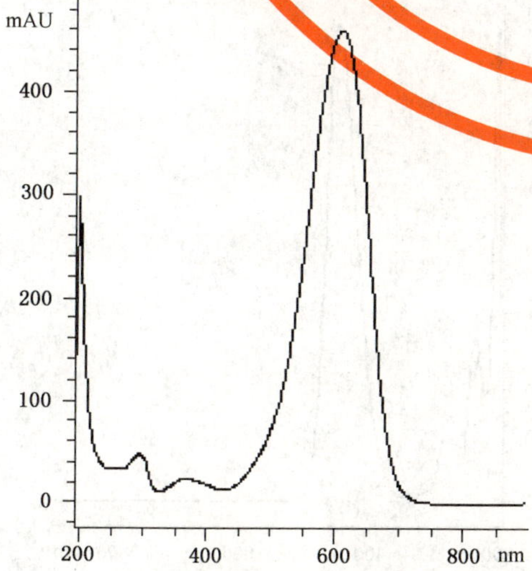

图 C.9　分散红 1 光谱图

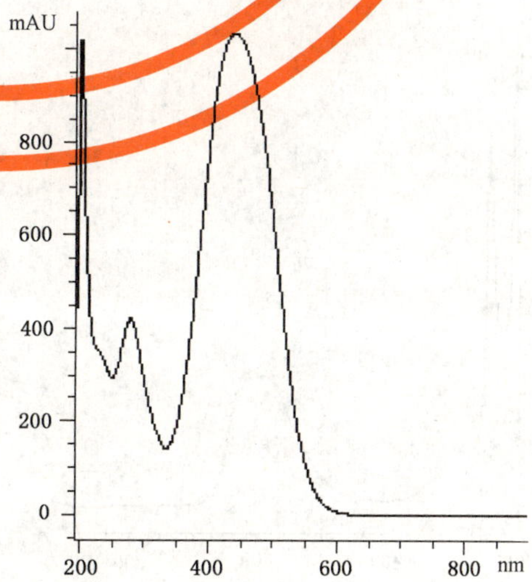

图 C.10　分散红 11 光谱图

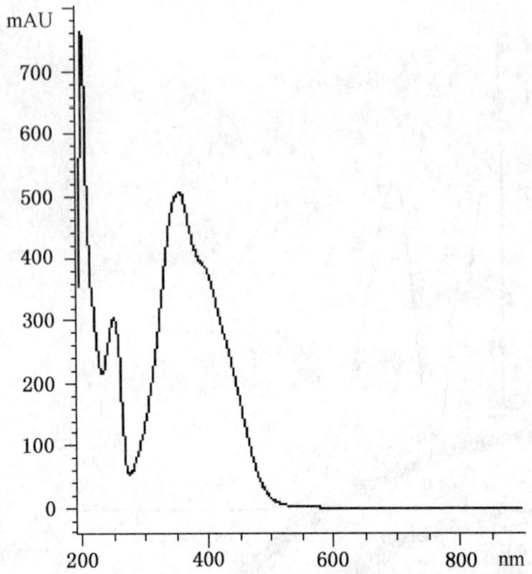

图 C.11 分散红 17 光谱图

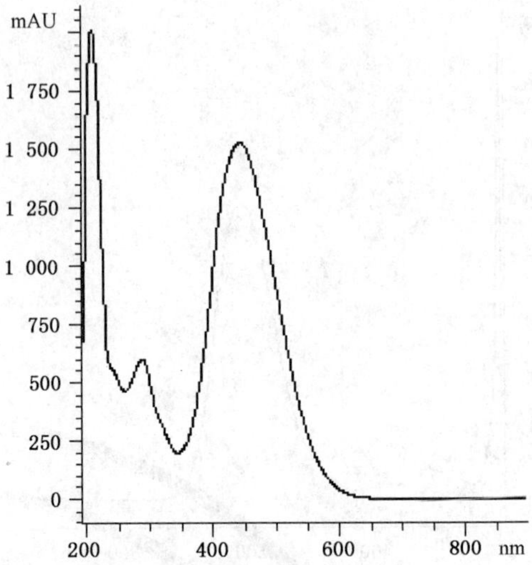

图 C.12 分散黄 1 光谱图

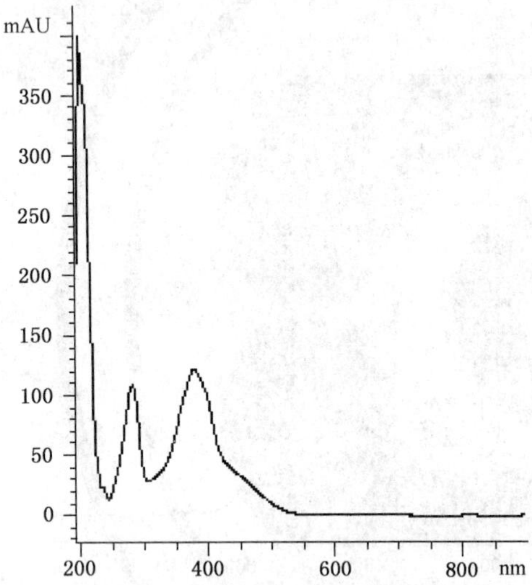

图 C.13 分散黄 3 光谱图

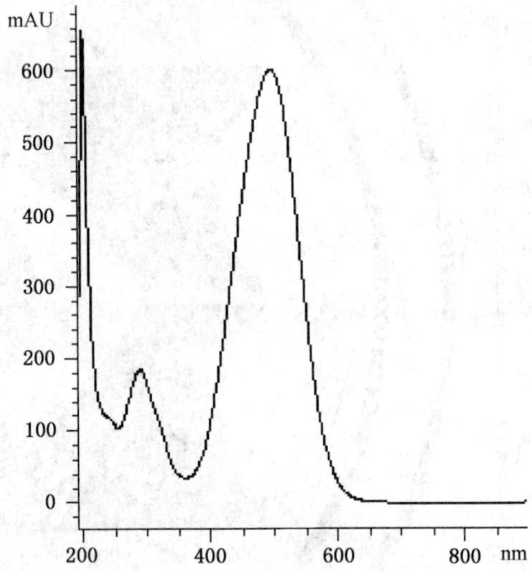

图 C.14 分散黄 9 光谱图

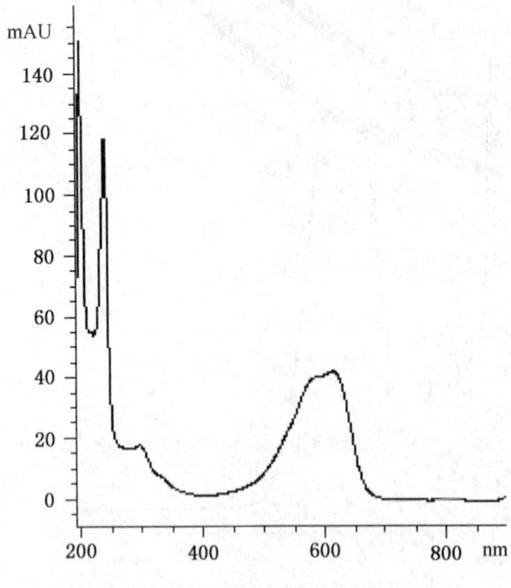

图 C.15 分散黄 39 光谱图

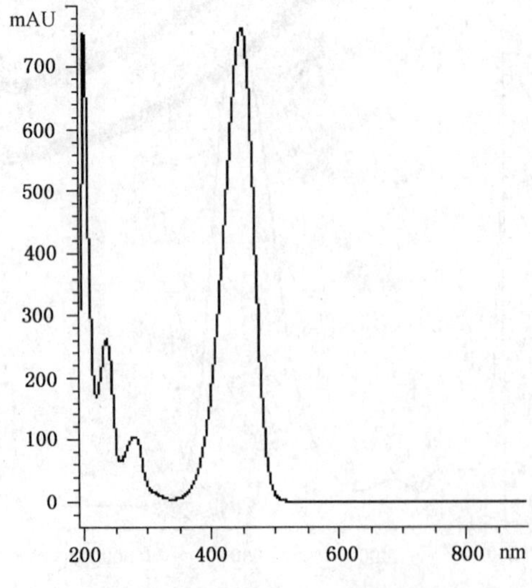

图 C.16 分散黄 49 光谱图

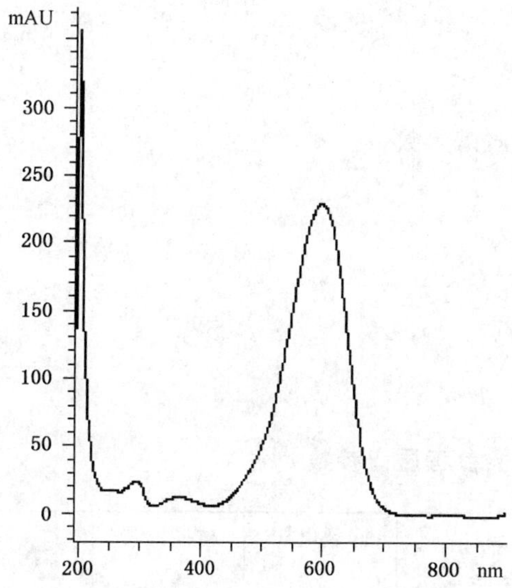

图 C.17　分散橙 1 光谱图

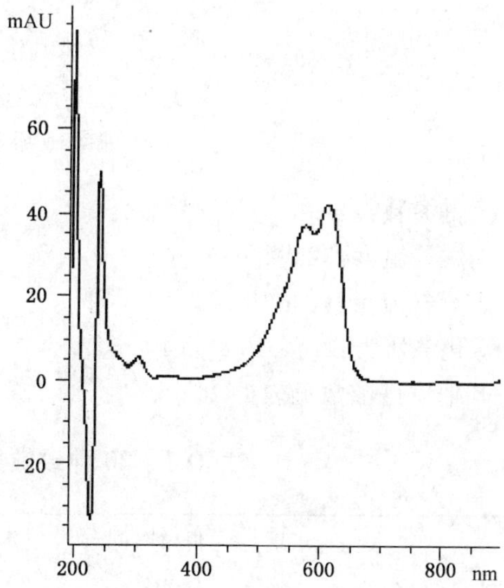

图 C.18　分散橙 3 光谱图

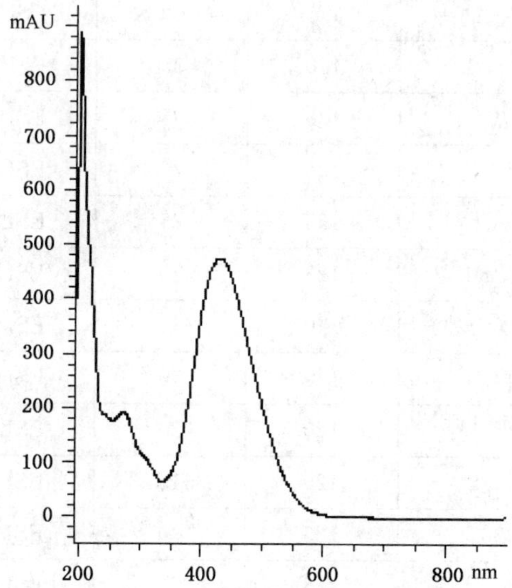

图 C.19　分散橙 37/76 光谱图

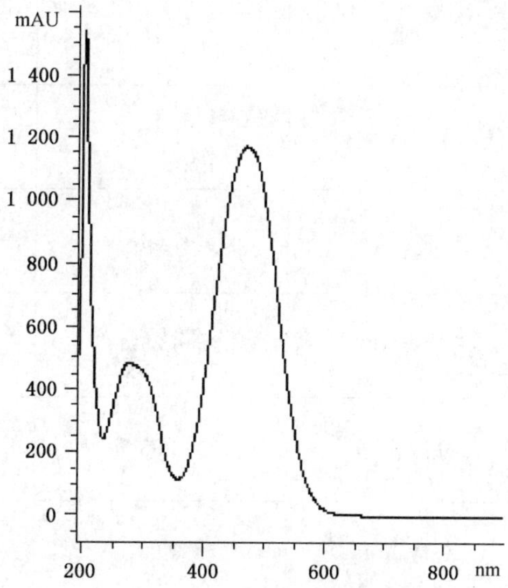

图 C.20　分散棕 1 光谱图

附 录 D
（资料性附录）
20 种致敏染料标样的质谱参数

参考质谱参数：

a） 干燥气温度：325 ℃；

b） 干燥气流量：10 L/min；

c） 雾化气压力：2.7×10^5 Pa(40 psi)；

d） 其他质谱参数见表 D.1。

表 D.1 20 种致敏染料的主要参考质谱参数

序号	染料名称	保留时间 min	监测离子对 m/z	碎裂电压 V	碰撞能量 eV	监测模式
1	分散蓝 1	1.95	269/107*	135	40	ESI^+
			269/252.9	135	35	ESI^+
2	分散蓝 7	2.87	359.1/283.1*	140	40	ESI^+
			359.1/314.1	140	35	ESI^+
3	分散蓝 3	4.21	297/235.1*	130	35	ESI^+
			297/252.1	130	26	ESI^+
4	分散红 11	5.03	269.1/226.1*	125	25	ESI^+
			269.1/254.1	125	20	ESI^+
5	分散蓝 102	6.36	366/208.2*	140	35	ESI^+
			366/147.1	140	40	ESI^+
6	分散黄 1	6.98	274/226.1*	120	20	ESI^-
			274/244.1	120	15	ESI^-
7	分散黄 9	7.88	273.1/226*	125	30	ESI^-
			273.1/242.1	125	26	ESI^-
8	分散红 17	8.02	345.1/164.1*	135	30	ESI^+
			345.1/177.1	135	25	ESI^+
9	分散蓝 106	9.83	336.1/147.1*	140	28	ESI^+
			336.1/178.1	140	25	ESI^+
10	分散橙 3	11.02	243.1/150.1*	115	27	ESI^+
			243.1/122.1	115	30	ESI^+
11	分散黄 3	12.56	270.2/150.2*	135	15	ESI^+
			270.2/107.1	135	20	ESI^+
12	分散棕 1	13.35	433/197.1*	135	35	ESI^+
			433/185.1	135	35	ESI^+

表 D.1（续）

序号	染料名称	保留时间 min	监测离子对 m/z	碎裂电压 V	碰撞能量 eV	监测模式
13	分散黄 39	14.07	291.1/130.1*	125	30	ESI^{+}
			291.1/245.1	125	26	ESI^{+}
14	分散红 1	15.11	315.2/134.2*	130	40	ESI^{+}
			315.2/255.2	130	30	ESI^{+}
15	分散蓝 35	15.98	285.1/270*	120	30	ESI^{+}
16	分散黄 49	16.93	375.1/238.1*	140	30	ESI^{+}
			375.1/164.1	140	35	ESI^{+}
17	分散蓝 124	17.06	378/220*	135	35	ESI^{+}
			378/160	135	40	ESI^{+}
18	分散蓝 26	18.25	299/284*	130	23	ESI^{+}
19	分散橙 37/76	19.46	392.1/323.1*	140	25	ESI^{+}
			392.1/351.1	140	22	ESI^{+}
20	分散橙 1	20.76	319.1/169.1*	135	35	ESI^{+}
			319.1/150.1	135	40	ESI^{+}

注：带 * 的离子为定量离子；对于不同质谱仪器，仪器参数可能存在差异，测定前应将质谱参数优化到最佳。

附　录　E
（资料性附录）
20 种致敏染料多反应监测(MRM)色谱图

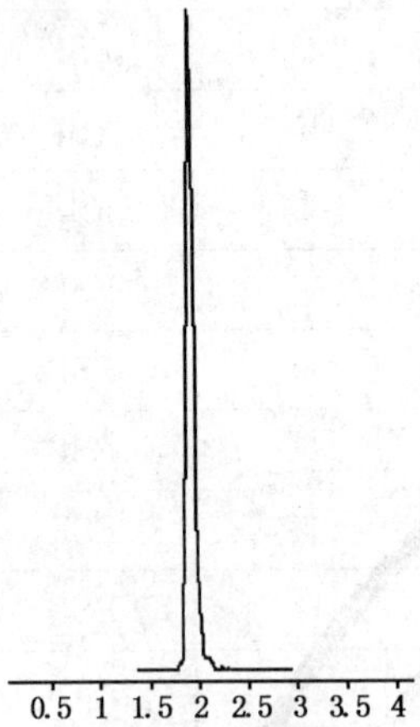

图 E.1　分散蓝 1
(269/107)

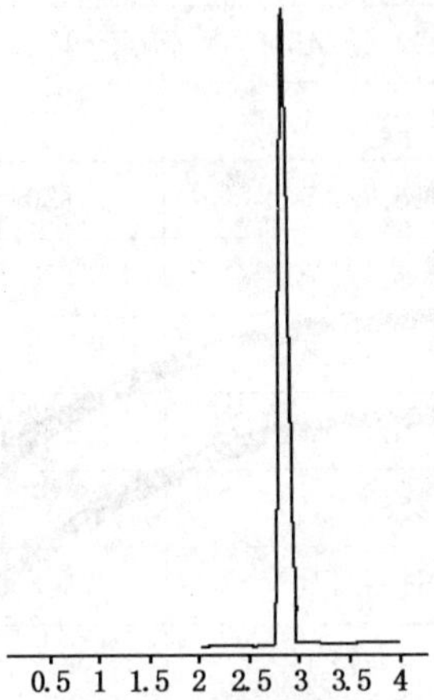

图 E.2　分散蓝 7
(359.1/283.1)

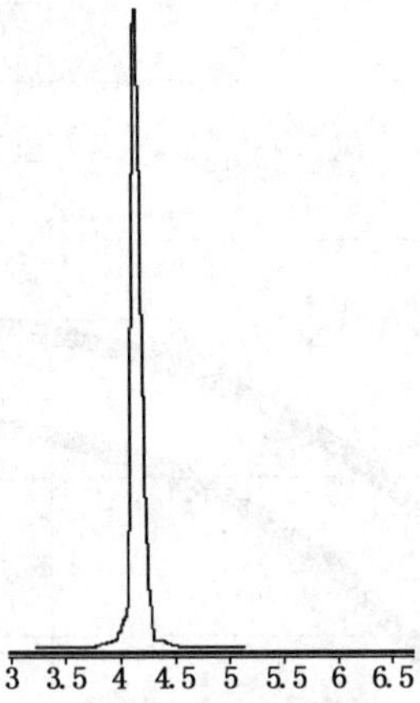

图 E.3　分散蓝 3
(297/351.1)

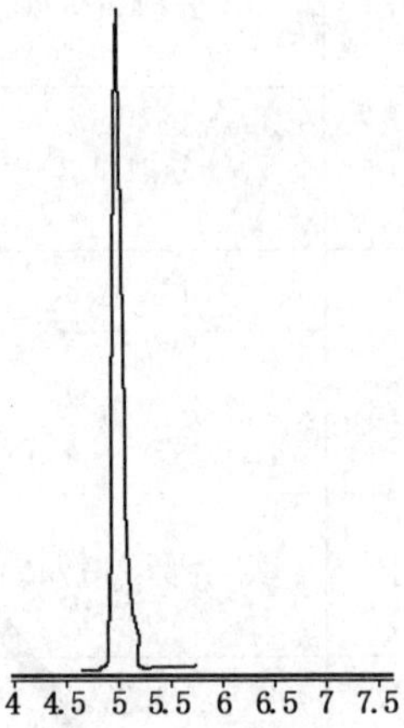

图 E.4　分散红 11
(269.1/226.1)

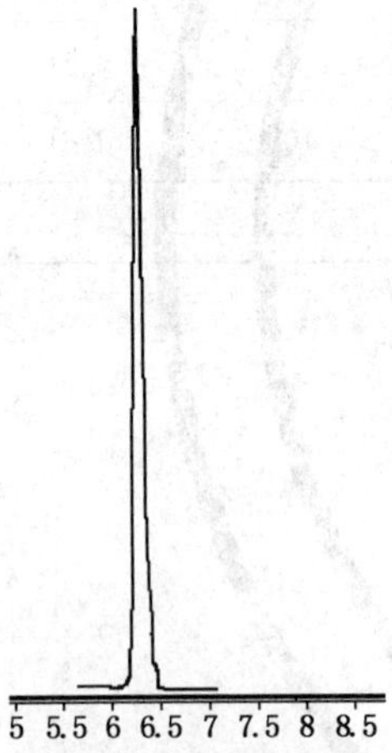

图 E.5　分散蓝 102
(366/208.2)

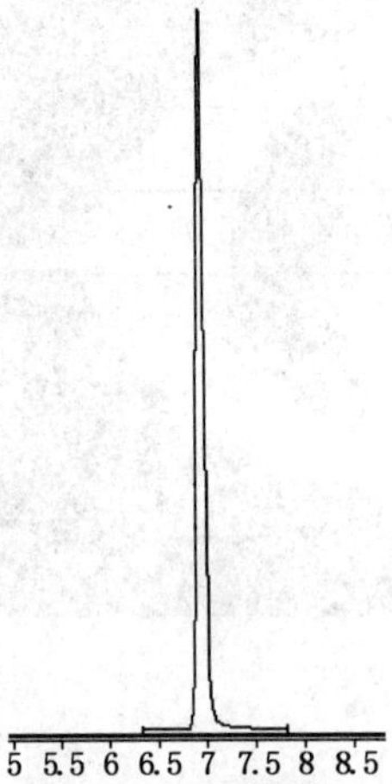

图 E.6　分散黄 1
(274/226.1)

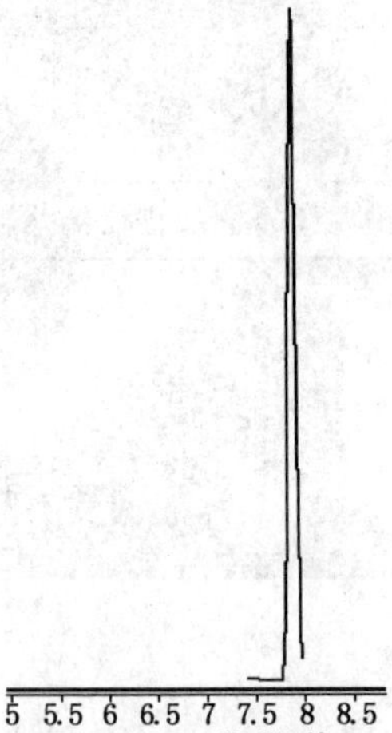

图 E.7　分散黄 9
(273.1/226)

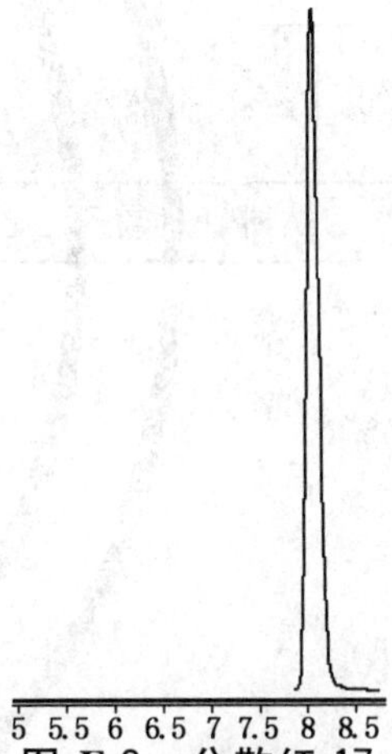

图 E.8　分散红 17
(345.1/164.1)

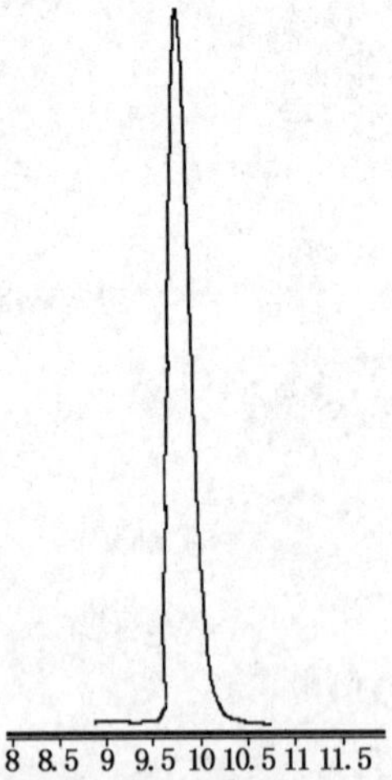

图 E.9　分散蓝 106
(336.1/147.1)

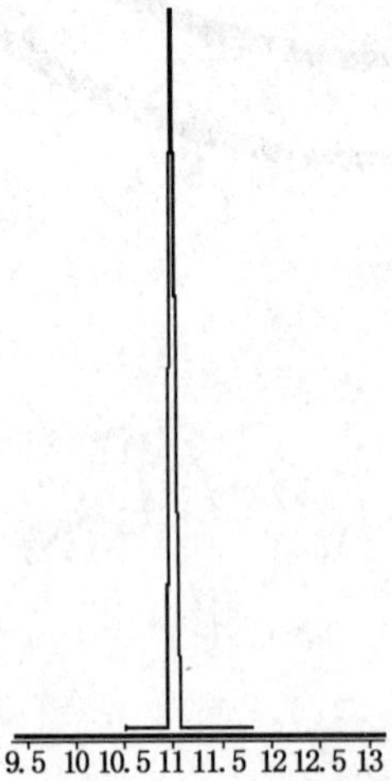

图 E.10　分散橙 3
(243.1/150.1)

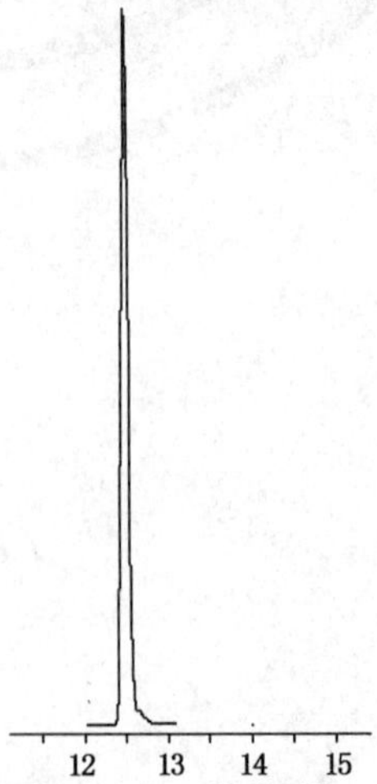

图 E.11　分散黄 3
(270.2/150.2)

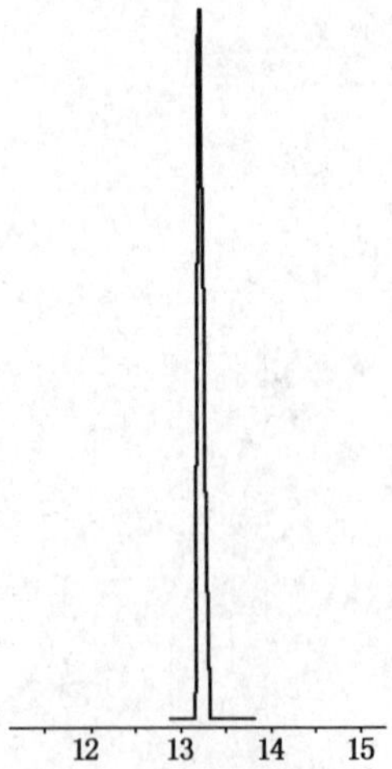

图 E.12　分散棕 1
(433/197.1)

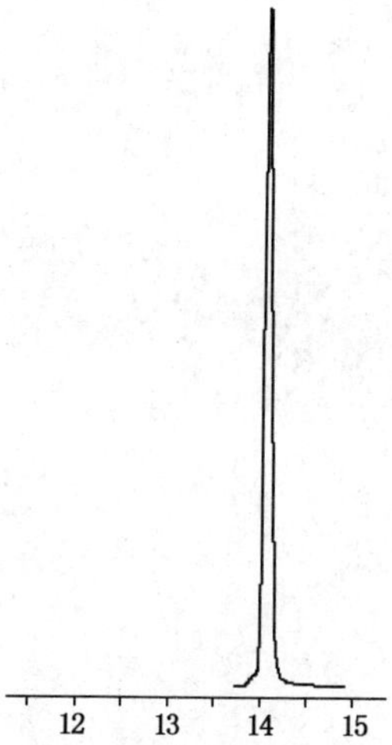

图 E.13 分散黄 39
(291.1/130.1)

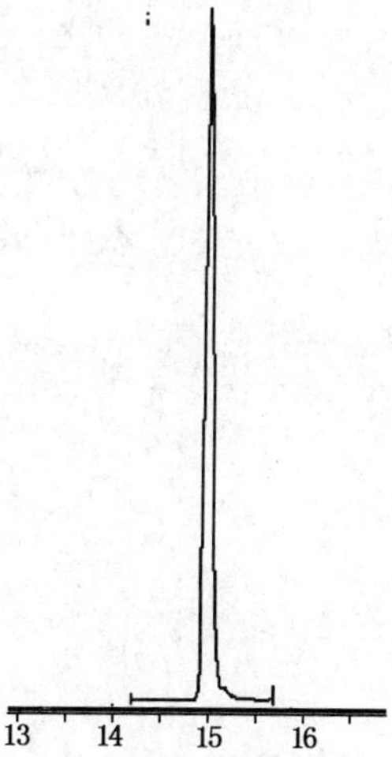

图 E.14 分散红 1
(315.2/134.2)

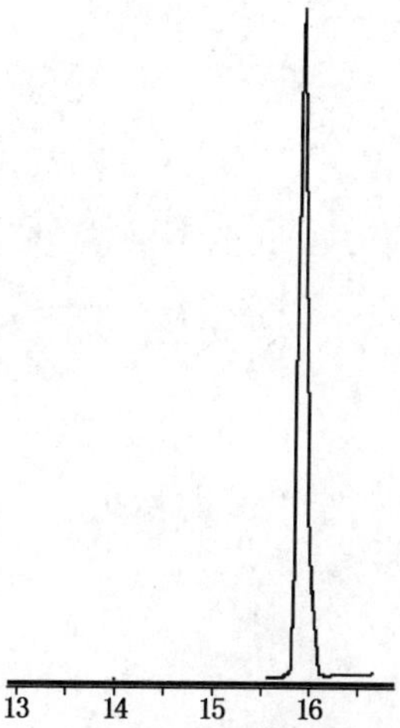

图 E.15 分散蓝 35
(285.1/270)

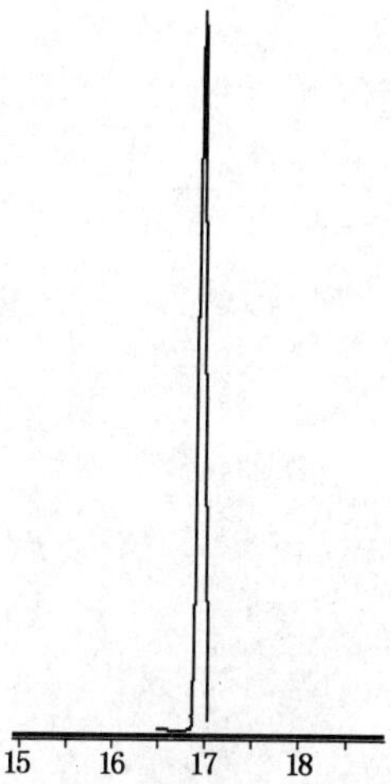

图 E.16 分散黄 49
(375.1/238.1)

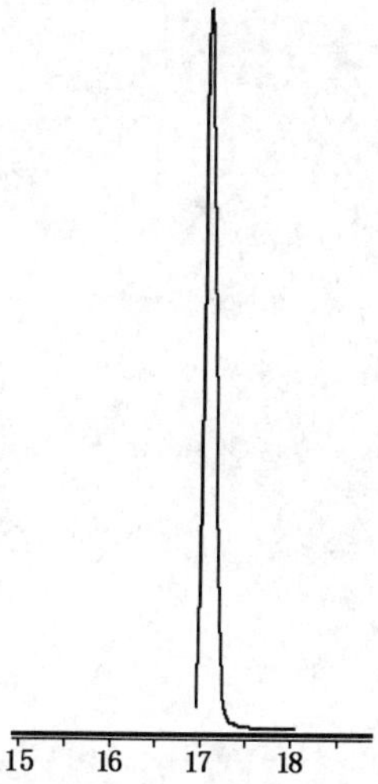

图 E.17 分散蓝 124
(378/220)

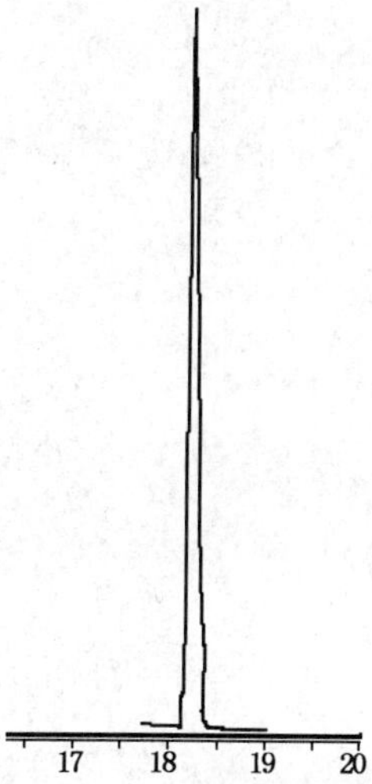

图 E.18 分散蓝 26
(299/284)

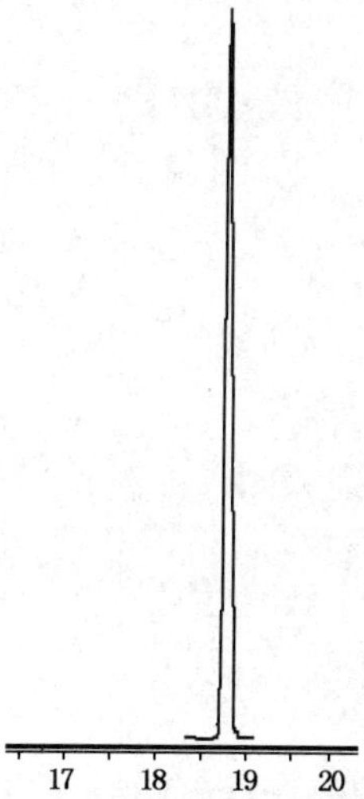

图 E.19 分散橙 37/76
(392.1/323.1)

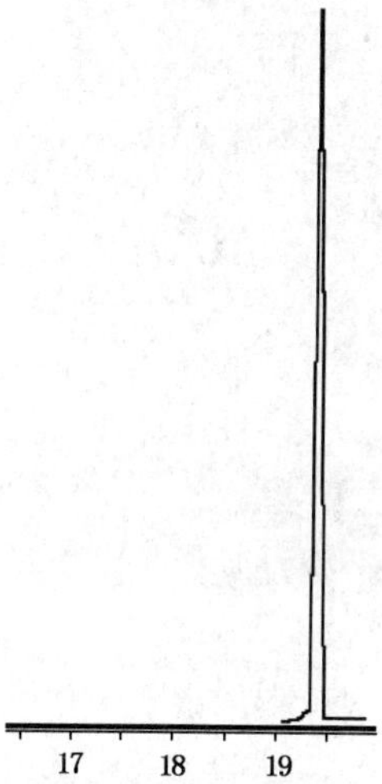

图 E.20 分散橙 1
(319.1/169.1)

ICS 59.140.30
Y 46

中华人民共和国国家标准

GB/T 30399—2013

皮革和毛皮 化学试验 致癌染料的测定

Leather and fur—Chemical tests—Determination of carcinogenic dyestuffs

2013-12-31 发布 2014-12-01 实施

中华人民共和国国家质量监督检验检疫总局
中国国家标准化管理委员会 发布

前言

本标准按照 GB/T 1.1—2009 给出的规则起草。

本标准由中国轻工业联合会提出。

本标准由全国皮革工业标准化技术委员会(SAC/TC 252)归口。

本标准起草单位:中华人民共和国福建出入境检验检疫局、国家皮革质量监督检验中心(浙江)、中国皮革和制鞋工业研究院、国家鞋类检测中心。

本标准主要起草人:陈学灿、毛树禄、陈洪波、赵立国、王玲霞、王晓霞、尹洪雷。

皮革和毛皮　化学试验
致癌染料的测定

1 范围

本标准规定了染色皮革、毛皮产品中 9 种致癌染料及能裂解释放有害芳香胺的分散黄 23、分散橙 149 染料的测定方法。

本标准适用于染色皮革、毛皮产品。

2 规范性引用文件

下列文件对于本文件的应用是必不可少的。凡是注日期的引用文件，仅注日期的版本适用于本文件。凡是不注日期的引用文件，其最新版本(包括所有的修改单)适用于本文件。

GB/T 6682　分析实验室用水规格和试验方法

QB/T 1267　毛皮成品　样块部位和标志

QB/T 1272　毛皮成品　化学分析试样的制备及化学分析通则

QB/T 2706　皮革　化学、物理、机械和色牢度试验　取样部位

QB/T 2716　皮革　化学试验样品的准备

3 原理

样品经甲醇超声波提取、滤膜过滤后，采用具有二极管阵列检测器的高效液相色谱(HPLC-DAD)或高效液相色谱-质谱/质谱联用仪(HPLC-MS/MS)测定和确证，外标法定量。

4 试剂

除非另有说明，在分析中所用试剂均为分析纯，水为符合 GB/T 6682 规定的二级水。

4.1　乙腈，HPLC 级。

4.2　甲醇，HPLC 级。

4.3　乙酸，HPLC 级。

4.4　5%氨水(质量分数)。

4.5　磷酸二氢四丁基铵溶液，0.002 5 mol/L，用 5%氨水(4.4)调节 pH 至 7.5。

4.6　乙酸铵溶液，0.005 mol/L，用乙酸(4.3)调节 pH 至 6.0。

4.7　单组分(附录 A)标准储备溶液，200 mg/L 甲醇溶液。

4.8　混合标准溶液，分别移取一定体积的 11 种致癌染料的标准储备溶液(4.7)，置于同一个棕色容量瓶中，用甲醇稀释至刻度，摇匀。混合标准溶液的浓度可根据实际需要配制。

5 仪器和装置

5.1　管状硬质玻璃提取器，50 mL，带旋盖(有聚四氟乙烯垫片)。

5.2 可控温超声波发生器，输出功率：420 W，频率：40 kHz，(70±2) ℃。

5.3 分析天平，感量：0.1 mg。

5.4 一次性注射器，2 mL。

5.5 聚四氟乙烯薄膜过滤头，0.45 μm。

5.6 高效液相色谱仪：配有二极管阵列检测器(HPLC-DAD)。

5.7 高效液相色谱-质谱/质谱联用仪：配电喷雾离子源(HPLC-MS/MS)。

6 试样制备

6.1 取样

6.1.1 标准部位取样

6.1.1.1 皮革：按 QB/T 2706 的规定进行。

6.1.1.2 毛皮：按 QB/T 1267 的规定进行。

6.1.2 非标准部位取样

如果不能从标准部位取样(如直接从鞋、服装上取样)，应在可利用面积内的任意部位取样，样品应具有代表性，对于毛皮样品，取样过程应避免毛被损失，保持毛被完好，并在试验报告中详细记录取样情况。

6.2 试样的制备

6.2.1 皮革：按 QB/T 2716 的规定进行。

6.2.2 毛皮：按 QB/T 1272 的规定进行。

6.2.3 除去样品上面的胶水、附着物，将试样混匀，装入清洁的试样瓶内待测。

7 试验步骤

7.1 样品前处理

称取剪碎的试样 1 g(精确至 0.01 g)置于玻璃提取器(5.1)中，加入 10.00 mL 甲醇(4.2)，旋紧盖子，将提取器置于(70±2)℃的超声波发生器(5.2)中处理 40 min，冷却至室温后，滤膜(5.5)过滤，作为测试液备用。

7.2 标准工作溶液的制备

将混合标准溶液(4.8)用甲醇配制一系列合适浓度的标准工作溶液。

7.3 HPLC-DAD 方法

7.3.1 HPLC-DAD 分析条件

由于测试结果与使用的仪器和条件有关，因此不可能给出色谱分析的普遍参数。采用下列参数已被证明对测试是合适的：

a) 色谱柱：ZORBAX Eclipse XDB，4.6 mm×250 mm×5 μm，或相当者；

b) 流动相 A：0.002 5 mol/L 磷酸二氢四丁基铵溶液；流动相 B：乙腈；

c) 柱温：50 ℃；

d) 流速：0.6 mL/min；

e) 检测波长：200 nm～900 nm；

f) 定量波长：380 nm，450 nm，500 nm，540 nm 和 590 nm；

g) 进样量：20 μL；

h) 梯度洗脱程序：见表 1。

表 1 梯度洗脱程序

时间/min	流动相 A/%	流动相 B/%	递变方式
0	20	80	线性
35	100	0	线性
40	100	0	线性
41	20	80	线性
45	20	80	线性

7.3.2 HPLC-DAD 测定

分别取测试液和标准工作液进行 HPLC-DAD 分析，通过比较试样和标样在规定的检测波长处色谱峰的保留时间以及光谱图进行定性，以外标法定量。

注：采用 7.3.1 分析条件，11 种染料色谱峰保留时间、色谱图和紫外线可见光谱图参见附录 A、附录 B 和附录 C。

7.4 HPLC-MS/MS 方法

7.4.1 HPLC-MS/MS 分析条件

由于测试结果与使用的仪器和条件有关，因此不可能给出色谱分析的普遍参数。采用下列参数已被证明对测试是合适的：

a) 色谱柱：Eclipse Plus C_{18}，2.1 mm×100 mm×1.8 μm，或相当者；

b) 流动相 A：0.005 mol/L 乙酸铵溶液(pH＝6.0)；流动相 B：乙腈；

c) 柱温：40 ℃；

d) 流速：0.2 mL/min；

e) 进样量：2 μL；

f) 梯度洗脱程序：见表 2。

g) 离子化模式：电喷雾电离正负离子模式；

h) 质谱扫描方式：多反应监测；

i) 分辨率：单位分辨率；

j) 干燥气温度：325 ℃；

k) 干燥气流量：10 L/min；

l) 雾化气压力：2.7×10^5 Pa(40 psi)；

m) 其他质谱条件参见附录 D。

表 2 梯度洗脱程序

时间/min	流动相 A/%	流动相 B/%	递变方式
0	20	80	线性
0.5	20	80	线性
11.0	80	20	线性
13.0	80	20	线性
13.1	20	80	线性
20.0	20	80	线性

7.4.2 HPLC-MS/MS 测定

分别取测试液和标准工作液进行 HPLC-MS/MS 分析，通过选择两级质谱的特定离子对，比较试样和标样色谱峰的保留时间进行定性，以外标法定量。

注：采用上述分析条件，11 种染料多反应监测(MRM)色谱图参见附录 E。

8 结果计算

测定结果以各种致癌染料的检测结果分别表示，以公式(1)计算结果：

$$x_i = \frac{A_i \times c_{is} \times V \times F}{A_{is} \times m} \quad \cdots\cdots(1)$$

式中：

x_i ——试样中致癌染料 i 的含量，单位为毫克每千克(mg/kg)；

A_i ——试样萃取液中致癌染料 i 的峰面积(或峰高)；

c_{is} ——标准工作溶液中致癌染料 i 的浓度，单位为毫克每升(mg/L)；

V ——试样萃取液体积，单位为毫升(mL)；

F ——稀释因子；

A_{is} ——标准工作溶液中致癌染料 i 的峰面积(或峰高)；

m ——试样量，单位为克(g)。

计算结果保留到小数点后一位。

9 方法的测定低限和精密度

9.1 测定低限

HPLC-DAD 法的测定低限为 10.0 mg/kg；HPLC-MS/MS 法的测定低限为 0.5 mg/kg。

9.2 精密度

在同一实验室，由同一操作者使用相同的设备，按相同的测试方法，并在短时间内对同一被测对象相互独立进行的测试获得的两次独立测试结果的相对偏差不大于 10 %。

10 试验报告

试验报告应包含以下内容：

a） 标准编号；

b） 样品名称、编号、类型、厂家（或商标）；

c） 试验中出现的异常现象；

d） 试验结果；

e） 任何偏离本标准的细节；

f） 试验人员、日期。

附　录　A
（资料性附录）
11 种致癌染料的 HPLC-DAD 检测波长及保留时间

表 A.1　11 种致癌染料的 HPLC-DAD 检测波长及保留时间

序号	染料名称	化学文摘编号(CASNo.)	保留时间 min	DAD 检测波长 nm
1	酸性红 26	3761-53-3	19.294	500
2	碱性红 9	569-61-9	8.938	540
3	碱性紫 14	632-99-5	9.787	540
4	直接黑 38	1937-37-7	21.490	590
5	直接红 28	573-58-0	19.813	500
6	直接蓝 6	2602-46-2	19.936	590
7	分散橙 11	82-28-0	26.936	500
8	分散黄 3	2832-40-8	15.166	380
9	分散蓝 1	2475-45-8	26.193	590
10	分散黄 23	6250-23-3	33.811	380
11	分散橙 149	85136-74-9	37.070	450

附 录 B

（资料性附录）

不同检测波长下致癌染料标样的 HPLC-DAD 色谱图

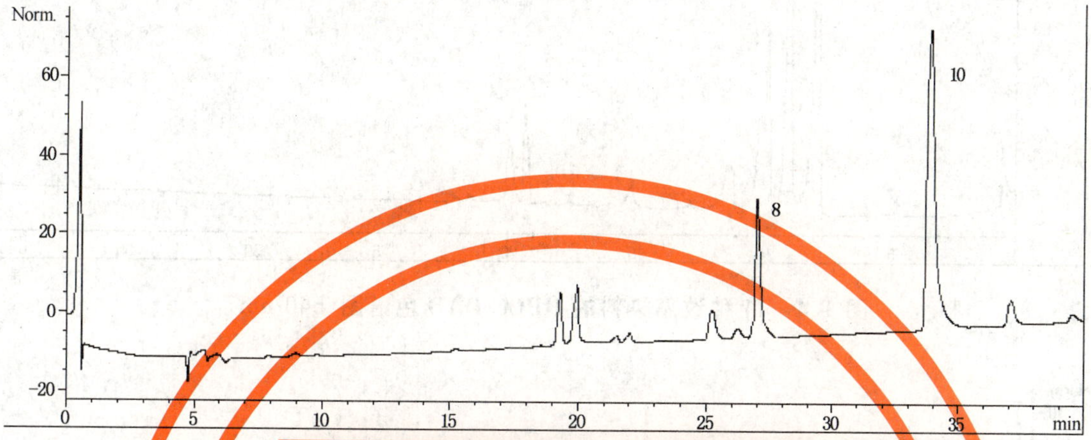

图 B.1 11 种致癌染料的 HPLC-DAD 色谱图(380 nm)

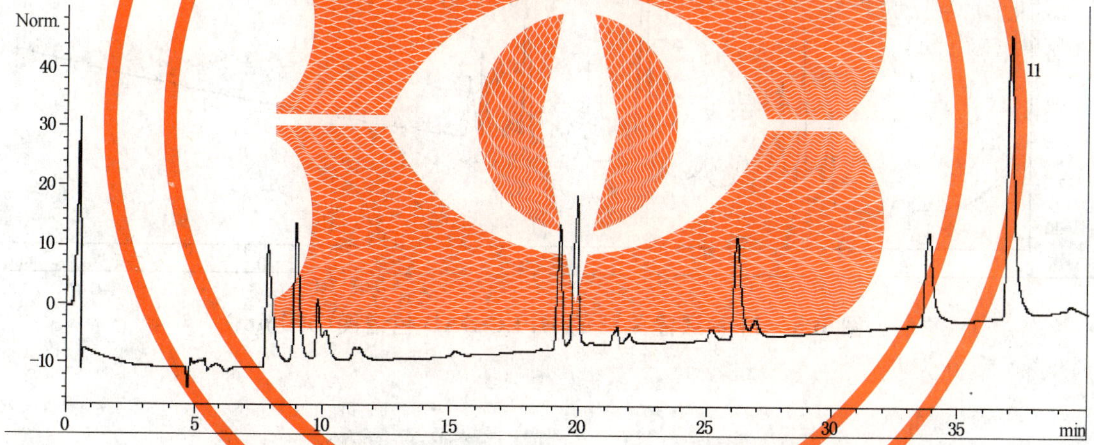

图 B.2 11 种致癌染料的 HPLC-DAD 色谱图(450 nm)

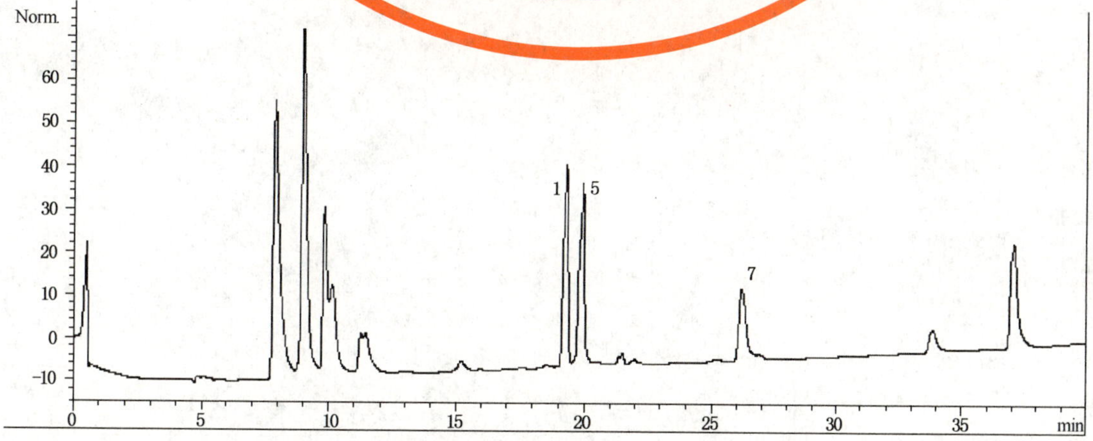

图 B.3 11 种致癌染料的 HPLC-DAD 色谱图(500 nm)

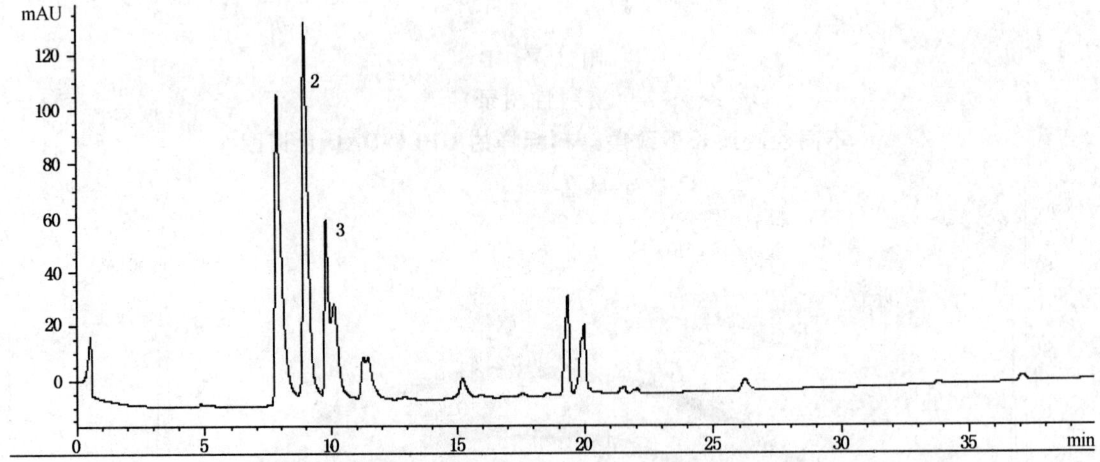

图 B.4 11 种致癌染料的 HPLC-DAD 色谱图(540 nm)

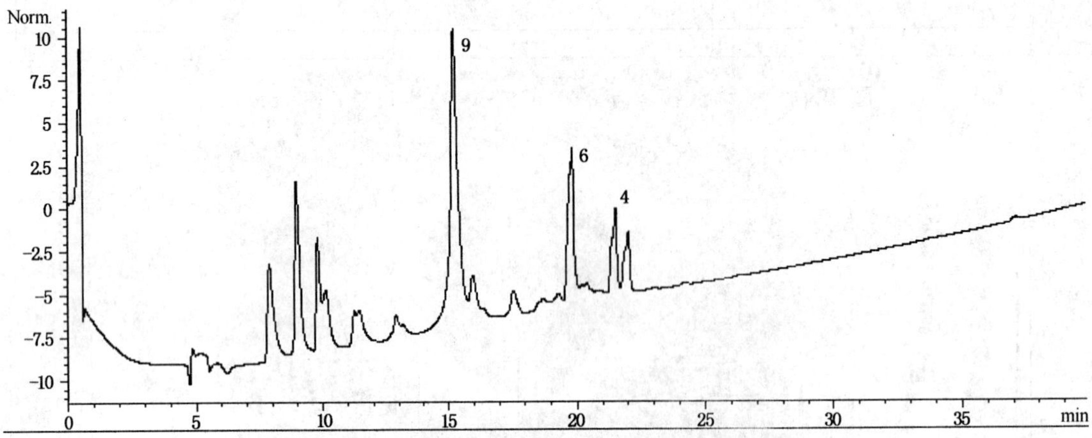

图 B.5 11 种致癌染料的 HPLC-DAD 色谱图(590 nm)

附　录　C
（资料性附录）
11 种致癌染料标样的 HPLC-DAD 光谱图

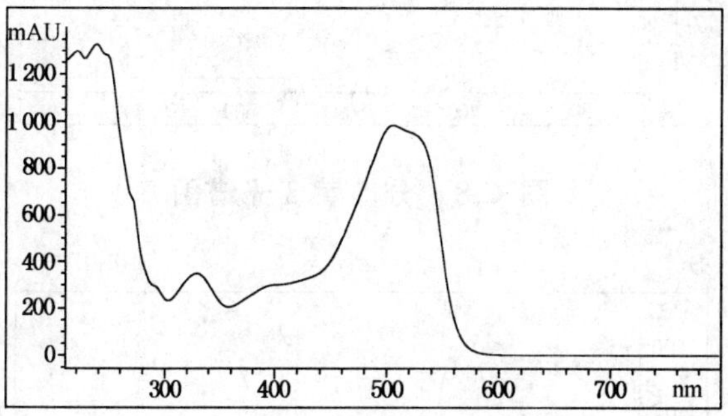

图 C.1　酸性红 26 光谱图

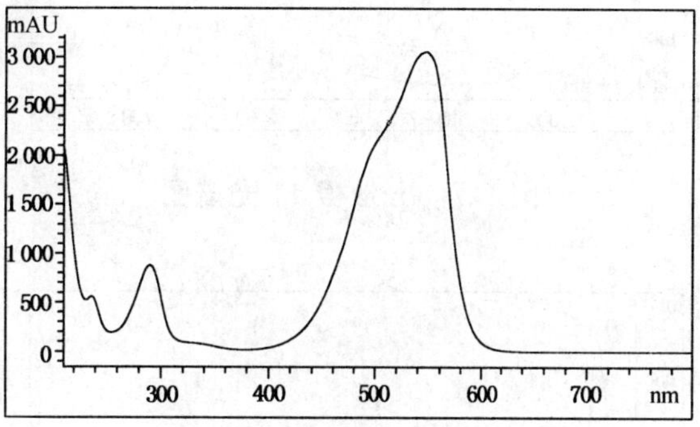

图 C.2　碱性红 9 光谱图

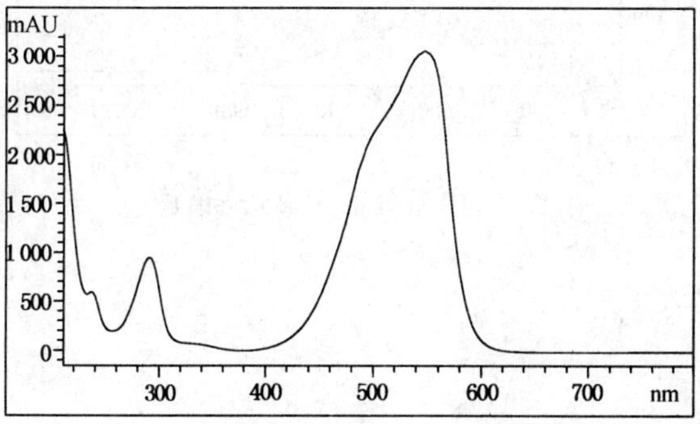

图 C.3　碱性紫 14 光谱图

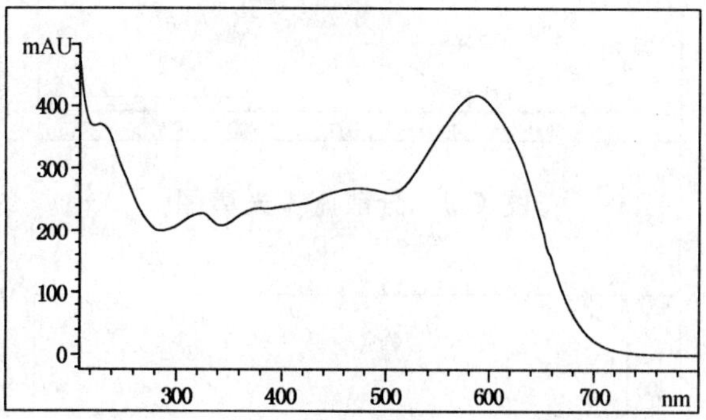

图 C.4　直接黑 38 光谱图

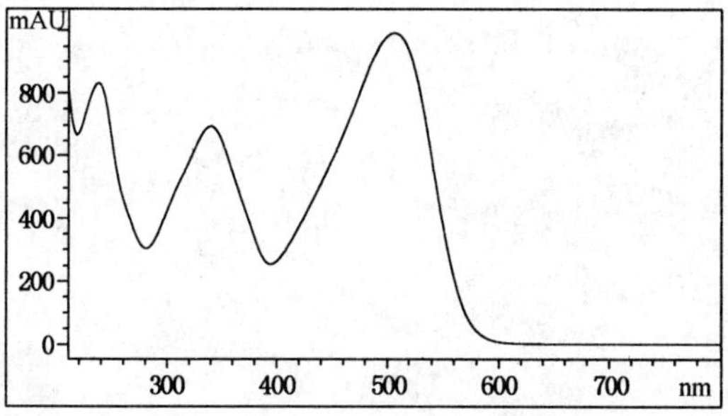

图 C.5　直接红 28 光谱图

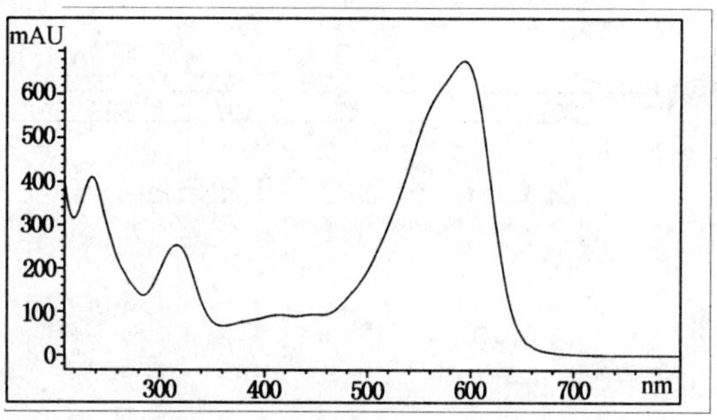

图 C.6　直接蓝 6 光谱图

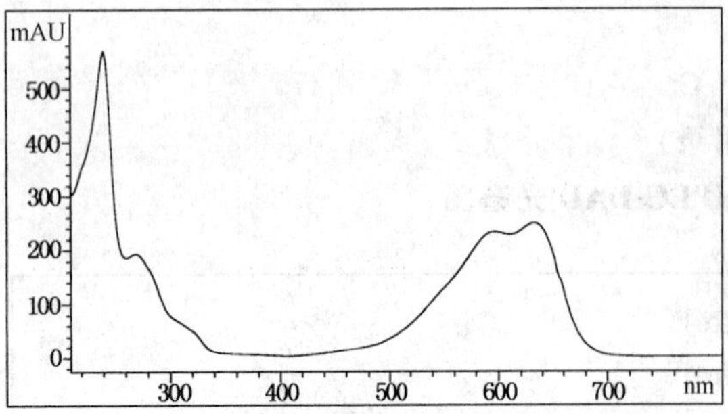

图 C.7　分散橙 11 光谱图

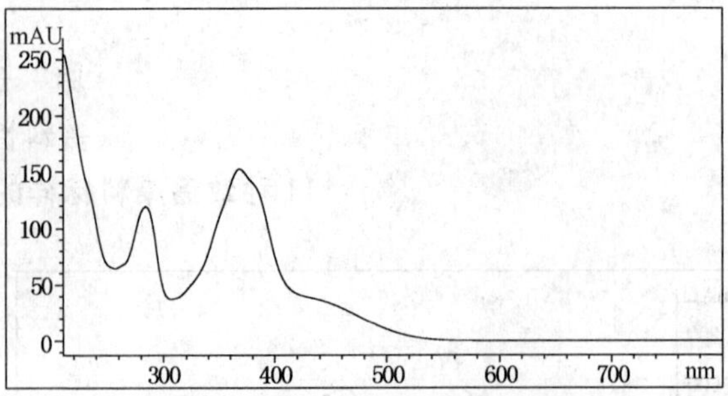

图 C.8　分散黄 3 光谱图

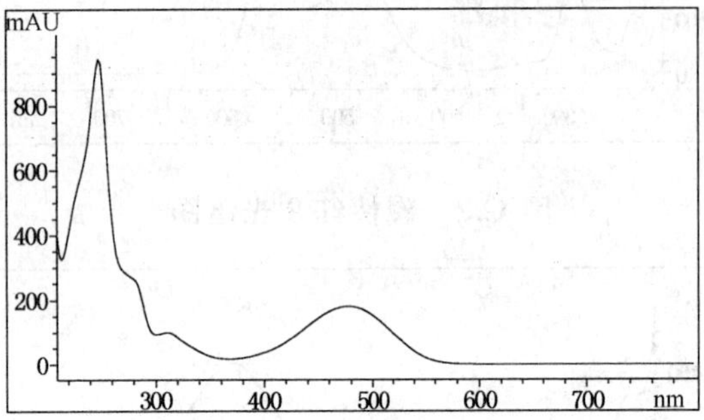

图 C.9　分散蓝 1 光谱图

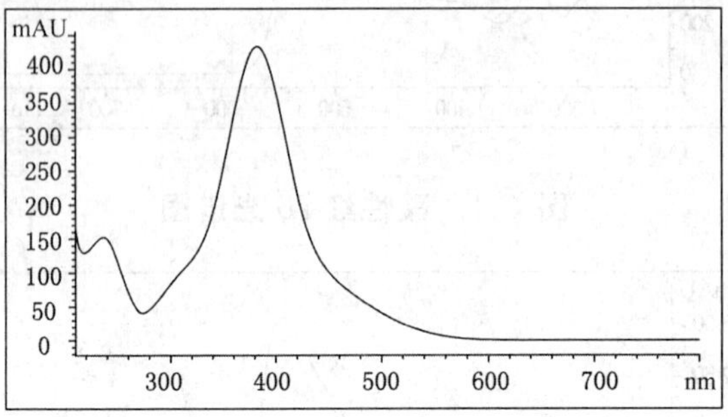

图 C.10　分散黄 23 光谱图

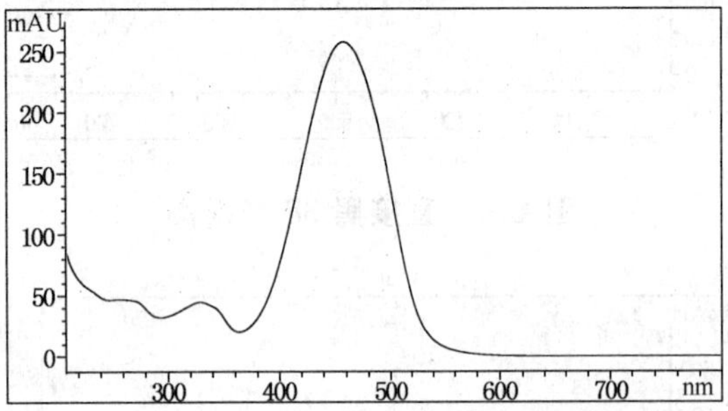

图 C.11　分散橙 149 光谱图

附 录 D
（资料性附录）
11 种致癌染料参考质谱参数

表 D.1 11 种致癌染料的主要参考质谱参数

染料名称	保留时间 min	监测离子对 m/z	出口电压 V	碰撞能量 eV	监测模式
直接蓝 6	1.117	420/248.4*	135	18	ESI^-
		420/184.4	135	20	ESI^-
酸性红 26	3.530	434.3/193.3*	155	35	ESI^-
		434.3/354	155	25	ESI^-
碱性红 9	7.731	288.2/195.2*	145	35	ESI^+
		288.2/168.1	145	44	ESI^+
直接红 28	8.27	324.5/152*	135	14	ESI^-
		324.5/415	135	12	ESI^-
碱性紫 14	8.669	302.2/209.1*	135	35	ESI^+
		302.2/196.1	135	46	ESI^+
分散蓝 1	8.757	269/107*	135	40	ESI^+
		269/252.9	135	35	ESI^+
直接黑 38	9.494	735/672.4*	135	35	ESI^-
		735/355.6	135	35	ESI^-
分散黄 3	13.101	270/150.1*	135	15	ESI^+
		270/107	135	17	ESI^+
分散橙 11	13.291	238.1/165*	140	35	ESI^+
		238.1/223	140	38	ESI^+
分散黄 23	16.624	300.6/195.4*	140	33	ESI^-
		300.6/166.4	140	33	ESI^-
分散橙 149	17.541	456.4/265.7*	120	35	ESI^-
		456.4/195.9	120	46	ESI^-
注：带 * 的离子为定量离子；对于不同质谱仪器，仪器参数可能存在差异，测定前应将质谱参数优化到最佳。					

附　录　E
（资料性附录）
11 种致癌染料多反应监测(MRM)色谱图

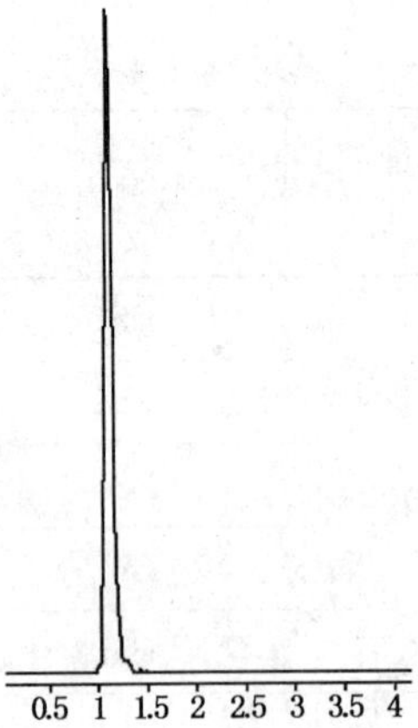

图 E.1　直接蓝 6
(420/184.4)

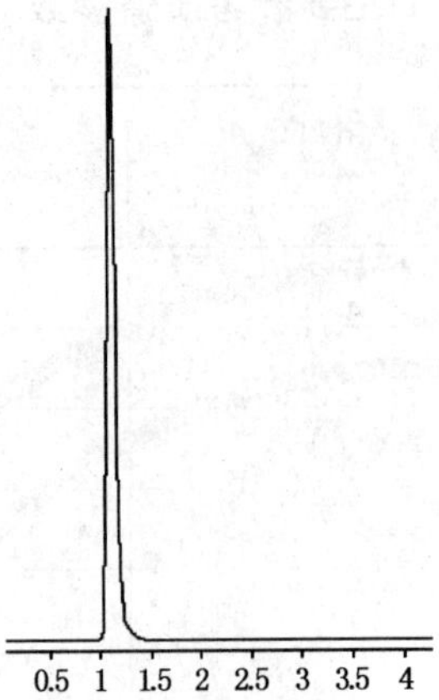

图 E.2　直接蓝 6
(420/248.4)

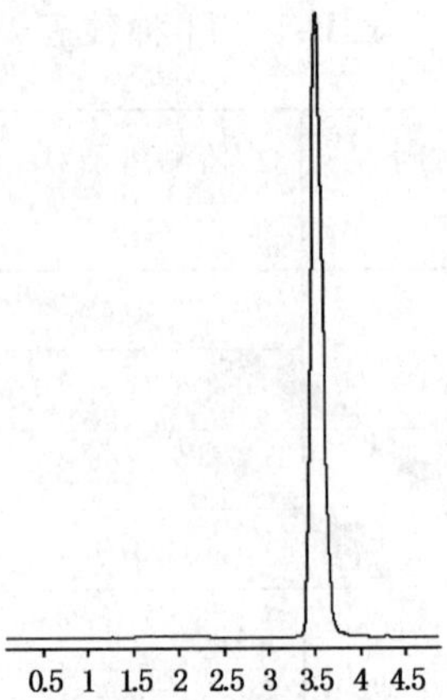

图 E.3　酸性红 26
(434.3/193.3)

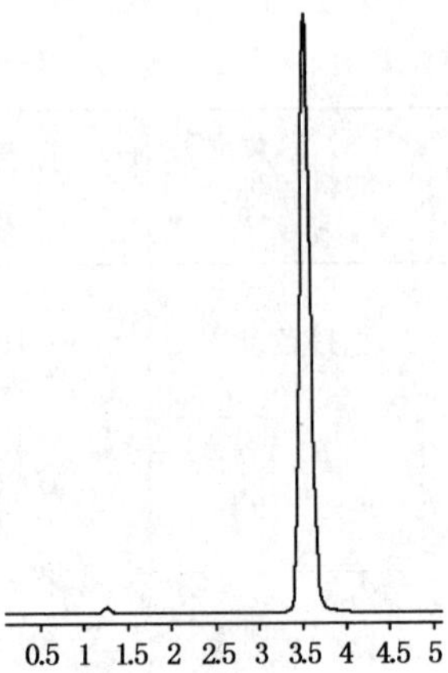

图 E.4　酸性红 26
(434.3/354)

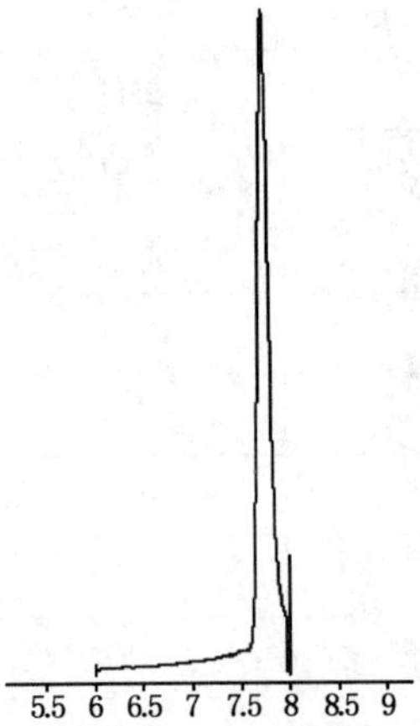

图 E.5　碱性红 9
(288.2/168.1)

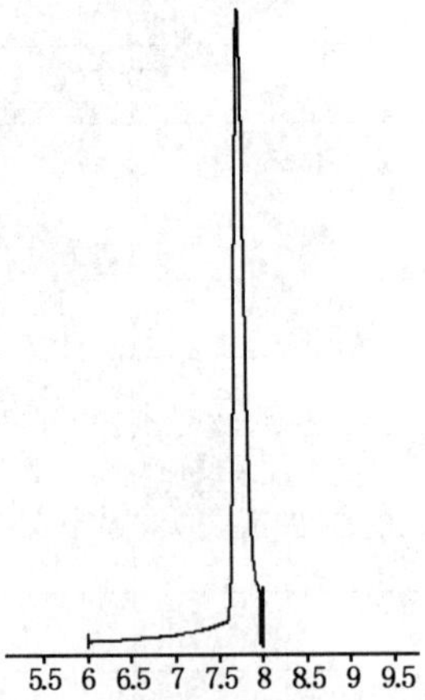

图 E.6　碱性红 9
(288.2/195.2)

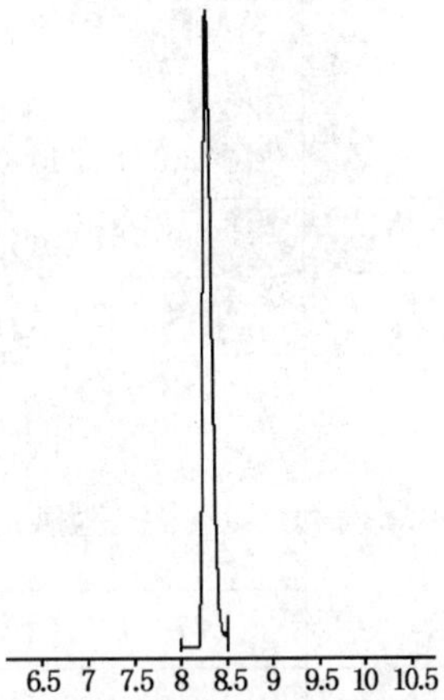

图 E.7　直接红 28
(324.5/152)

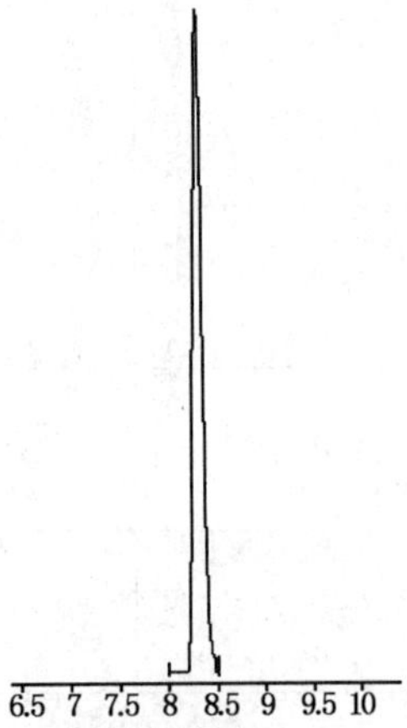

图 E.8　直接红 28
(324.5/415)

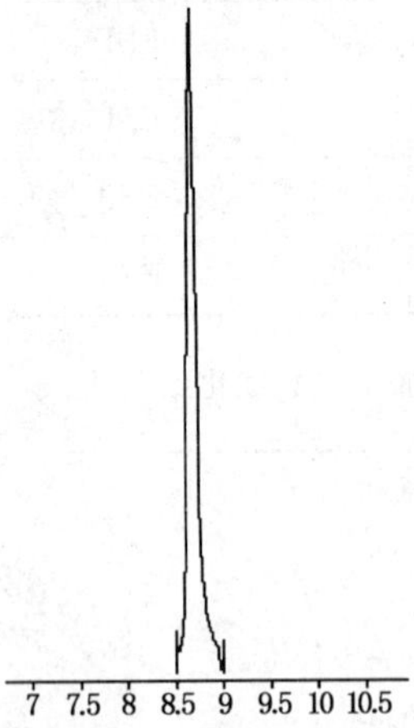

图 E.9　碱性紫 14
(302.2/196.1)

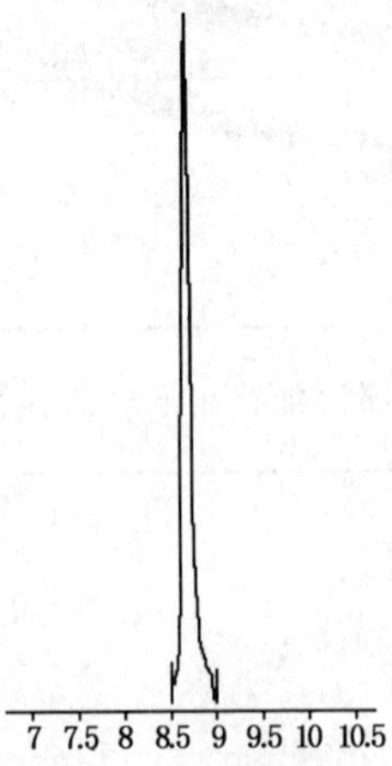

图 E.10　碱性紫 14
(302.2/209.1)

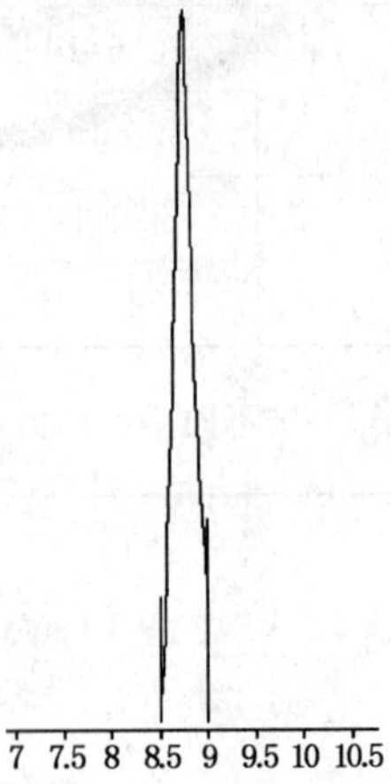

图 E.11　分散蓝 1
(269/107)

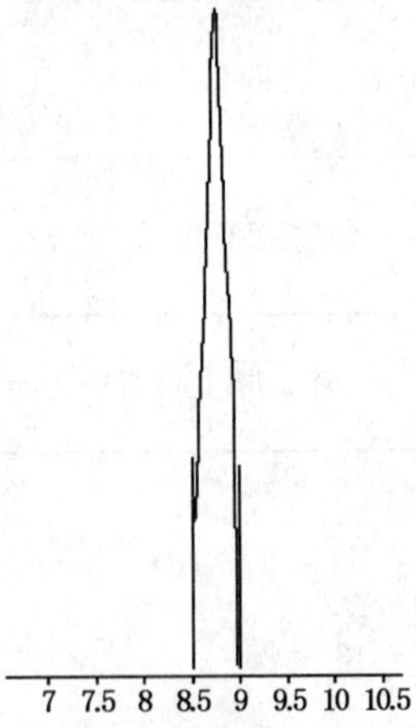

图 E.12　分散蓝 1
(269/252.9)

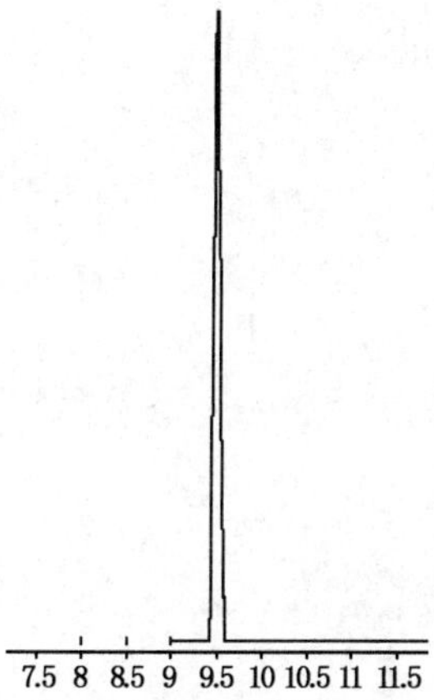

图 E.13　直接黑 38
(735/355.9)

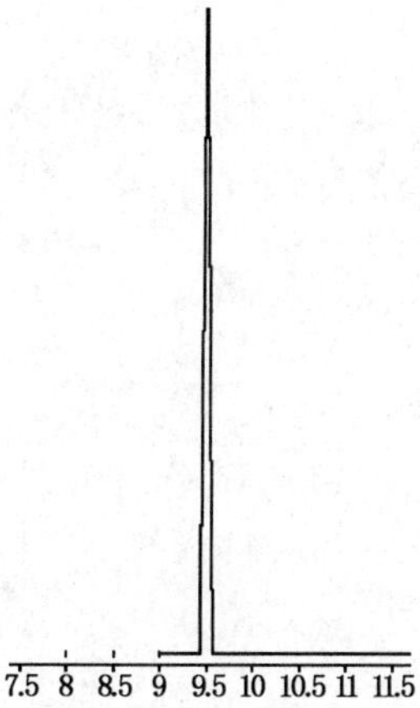

图 E.14　直接黑 38
(735/672.4)

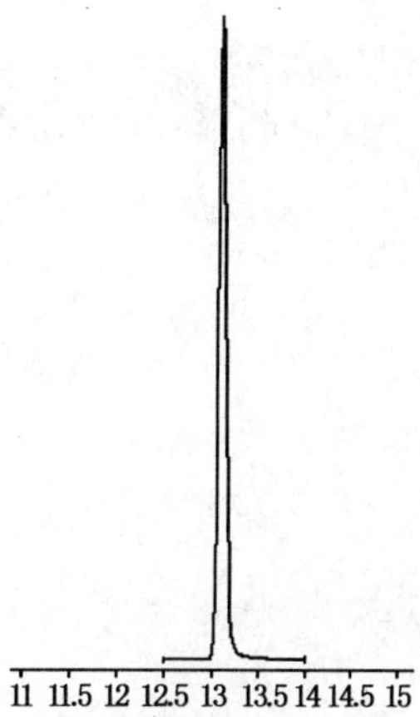

图 E.15　分散黄 3
(270/107)

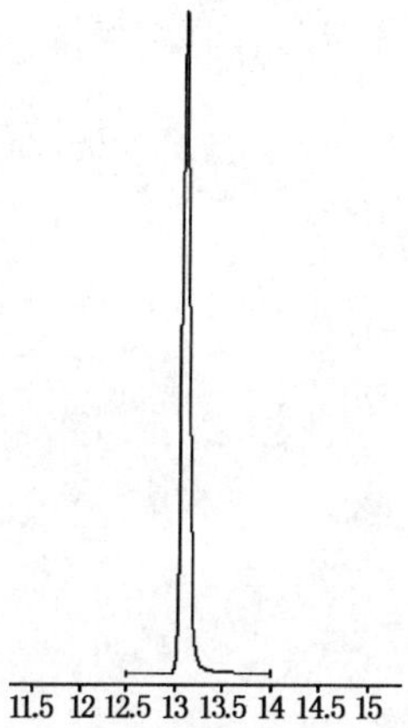

图 E.16　分散黄 3
(270/150.1)

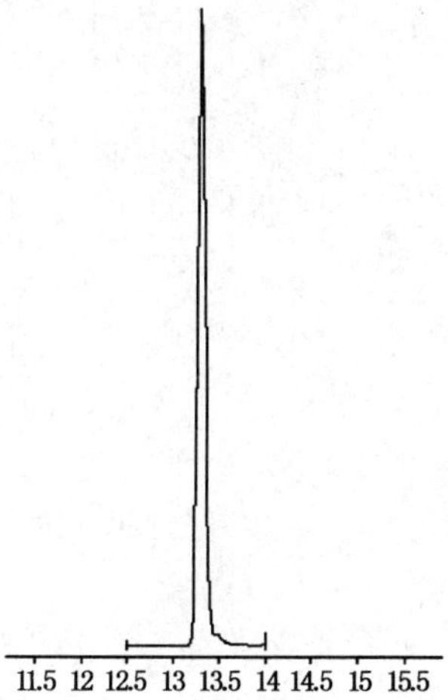

图 E.17　分散橙 11
(238.1/165)

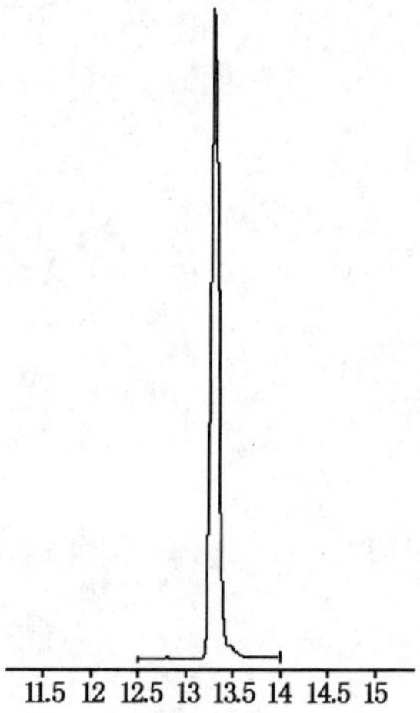

图 E.18　分散橙 11
(238.1/223)

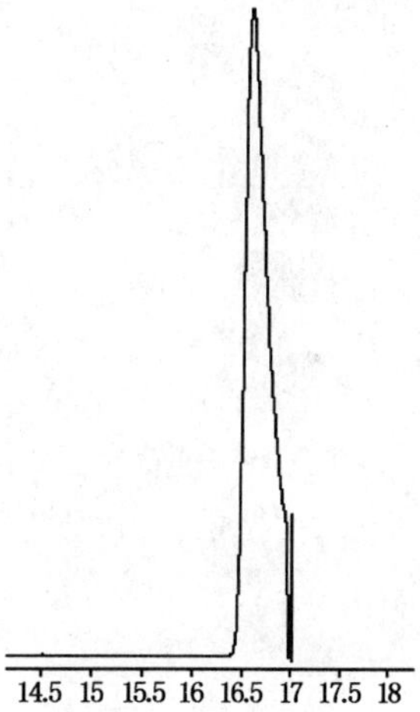

图 E.19　分散黄 23
(300.6/166.4)

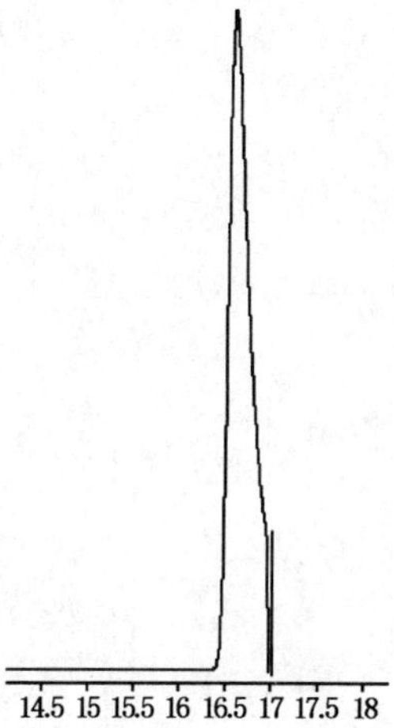

图 E.20　分散黄 23
(300.6/195.4)

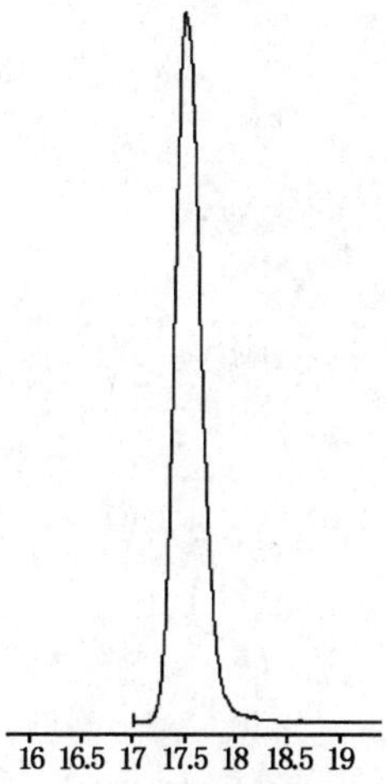

图 E.21　分散橙 149
(456.4/148.9)

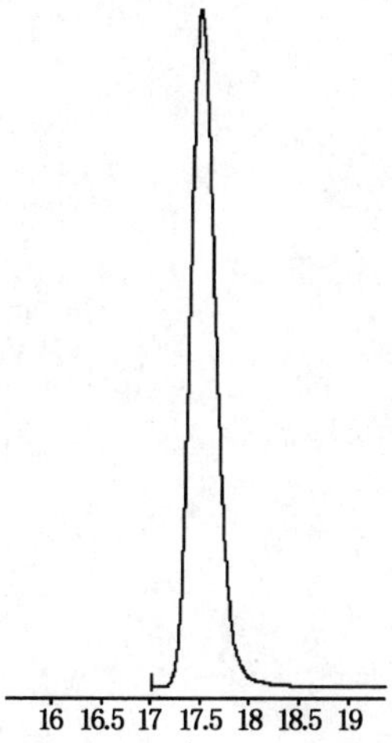

图 E.22　分散橙 149
(456.4/265.7)

ICS 97.200.50
Y 57

中华人民共和国国家标准

GB/T 30400—2013

玩具填充物安全和卫生要求

Safety and hygiene requirements of filling materials in toys

2013-12-31 发布　　　　2014-12-01 实施

中华人民共和国国家质量监督检验检疫总局
中国国家标准化管理委员会　发布

前　言

本标准按照 GB/T 1.1—2009 给出的规则起草。

本标准由中国轻工业联合会提出。

本标准由全国玩具标准化技术委员会(SAC/TC 253)归口。

本标准起草单位:广东出入境检验检疫局检验检疫技术中心玩具实验室、北京中轻联认证中心、福建省产品质量检验研究院、威凯检测技术有限公司、上海市质量监督检验技术研究院、深圳出入境检验检疫局玩具检测技术中心、浙江省质量技术监督检测研究院、常州玩具协会。

本标准主要起草人：黄理纳、杨丹华、陈伟、刘功桂、章若红、董夫银、丁浩、李骏奇、李逸、徐冠东。

玩具填充物安全和卫生要求

1 范围

本标准规定了玩具填充物的定义、要求和检验方法。

本标准适用于玩具的填充物：如化学纤维、天然纤维、泡沫、海绵、塑料颗粒、植物种子、纸等。

本标准不适用于玩具中填充的液体、糊状物和膏状物。

2 规范性引用文件

下列文件对于本文件的应用是必不可少的。凡是注日期的引用文件，仅注日期的版本适用于本文件。凡是不注日期的引用文件，其最新版本（包括所有的修改单）适用于本文件。

GB 6675.2 玩具安全 第2部分：机械与物理性能

GB 15979—2002 一次性使用卫生用品卫生标准

3 术语和定义

下列术语和定义适用于本文件。

3.1

填充物 filling materials

填充于玩具内部使之呈现出预定形状的材料，主要包括：化学纤维、天然纤维、泡沫、海绵、塑料颗粒、植物种子、纸等。不包括功能性部件，如玩具内部的发声、动力、支撑、电子元器件等部件。

3.2

杂质 foreign matter

填充物中存在的并非有意添加的物质的统称。

4 要求

4.1 一般要求

填充物应填塞均匀，并被牢固地封闭在玩具中。在按 GB 6675.2 中规定的可预见的正常使用和合理滥用测试后，不得脱落或露出；除非在脱落或露出后仍能符合 GB 6675.2 的相关要求。

4.2 材料要求

填充物应采用全新或经消毒的材料，使用植物种子需要经过灭活处理。

4.3 危险杂质

不应存在金属物或尖锐物等有危险性的杂质，如：金属碎屑、钉、针和碎木片、碎玻璃或碎塑料等。测试按 5.1（危险杂质和污染物）进行。

4.4 污染物

不应存在任何来自昆虫、鸟类和啮齿类动物的排泄物或其他不卫生物质；不应存在蚤、蜱、臭虫等可能传播疾病与危害健康的节足动物和蟑螂卵夹；不得有明显的粉尘。测试按 5.1(危险杂质和污染物)进行。

4.5 含杂质率

按 5.2(含杂质率)测试时，除 4.3 和 4.4 规定不许检出的杂质外，其他杂质的含量应不大于 1.0%。

4.6 静电

不应含有因产生静电而会粘附于气管、耳朵、鼻孔的物质。按 5.3(静电测试)测试时，不得有样品粘附在玻璃壁上。

4.7 燃烧性能

不应使用高度易燃的固体材料。

注：高度易燃固体即为短暂接触火源后轻易着火，并当火源撤离后仍持续燃烧或已被烧尽的固体。

对于非颗粒填充物(如纤维、海绵)，在按 5.4(燃烧性能)测试时，在 3s 燃烧时间内燃烧的面积不应超过 7 500 mm^2。

对于颗粒填充物，在按 5.4(燃烧性能)测试时，燃烧速度不应超过 2.5 mm/s。

4.8 异味

不应有异味。测试按 5.5(异味)进行。

注：异味指霉味、汽油味、煤油味、柴油味、鱼腥味、芳香烃气味、未洗净动物纤维膻味、臊味等气味。

4.9 微生物

不应有微生物危害性，按 5.6(细菌菌落总数和大肠菌群)测试时，微生物指标应符合表 1 的规定。

表 1 微生物指标

项　目	指　标
细菌菌落总数/(CFU/g)	≤5 000
大肠菌群	不得检出

5 检验方法

5.1 危险杂质和污染物

用目视或适当方法(如放大镜等)对所抽取的样品逐一进行检验。

5.2 含杂质率

含杂质率检验按本标准附录 A 执行。

5.3 静电测试

测试的环境条件为：温度(20±5) ℃，相对湿度 30%～50%。

取约 0.1 g～0.3 g 样品，尽量使样品处于蓬松状态，置于容量为 500 mL 或 1 000 mL 干燥清洁的锥形瓶内。戴上防静电手套后快速地摇动锥形瓶，使样品在锥形瓶的玻璃壁上运动，持续(40±5)s。静止后，观察是否有样品粘附在玻璃壁上不掉下来。如果有，则说明产生了静电并有粘附特性。

注：所用样品量及对合适大小锥形瓶的选择与样品的密度、状态有关，密度小的样品则取少些。要使到在摇动锥形瓶时，样品有足够的运动空间，如果样品太多则难以与瓶壁产生相对运动。

5.4 燃烧性能

按本标准附录 B 执行。

5.5 异味

异味的判定采用嗅觉评判的方法，评判人员应是经过一定训练和考核的专业人员。

样品开封后，立即进行该项目的检测。试验应在洁净的无异常气味的环境中进行。操作者应戴手套，双手拿起试样靠近鼻腔，仔细嗅闻试样所带有的气味，如检测出有霉味、高沸程石油味（如汽油、煤油味）、鱼腥味、芳香烃等气味中的一种或几种，则判为“有异味”，并记录异味类别。否则判为“无异味”。

应有 3 人独立评判，并以 2 人一致的结果为样品检测结果。

5.6 细菌菌落总数和大肠菌群

按 GB 15979—2002 附录 B 的方法进行测定。

附 录 A
（规范性附录）
填充物的含杂质率检验方法

A.1 仪器和用具

天平(分度值 0.01 g)、镊子。

A.2 检验步骤

A.2.1 从两份样品中随机多点抽取各一个试样，用天平称取各自总质量达(10±0.5)g(称量精确至0.1 g)。

A.2.2 人工捡出杂质(叶屑、草刺、枝梗、胶块等)，分别称取两份杂质质量，精确至 0.01 g。

A.2.3 计算：按式(A.1)计算含杂率，结果保留 2 位小数。

$$Z=\frac{m_1}{m}\times 100\% \qquad \text{(A.1)}$$

式中：

Z ——含杂率，%；

m_1 ——杂质质量，单位为克(g)；

m ——试样总质量，单位为克(g)。

A.3 最终结果

以两次检验的平均值作为该样品的最终结果，结果保留 1 位小数。

附 录 B
(规范性附录)
填充物燃烧性能测试方法

B.1 仪器和用具

石蜡蜡烛,网笼(采用直径为 1.5 mm~1.8 mm 的金属丝编制;见图 B.1),平底的矩形金属船[由厚度为(1.3±0.2)mm 的冷轧钢板制成,内部尺寸为长(150±1)mm,宽(25±0.5) mm,深(6±0.5)mm,长度一端中央有开口以供火焰接触样品;见图 B.2],火焰高度卡尺,天平(分度值 0.01g),秒表,精度达到 0.2 mm 的长度测量仪器,镊子。

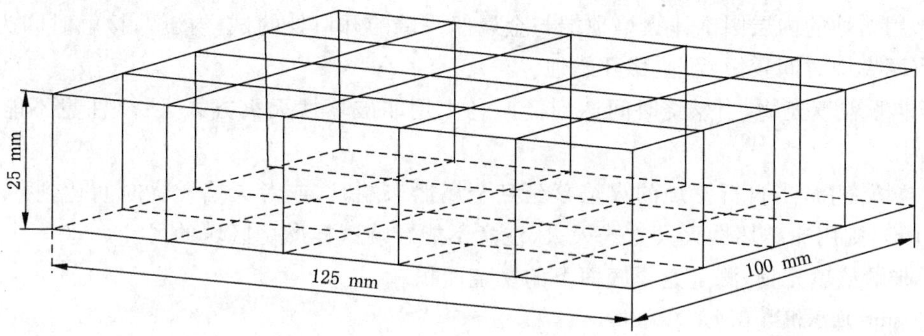

图 B.1 装非颗粒填充材料的网笼

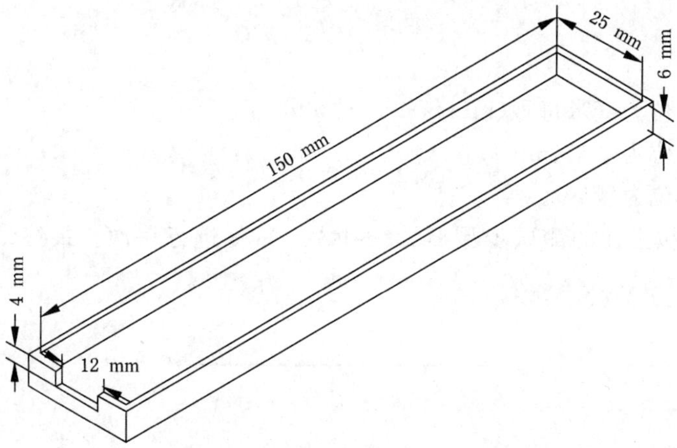

图 B.2 装颗粒状填充材料的矩形金属船

B.2 测试步骤

B.2.1 每次测试前玩具或试样应在温度为(20±5) ℃,相对湿度为(65±5)%的条件下预处理至少 7 h。

在燃烧测试柜内进行测试,该柜在每次测试后可以通风和清理。测试柜内空气流动速度在测试开始时应小于 0.2 m/s,测试过程中不应受机械装置运转的影响,测试柜内的空气量不因氧气浓度减少而受影响。开始测试前应保持柜内温度为 20 ℃～30 ℃，相对湿度为 20%～70%。

测试应在将试样从预处理环境中取出后 5 min 内进行。

B.2.2 对于非颗粒填充物，取适量以自然蓬松状态均匀地放进网笼里，使笼子刚好充满，并用天平称取质量。对于颗粒填充物，将其放入金属船内，使其表面摊平并与金属船平齐。

网笼和金属船可用适当的方式支撑或者悬挂，使其离工作台面高度至少为 50 mm；需注意无论采用什么方式，应确保笼子底面水平；若采用在下面支撑方式，则须确保底部的空气自然流动不受到明显影响。

B.2.3 点燃蜡烛（对于未使用过的新蜡烛，先让它燃烧至少 5 min）。可修剪蜡烛和烛芯，使火焰高度保持在 16 mm ～25 mm。

B.2.4 对于非颗粒填充物，用蜡烛的内层圆锥体火焰顶端与网笼 125 mm 的长边中央接触，接触时间为 3 s 或直到试样起火（取两者中时间较短者）便移开蜡烛。如果试样熔化而离开火焰，将蜡烛往前移，使其与试样接触达到 3 s 或直到试样起火。如果试样立即燃烧，拿稳蜡烛和让燃烧火焰蔓延开。对于颗粒填充物，用蜡烛的内层圆锥体火焰顶端与金属船一端的开口处的试样接触，接触时间为 3 s 或直到试样起火（取两者中时间较短者）便移开蜡烛。

B.2.5 对于非颗粒填充物，当燃烧时间达到 3 s，马上用非破坏性灭火方式灭火（注意不能影响试样燃烧区域的尺寸）。

对于颗粒填充物，当自行燃烧的火焰蔓延到金属船末端时，或者火焰燃烧时间达到 60 s 时（注意：不要超过 60 s），则用非破坏性灭火方式灭火（注意不能影响试样燃烧区域的尺寸）。

B.2.6 对于非颗粒填充物，测量笼子底面上的燃烧面积。

注：7 500 mm^2 面积相当于网笼的 12 格。

对于颗粒填充物，用秒表测量自行燃烧的火焰燃烧时间。如果火焰自动熄灭，则测量在金属船长度方向上的燃烧长度，用式（B.1）计算燃烧速度：

$$s = \frac{l}{t} \qquad \cdots\cdots\cdots\cdots(\text{B.1})$$

式中：

s——燃烧速度，单位为毫米每秒（mm/s）；

l——燃烧长度，单位为毫米（mm）；

t——燃烧时间，单位为秒（s）。

B.2.7 对于每种材料，按上述的测试步骤 B.2.2～B.2.6 重复进行一次。最终结果取两次中最严格的一次。

ICS 83.140.99
Y 28

中华人民共和国国家标准

GB/T 30401—2013

塑料储藏盒

Plastic storage container

2013-12-31 发布　　　　2014-12-01 实施

中华人民共和国国家质量监督检验检疫总局
中国国家标准化管理委员会　发布

前言

本标准按照 GB/T 1.1—2009 给出的规则起草。

本标准由中国轻工业联合会提出。

本标准由全国塑料制品标准化技术委员会(SAC/TC 48)归口。

本标准起草单位:宁波利时塑胶有限公司、广州市振兴实业有限公司、福建茶花家居塑料用品有限公司、广东海兴塑料有限公司、轻工业塑料加工应用研究所。

本标准主要起草人:李立新、吴俊琪、曾青华、于卫星、方文川、宋旭彬、朱翔、陈倩。

塑料储藏盒

1 范围

本标准规定了塑料储藏盒的产品分类、要求、试验方法、检验规则，标志、包装、运输、贮存。

本标准适用于以聚乙烯(PE)、聚丙烯(PP)、聚苯乙烯(PS)、聚碳酸酯(PC)、聚甲基丙烯酸甲酯(PMMA)、丙烯腈-苯乙烯共聚物(AS)等原料，经注塑成型的塑料储藏盒(以下简称储藏盒)。

2 规范性引用文件

下列文件对于本文件的应用是必不可少的。凡是注日期的引用文件，仅注日期的版本适用于本文件。凡是不注日期的引用文件，其最新版本(包括所有的修改单)适用于本文件。

GB/T 191　包装储运图示标志

GB/T 2918—1998　塑料试样状态调节和试验的标准环境

GB/T 2828.1—2012　计数抽样检验程序　第1部分：按接收质量限(AQL)检索的逐批检验抽样计划

GB/T 6543　运输包装用单瓦楞纸箱和双瓦楞纸箱

GB/T 16288　塑料制品的标志

3 术语和定义

GB/T 16288 界定的以及下列术语和定义适用于本文件。

3.1

塑料储藏盒　plastic storage container

盛装非食品类用，标称容量不大于10 L 的塑料盒。

3.2

标称容量　labeled capacity

产品上标识的可使用容量。

4 分类

4.1 储藏盒按其结构分为：有盖储藏盒和无盖储藏盒。

4.2 有盖储藏盒按盖的配合方式分为：扣合式储藏盒和旋合式储藏盒。

5 要求

5.1 外观

外观应符合表1的要求。

表 1　外观

序号	项目	要求
1	表面效果	表面光洁，不应有明显的划痕、流纹、熔合线、填充不足
2	气泡	允许有小于等于 1 mm 的气泡 3 个
3	黑点、杂质	小于等于 5 L 的储藏盒允许有小于等于 0.5 mm 的黑点或杂质 5 个；大于 5 L 的储藏盒允许有小于等于 0.5 mm 的黑点或杂质 8 个。且黑点或杂质间距应大于 50 mm；穿透状的杂质不允许有
4	浇口、毛边、毛刺	不应影响使用、不应刮手
5	变形	不应明显，有盖储藏盒不应影响配套
6	色差、混色	不应明显

5.2　气味

气味应不劣于 3 级(见表 2)。

表 2　气味等级

级别	气味特性
1 级	不易感觉到
2 级	可感觉到，但不刺鼻
3 级	可明显感觉到，但不刺鼻
4 级	刺鼻
5 级	非常刺鼻
6 级	不可忍受

5.3　容量偏差

储藏盒的容量应明示，盒体的最大容量与标称容量的偏差为 0～+5%。

5.4　操作性能

5.4.1　扣合式储藏盒

应开合方便，不应有过松、过紧的现象，开合力为：5 N～40 N。

5.4.2　旋合式储藏盒

盒盖旋合轻便灵活、不滑牙，旋合时不应有明显的粉末产生，开合力矩为：0.5 N·m～2.2 N·m。

5.5　耐低温性能

经低温试验后，应无破裂，无明显变形。

5.6　跌落性能

以聚乙烯(PE)、聚丙烯(PP)、聚碳酸酯(PC)为原料的储藏盒，经跌落试验后，不应出现破裂现象。

注：以聚苯乙烯(PS)、聚甲基丙烯酸甲酯(PMMA)、丙烯腈—苯乙烯共聚物(AS)为原料的储藏盒不做跌落试验。

6 试验方法

6.1 试验环境

应符合 GB/T 2918—1998 的规定:标准环境温度为 23 ℃,温度容许偏差±2 ℃。试样应在 18 ℃～28 ℃的室温环境下放置 4 h。

6.2 外观

在自然光或 40 W 的白色日光灯下,被测物与眼睛的距离为 45 cm。

6.3 气味

6.3.1 试验装置

a) 具有空气循环功能的恒温箱,精度为±2 ℃;

b) 1 L 磨砂广口玻璃瓶,在每次试验前应保持洁净及无任何气味状态。

6.3.2 试样准备

将盒体盒盖分开破碎,破碎尺寸为 1 cm^2～2 cm^2,并分别称 3 份已破碎样品。每份样品重量为:50 g±0.1 g。

6.3.3 试验步骤

按以下步骤测定气味:

a) 将恒温箱的温度保持在 80 ℃±2 ℃;

b) 将盒体盒盖试样分别放置于 6 个 1 L 磨砂广口玻璃瓶,分别测定;

c) 装有试样的 1 L 磨砂广口玻璃瓶,在 80 ℃恒温箱内放置(120±10)min,取出;

d) 由三个检验员在 3 min～5 min 内,按表 2 的规定判定气味等级,各自独立测定;若检验员之间的检测结果差距两个等级以上,应重新测定;

e) 采用各评分结果的算术平均值说明气味特性,评定的等级若介于两级之间,以最接近的半级向上取整数。

6.4 容量偏差

无盖储藏盒,在盒体中注满水,再将盒体中的水倒入量杯中,测出水的体积就是盒体的实测容量 V,然后按式(1)计算容量偏差,精确到 0.1%。

有盖储藏盒,盖好盖子,在盖子离储藏盒底部的最低位置钻一直径为 1 cm 的小孔。取下盖子,在盒体中注满水,再盖好盖子,将溢出盖子小孔的水清理干净,使盒体的水位线保持在盖子小孔的最低点,用量杯测量盒体中水的体积 V,然后按式(1)计算容量偏差,精确到 0.1%。

$$\Delta V = \frac{V - V_0}{V_0} \times 100\% \qquad \cdots\cdots(1)$$

式中:

ΔV ——容量偏差,用百分比(%)表示;

V ——盒体实测容量,单位为毫升(mL);

V_0 ——标称容量,单位为毫升(mL)。

6.5 操作性能

6.5.1 扣合式储藏盒

按正常使用方式进行试验，开合方便，扣合不应过松或过紧。用精度 $d=1.0$ N 推拉力计测量盖子的开合力。

6.5.2 旋合式储藏盒

按正常使用方式进行试验，盒盖旋合轻便灵活、不滑牙，并观察盒盖盒体配合部位有无粉末产生。用精度为 0.01 N·m 扭力计测量盖子的开合力矩。

6.6 耐低温测试

将盒盖与盒体分开，置于−20 ℃±2 ℃环境中 4 h 后取出。观察储藏盒，应无破裂，无明显变形。

6.7 跌落性能

在盒体中装入 50%标称容量体积的水，有盖储藏盒须盖好盖子，从 50 cm±1 cm 的高度，底部朝下自由跌落于水泥地板 3 次，观察储藏盒是否有破裂。

7 检验规则

7.1 组批

产品按批进行检验，同一配方，同一类型，同一规格连续生产的产品为一批，每批不超过 1 万只。

7.2 抽样

外观检验抽样按 GB/T 2828.1—2012 中的规定，采用正常检验一次抽样方案，一般检查水平Ⅰ类，AQL 值为 6.5。取样应符合表 3 的规定。容量偏差、气味及操作性能检验，以批为单位，每批中抽取 5 只样品进行检验。

表 3 抽样表

单位为只

批量范围	样本数量 n	接收数 Ac
26～90	5	1
91～150	8	1
151～280	13	2
281～500	20	3
501～1 200	32	5
1 201～3 200	50	7
3 201～10 000	80	10

7.3 出厂检验

出厂检验项目为外观及操作性能。

7.4 型式检验

有以下情形之一时，应进行型式检验：

a) 新产品投产或老产品转产的试制定型鉴定；

b) 正式生产后，如结构、材料、工艺有较大改变，可能影响产品性能时；

c) 正常情况下，每年一次；

d) 出厂检验结果与上次型式检验结果有较大差异时；

e) 产品停产6个月以上，恢复生产时；

f) 国家质量监督机构提出进行型式检验的要求时。

7.5 判定规则

7.5.1 外观判定按5.1的表1和7.2的表3执行。操作性能检验结果中，任何一项不合格时，应重新从原批中加倍抽取样品，对不合格项目进行复验，复验结果全部合格，则该项合格。

7.5.2 外观、操作性能检验结果全部合格，则判该批为合格。

8 标志、包装、运输、贮存

8.1 标志

8.1.1 产品的标志应符合GB/T 16288的规定。

8.1.2 每个产品应在明显位置至少标志以下内容：

a) 产品名称；

b) 产品型号、产品标称容量；

c) 产品的主要材料成分；

d) 本标准号；

e) 生产厂名、厂址、联系电话；

f) 生产批号或生产日期。

8.1.3 产品外包装应有“易碎物品”、“怕雨”图示，包装储运图示应符合GB/T 191的规定。

8.2 包装和运输

产品外包装用符合GB/T 6543规定的瓦楞纸箱包装，也可用性能不低于上述规定的其他包装箱。在运输中应防止重压、日晒雨淋，保证包装的完整。

8.3 贮存

产品应贮存在干燥、阴凉、通风的仓库内。产品不应与有毒有害物品混放。最长贮存期不超过6年。

ICS 83.140.99
Y 28

中华人民共和国国家标准

GB/T 30402—2013

塑料毛刷

Plastic brushes

2013-12-31 发布　　　　2014-12-01 实施

中华人民共和国国家质量监督检验检疫总局
中国国家标准化管理委员会　发布

前　言

本标准按照 GB/T 1.1—2009 给出的规则编写。

本标准由中国轻工业联合会提出。

本标准由全国塑料制品标准化技术委员会(SAC/TC 48)归口。

本标准起草单位:广州市振兴实业有限公司、福建茶花家居塑料有限公司、广东海兴塑胶有限公司、宁波利时塑胶有限公司、轻工业塑料加工应用研究所。

本标准主要起草人:方文川、谭培均、谭权钧、万伟平、吴健文、江联春、宋旭彬、蔡莺、陈倩。

塑料毛刷

1 范围

本标准规定了日常卫生清洁用的塑料毛刷的术语和定义、分类、要求、试验方法、检验规则及标示、包装、运输和贮存。

本标准适用于塑料材质的日常卫生清洁用毛刷。

本标准不适用于与食品直接接触的塑料毛刷，也不适用于塑料扫把和可能接触到有机溶剂、强酸、强碱、强氧化剂等的工业和市政用毛刷。

2 规范性引用文件

下列文件对于本标准的应用是必不可少的。凡是注日期的引用文件，仅注日期的版本适用于本文件。凡是不注日期的引用文件，其最新版本(包括所有的修改单)适用于本文件。

GB/T 2828.1—2012 计数抽样检验程序 第1部分：按接收质量限(AQL)检索的逐批检验抽样计划

GB 19342—2003 牙刷

3 术语和定义

下列术语和定义适用于本文件。

3.1

塑料毛刷 plastic brushes

在塑料板面(刷头)的设计孔中植入塑料毛束的日常卫生清洁用刷。

注：板面可能有多种形状，不一定是平面。

4 分类

按塑料毛(丝)材料分类为聚酰胺(PA)毛刷、聚丙烯(PP)毛刷、聚对苯二甲酸乙二醇酯(PET)毛刷、聚氯乙烯(PVC)毛刷等。

5 要求

5.1 外观质量

5.1.1 塑料毛刷各部位应洁净、无污染物。

5.1.2 各部位外观质量应符合表1的规定。

表 1　各部位外观质量指标

序号	项　目	要　求
1	刷　毛	刷毛应清洁、长度应规整、毛束空满适宜
2	刷　头	不允许连续三孔串裂，边缘不允许有裂纹，背向不允许裂穿，不允许有冲纹
3	刷　柄	表面清洁，外形光滑，不允许有可见杂质、裂纹及最大尺寸大于 1 mm 的气泡（气泡仅对透明柄而言，工艺气泡除外）等缺陷存在
注：冲纹是植入毛束时因操作不当造成板面（刷头）有冲压纹。		

5.2　安全要求

塑料毛刷面板（刷头）和刷柄外形应光滑，无锐边，无毛刺，手抓部位的形状不能对人手造成伤害。

5.3　物理性能

5.3.1　脱色试验：刷毛、刷头和刷柄不应脱色。

5.3.2　毛束拉力：大于等于 15 N。

5.3.3　刷柄抗弯力：大于等于 200 N，无刷柄塑料毛刷不作规定。

5.3.4　单丝弯曲恢复率：聚酰胺（PA）毛刷大于等于 35％，其他不作规定。

5.3.5　耐温性能

塑料毛刷按塑料毛（丝）材料在规定温度的水中浸泡 20 min，刷毛无变形、无散毛。

聚酰胺（PA）毛刷：85 ℃±2 ℃；

聚丙烯（PP）毛刷：80 ℃±2 ℃；

聚对苯二甲酸乙二醇酯（PET）毛刷：60 ℃±2 ℃；

聚氯乙烯（PVC）毛刷：50 ℃±2 ℃。

6　试验方法

6.1　外观质量

在一支 40 W 白色日光灯下，正常视力进行目测，目测距离为 0.3 m。目测塑料毛刷各部位是否洁净、无污染物；目测各部位外观质量是否符合表 1 的规定。

6.2　安全要求

在自然光线或 40 W 白色日光灯下，正常视力对塑料毛刷手抓部位进行目测，目测距离为 0.3 m，并检查塑料毛刷手抓部位是否有锐边。

6.3　物理性能

6.3.1　脱色试验

用充分浸透 65％乙醇的棉花，在刷头、刷柄、刷毛上分别任选 4 cm～5 cm 长度，在 1 min 内用力往返擦拭 50 次，目测棉花上是否有颜色。

6.3.2　毛束拉力

按 GB 19342—2003 中 5.5.1 进行检测。

6.3.3 **刷柄抗弯力**

6.3.3.1 试验应在23 ℃±2 ℃的环境下进行。

6.3.3.2 调整测试最大行程为初始时距离的二分之一。

6.3.3.3 将试样安装在带有夹具的拉力试验机上，刷头装入下夹持器，刷柄尾端装入上夹持器，夹具松紧适宜以防止试验滑脱。

6.3.3.4 选定试验机速度为100 mm/min±10 mm/min进行试验，读取毛刷折断或达到最大行程时拉力试验机的读数。

6.3.4 **单丝弯曲恢复率**

按GB 19342—2003中5.5.5进行检测。

6.3.5 **耐温性能**

各种材质塑料毛刷，在相应温度的热水中浸泡20 min，取出后观察刷柄有无变形、刷毛有无散毛。

7 检验规则

7.1 检验分类

检验分为出厂检验和型式检验。检验项目见表2。

表2 出厂检验和型式检验项目

检验项目	项目编号	出厂检验	型式检验
产品洁净情况	5.1.1	√	√
各部位外观质量	5.1.2	√	√
安全要求	5.2	√	√
脱色试验	5.3.1	—	√
毛束拉力	5.3.2	—	√
刷柄抗弯力	5.3.3	—	√
单丝弯曲恢复率	5.3.4	—	√
耐温性能	5.3.5	—	√
注：√为检验项目，—为不用检验项目。			

7.1.1 **组批和抽样**

7.1.1.1 **组批**

产品以批为单位进行检验，连续生产的同一规格、同一色泽、相同配方的塑料毛刷为一批，每批数量不超过10 000把。

7.1.1.2 **抽样方法**

抽样采用随机抽取的方法。

7.1.1.3 抽样方案

外观检测采用GB/T 2828.1—2012中规定的正常检验一次抽样方案，采用一般检验水平Ⅰ类，AQL值为6.5，抽样数、接收数和拒收数的判定见表3。其他每个项目随机抽取3把(套)样品进行试验，符合5.1外观质量、5.2安全要求项目检验的样品可用于其他项目的试验。

表3 抽样数、接收数和拒收数

单位：把

批量范围	正常一次抽样，检验水平为Ⅰ：AQL=6.5		
	样本数 n	接收数 Ac	拒收数 Re
91～150	8	1	2
151～280	13	2	3
281～500	20	3	4
501～1 200	32	5	6
1 201～3 200	50	7	8
3 201～10 000	80	10	11

7.1.2 出厂检验

按表3的规定进行抽样，按表2出厂检验的规定进行检验。

7.1.3 型式检验

按表3的规定进行抽样，按表2型式检验的规定进行检验。每个项目随机抽取3把(套)样品进行试验。

塑料毛刷生产有下列情况之一时，应进行型式检验：

a) 新产品投产或老产品转产的试制定型鉴定；

b) 正式生产后，如结构、材料、工艺有较大改变，可能影响产品性能时；

c) 正常生产时，每半年至少进行一次型式检验；

d) 产品停产6个月以上，恢复生产时；

e) 出厂检验结果与上次型式检验结果有较大差异时；

f) 国家质量监督机构提出进行型式检验时。

7.2 判定规则

7.2.1 出厂检验判定规则：按表2的规定进行出厂检验，按表3的规定进行判定。

7.2.2 型式检验判定规则：按表2的规定进行型式检验，按表3的规定进行判定。当不合格样品数大于或等于表3规定的拒收数时，则判定该批产品不合格。

8 标志、包装、运输和贮存

8.1 标志

每个塑料毛刷应在明显位置或标签上标示以下内容：

a) 产品名称；

b) 材质名称；

c) 产品用途；

d) 制造日期和生产编号；

e) 本标准编号；

f) 制造厂名、厂址及其他联系方式等；

g) 产品贮存期；

h) 敬告标志：不能接触强酸、强碱、有机溶剂、强氧化剂。

8.2 包装和运输

每把塑料毛刷应有包装，以刷毛不被手直接触摸到为合格。

运输中应避免与锐利物碰撞，不能受重压，外箱包装和运输的方式根据产品规格、运距的不同，由供需方商议进行包装和运输。

8.3 贮存

产品应贮存在干燥、阴凉、通风的仓库内，避免日晒雨淋，不应与有毒有害物品混放。贮存期限自生产之日起不超过5年。

ICS 83.140
Y 28

GB

中华人民共和国国家标准

GB/T 30403—2013

日用塑料提桶

Domestic plastics bucket

2013-12-31 发布　　　　2014-12-01 实施

中华人民共和国国家质量监督检验检疫总局
中国国家标准化管理委员会　发布

前　言

本标准按照 GB/T 1.1—2009 给出的规则起草。

本标准由中国轻工业联合会提出。

本标准由全国塑料制品标准化技术委员会(SAC/TC 48)归口。

本标准起草单位:江苏省产品质量监督检验研究院、佛山市南海东兴塑料制罐有限公司、广东海兴塑胶有限公司、佛山市南海区沙钿科技有限公司、国家工程复合材料产品质量监督检验中心。

本标准主要起草人:黄晓风、汪晓磊、罗意自、朱宇宏、肖领、王燕、宋旭彬、黄越锋。

日用塑料提桶

1 范围

本标准规定了日用塑料提桶的分类、要求、试验方法、检验规则、标志、包装、运输和贮存。

本标准适用于桶身以聚丙烯、聚乙烯等树脂为主要原料，采用注塑成型法生产的，经组装附有提手的具有盛装功能的桶。

本标准不适用于与食品直接接触的日用塑料提桶，也不适用于盛装功能之外的其他功能用桶及垃圾桶。

2 规范性引用文件

下列文件对于本文件的应用是必不可少的。凡是注日期的引用文件，仅注日期的版本适用于本文件。凡是不注日期的引用文件，其最新版本(包括所有的修改单)适用于本文件。

GB/T 2828.1—2012 计数抽样检验程序 第1部分:按接收质量限(AQL)检索的逐批检验抽样计划

GB/T 16288 塑料制品的标志

GB/T 16422.2—1999 塑料实验室光源暴露试验方法 第2部分:氙弧灯

3 分类

按桶身材质分为聚丙烯(PP)与聚乙烯(PE)。

聚丙烯(PP)使用温度范围≤95 ℃。

聚乙烯(PE)使用温度范围≤80 ℃。

4 要求

4.1 外观

日用塑料提桶应加工良好;毛刺、飞边、浇口应切削干净;不应有裂痕、缺损;不应有明显的起泡、凹痕、污点、杂质;不应有明显的变形、变色、褪色及色斑等缺陷。

4.2 容量

日用塑料提桶实际容量相对于标称容量的偏差为±5%。

4.3 物理力学性能

日用塑料提桶的物理力学性能应符合表1的要求。

表 1 物理力学性能

序号	项目		技术要求
1	负载		无破裂，提手不脱落
2	负载变形率		≤10%
3	耐热性能		无破裂，提手不脱落
4	耐冲击性		无破裂
5	跌落试验		无破裂
6	老化	颜色变化	$\Delta E^{*} \leqslant 8$
注：容量小于 5 L 的日用塑料提桶不做耐冲击性。			

4.4 气味

日用塑料提桶应无异味。

5 试验方法

5.1 样品

样品应从生产脱模后至少放置 24 h 以上的成品中抽取。

5.2 状态调节和试验环境

试样应在温度 23 ℃±2 ℃，湿度 50%±10%的标准环境下至少调节 24 h，除有特别规定外，均应在此条件下进行试验。

5.3 外观

应在自然光或一个等效的人工光源下，目测距离 0.5 m。

5.4 容量

取 3 个试样，将每个试样放于精度不劣于 0.01 kg 的衡器上，装满温度为 23 ℃±2 ℃的水，测定水的质量，然后以 1 kg/1 L 换算成容量，相对于标称容量的偏差按式(1)计算。

$$\sigma = \frac{r_2 - r_1}{r_1} \times 100\% \qquad \cdots\cdots(1)$$

式中：

σ ——容量偏差，%；

r_1——试样标称容量，单位为升(L)；

r_2——试样实测容量，单位为升(L)。

试验结果以 3 个试样的算术平均值表示。

5.5 负载、负载变形率

取 3 个试样，测量其提手部位的外径(l_1)，精确至 1 mm，并做好标记。将直径小于 3 mm 的钢珠或类似物体按照标称容量对应水质量的 2.5 倍(精确至 0.1 kg)装入试样中,在提手的中间部位以橡皮包裹着的 70 mm 宽的弯曲挂钩吊起,5 min 后,在吊起状态下测量标记部位的外径(l_2)。卸载后,检查提手、桶体及各连接部位有无破裂,提手有无脱落。负载变形率按式(2)计算。

$$e=\frac{l_1-l_2}{l_1}\times 100\% \qquad \cdots\cdots(2)$$

式中:

e ——负载变形率,%;

l_1——加载前提手部位的外径,单位为毫米(mm);

l_2——加载后提手部位的外径,单位为毫米(mm)。

负载变形率检测结果以 3 个试样的算术平均值表示。如破裂或提手脱落后无法测量耐负载变形率,则记为试样破裂或提手脱落,无法测量,判该项目为不合格。

5.6 耐热性能

取 3 个试样,按桶身材料使用温度范围装满热水[聚丙烯(PP)材料 95 ℃±2 ℃,聚乙烯(PE)材料 80 ℃±2 ℃],用与 5.5 相同的设备吊起,直至桶内温度下降 10 ℃。卸载后,检查提手、桶体及各连接部位有无破裂,提手有无脱落。

5.7 耐冲击性

取 3 个试样,将试样倒置,桶口向下,放于落锤冲击试验机的刚性平板支座上,使试样保持稳定,底部水平,以质量 0.5 kg±0.05 kg,锤头曲率半径 50 mm 的重锤,从 700 mm±2 mm 的高度冲击试样底部中心,每个试样只允许冲击一次,如有桶盖,再将桶盖部向上,以 500 mm±2 mm 的高度冲击桶盖中心,检查有无破裂。

5.8 跌落试验

取 3 个试样,将试样提手上缘提至 1.5 m 高度,进行跌落,使试样底部撞击在平整的水泥地面,同一试样连续跌落 3 次,检查有无破裂。

5.9 老化

5.9.1 分别于 3 个试样壁部截取 50 mm×50 mm 大小试样各 1 个,清除试样表面杂质,在标准环境下调节 24 h,并在标准环境下用分光测色仪测定其外表面颜色,测量使用 CIE 标准光源 D65,包括镜面反射,测量条件 8/d 或 d/8,无滤光镜,以 E^* 表示。

5.9.2 按照 GB/T 16422.2—1999 规定的方法 B 进行老化,试验条件:黑板温度 65 ℃±3 ℃,相对湿度 65%±5%,每次喷水时间:18 min±0.5 min,两次喷水之间的无水时间:102 min±0.5 min,无黑暗周期。试验时间,200 h。

5.9.3 老化试验结束后,清除试样表面杂质,再于标准环境下调节 24 h 后,以于前相同条件测定相同部位相同方向的颜色,得出色差以 ΔE^* 表示。结果以 3 个试样色差的平均值表示。

5.10 气味

取 3 个试样,在试样中装入 95 ℃以上热水至容量一半以上,5 min 后将水倒出,请 3 位测试人员立即分别检查试样有无异味,测试人员应嗅觉正常,独立判断,以 2 位或 2 位以上一致判定为结果。

6 检验规则

6.1 组批

产品以批为单位进行验收。同一规格、同一色泽、相同配方的桶为一批。容量不大于5 L的桶每批不超过30 000只;5 L～20 L的桶每批不超过15 000只;20 L以上的桶每批不超过8 000只。

6.2 出厂检验

出厂检验项目为外观、容量、气味、跌落。

外观按GB/T 2828.1—2012采用正常检查一次抽样方案,取一般检验水平I,接收质量限AQL=4.0,抽样方案见表2。如果样本数等于或超过批量,则执行100%检验。其他检验项目应从外观检验合格的样品中随机抽取足够的样品。

表2 抽样方案

批量范围	样本量	接收数 Ac	拒收数 Re
501～1 200	20	3	4
1 201～3 200	32	5	6
3 201～10 000	50	7	8
10 001～35 000	80	10	11

6.3 型式检验

型式检验项目为要求的全部内容。一般情况下每年进行一次检验。

有下列情况之一,应进行型式检验:

a) 新产品或老产品转厂生产的试制定型鉴定;

b) 正式生产后,如原材料、工艺有较大改变,可能影响产品性能时;

c) 产品停产半年以上,恢复生产时;

d) 出厂检验结果与上次型式检验有较大差异时;

e) 国家质量监督机构提出进行型式检验的要求时。

6.4 判定规则

外观应按4.1和表2进行判定,其他项目若有不合格,应在原批中抽取双倍样品对不合格项进行复检,复检全部合格则判该项目合格,否则判该项目不合格。所有检验项目检验结果全部合格,则判该批合格。

7 标志、包装、运输和贮存

7.1 每只提桶在底部都应有永久性标记,标有制造厂名、生产年月、商标、容量(以升为单位)、使用温度。

7.2 每批桶应有合格证,并附有说明书。

7.3 回收标志应符合GB/T 16288—2008的规定。

7.4 包装可按订货单位要求确定。

7.5 运输中应避免摔跌,避免与坚硬锐利物碰撞。

7.6 桶应遮篷储存,避免曝晒。自生产之日起,桶的贮存期为3年。

ICS 59.140.40
Y 94

中华人民共和国国家标准

GB/T 30404—2013

皮革机械　板面移动式机械　安全要求

Tannery machines—Movable platen machinery—Safety requirements

2013-12-31 发布　　2014-12-01 实施

中华人民共和国国家质量监督检验检疫总局
中国国家标准化管理委员会　发布

前　言

本标准按照GB/T 1.1—2009给出的规则起草。

本标准使用重新起草法参考欧洲标准EN 1035:1998《皮革机械　板面移动式机械　安全要求》编制，与EN 1035:1998的一致性程度为非等效。本标准与EN 1035:1998的主要差别如下：

——增加了触发装置控制系统相关元器件的性能等级要求(4.2.1.2)；

——增加了可编程电子系统(PES)的安全要求(4.2.3.4)；

——增加了采用电敏保护装置的安全要求[4.4.1.1 c)]。

本标准由中国轻工业联合会提出。

本标准由全国轻工机械标准化技术委员会皮革机械分技术委员会(SAC/TC 101/SC 1)归口。

本标准起草单位：南通思瑞机器制造有限公司、辛集巨龙皮革机械有限公司、嘉兴学院、扬州扬宝机械有限公司、中国皮革和制鞋工业研究院、江苏连港皮革机械有限公司、东莞市博恒机电科技有限公司、兴业皮革科技股份有限公司、河北东明实业集团有限公司、山东德信皮业有限公司、浙江中辉皮草有限公司、深圳市涂氏精怡科技有限公司。

本标准主要起草人：滕双权、张亚楠、郭立英、彭文利、管金龙、李刚、孔培利、王同祥、何朝晖、何绍明、刘建年、魏坤、马建标、涂进红。

引　言

根据 GB/T 15706—2012 的规定，本标准属于 C 类标准。

本标准所涉及的机械以及所涵盖的危险、危险状态和危险事件的范围在本标准的范围中给出。

当本 C 类标准的要求与 A 类标准或 B 类标准中规定的要求不同时，按照本 C 类标准中的要求设计和制作的机器优先采用本 C 类标准中的要求。

皮革机械 板面移动式机械 安全要求

1 范围

本标准规定了板面移动式机械按预定用途使用、可预见的误用及元件和系统故障条件下使用时，所有与该机械有关的重大危险、危险状态或危险事件。

本标准也规定了板面移动式机械的术语和定义，以及在GB/T 15706—2012中5.4列出的机器寿命周期各阶段的安全要求和/或保护措施、安全要求验证和使用信息。

本标准适用于下列在加工动物皮革过程中使用的具有垂直开启和闭合运动或交替水平进料和出料运动的板面移动式机械(典型结构见附录A，描述见附录B)：

1) 垂直运动的真空干燥机(见图A.1)；

2) 水平和垂直运动的真空干燥机(见图A.2)；

3) 真空伸展机(见图A.3)；

4) 垂直运动的板式熨平压花机(见图A.4)；

5) 水平和垂直运动的板式熨平压花机(见图A.5)。

本标准不适用于标准颁布前已生产的机器。

本标准提供了设计阶段降低噪声的章条(见4.3.4和附录C)，未提供噪声检测试验规程。制造商有义务按照噪声检测试验规程提供投放市场机器的噪声排放值。

本标准列出了所有重大危险(见附录D)。

粉尘、烟雾和蒸汽排放见附录E。

联锁系统见附录F。

本标准在规范性附录中给出了降低危险的一般性措施。设计和制造者应直接验证所采用的方法能成功降低这些危险。

2 规范性引用文件

下列文件对于本文件的应用是必不可少的。凡是注日期的引用文件，仅注日期的版本适用于本文件。凡是不注日期的引用文件，其最新版本(包括所有的修改单)适用于本文件。

GB/T 3766—2001 液压系统通用技术条件

GB 4208—2008 外壳防护等级(IP代码)

GB 5226.1—2008 机械电气安全 机械电气设备 第1部分：通用技术条件

GB/T 7932—2003 气动系统通用技术条件

GB/T 8196—2003 机械安全 防护装置 固定式和活动式防护装置设计与制造一般要求

GB/T 14367—2006 声学 噪声源声功率级的测定 基础标准使用指南

GB/T 15706—2012 机械安全 设计通则 风险评估与风险减小

GB 16754—2008 机械安全 急停 设计原则

GB/T 16855.1—2008 机械安全 控制系统有关安全部件 第1部分：设计通则

GB/T 17454.2—2008 机械安全 压敏保护装置 第2部分：压敏边和压敏棒的设计和试验通则

GB/T 18153—2000 机械安全 可接触表面温度 确定热表面温度限值的工效学数据

GB/T 18831—2010 机械安全 带防护装置的联锁装置 设计和选择原则

GB/T 19436.1—2013　机械电气安全　电敏保护设备　第1部分:一般要求和试验

GB/T 19436.2—2013　机械电气安全　电敏保护设备　第2部分:使用有源光电保护装置(AOPDs)设备的特殊要求

GB/T 19670—2005　机械安全　防止意外启动

GB/T 19876—2012　机械安全　与人体部位接近速度相关的安全防护装置的定位

GB 23821—2009　机械安全　防止上下肢触及危险区的安全距离

GB/T 25078.1—2010　声学　低噪声机器和设备设计实施建议　第1部分:规划

GB/T 25078.2—2010　声学　低噪声机器和设备设计实施建议　第2部分:低噪声设计的物理基础

ISO 9355-1:1999　显示和控制指示器设计的人类工效学要求　第1部分:显示和控制指示器人机交互(Ergonomic requirements for the design of displays and control actuators—Part 1:Human interactions with displays and control actuators)

ISO 9355-2:1999　显示和控制指示器设计的人类工效学要求　第2部分:显示(Ergonomic requirements for the design of displays and control actuators—Part 2:Displays)

ISO 9355-3:2006　显示和控制指示器设计的人类工效学要求　第3部分:控制执行器(Ergonomic requirements for the design of displays and control actuators—Part 3:Control actuators)

3　定义

GB/T 15706—2012 中界定的以及下列术语和定义适用于本文件。

3.1　机器零部件　machine parts

3.1.1

工作件　working parts

用于完成产品加工的零部件。

3.1.2

传动件　transmission parts

将运动传递至工作件的零部件。

3.1.3

其他零部件　other parts

以上没有定义的其他所有零部件。

3.2　危险区　danger zones

使人员暴露于危险的机械内部和/或其周围的任何空间。

[GB/T 15706.1—2012,定义3.11]

注:下列特定危险区是为了更好地辨别和确定本标准的各种危险和相关要求。

3.2.1

工作区　working zone

由动力驱动的工作件完成产品处理、加工或者制造的区域。

操作者手工将皮张放置到工作区的部分,定义为“送料区”。送料区尤其危险,需要特定的安全装置。

3.2.2

进入区　accessible zone

其他所有危险区。

4 安全要求和/或措施

4.1 总则

机械应符合本章规定的安全要求和/或保护措施。

此外，在本文件未涉及的重大危险，机器应按 GB/T 15706—2012 规定的相关原则设计。

对于采用 GB 5226.1—2008、GB/T 8196—2003、GB 16754—2008、GB 23821—2009 等 B 类标准能够降低的风险，制造商应完成风险评估，并应符合本标准的规定。

4.2 板面移动式机械一般要求

4.2.1 机械设备

4.2.1.1 为防止运动的传动件(如皮带轮、皮带、齿轮、齿条等)产生危险，应采用下列其中一种安全防护装置：

——符合 GB/T 8196—2003 和 GB/T 15706—2012 中 6.3.3.2.2 固定式防护装置的要求；

——符合 GB/T 8196—2003、GB/T 18831—2010 和 GB/T 15706—2012 中 6.3.3.2.3 活动式防护装置的要求。

特定机器在相关条款中另有规定的除外。

4.2.1.2 能产生危险运动的机械零件、送料系统、工具和工作件应采用下列其中一种安全防护措施，考虑获得最高级别的保护：

——应符合 GB/T 8196—2003 和 GB/T 15706—2012 中 6.3.3.2.2 固定式防护装置的要求；

——应符合 GB/T 8196—2003 和 GB/T 15706—2012 中 6.3.3.2.3 活动式防护装置的要求。其距离在 GB 23821—2009 中表 1、表 3 或者表 4 给出。

所有防护装置应符合 GB/T 8196—2003 第 5 章的要求，同时在设计和制造时应满足以下要求：在防护装置面积约为 0.01 m^2 的中心区域上施加 800 N 的力，防护装置应保持其所有功能。当力释放后，防护装置不应有明显的变形。

当移除固定式防护装置时，其固定系统应保持在防护装置或机器上。

当采用上述措施在技术上不可能实现时，机械零件的危险运动应采用下列防护措施：

——符合 GB/T 8196—2003、GB/T 18831—2010 和 GB/T 15706—2012 中 6.3.3.2.2 活动式防护装置的要求。

——触发装置：符合 GB/T 19436.1—2013、GB/T 19436.2—2013 和 GB/T 19876—2012 规定的电敏防护装置；符合 GB/T 17454.2—2008 规定的压敏边或压敏棒[GB/T 17454.2—2008 定义 3.1、3.2]。

除非 4.4 和 4.5 另有要求，触发装置控制系统的相关元件至少应达到 GB/T 16855.1—2008 规定的性能等级 PLd。

4.3、4.4 和 4.5 专门针对本文件规定的机器和应用给出了保护装置和防护的要求。

4.2.1.3 当机器规定为一前一后两个人同时操作(如：垂直运动的板式熨平压花机，见图 A.4)，两个操作位置的安全防护装置的布局应相同。

4.2.2 急停装置

急停装置的手动控制器(执行器)应使操作者在任一操作位置易于直接触及，即便处于恐慌或可能受到伤害的操作者凭借有限的反应能简单直接地操作。当双手在操作位置受到限制时，操作者的任何身体部位(如躯干部、膝部或者足部)应能触及到这些手动控制器。当选择这类手动控制器时，应考虑操作者的姿势和机器的布局。

任何一个控制装置的启动应停止板面,或在不产生危险的条件下使板面反向运动。

急停装置的功能应独立于机器的普通控制系统,应符合 GB 16754—2008 的 1 类要求。GB 5226.1—2008 的 9.2.2、9.2.5.4 和 10.7 给出了专门要求。

触发棒应布置为在强制模式下一个或多个使辅助电路断开的常闭限位开关。

急停控制的启动不应引起额外的风险,如:致使烟气抽出设备停止工作。

4.2.3 控制系统

4.2.3.1 所有机器应在工作区安装一个启动控制装置,已配备控制防护装置的除外。如动力输入不可用时,控制系统应自动转换到一个预设的安全状态。

4.2.3.2 液压系统应符合 GB/T 3766—2001,气动系统应符合 GB/T 7932—2003,电气系统应符合 GB 5226.1—2008,显示器和控制执行器应符合 ISO 9355-1:1999、ISO 9355-2:1999、ISO 9355-3:2006 的要求。

4.2.3.3 应根据 GB/T 19670—2005 的要求设置安全装置,防止由于误操作、失效或者供电线路意外地重新连接,或者由于控制电路关闭等引起的失控的危险运动。

4.2.3.4 除非 4.3 另有要求,机器控制系统安全相关零部件:

——未另作规定的,至少应与已用安全防护措施等级一致;

——至少应达到 GB/T 16855.1—2008 规定的性能等级 PLc。

4.2.3.5 使用可编程电子系统(PES)不应降低本标准规定的安全水平:当机器安装可编程电子系统时,其相关安全功能不应仅仅依靠该系统,应通过使用下列其中一种方式满足安全要求:

——一个附加的硬布线控制系统;

——双重固态通道。

4.3 所有危险区的安全要求

4.3.1 高压流体喷射

机器配置有流体设备时,高压的情况下流体可能发生泄漏导致冲击的危险。

如果机器配置有加热的板面,流体可能逸出导致烫伤的危险。

GB/T 3766—2001 和 GB/T 7932—2003 给出了相应的安全要求。

在高压流体喷射或高温流体逸出造成伤害风险的位置,应设置固定封闭式屏障将伤害的风险降至最低水平。

4.3.2 电气危险

电气系统及设备应符合 GB 5226.1—2008 的要求。

按照 GB 4208—2008 规定的防护等级,在湿法加工过程中,控制和安全装置应采用 IP55 级别防护,干法的加工过程则采用 IP54 级别防护。

需要调节以改变工作过程的所有操作控制装置应位于电控箱的外部。

注:如用于时间、温度或者压力调节的常规电气控制装置。

4.3.3 绊倒、跌落和滑倒的危险

绊倒和跌倒的危险涉及本标准中所有机械,滑倒的危险仅涉及真空干燥机。

机器设计应特别注意采用安全防护装置,防止机器在使用过程中产生此类危险。尤其是在湿法加工和油腻材料加工时更易发生滑倒危险。

机器操作位置需要踏脚板、防滑地板等安全防护装置时，应在使用说明书中注明[见 6.1.2 j)]。

4.3.4 噪声

降低噪声作为机器设计的组成部分，可采用附录 C 给出的一种或多种组合的降噪方法。

4.3.5 有害的液体、气体、烟雾和粉尘的排放

用来处理有害的液体、气体、烟雾和粉尘排放的保护措施依赖于特定的安装和处理，本标准中未给出精确的要求。一般性措施见附录 E，同时见 6.1.1 h)、6.1.2 h)和 6.1.2 i)。

4.4 工作区的安全要求

4.4.1 垂直运动的真空干燥机(图 A.1)、水平运动和垂直运动的真空干燥机(图 A.2)和真空伸展机(图 A.3)中，板面正常下降和升降系统的故障引起板面下落，可能产生挤压危险。见图 A.1、图 A.2、图 A.3 中的 A 位置。

4.4.1.1 对于垂直运动的真空干燥机(图 A.1)和真空伸展机(图 A.3)，应采用以下安全装置：

a) 压敏边或压敏棒

   压敏边或压敏棒被有效触发时，板面应停止运动。若驱使反向运动的，不应引发任何危险。压敏边或压敏棒应符合 GB/T 17454.2—2008。

   控制系统应符合 GB/T 16855.1—2008。

b) 约束装置

   生产过程中因液压系统、机械及电气控制系统故障造成板面意外下落，该危险应采取以下措施防范：

   ——一个机械约束装置；

   ——安装液控单向阀，应尽可能地靠近液压缸出口处安装，并保证联接可靠。

   一旦板面处于停止及有效触发急停状态(符合 GB 16754—2008)，约束装置应自动起作用且操作人员可以接近板面。

c) 电敏保护装置

   板面的运动应由一个或者多个启动控制触发，该控制只有在电敏保护装置未有效触发的情况下方可操作。根据 GB/T 19876—2012，电敏保护装置应在距危险区(G)某段距离的地方安装，一旦有效触发，在操作者的身体部位到达危险区前应停止该闭合运动。

   电敏保护装置应满足 GB/T 19346.1—2013、GB/T 19346.2—2013 的要求，其控制系统应至少达到 GB/T 16855.1—2008 规定的 PLc。

4.4.1.2 对于水平和垂直运动的真空干燥机(图 A.2)，应采用符合 GB/T 8196—2003 和 GB/T 15706—2012 中 6.3.3.2.2 规定的固定距离防护装置。

4.4.2 在垂直运动的板式熨平压花机(图 A.4)、水平和垂直运动的板式熨平压花机(图 A.5)中，移动板面向固定板面的往复运动可造成挤压的危险。

见图 A.4、图 A.5 中的位置 G。

4.4.2.1 对于垂直运动的板式熨平压花机(图 A.4)，应采用下面至少两种安全装置：

a) 联锁防护装置

   闭合的运动应由一个单独的启动控制发起，该控制应在该防护装置处于彻底闭合位置时方可操作。

   除非机器处于完全的闭合状态，防护装置的任何一部分被打开后，闭合运动应停止且立即反向运动。

   联锁防护装置应满足 GB/T 18831—2010 的要求，且为本标准附录 E 中的 E.2 和 E.4 规定的

类型，其控制系统应至少达到 GB/T 16855.1—2008 规定的 PLc。

当机器彻底闭合后，该安全装置可以不起作用。

b) 带控制功能的防护装置

该安全系统应符合 GB/T 15706—2012 的要求。机器闭合的动作应在该防护装置彻底闭合后自动进行(见图 A.4)。

除非机器处于完全的闭合状态，该防护装置的任何一部分被打开后，闭合运动应停止且立即反向运动。

带控制功能的防护装置应满足 GB/T 18831—2010 的要求，且为本标准附录 F 中的 F.7 规定的类型，其控制系统应至少达到 GB/T 16855.1—2008 规定的 PLc。

当机器彻底闭合后，该安全装置可不起作用。

c) 电敏保护装置

闭合运动应由一个单独的启动控制发起，该控制只有在电敏保护装置未有效触发的情况下方可操作。根据 GB/T 19876—2012，电敏保护装置应在距危险区(G)某段距离的地方安装，一旦有效触发，在操作者的身体部位到达危险区前应停止该闭合运动。

电敏保护装置应满足 GB/T 19436.1—2013、GB/T 19436.2—2013 的要求，其控制系统应至少达到 GB/T 16855.1—2008 规定的 PLc。

4.4.2.2 对于水平和垂直运动的板式熨平压花机(图 A.5)，固定的距离防护装置应符合 GB/T 23821—2009 表 1 和 GB/T 8196—2003 的要求。

4.4.3 在所有的机器中，板表面的温度可能超过 GB/T 18153—2000 中表 1 所示的临界烧伤值，导致烧伤和烫伤。

见图 A.1、图 A.2、图 A.3、图 A.4、图 A.5 中的位置 C。

可接触表面温度超过 GB/T 18153—2000 中规定的“不烧伤”区的表面温度时，应采用隔热材料进行防护，该材料不得含有危险物质(如：石棉)；或按照 GB 23821—2009 要求安装一个固定距离防护装置。对不能采取保护措施的表面，应在机器上安装警示标志，并在使用说明书中提出使用防烫手套或者个体防护装备的建议。

4.5 进入区的安全要求

4.5.1 在垂直运动的真空干燥机(图 A.1)和真空伸展机(图 A.3)中，用于板面升降的装置的运动可产生挤压和剪切的危险，见图 A.1、图 A.3 中的位置 B。

应提供符合 GB 23821—2009 表 3 和表 4 和 GB/T 8196—2003 的固定封闭式防护装置或者符合 GB/T 23821—2009 表 1、表 3 或表 4 和 GB/T 8196—2003 的固定距离防护装置。

4.5.2 在水平和垂直运动的板式熨平压花机(图 A.5)中，移动板的运动可产生挤压和剪切的危险。见图 A.5 中位置 H。

应采用下列其中一种保护装置：

——符合 GB/T 23821—2009 表 1、表 3 和表 4 和 GB/T 8196—2003 的固定封闭式防护装置；

——符合 GB/T 23821—2009 表 1、表 3 和表 4 和 GB/T 8196—2003 的固定距离防护装置；

——符合 GB/T 17454.2—2008 的一个压敏边或压敏棒。

4.5.3 在垂直运动的真空干燥机(图 A.1)、垂直运动的板式熨平压花机(图 A.4)和水平和垂直运动的板式熨平压花机(图 A.5)中，可移动的下板可产生挤压和剪切的危险。

见图 A.4、图 A.5 中的位置 F 和图 A.1 中的 F1 和 F2。

4.5.3.1 对于垂直运动的真空干燥机(图 A.1)：

a) F1 区所示危险应采用符合 GB 23821—2009 表 3 和表 4 和 GB/T 8196—2003 的固定距离防护装置予以保护。

b) F2 区所示的危险应采用一个压敏边或压敏棒予以防护。

位于板面边缘的压敏边或压敏棒被有效触发时，则板面停止运动。

如果驱使反向运动的，不应引发任何危险。

压敏边或压敏棒应符合 GB/T 17454.2—2008 的规定。

控制系统应至少达到 GB/T 16855.1—2008 规定的 PLc。

c) 联锁机械约束装置

在维护工作中，电气联锁机械约束装置应处于启动状态，用以防止最低一块板面的意外下落。

联锁机械约束装置应符合 GB/T 18831—2010 和附录 F 中的 F.1。

控制系统应至少达到 GB/T 16855.1—2008 规定的 PLb。

如果保护装置是以手动有效触发，应在机器上和说明书中标明正确的操作方法。

4.5.3.2 对于垂直运动的板式熨平压花机(图 A.4)、水平和垂直运动的板式熨平压花机(图 A.5)，应采用下列其中一种安全装置：

——符合 GB/T 8196—2003 固定的罩壳；

——符合 GB/T 23821—2009 表 2、表 3 和表 4、GB/T 19876—2012 和 GB/T 8196—2003 的固定距离装置隔栏。

4.5.4 在垂直运动的真空干燥机(图 A.1)中，如果操作平台以垂直方向运动，操作者的脚部接近该区域时，可能发生挤压和剪切的危险。见图 A.1 中位置 K。

应满足下列安全要求之一：

a) 符合 GB/T 8196—2003 的可伸缩的封闭式防护装置，或符合 GB/T 23821—2009 规定的相关的安全距离。

b) 操作平台与移动板面相邻的边上应采用压敏边或压敏棒保护，若两者相向运动间距≤50 mm 时，则停止运动。

如驱使反向运动的，不应引发任何危险。

压敏边或压敏棒应符合 GB/T 17454.2—2008。

控制系统应至少达到 GB/T 16855.1—2008 规定的 PLc。

4.5.5 水平和垂直运动的真空干燥机(图 A.2)和水平和垂直运动的板式熨平压花机(图 A.5)中，机器产生水平运动的部件可能导致缠绕、剪切和冲击的危险。见图 A.2、图 A.5 中的位置 D。

4.5.5.1 对于水平和垂直运动的真空干燥机(图 A.2)，应采用下列规定的安全装置：

a) 符合 GB/T 23821—2009 表 3 和表 4 和 GB/T 8196—2003 的固定封闭式防护装置；

b) 压敏边或压敏棒。

罩盖闭合时，压敏边或压敏棒一旦有效触发应停止运动。

如驱使反向运动的，不应引发任何危险。

压敏边或压敏棒应符合 GB/T 17454.2—2008 的规定。

控制系统应至少达到 GB/T 16855.1—2008 规定的 PLc。

4.5.5.2 对于水平和垂直运动的板式熨平压花机(图 A.5)，应采用符合 GB 23821—2009 表 1、表 3、表 4 和 GB/T 8196—2003 的固定封闭式防护装置或固定距离防护装置。

4.5.6 在真空伸展机(图 A.3)中，机器零件和涉及弹性膜伸展运动的机构可造成挤压和缠绕的危险。见图 A.3 中的位置 E。

如果机器的设计不能满足安全要求，应采用符合 GB/T 23821—2009 表 1、表 3、表 4 和 GB/T 8196—2003 的固定封闭式防护装置或者固定距离防护装置。

4.5.7 在使用蒸汽、水、油等介质加热的机器中，板面供给管线的表面温度可能超过 GB/T 18153—2000 所示的临界烧伤值，可导致烧伤和烫伤的危险。

在这种情况下，可接触表面应采用以下其中一种方式隔离：

a） 不含危险物质的绝热材料，如石棉(见 GB/T 18153—2000 指南)。

b） 符合 GB 23821—2009 表 1、表 2、表 4、GB/T 8196—2003 和 GB/T 18153—2000 的固定封闭式防护装置或者固定距离防护装置。

应考虑 1 s 的接触时间。

以流体为加热介质的，应提供阻隔装置(例如：截止阀)使得维护工作得以安全进行。

5 安全要求和/或措施的验证

制造商在交付机器之前，应对该机安全要求进行验证。除了其他事项外，验收报告应包含以下内容：

a） 安全装置启动后，如何停止危险性运动的验证；

b） 所有安全装置感官和性能检验；

c） 危险点和防护装置安全距离测量；

d） 联锁装置的性能检验；

e） 联锁防护装置的性能检验和防护锁定时间测量；

f） 具有安全功能的开关操作性能检验；

g） 安全装置和触发装置安全距离计算；

h） 包含在 B 类标准中相关安全装置的验证准则；

i） 根据 GB/T 14367—2006 和 GB/T 17248.1—2000 标准，进行噪声值的测量；

j） 检查抽取设备的容积、流量和压力与所提供文件的一致性；

k） 确认安全装置不会造成进一步危险。

6 使用信息

6.1 使用说明书

使用说明书应符合 GB/T 15706—2012 中 6.4.5.2 和本章的要求。

6.1.1 机器

应附有下列说明和信息：

a） 机器、机器配件及其安全装置的描述；

b） 关于安全装置启动后机器将如何响应的信息；

c） 机器预定应用范围(禁止用途，如有)，考虑原型机器的变动情况；

d） 禁用信息(如有)；

e） 安全功能图表，尤其是图解表示；

f） 噪声的数据，及所参照的测量方法。

——应指明 A 计权发射声压级，超过 70 dB 和不超过 70 dB 的工作位置；

——应指明 C 计权瞬时峰值声压值超过 63 Pa(130 dB，基准值 20 μPa)的工作位置；

——机器发射的 A 计权声功率级，A 计权发射声压级超过 80 dB 的工作位置。

应确定噪声发射值的不确定度“K”。应说明机械测量期间的操作条件和使用的测量方法。

制造商应建议使用者采取进一步降低噪声的可行性措施以及在某些操作时使用个体听力保护。

g） 机器产生的振动数据；

h） 辐射、气体、蒸汽和粉尘的排放数据；

i) 机器符合本标准的声明。

6.1.2 机器安装

应附有下列说明和信息：

a) 使用和维护所需的空间；

b) 示明作用于基础的静态力和动态力的图纸和图表；

c) 影响机器的环境因素的允许范围：如温度、湿度、振动、电磁辐射；

d) 机器可能对环境的影响；

e) 机器与动力源的连接的说明，尤其是电气过载保护；

f) 机器拆除和处置说明；

g) 必要时，用户可以索取额外的未在机器设计中整合的安全要求，例如：火灾、爆炸和排放危险的详细资料；

h) 抽取粉尘、烟雾、蒸汽设备正确定位和联锁方面的资料；

i) 每个抽取点抽取粉尘、烟雾和蒸汽所需的空气速率和容积流量的推荐性资料；

j) 防止滑倒、绊倒、坠落所必要的额外措施信息。

6.1.3 机器和机器零部件的运输和贮存

应附有下列说明和信息：

a) 机器的贮存条件；

b) 尺寸、质量、重心位置；

c) 搬运说明(如显示起重设备施力点的图样)。

6.1.4 机器的使用

应附有下列说明和信息：

a) 控制功能；

b) 调试说明；

c) 设置和调节说明；

d) 停机装置的信息(特别是急停装置)；

e) 关于剩余风险：噪声排放、表面温度的信息；

f) 清洁的说明；

g) 故障排查、修理和修理后重启说明；

h) 个人防护用品使用说明。

6.1.5 维护

应附有下列说明和信息：

a) 检查和维护所需的信息；

b) 应具备与维护活动相关的技术知识或特定技能、完全由熟练人员(维修人员或专家)完成维护的说明；

c) 不需特殊技能，可由用户、操作人员等完成维护的说明；

d) 维护和检查的检查清单；

e) 在机器修理和维护期间，应考虑 GB/T 19670—2005 的要求，与所有动力源分离的声明；

f) 影响操作者安全和健康的机器备件的技术参数。

提供给技能人员和非技能人员的维护说明须彼此清楚的分开。

6.2 标志

机器应按照 GB/T 15706　2012 中 6.4.4 的规定，至少清晰永久地标识出下列内容：

——制造商的全称、详细地址、适当的情况下制造商的授权代表；

——机械名称；

——强制性标志；

——系列名称或类型；

——序列号（如有）；

——完成制造的年份。

单元机组，其主要标签应包含各机器的质量，用 kg 表示。

电气设备标签应符合 GB 5226.1—2008 第 16 章的规定。

液压或气动系统的压力范围数据标签应符合 GB/T 3766—2001 和 GB/T 7932—2003 的规定。

液压或气动压力柔性管应在标签上注明最大允许工作压力，用 kPa 表示。液压柔性管的标志应符合 GB/T 3766—2001 的规定。

制造商应在机器的适当部位标示液压油和润滑油规格等技术参数。

附 录 A
(资料性附录)
机器的典型结构

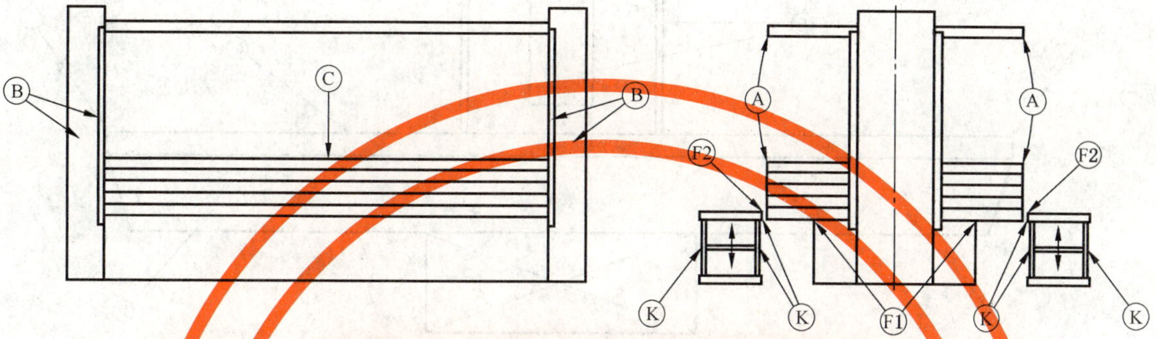

图 A.1 垂直运动的真空干燥机

图 A.2 水平和垂直运动的真空干燥机

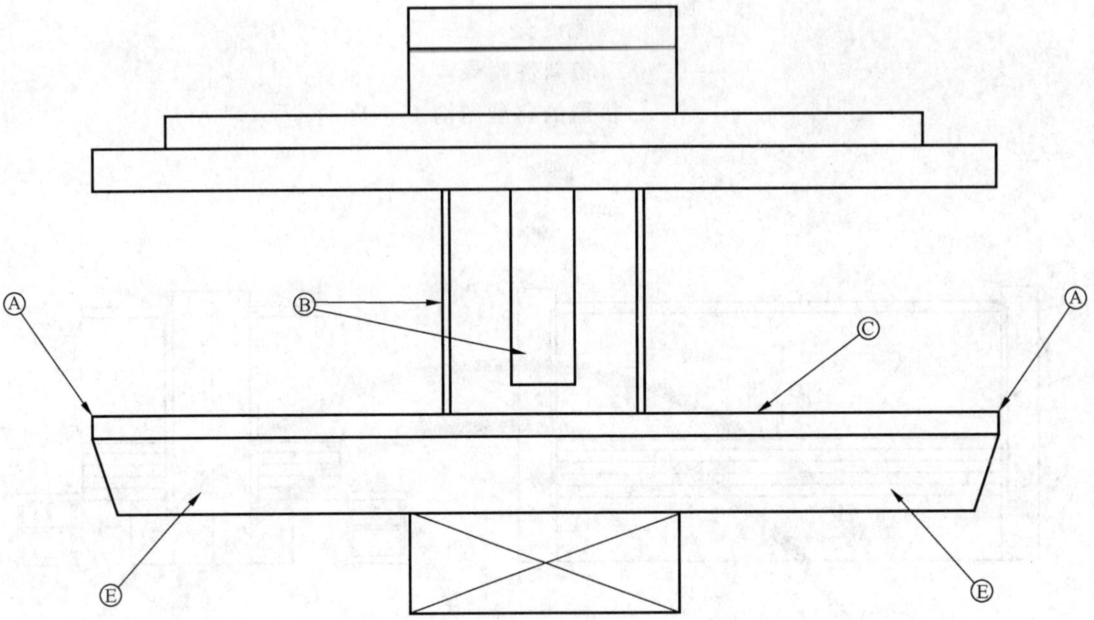

图 A.3 真空伸展机

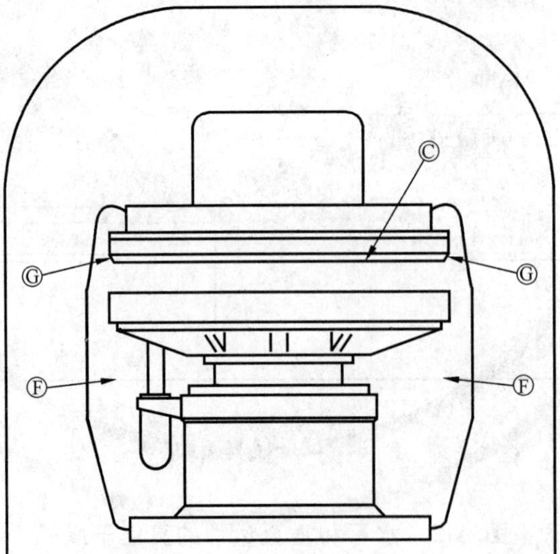

图 A.4 垂直运动的板式熨平压花机

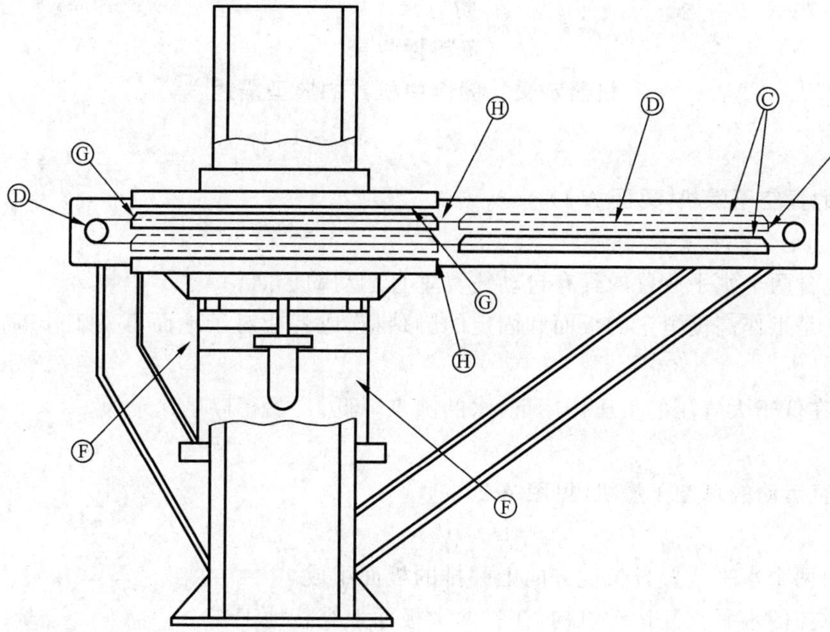

注：操作者工作位置在机器的右边。

图 A.5 水平和垂直运动的板式熨平压花机

附 录 B
（资料性附录）
机器定义 图例中机器的典型描述

B.1 垂直运动的真空干燥机（见图 A.1）

机器一般包含两个水平放置的具有自动往复垂直运动的板面。

它们的特征是工作高度恒定的板面和固定的脚踏板，或者相对于地面可变工作高度的板面和垂直运动的操作平台。

机器原理：在低于大气压的负压作用下，水的沸点降低，产品得以迅速干燥。

B.2 水平和垂直运动的真空干燥机（见图 A.2）

机器一般由两个水平放置且长度方向上并排的板面组成。

一个含有罩盖的水平往复运动机构，在这两个板面上交替地工作。

机器原理：在低于大气压的负压作用下，水的沸点降低，产品得以迅速干燥。

B.3 真空伸展机（见图 A.3）

机器带一个水平的板面，有两个密封的弹性膜连接到一个径向伸展装置。

两个弹性膜的运动对产品实施挤压和拉伸，产品因此得以机械伸展。

B.4 垂直运动的板式熨平压花机（见图 A.4）

机器由一个垂直运动的板面组成，该板面被液压缸抬升并压向一个相对应的加热板面。

机器利用花板或光板模具在压力和温度作用下对介于两板面间的皮革进行压花或熨平。

B.5 水平和垂直运动的板式熨平压花机（见图 A.5）

机器含有一个垂直运动的板面，该板面被抬升并压向一个相对应的加热的板面，这块加热的板面可与另一块水平地交换位置，而另一个板面在工作区外进行产品的喂料和卸料。

机器利用花板或光板模具在压力和温度作用下对介于两板面间的皮革进行压花或熨平。

附 录 C
（资料性附录）
防止噪声危险（第1章所列所有机器）

C.1 从源头降低

C.1.1 对于装置有液压系统的机器，应通过选择适当压力和低流速的控制系统使噪声最小化。

C.1.2 对于装置有气动系统的机器，应通过在排放点和吸入点安装合适的消音器使噪声最小化。

C.1.3 对于装置有真空泵的机器，气穴现象产生的噪声应通过一个自动阀来降低。

在GB/T 25078.1—2010和GB/T 25078.2—2010中给出的其他措施也可适用本文件。

C.2 从传输路径降低

C.2.1 某些机器零部件可采用封闭降噪罩或隔声屏降低噪声传输。

C.2.2 其他零件若采用封闭降噪措施致使机器不能使用的，则不能封闭。

C.2.3 如果不能将机器噪声减少到安全水平，制造商应在资料手册中给出足够的信息，允许用户选择合适的个体防护装备。

附　录　D
（资料性附录）
重大危险清单

本附录包含了本标准规定的所有重大危险（见表 D.1），本标准规定的机械类型经重大风险评价应按照本标准要求采取防护措施，旨在消除或减少风险。

表 D.1～表 D.5 给出了本标准所涉机器的重大危险。图 A.1～图 A.5 给出了所涉机器造成机械伤害危险区的图例。

可能导致危险的危险区、操作条件、危险状况、安全要求和/或保护措施，详见第 4 章。

表 D.1　垂直运动的真空干燥机重大危险清单

危险因素	危险区、操作条件、危险状况和安全要求
机械危险	
机器零件或工件产生的危险	4.2
挤压危险	4.4.1，4.5.1，4.5.3，4.5.4
剪切危险	4.5.1，4.5.3，4.5.4
高压流体喷射危险	4.3.1
电气危险	4.3.2
热危险	
烧伤和烫伤	4.4.3，4.5.7
噪声产生的伤害	4.3.4，附录 C
材料和物质加工过程产生的危险	
接触或吸入有害液体、气体、雾、烟气、粉尘引起的危险	4.3.5，附录 E
人员的滑倒、绊倒和坠落	4.3.3

表 D.2　水平和垂直运动的真空干燥机重大危险清单

危险因素	危险区、操作条件、危险状况和安全要求
机械危险	
机械部件或者工件产生的危险	4.2
挤压危险	4.4.1
剪切危险	4.5.5
缠绕危险	4.5.5
冲击危险	4.5.5
高压流体喷射危险	4.3.1
电气危险	4.3.2
热危险	
烧伤和烫伤	4.4.3，4.5.7
噪声产生的伤害	4.3.4，附录 C
所处理的材料和物质产生的伤害	
接触或吸入有害液体、气体、雾、烟气、粉尘引起的危险	4.3.5，附录 E
人员的滑倒、绊倒和坠落	4.3.3

表 D.3 真空伸展机重大危险清单

危险因素	危险区、操作条件、危险状况和安全要求
机械危险	
机械部件或者工件产生的危险	4.2
挤压危险	4.4.1,4.5.1,4.5.6
剪切危险	4.5.1
缠绕危险	4.5.6
冲击危险	4.5.5
高压流体喷射危险	4.3.1
电气危险	4.3.2
热危险	
烧伤和烫伤	4.4.3,4.5.7
噪声产生的伤害	4.3.4,附录 C
所处理的材料和物质产生的伤害	
接触或吸入有害液体、气体、雾、烟气、粉尘引起的危险	4.3.5,附录 E

表 D.4 垂直运动的板式熨平压花机重大危险清单

危险因素	危险区、操作条件、危险状况和安全要求
机械危险	
机械部件或者工件产生的危险	4.2
挤压危险	4.4.2,4.5.3
剪切危险	4.5.3
高压流体喷射危险	4.3.1
电气危险	4.3.2
热危险	
烧伤和烫伤	4.4.3,4.5.7
噪声产生的伤害	4.3.4,附录 C
所处理的材料和物质产生的伤害	
接触或吸入有害液体、气体、雾、烟气、粉尘引起的危险	4.3.5,附录 E

表 D.5　水平和垂直运动的板式熨平压花机重大危险清单

危险因素	危险区、操作条件、危险状况和安全要求
机械危险	
机械部件或者工件产生的危险	4.2
挤压危险	4.4.2,4.5.2,4.5.3
剪切危险	4.5.2,4.5.3,4.5.5
缠绕危险	4.5.5
冲击危险	4.5.5
高压流体喷射危险	4.3.1
电气危险	4.3.2
热危险	
烧伤和烫伤	4.4.3,4.5.7
噪声产生的危险	4.3.4,附录 C
所处理的材料和物质产生的伤害	
接触或吸入有害液体、气体、雾霭、烟气和粉尘危险	4.3.5,附录 E

附 录 E
（规范性附录）
有害液体、气体、雾霭、烟气和粉尘的清除

应符合下列安全要求：

a） 清除工作板面区域粉尘、烟气或者蒸汽抽取系统的连接方法；

b） 从制造商处获取足够的抽取系统规格、类型和安装位置资料，使有害粉尘、烟气或蒸汽排放最小化；

c） 机器启动系统与抽取系统联锁。

应验证所采取的措施已成功应用。

附 录 F
（规范性附录）
含一个联锁系统的联锁防护装置(不带防护锁定)

分 类	原 理 图	要 求
F.1 一个位置传感器 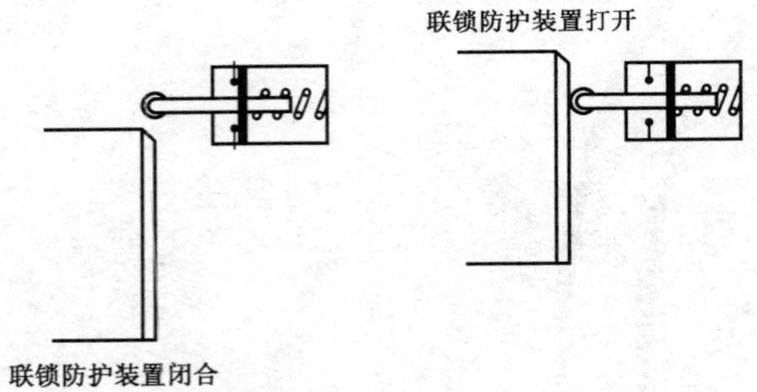	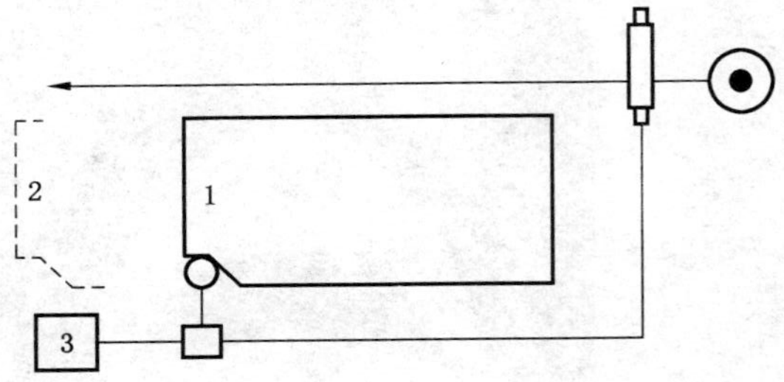	见 GB/T 18831—2010。 另外，还应满足下列要求： 对于联锁装置，应采月符合 GB/T 18831—2010 中 5.1 的机械驱动式位置探测器。 用于防止进入危险区的防护装置，其本身不应导致危险运动的产生
F.2 两个位置传感器 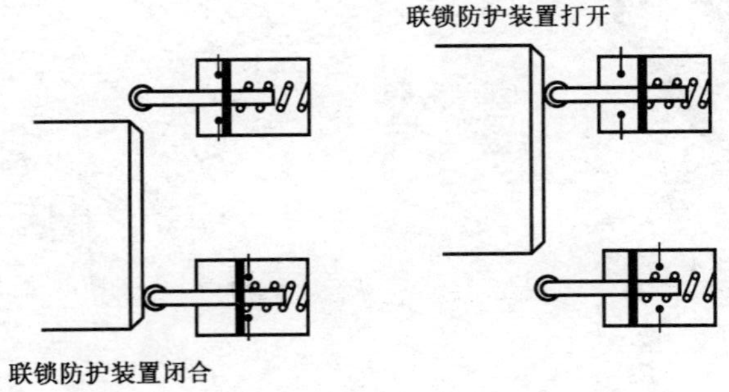	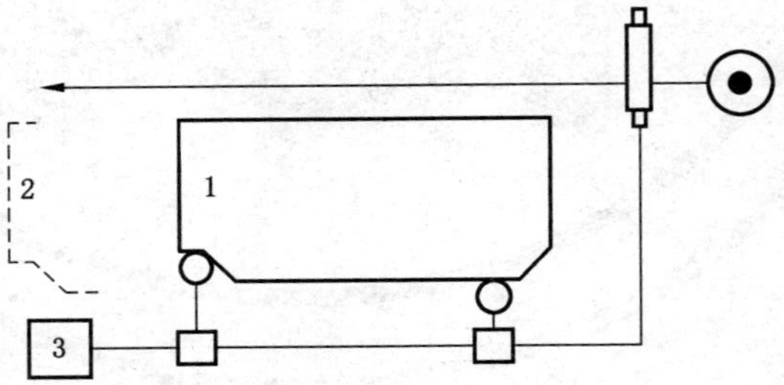	见 GB/T 18831—2010。 另外，还应满足下列要求： 对于联锁装置，应采用符合 GB/T 18831—2010 中 5.1 和 5.4 的机械驱动式位置探测器。 用于防止进入危险区的防护装置，其本身不应导致危险运动的产生

分　类	原 理 图	要　求
F.3　=F.2＋监控	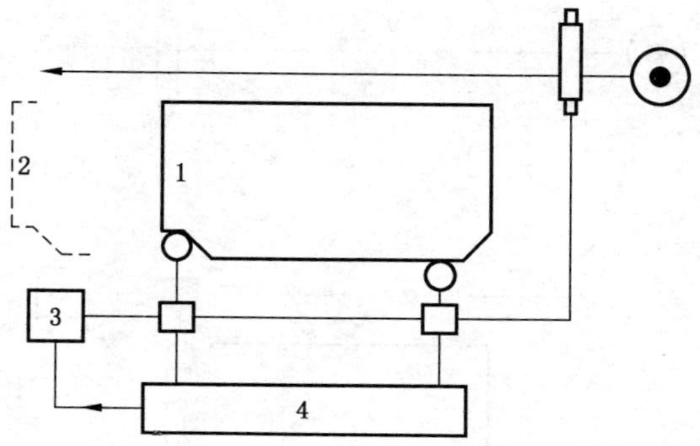	见 GB/T 18831—2010。 另外，还应满足下列要求： 对于联锁装置，应采用符合 GB/T 18831—2010 中 5.1 和 5.4 的机械驱动式位置探测器。 在机器每个工作周期或者至少防护装置的每个工作周期，位置传感器的功能应被监控到，以便某传感器中一故障会被自动监控到，以这样的方式，下一个工作周期应不得发生。 监控电路应实现下列要求： ——位置传感器的正确的逻辑关联应被监控到； ——传感器的开关位置的改变应在可移动防护装置的每一个工作周期中监控到； ——控制线路的使动信号应随监控检查产生； ——如果发生一个故障，监控系统应能切断危险运动的动力，如：关闭液压泵

分类	原理图	要求
F.4 ＝F.1＋动力联锁	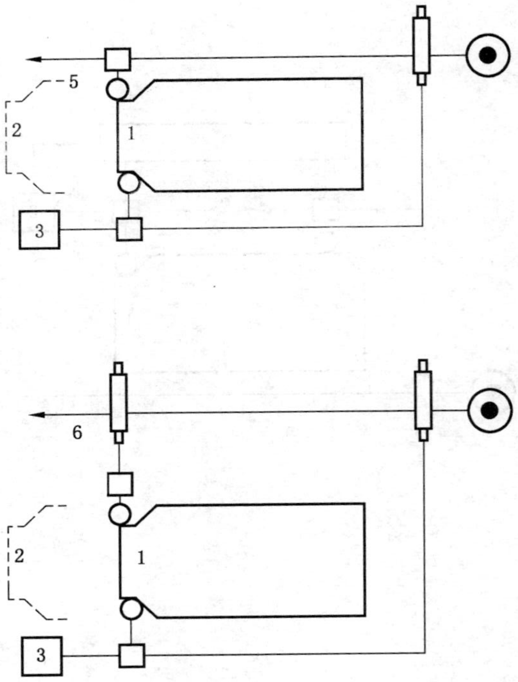	见 F.1(一个位置传感器)

分　类	原 理 图	要　求
F.5　=F.2+动力联锁		见 F.2(两个位置传感器)

分类	原理图	要求
F.6　＝F.3＋动力联锁	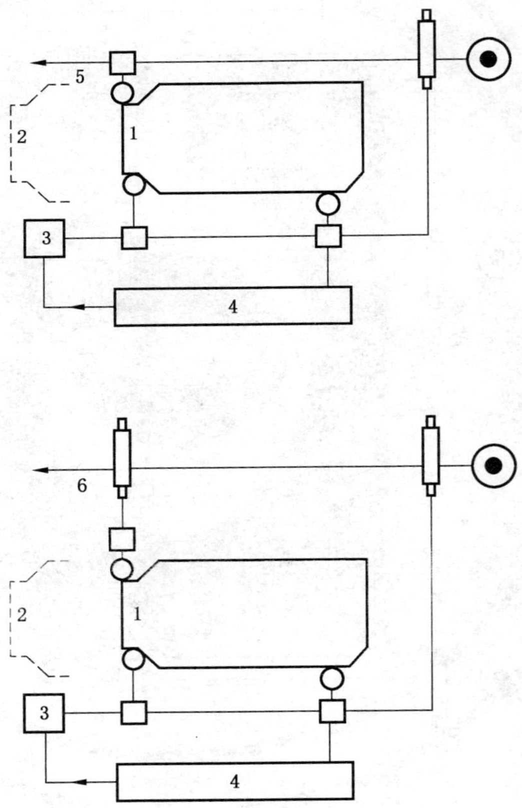	见 F.3(两个位置传感器和监控)

分　　类	原　理　图	要　　求
F.7　＝F.6＋动力的位置监控＝双重电路联锁	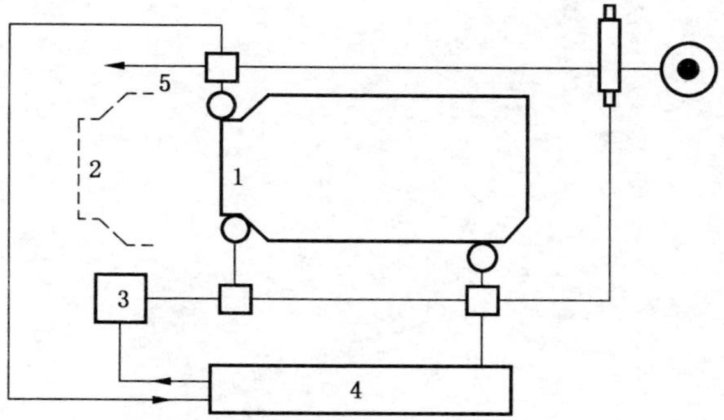 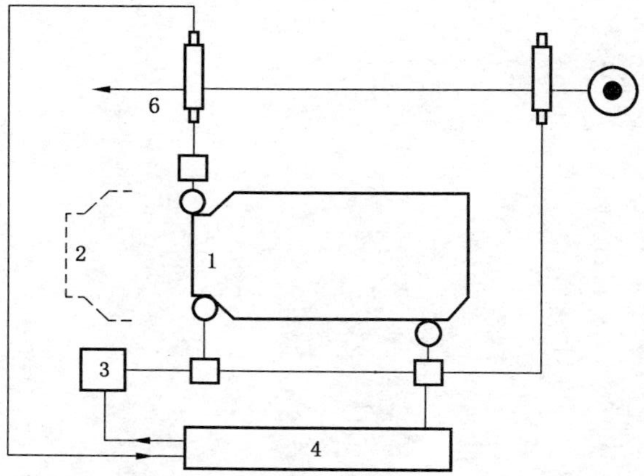	见 F.3。 此外，还应满足下列要求： 对于双重系统联锁，至少在防护装置每个循环过程中监控防护装置传感器正确的功能。 应确保故障被监测到，且防止进一步的危险运动。 类似地，动力中断装置应采用位置监测。当一台机器在防护装置闭合情况下打算长时间运行，例如，在自动模式下，涉及机器工作周期的中断装置也进行监控方可满足需要。为达此目的，安排用于安全目的—机器及防护装置工作周期的任何中断装置将是必要的。 如果可能，监控电路应采用可以定期检查功能的固态元器件，如：为特定目的设计的电路分析仪中的插塞。如果机器采用计算机控制设施，监控电路须固化入永久性存储器，如：ROM 可以防御电磁干扰和系统崩溃。为了监控的完全有效，任何安全电路和机器控制相关的故障须自动地加以识别，危险运动得以防范。系统也应确保机器不会发生运动直到监控系统得以核实且起作用。为了达到这一点，如一个防护周期内监测到故障，动力(如液压泵)应被切断。一个监测到的故障须保持记忆以确保进一步的机器运动不能发生直到采取一个重置的行动确认故障已经纠正

参 考 文 献

[1] GB/T 17248.1—2000 声学 机器和设备发射的噪声工作位置和其他指定位置发射声压级的测量

ICS 59.140.40
Y 94

GB

中华人民共和国国家标准

GB/T 30405—2013

皮革机械 辊式往复运动机械 安全要求

Tannery machines—Reciprocating roller machines—Safety requirements

2013-12-31 发布 2014-12-01 实施

中华人民共和国国家质量监督检验检疫总局
中国国家标准化管理委员会 发布

前　言

本标准按照 GB/T 1.1—2009 给出的规则起草。

本标准使用重新起草法参考欧洲标准 EN 972:1998+A1:2010《皮革机械　辊式往复运动机械　安全要求》编制,与 EN 972:1998+A1:2010 的一致性程度为非等效。

本标准结构与 EN 972:1998+A1:2010 不同,但其安全要求、保护措施等内容与 EN 972:1998+A1:2010 完全一致。

本标准由中国轻工业联合会提出。

本标准由全国轻工机械标准化技术委员会皮革机械分技术委员会(SAC/TC 101/SC 1)归口。

本标准起草单位:烟台龙益机械有限公司、辛集巨龙皮革机械有限公司、嘉兴学院、扬州扬宝机械有限公司、中国皮革和制鞋工业研究院、江苏连港皮革机械有限公司、东莞市博恒机电科技有限公司、兴业皮革科技股份有限公司、河北东明实业集团有限公司、浙江中辉皮草有限公司、深圳市涂氏精怡科技有限公司。

本标准主要起草人:徐建平、张东旭、郭立英、彭文利、管金龙、李刚、孔培利、王同祥、何朝晖、何绍明、刘建年、马建标、涂进红。

引　言

按照 GB/T 15706—2012 的规定,本标准属于 C 类标准。

本标准涉及的机械以及危险、危险状态或危险事件涵盖的范围在本标准的范围中给出。

当本 C 类标准的要求与 A 类标准或 B 类标准中的规定不同时,按照 C 类标准中的要求设计和制造的机器优先采用本 C 类标准中的要求。

皮革机械 辊式往复运动机械 安全要求

1 范围

本标准规定了皮革和毛皮辊式往复运动机械按预定用途使用以及在制造商可预见的误用条件下使用时，所有与该机械有关的重大危险、危险状态或危险事件。

本标准也规定了皮革和毛皮辊式往复运动机械的术语和定义、以及在 GB/T 15706-2012 中 5.4 列出的机器寿命周期各阶段的安全要求和/或保护措施、安全要求验证和使用信息。

本标准适用于下列在加工动物皮革和毛皮过程中使用的具有开启和闭合往复运动的送料辊或送料装置的辊式往复运动机械(典型结构见附录 A 图 A.1～图 A.13、典型描述见附录 B)：

1) 磨革机[见图 A.1a)和图 A.1b)]；
2) 抛光机[见图 A.1a)和图 A.1b)]；
3) 熨平机(羊皮和毛皮)[见图 A.2a)和图 A.2b)]；
4) 梳毛机[(见图 A.3a)和图 A.3b)]；
5) 剪毛机(羊皮和毛皮)[见图 A.4a)和图 A.4b)]；
6) 辊式通用拉软机[见图 A.5a)和图 A.5b)]；
7) 平展机[见图 A.6a)和图 A.6b)]；
8) 脱羊毛机[见图 A.6a)和图 A.6b)]；
9) 净面机[见图 A.6a)和图 A.6b)]；
10) 脱毛机[见图 A.6a)和图 A.6b)]；
11) 挤水机[见图 A.6a)和图 A.6b)]；
12) 辊式熨平机[见图 A.7a)和图 A.7b)]；
13) 辊式拉软机[见图 A.8a)和图 A.8b)]；
14) 去肉机[见图 A.9a)和图 A.9b)]；
15) 毛皮去肉机[见图 A.10a)和图 A.10b)]；
16) 湿磨革机[见图 A.11a)和图 A.11b)]；
17) 削匀机(出料式)[见图 A.12a)和图 A.12b)]；
18) 削匀机(入料式)[见图 A.13a)和图 A.13b)]。

注：除非另有说明，本标准中所提到的“送料辊”也包含“送料装置”。

考虑到机器的预定用途、可预见的误用、元件和系统故障，本标准不适用于标准颁布前已生产的机器。

本标准提供了设计阶段降低噪声的条款(见 4.3.4 和附录 C)，未提供所涉机器噪声值检测试验规程。没有该规程，制造商则无法履行对投放市场的机器提供噪声排放值的义务。

本标准附录 D 列出了所有重大危险。

粉尘、烟尘和蒸汽排放见附录 E。

防火见附录 F。

本标准在规范性附录中给出了降低危险的一般性措施。设计和制造者应直接验证所采用的方法能成功减少这些危险。

2 规范性引用文件

下列文件对于本文件的应用是必不可少的。凡是注日期的引用文件，仅注日期的版本适用于本文件。凡是不注日期的引用文件，其最新版本(包括所有的修改单)适用于本文件。

GB/T 3766—2001 液压系统通用技术条件

GB 4208—2008 外壳防护等级(IP代码)

GB 5226.1—2008 机械电气安全 机械电气设备 第1部分:通用技术条件

GB/T 7932—2003 气动系统通用技术条件

GB/T 8196—2003 机械安全 防护装置 固定式和活动式防护装置设计与制造 一般要求

GB 12265.3—1997 机械安全 避免人体各部位挤压的最小间距

GB/T 15706—2012 机械安全 设计通则 风险评估与风险减小

GB 16754—2008 机械安全 急停 设计原则

GB/T 16855.1—2008 机械安全 控制系统有关安全部件 第1部分:设计通则

GB/T 17454.2—2008 机械安全 压敏保护装置 第2部分:压敏边和压敏棒的设计和试验通则

GB/T 18153—2000 机械安全 可接触表面温度 确定热表面温度限值的工效学数据

GB 18209.1—2010 机械电气安全 指示、标志和操作 第1部分:关于视觉、听觉和触觉信号的要求

GB/T 18831—2010 机械安全 带防护装置的联锁装置 设计和选择原则

GB/T 19436.1—2013 机械电气安全 电敏保护设备 第1部分:一般要求和试验

GB/T 19436.2—2013 机械电气安全 电敏保护设备 第2部分:使用有源光电保护装置(AOPDs)设备的特殊要求

GB/T 19670—2005 机械安全 防止意外启动

GB/T 19876—2012 机械安全 与人体部位接近速度相关的安全防护装置的定位

GB 23821—2009 机械安全 防止上下肢触及危险区的安全距离

GB/T 25078.1—2010 声学 低噪声机器和设备设计实施建议 第1部分:规划

GB/T 25078.2—2010 声学 低噪声机器和设备设计实施建议 第2部分:低噪声设计的物理基础

3 定义与术语

GB/T 15706—2012 中界定的以及下列术语和定义适用于本文件。

3.1 机器零部件 machine parts

3.1.1

工作件 working parts

用于完成产品加工的零部件。

3.1.2

传动件 transmission parts

将运动传递至工作件的零部件。

3.1.3

其他零部件 other parts

以上没有定义的其他所有零部件。

3.2 危险区 danger zones

使人员暴露于危险的机械内部和/或其周围的任何空间。

[GB/T 15706—2012,定义 3.11]

注:下列特定危险区是为了更好地辨别和确定本标准的各种危险和相关要求。

3.2.1

工作区 working zone

由动力驱动的工作件完成产品处理、加工或者制造的区域。

操作者手工将皮张放置到工作区的部分,定义为"送料区"。送料区尤其危险,需要特定的安全装置。

3.2.2

进入区 accessible zone

其他所有危险区。

4 安全要求和/或保护措施

4.1 总则

机械应符合本章规定的安全要求和/或保护措施。

此外,在本文件未涉及的重大危险,机器应按 GB/T 15706—2012 规定的相关原则设计。

对采用 GB 5226.1—2008、GB/T 8196—2003、GB 16754—2008、GB 23821—2009 等 B 类标准能够降低的风险,制造商应完成风险评估,并确立符合 B 类标准的安全要求。

4.2 辊式往复运动机械一般要求

4.2.1 机械设备

为防止运动的传动件(如皮带轮、皮带、齿轮、齿条等)产生危险,应采用下列防护:

——符合 GB/T 8196—2003 和 GB/T 15706—2012 中 6.3.3.2.2 固定式防护装置的要求;或者

——符合 GB/T 8196—2003、GB/T 18831—2010 和 GB/T 15706—2012 中 6.3.3.2.3 活动式防护装置的要求。

能产生危险运动的机械零部件、送料系统、工具和工作件应采用下列防护措施:

——符合 GB/T 8196—2003 和 GB/T 15706—2012 中 6.3.3.2.2 固定式防护装置的要求;或者

——符合 GB/T 8196—2003 和 GB/T 15706—2012 中 6.3.3.2.3 活动式防护装置的要求。其距离在 GB 23821—2009 中表 1、表 3 或者表 4 给出。

所有防护装置应符合 GB/T 8196—2003 第 5 章的要求,在防护装置中心区域面积约为 0.01 m^2 上施加 800 N 的力,防护装置应保持所有功能。在力释放后,防护装置不应有明显变形。

移除固定式防护装置时,其固定系统应保持在防护装置或机器上。

采用上述措施在技术上不可能实现时,机械零部件的危险运动应采用下列防护措施:

a) 符合 GB/T 8196—2003、GB/T 18831—2010 和 GB/T 15706—2012 中 6.3.3.2.3 活动式防护装置的要求;

b) 触发装置:

——符合 GB/T 19436.1—2013、GB/T 19436.2—2013 和 GB/T 19876—2012 规定的电敏防护装置;和/或

——符合 GB/T 17454.2—2008 规定的压敏边或压敏棒[GB/T 17454.2—2008 定义 3.1、3.2]。

除非 4.4 和 4.5 另有要求，触发装置控制系统的相关元件至少应达到 GB/T 16855.1—2008 规定的 PLd。

4.3、4.4 和 4.5 针对本文件规定的机器和应用给出了防护装置和保护装置的要求。

4.2.2 急停装置

急停装置的手动控制器(执行器)应使操作者在操作位置易于直接接触。应使受到伤害、惊慌的操作者能简单直接操作，当操作者的手在工作位置被缠绕，不能接触手动控制器时，应能通过头部或膝部进行操作控制。急停触发装置的长度不应小于机器工作宽度。

手动控制器的启动应使：

——(闭合的)辊打开；

——辊停止旋转运动。

注：辊是指能产生缠绕、卷入、挤压等危险的工作辊、送料辊、送料装置等运动件或工作件。

急停装置的功能应独立于机器的普通控制系统，应符合 GB 16754—2008 的 1 类要求。GB 5226.1—2008 的 9.2.2、9.2.5.4 和 10.7 给出了电气设备的专门要求。

触发棒应布置为在强制模式下一个或多个致使辅助电路断开的常闭限位开关。

急停控制的启动不应引起其他风险，如：导致烟气抽出设备停止工作。

4.2.3 控制系统

4.2.3.1 所有机器应在工作区设置合适的启动控制器。

4.2.3.2 液压系统应符合 GB/T 3766—2001，气动系统应符合 GB/T 7932—2003，电气系统应符合 GB 5226.1—2008 的要求。

4.2.3.3 应根据 GB/T 19670—2005 的要求设置安全装置，防止由于误操作、失效或者不可预料的与供电线路重新连接，或者由于控制电路关闭引起的失控的危险运动。

4.2.3.4 除非 4.3 另有要求，机器控制系统安全相关零部件：

——未另作规定的，至少应与已用安全防护措施等级一致；

——至少应达到 GB/T 16855.1—2008 规定的 PLc。

4.2.3.5 使用可编程电子系统(PES)不应降低本标准规定的安全水平，当机器安装可编程电子系统时，其安全相关功能不应仅仅依靠该系统。应通过使用下列方式满足安全要求：

——一个额外的硬布线控制系统；或者

——双重固态通道。

4.3 所有危险区的安全要求

4.3.1 高压流体喷射

机器装有液压和气动设备时，泄漏的流体在高压下会直接造成冲击危险或者由冲出的物体造成冲击危险。

使用注满液体的加热辊，存在被逸出的液体烫伤的危险。

GB/T 3766—2001 和 GB/T 7932—2003 提出了相应的安全要求。

在液体喷射或者冲出物体造成伤害风险的位置，应设置固定封闭式屏障将伤害的风险降至最低水平。

4.3.2 电气危险

本标准范围内的机器设计、制造和使用应满足 GB 5226.1—2008 的要求。

按照 GB 4208—2008 规定的防护等级，湿法加工，控制和安全装置应采用 IP55 进行防护，干法加工应采用 IP54 进行防护。

4.3.3 滑倒、绊倒和跌落危险

主要包括脱羊毛机、净面机、脱毛机、去肉机、毛皮去肉机。

机器设计应特别注意采用安全保护装置，防止机器在使用过程中产生上述危险。尤其是在湿法加工和油腻材料加工时更易发生滑倒危险。

机器操作位置需要踏脚板、防滑地板等安全防护装置时，应在使用说明书中注明[见 6.3.2 j)]。

4.3.4 噪声

作为整体设计的主要部分，可将本标准附录 C 给出的一种或多种降噪方法进行合并以降低机器噪声。

4.3.5 生物危险

主要包括脱羊毛机、净面机、脱毛机、去肉机、毛皮去肉机。

机器设计应考虑废弃物的去除。在不移除安全防护装置的情况下应能进行清洁操作。应提供适当的操作说明，并在使用说明书中进行描述[见 6.3.4 f)]。

4.4 工作区的安全要求

4.4.1 机器处于开启状态时，接触工作辊可导致：

——去肉机(图 A.9)、毛皮去肉机(图 A.10)、削匀机(出料式)(图 A.12)产生切割和缠绕危险；

——平展机(图 A.6)、脱羊毛机(图 A.6)、净面机(图 A.6)、脱毛机(图 A.6)、挤水机(图 A.6)、辊式熨平机(图 A.7)、辊式拉软机(图 A.8)产生缠绕及摩擦或磨损危险。

见图 A.6～图 A.10、图 A.12 的位置 B。

活动式防护装置应与机器的工作周期同步，送料辊打开时，工作辊应被自动遮挡。与机器工作周期作同步运动的防护装置应与机器的开合机构进行强制机械式联接。

本要求不适用辊式拉软机的下工作辊[见图 A.8 b) Ⅰ A 区]，因下工作辊需要在工作过程中进行调整。在这种情况下，也宜采用防护装置。但由于空间较小，不得不采用导致危险失效的方式收集废弃材料。

如果存在失效，可采用其他设计方案，避免机器做闭合运动，并使工作辊停止。

安全防护装置应与机器的开启和闭合运动联锁。控制系统的相关零部件应达到 GB/T 16855.1—2008 规定的 PLd。

4.4.2 所有机器，对皮张进行加工处理时，操作人员（或多名操作人员）都是用单手或双手将皮张放入加工位置。因此，操作人员应使用一个操纵踏板（或者两个操纵踏板）对机器进行开启和闭合运动的操作。此外，当机器闭合时，送料辊的聚合运动，以及当机器闭合后，送料辊的聚合旋转，能导致挤压、缠绕或卷入危险（见图 A.1～图 A.13 位置 A）。

应符合下列安全要求：

a) 触发装置

应安装一个符合 GB/T 17454.2—2008 规定的压敏边或压敏棒，其控制系统至少应达到 GB/T 16855.1—2008 规定的 PLd，为了探测任何潜在侵入危险区的风险，触发装置应覆盖整个机器的工作宽度：

1) 防护遮栏的构造应允许限位调整，这样能使触发装置的边缘与待加工皮张的表面有一定的距离，从而使加工能够顺利进行。在使用说明书中应注明最佳安全距离，设置距离通常

距皮张表面不超过 12 mm。通过距离设置，操作人员在操作过程中，手指到达危险点之前，能够启动触发装置防护遮栏。

2) 图 A.6～图 A.12 所示，只有机器采用出料式操作和已安装电敏保护装置的情况下，压敏保护装置的设置距离最大可提高到距皮张表面 26 mm，以适应厚皮的加工。

触发装置防护遮栏的构造，应与送料辊闭合运动同向的运动启动。同样，对入料式机器能与送料同向的运动启动。

在送料辊聚合和安全防护遮栏启动期间，防护遮栏与接近的送料辊表面之间应保证不存在卷入危险。

触发装置防护遮栏启动应起到下列作用：

——机器闭合或正在闭合时，在辊的表面到达覆盖防护遮栏和夹点之间的距离之前，机器应立即返回到全开位置，送料运动应停止。

——如果机器是开启的，则应阻止闭合运动或者送料辊旋转运动的启动。

触发装置防护遮栏启动后，直到操作控制开关释放并再次启动，或者分离重置控制启动，则闭合运动才能重新启动。

b) 双踏板和单踏板操作

机器工作宽度超过 1 800 mm 均应安装双踏板控制(脚部操作踏板)。

控制系统应设计为既可对机器进行单方控制操作也可进行双方控制操作。控制转换应采用带可移动键的开关进行转换。

加工过程中，由于皮张过宽或皮张难以处理，需要两人加工时，安全操作应使用每人各一个开关的双方控制。

操作模式如下：

——只有双方踏下控制开关，机器才能闭合；

——双方控制释放和机器完全开启后，下一个循环才能开始；

——在机器闭合或正在闭合状态下，如果其中一方踏下操作控制，机器应立即打开或者使用保持-运行控制装置的，如果其中一方释放操作控制，则机器应立即打开。

单个操作者只能使用一个踏板进行操作，另一个踏板则由转换控制开关将其暂停。

应提供适当的资料和说明［见 6.3.4 g)］。

对拖板式脚踏启动控制应提供护罩防止意外操作。

4.4.3 平展机、脱羊毛机、净面机、脱毛机、挤水机、辊式熨平机、辊式拉软机、去肉机、毛皮去肉机、湿磨革机、削匀机(出料式)当机器闭合时，送料辊的聚合运动能引起挤压危险(见图 A.6～图 A.12 位置 A)。

应使用非机械启动的触发装置。

电敏防护装置应符合 GB/T 19436.1—2013 中 2 类和 GB/T 19436.2—2013 的要求。装置控制系统相关零部件至少应达到 GB/T 16855.1—2008 规定的 PLd。光束应与辊保持平行，安装应超过整个送料区并延伸至工作宽度的全长范围。光束应能被进入两辊(送料辊和工作辊)之间区域操作者运动的手或手臂打断。光束被打断后应：

——阻止闭合运动启动；

——立即反向操作闭合运动，并使辊回到全开位置。

闭合运动期间，当辊的表面相互之间距离少于 60 mm 时，装置应能停止闭合运动。

4.4.4 与平展机、辊式熨平机加热的工作辊接触时，能导致烧伤和烫伤危险(见图 A.6 和图 A.7 位置E)。

辊的可接触表面温度超过 GB/T 18153—2000 中规定的“不烧伤”区的表面温度时，应采用隔热材料进行防护，该材料不得含有危险物质，或按照 GB 23821—2009 要求安装一个固定距离防护装置。对不能采取保护措施的表面，应在机器上安装警示标志，并在使用说明书中提出使用防烫手套或者个体防护装备的建议。

4.4.5 磨革机、抛光机、熨平机(羊皮和毛皮)、梳毛机、剪毛机(羊皮和毛皮)、辊式通用拉软机、平展机、辊式熨平机、辊式拉软机和削匀机(出料和入料式)在加工干燥材料或使用加热辊工作的条件下,会导致接触或者吸入有害液体、气体、雾霭、烟气和粉尘的危险(见图 A.1～图 A.8、图 A.12 和图 A.13 位置 D)。

处理有害液体、气体、雾霭、烟气和粉尘排放的保护措施主要依赖专用装置的安装和使用,附录 E 给出了一般性措施。同时见 6.3.1 h)、6.3.2 h)和 6.3.2 i)。

4.4.6 由操作人员收集在工作台下到达工作区的皮革或毛皮能导致:

——剪毛机(羊皮和毛皮)和削匀机(入料式)产生切割危险;

——梳毛机、剪毛机(羊皮和毛皮)、辊式通用拉软机和削匀机产生缠绕危险;

——磨革机和抛光机产生摩擦/磨损危险。见图 A.1、图 A.3～图 A.5、图 A.13 位置 F。

应提供固定距离防护装置。

防护结构的高度应符合 GB 23821—2009 表 2 的规定。

烧伤和烫伤危险的安全要求与 4.4.4 相同。

4.5 进入区的安全要求

4.5.1 4.5.1.1 和 4.5.1.2 适用于本标准规定的所有机器。

4.5.1.1 机器开启和闭合阶段,传动件的运动能导致挤压危险。见图 A.1～图 A.13 位置 C。

应符合 GB 12265.3—1997 和 GB 23821—2009 给出的安全距离。如不能满足安全距离的要求则应提供固定封闭式防护装置。

4.5.1.2 进入机器的两边或者后部时,能接触工作辊、开启机构、闭合机构、磨刀砂轮架,会导致挤压、剪切、切割、缠绕、冲击、摩擦/磨损、喷射、烧伤和烫伤危险。见图 A.1～图 A.13 位置 H 和/或位置 E。

应提供固定距离的防护装置。

尤其对去肉机和毛皮去肉机通常每天要完成一次或两次磨刀。操作过程中,操作人员的操作位置位于机器的后方,打开刀辊的防护罩盖,使安装在滑动溜板上的磨刀装置能够在机器的刀辊工作宽度上,对刀片进行往返磨削。

为避免上述操作过程中的危险,机器应当配备使操作人员能够移开防护罩盖(Ⅵ)的装置(见图 A.9～图 A.11),同时 GB 23821—2009 给出了防护装置到刀辊的安全距离,高度应符合 GB 23821—2009 中表 2 规定。

适当的杠杆机构或者制动器的操作距离需满足本要求。

使用说明书应提供完整的砂轮规格、参数和正确操作的资料。

4.5.2 去肉机、毛皮去肉机、削匀机(出料和入料式)、剪羊毛机(羊皮和毛皮),从机器上拆卸刀辊更换刀片时,由于忽视人类工效学原则会导致挤压、剪切和切割危险。

应采用钥匙开关断开动力源。

在使用说明书中应推荐适当的个体防护装备。

刀辊运输的具体操作方法应在使用说明书中提出建议,并应包括人类工效学方面的要求。

4.5.3 削匀机(入料式)在加工干皮时会接触粉尘(皮革削匀产生的粉尘),并且在刀片磨削过程中飞溅的火花能引起火灾(见图 A.13 位置 G)。

防护措施主要依靠专用装置的安装和使用,附录 F 给出了一般性措施。同时见 6.3.1 h)、6.3.2 h)和 6.3.2 i)。

4.5.4 磨革机更换砂带会导致摩擦或磨损危险。

应提供符合 GB/T 18831—2010 带防护锁定的联锁防护装置,其控制系统相关零部件应达到 GB/T 16855.1—2008 规定的 PLc。

只有满足下列两个条件,才能移除防护装置,接近磨革辊:

a) 移除防护锁定装置,断开动力源;

b) 只有磨革辊停止运动才能移除防护装置(即:依靠延迟装置延缓防护装置打开或者在防护装置打开前,通过制动系统停止磨革辊转动)。或者按照 GB/T 15706—2012 中 6.2.11.10 要求,使用模式选择装置更换砂带。

5 安全要求的验证

机器交货前,制造商应对该机进行安全要求验证。除其他事项外,验收报告应包含下列内容:

a) 安全装置启动后,如何停止危险性运动的验证;
b) 所有安全装置感官和性能检验;
c) 危险点和防护装置安全距离测量;
d) 联锁装置的性能检验;
e) 联锁防护装置性能检验和防护锁定时间测量;
f) 具有安全功能的开关操作性能检验;
g) 安全装置和触发装置安全距离计算;
h) 包含在 B 类相关标准安全装置的验证准则;
i) 检查抽取设备的容积、流量和压力与所提供文件的一致性;
j) 确认安全装置不会造成进一步危险。

6 使用信息

6.1 总则

使用信息应符合 GB/T 15706—2012 中 6.4 的规定,并应符合本章规定。

6.2 信号和警示装置

制造商应提供信号和/或标志以警示机器的剩余风险。具体要求见第 4 章。

警示标志应符合 GB 18209.1—2010 的规定。

6.3 使用说明书

每台机器出厂时,应提供附有下列说明和详细信息的使用说明书。

6.3.1 机器

应附有下列说明和信息:

a) 机器、机器附件和安全装置描述;
b) 安全装置启动时,机器的响应信息;
c) 机器预定应用范围以及与原有机器的变动情况;
d) 禁用信息;
e) 安全功能图表,尤其是图解表示;
f) 应包含空气噪声信息:
——应指明 A 计权发射声压级,超过 70 dB 和不超过 70 dB 的工作位置;
——应指明 C 计权瞬时峰值声压值超过 63 Pa(130 dB,基准值 20 μPa)的工作位置;
——机器发射的 A 计权声功率级,A 计权发射声压级超过 80 dB 的工作位置。
应确定噪声发射值的不确定度“K”。应说明机器测量期间的操作条件和使用的测量方法。
制造商应建议使用者采取进一步降低噪声的可行措施和在擦洗操作时,使用个体听力保护;

g) 机器产生振动的数据；

h) 辐射、气体、蒸汽和粉尘的排放数据；

i) 机器符合本标准的声明。

6.3.2 机器安装

应附有下列说明和信息：

a) 使用和维护所需空间；

b) 示明作用于基础的静态力和动态力的图纸和图表；

c) 影响机器环境因素的允许范围：如温度、湿度、振动、电磁辐射；

d) 机器可能对环境的影响；

e) 机器与动力源的连接说明，尤其是电气过载保护；

f) 机器拆除和处置说明；

g) 必要时，用户可以索取额外的未在机器设计中整合的安全要求，例如：火灾、爆炸和排放危险的详细资料；

h) 粉尘、烟气、烟和蒸汽抽取设备的正确安装位置和联锁的资料；

i) 每个抽取点抽取粉尘、烟气、烟和蒸汽空气速率和容积流量的推荐性资料；

j) 避免滑倒、绊倒和跌落的资料。

6.3.3 机器和机器零部件的运输和贮存

应附有下列说明和信息：

a) 机器的贮存条件；

b) 尺寸、质量、重心位置；

c) 搬运说明(如显示起重设备施力点的图样)。

6.3.4 机器的使用

应附有下列说明和信息：

a) 控制功能；

b) 调试说明；

c) 安装和调整说明(刀片、砂轮等)；

d) 机器设备停止装置的资料(主要涉及急停装置)；

e) 剩余风险资料：噪声、火灾、爆炸、排放、切削工具搬运、辊的温度；

f) 清洁说明；

g) 由一个或两个操作人员操作的宽幅机器安全操作规程说明。并应包括由两个操作人员采用一个控制踏板操作的特别警示说明[见 4.4.2 b)]；

h) 故障排查、修理和修理后重启说明；

i) 个体防护装备使用说明。

6.3.5 维护

应附有下列说明和信息：

a) 必需的检查和维护资料；

b) 应具备与维护活动相关的技术知识或特定技能，完全由熟练人员(维修人员或专家)完成维护的说明；

c) 不需特殊技能，可由用户、操作人员等完成维护的说明；

d） 维护和检验检查表；

e） 需要拆卸和更换刀片操作的人类工效学原则要求；

f） 在机器修理和维护期间，应考虑 GB/T 19670—2005 的要求。与所有动力源分离的声明；

g） 影响操作者安全和健康的机器备件的技术参数。

6.4 标志

机器应按照 GB/T 15706—2012 中 6.4.4 的规定，至少清晰永久地标识出下列内容：

——制造商和在适当情况下其授权代表的全称和详细地址；

——机械名称；

——强制性标志，例如：欧盟的 CE 标志；

——系列名称或类型；

——序列号（如有）；

——完成制造的年份。

单元机组，其主要标签应包含各机器的质量，用 kg 表示。

电气设备标签应符合 GB 5226.1—2008 第 16 章的规定。

液压或气动系统的压力范围数据标签应符合 GB/T 3766—2001 和 GB/T 7932—2003 的规定。

液压或气动压力柔性管应在标签上注明最大允许工作压力，用 kPa 表示。液压柔性管的标志应符合 GB/T 3766—2001 的规定。

制造商应在机器的适当部位标示液压油和润滑油规格等技术参数。

附 录 A
（资料性附录）
机器的典型结构

机器的典型结构见图 A.1～图 A.13。

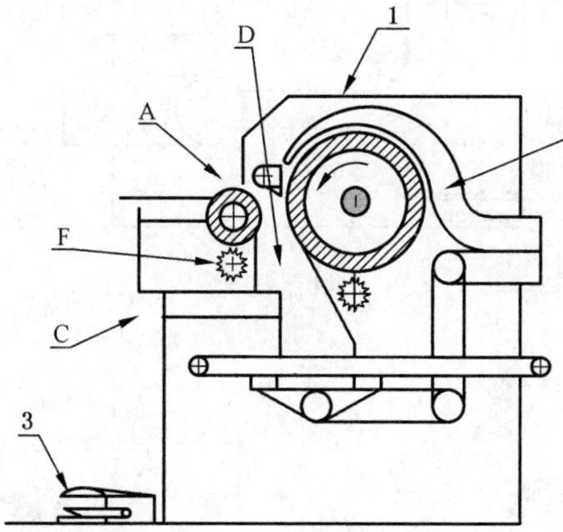

a） 机器开启

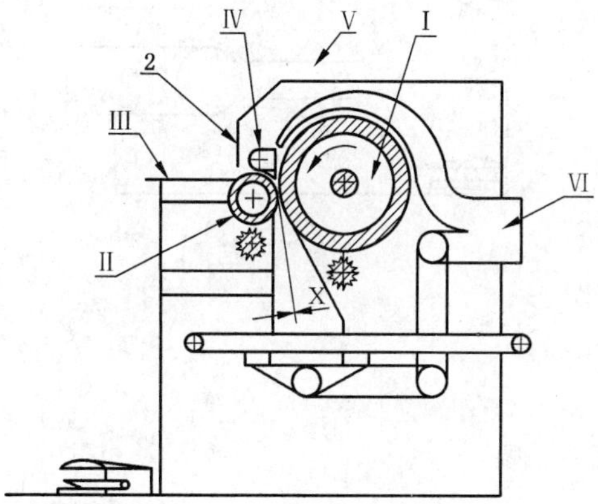

b） 机器闭合

说明：

1——固定距离防护罩；

2——遮栏；

3——操作踏板。

图 A.1 磨革机和抛光机

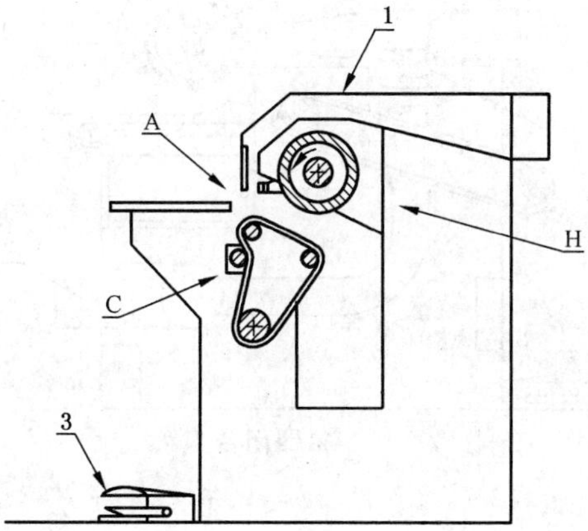

a） 机器开启

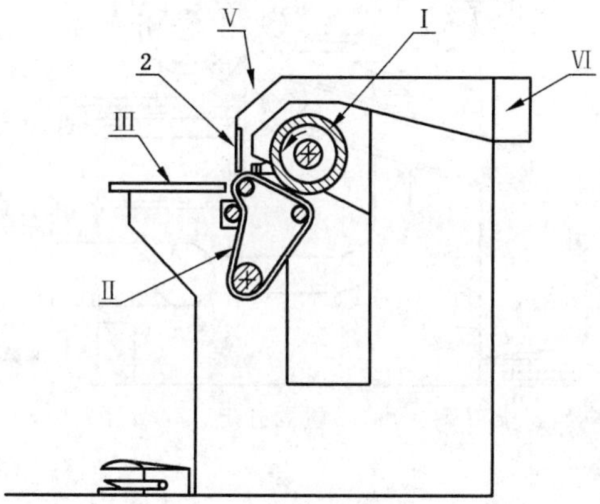

b） 机器闭合

说明：

1——固定距离防护罩；

2——遮栏；

3——操作踏板。

图 A.2 熨平机（羊皮和毛皮）

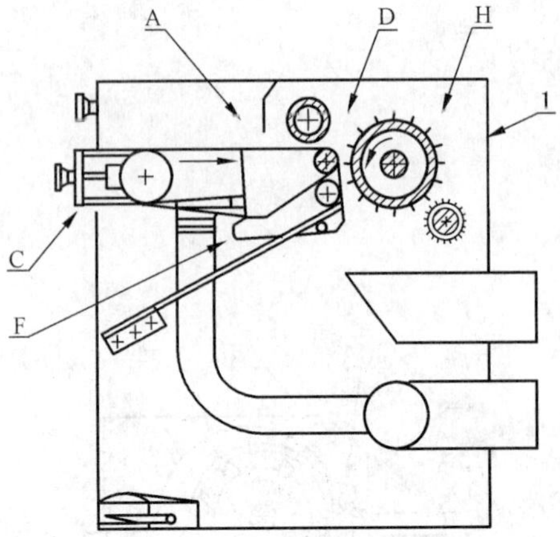

a） 机器开启

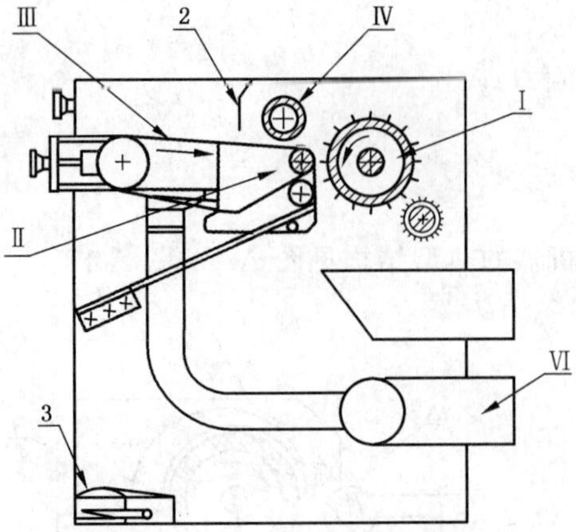

b） 机器闭合

说明：

1——固定距离防护罩；

2——遮栏；

3——操作踏板。

图 A.3 梳毛机

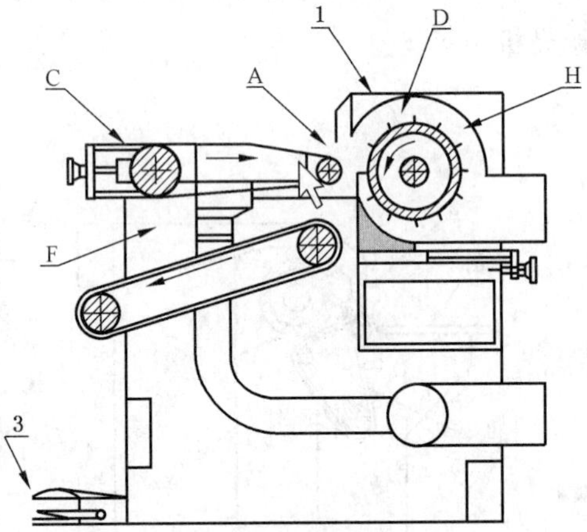

a） 机器开启

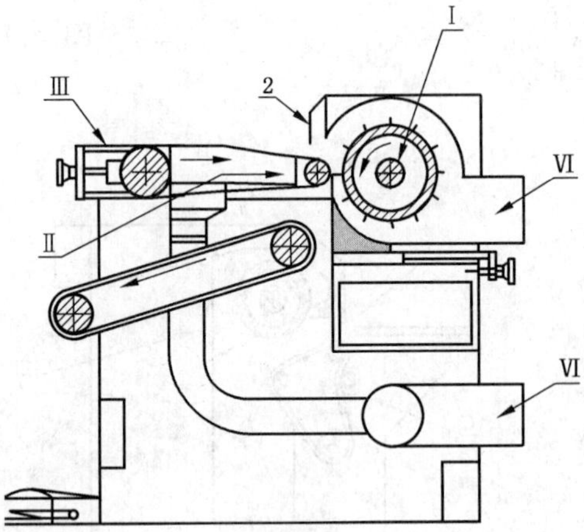

b） 机器闭合

说明：

1——固定距离防护罩；

2——遮栏；

3——操作踏板。

图 A.4 剪毛机(羊皮和毛皮)

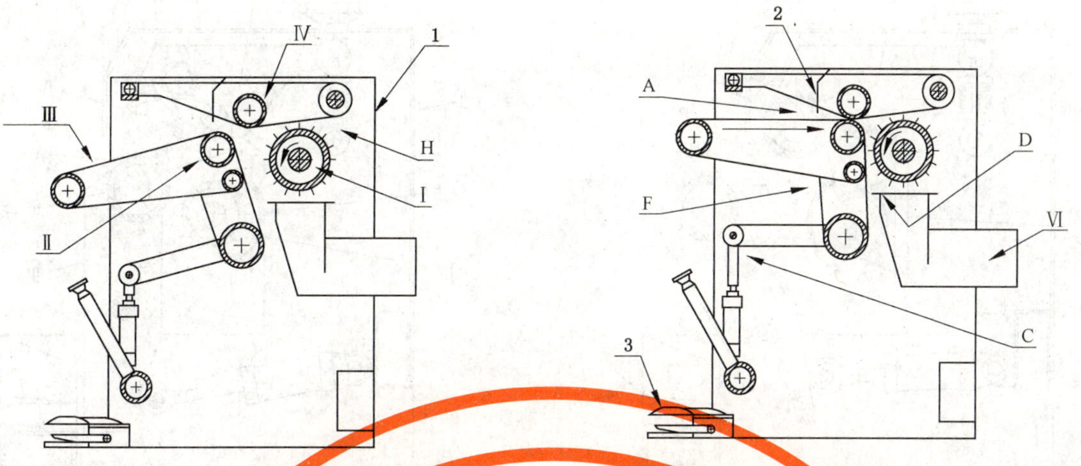

a） 机器开启　　　　b） 机器闭合

说明：

1——固定距离防护罩；

2——遮栏；

3——操作踏板。

图 A.5 辊式通用拉软机

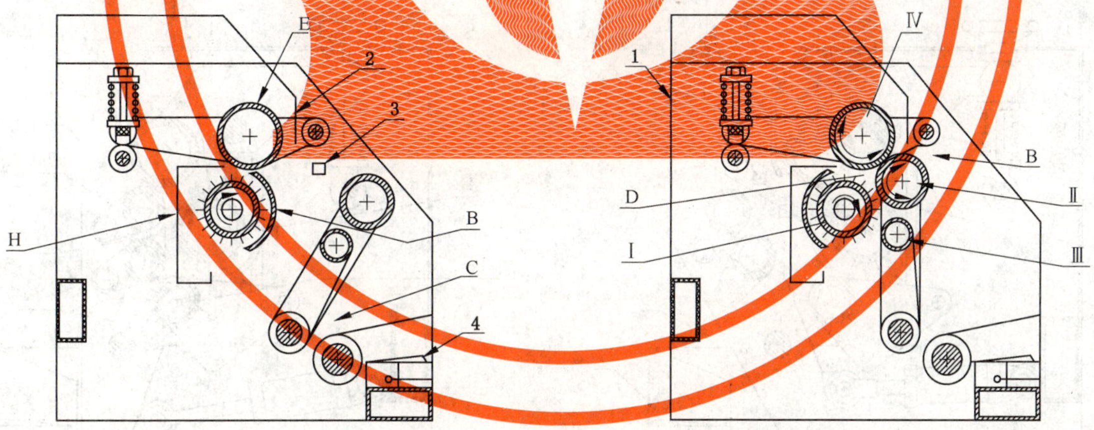

a） 机器开启　　　　b） 机器闭合

说明：

1——固定距离防护罩；

2——遮栏；

3——光电遮栏；

4——操作踏板。

图 A.6 净面机、脱毛机、脱羊毛机、挤水机和平展机

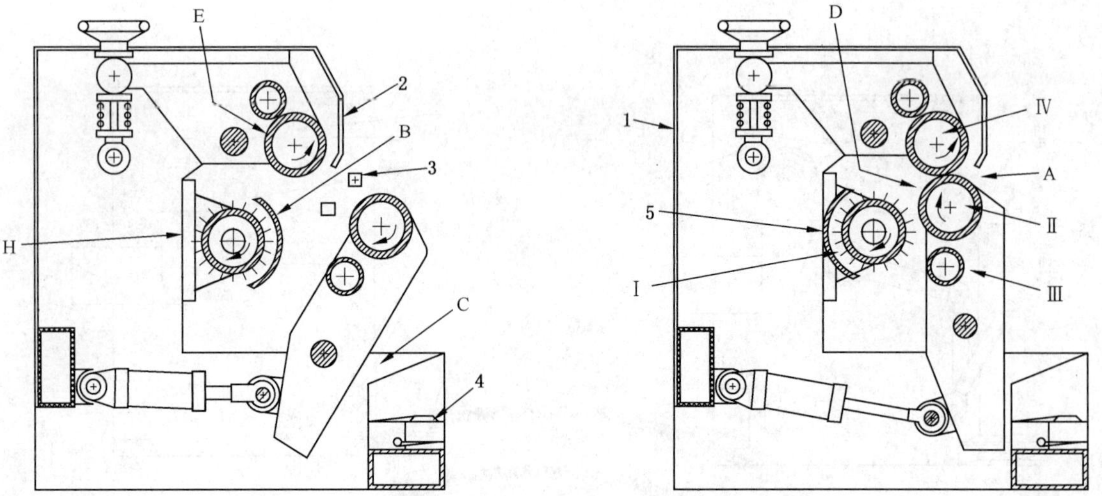

a) 机器开启　　　　b) 机器闭合

说明：

1——固定距离防护罩；

2——遮栏；

3——光电遮栏；

4——操作踏板；

5——自动防护罩。

图 A.7 辊式熨平机

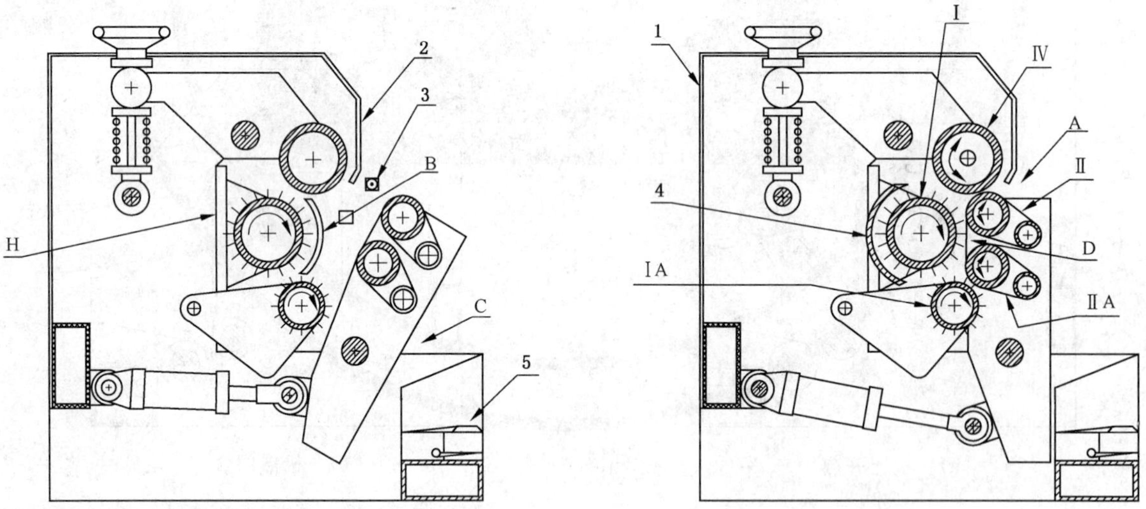

a) 机器开启　　　　b) 机器闭合

说明：

1——固定距离防护罩；

2——遮栏；

3——光电遮栏；

4——自动防护罩；

5——操作踏板。

图 A.8 辊式拉软机

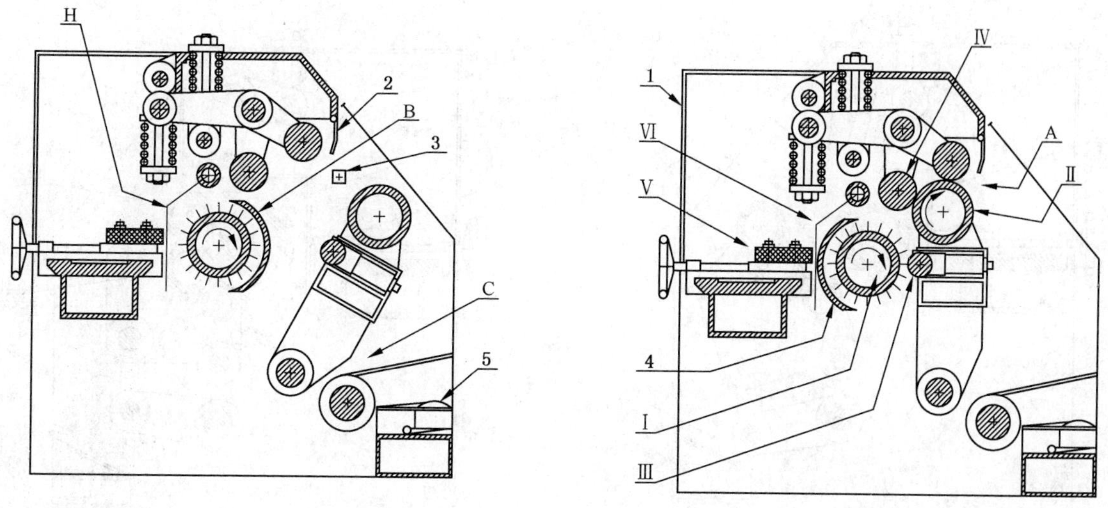

a） 机器开启　　　　b） 机器闭合

说明：

1——固定距离防护罩；

2——遮栏；

3——光电遮栏；

4——自动防护罩；

5——操作踏板。

图 A.9　去肉机

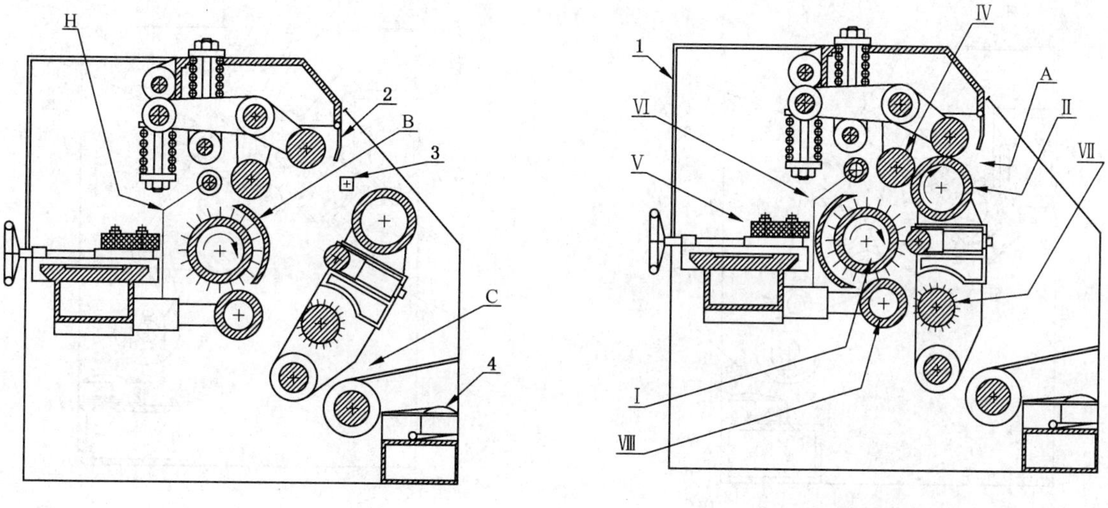

a） 机器开启　　　　b） 机器闭合

说明：

1——固定距离防护罩；

2——遮栏；

3——光电遮栏；

4——操作踏板。

图 A.10　毛皮去肉机

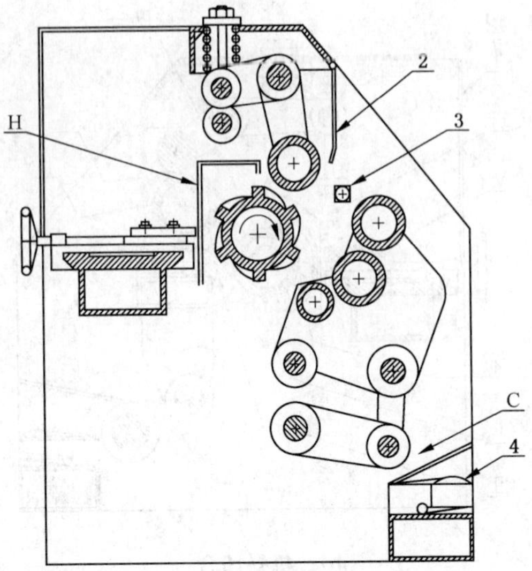

a) 机器开启

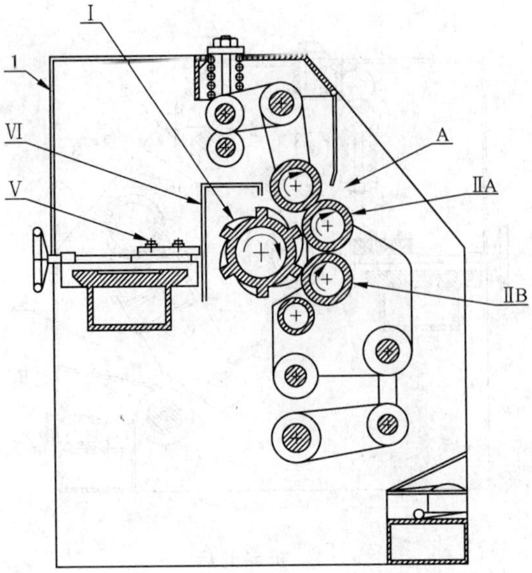

b) 机器闭合

说明：

1——固定距离防护罩；

2——遮栏；

3——光电遮栏；

4——操作踏板。

图 A.11 湿磨革机

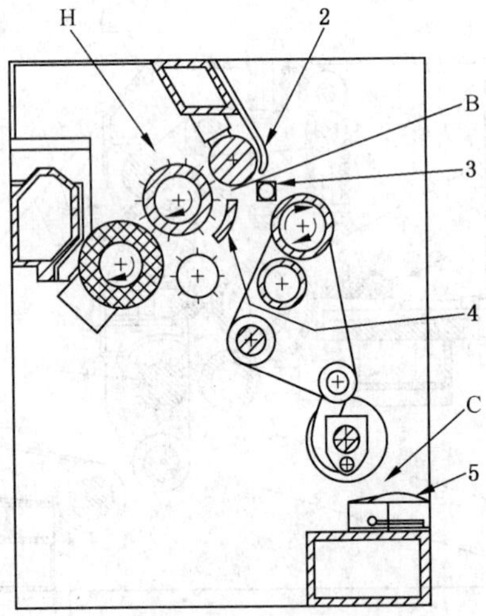

a) 机器开启

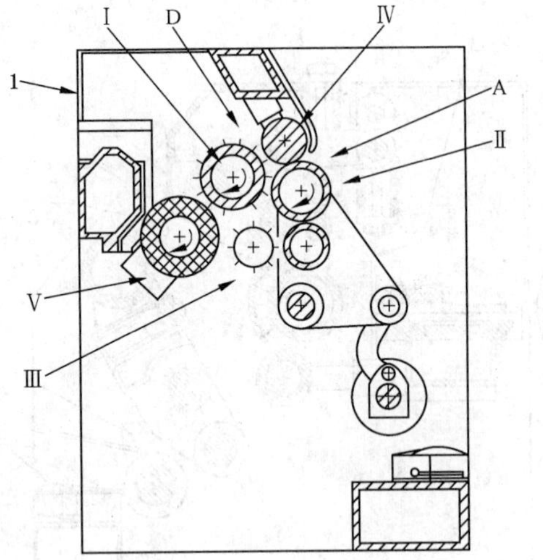

b) 机器闭合

说明：

1——固定距离防护罩；

2——遮栏；

3——光电遮栏；

4——自动防护罩；

5——操作踏板。

图 A.12 削匀机(出料式)

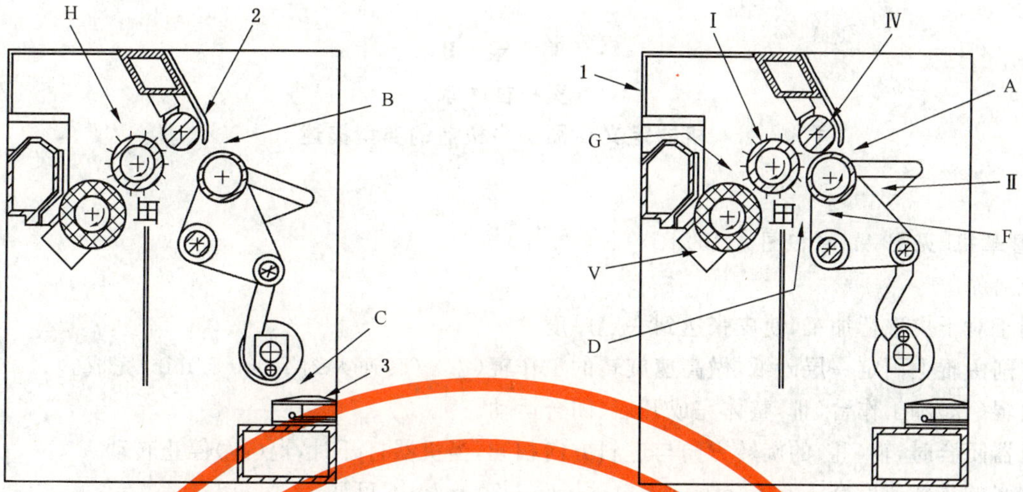

a） 机器开启　　　　b） 机器闭合

说明：

1——固定距离防护罩；

2——遮栏；

3——操作踏板。

图 A.13 削匀机(入料式)

附 录 B
（资料性附录）
机器定义 图例中机器的典型描述

B.1 磨革机[见图 A.1a)和图 A.1b)]

用于对干皮进行加工，使皮张达到一定厚度。

磨削由辊上固定一层砂纸，做高速旋转的工作辊（Ⅰ）（转速大约 1 000 r/min）完成。

由辊（Ⅱ）和工作台（Ⅲ）整体完成开启、闭合运动。

机器闭合时，辊（Ⅱ）的旋转方向与进料方向相同，当机器打开时，辊（Ⅱ）停止转动。

皮张的进料速度介于 0 m/min 和 15 m/min～20 m/min 可调。

机器打开，将皮张在送料工作台（Ⅲ）上展开，推向橡胶支撑辊（Ⅱ）[图 A.1a)]。

操作人员闭合机器[图 A.1b)]，辊（Ⅱ）向辊（Ⅰ）靠近使其达到一个预置和可调的距离（x）。

同时由施加压力的辊（Ⅳ）将皮张压在辊（Ⅱ）上。

机器闭合，两个辊子（Ⅱ和Ⅳ）开始进行送料旋转将皮张送入机器，在辊（Ⅱ）和辊（Ⅰ）之间磨去超出预先设定厚度（x）之外的材料。

皮张可通过打开和闭合辊（Ⅱ）和送料工作台（Ⅲ）、重新取回并重置皮张，对皮张进行一次或者多次磨削。

对皮里的磨削一般最少进行两次。辊（Ⅰ）上的砂纸定期进行更换。更换砂纸时，抬起防护罩（Ⅴ）停止磨革辊转动。通常情况下，磨革过程中产生的大量粉尘由除尘系统（Ⅵ）清除。

B.2 抛光机[见图 A.1a)和图 A.1b)]

用于对皮张的粒面进行磨削，提高粒面表面质量。

机器布局和工作原理类似磨革机，不同的是工作辊（Ⅰ）上的砂纸由绒布、纤维带或石轮代替。

B.3 熨平机（羊皮和毛皮）[见图 A.2a)和图 A.2b)]

用于毛皮或羊皮毛被的梳理、清洁和上光。

机器布局和工作原理类似磨革机，不同的是工作辊（Ⅰ）装有螺旋梳齿能加热的钢辊。

B.4 梳毛机[见图 A.3a)和图 A.3b)]

用于梳理羊皮和毛皮毛被。

机器布局和工作原理类似磨革机，不同的是辊（Ⅱ）和工作台（Ⅲ）换成输送带，工作辊（Ⅰ）装有特制钢梳。

B.5 剪毛机（羊皮和毛皮）[见图 A.4a)和图 A.4b)]

用于将羊皮和毛皮的毛被按预先设定的高度修剪一致。

机器布局和工作原理类似磨革机，不同的是辊（Ⅱ）和工作台（Ⅲ）由带吸垫（Ⅱ）的传送带和一个有序排列、带有锐角刃口螺旋刀片的工作辊(Ⅰ)代替。

B.6 辊式通用拉软机[见图 A.5a)和图 A.5b)]

用于将一定厚度的干皮软化。

机器布局和工作原理类似磨革机,不同的是辊(Ⅱ)和工作台(Ⅲ)由送料输送带(Ⅱ)和带有钝角刃口螺旋刀片的工作辊(Ⅰ)代替。

B.7 平展机[见图 A.6a)和图 A.6b)]

用于湿皮染色后和晾晒前。主要通过带有钝角刃口螺旋刀片的工作辊(Ⅰ)对皮革的粒面进行扩张和展平。

将超过一半长度的皮张送入打开的机器[图 A.6a)]并在托辊(Ⅱ)上展开。

当机器打开[图 A.6a)],辊(Ⅰ)以工作速度旋转时,其他辊处于静止状态。

机器闭合[图 A.6b)],由施加压力的辊(Ⅳ)将皮张压在辊(Ⅱ)上。

辊(Ⅳ)可以是:

——橡胶表面,完全为输送目的;

——配有毡套,从皮张中挤水;

——加热至高温(最高 140 ℃),给粒面上光。

当机器闭合,辊(Ⅱ)和(Ⅳ)开始旋转将皮张从机器中提出。皮张通过辊(Ⅲ)和辊(Ⅱ)推向辊(Ⅰ)的钝角刀片,将皮张伸展并使革的粒面光滑、平展。

皮张某一特定区域的加工可连续反向操作两次来实现。皮张最终输出前,向外运动的皮张再反向进入机器进行加工。通过以上循环,完成整张皮的加工。

打开机器,使辊(Ⅱ,Ⅲ,Ⅳ)停止旋转。

双向操作是其中最简单的一种。加工过程中,经常使用更复杂的模式。

B.8 脱羊毛机[见图 A.6a)和图 A.6b)]

用于对经过专门化学处理的湿羊皮进行加工。目的是采用机械方法去除羊皮羊毛。

机器布局和工作原理类似平展机,不同的是压辊(Ⅳ)有一个夹紧面,方便湿滑皮张的输送。

B.9 净面机[见图 A.6a)和图 A.6b)]

机器通过挤出经化学破坏的毛根、脂肪、皮脂和无用蛋白质,对湿皮粒面进行清洁。

机器布局和工作原理类似平展机,不同的是压辊(Ⅳ)有一个夹紧面,方便湿滑皮张的输送。

B.10 脱毛机[见图 A.6a)和图 A.6b)]

用于毛囊经化学处理后,采用机械方法除去湿皮粒面毛被。

机器布局和工作原理类似平展机,不同的是压辊(Ⅳ) 有一个夹紧面,方便湿滑皮张的输送。

B.11　挤水机[见图 A.6a)和图 A.6b)]

用于对鞣制或染色后湿革的加工。目的是伸展皮革和挤出多余水分。

机器布局和工作原理类似于平展机，不同的是辊(Ⅱ)和辊(Ⅳ)都覆有毛毡套。

B.12　辊式熨平机[见图 A.7a)和图 A.7b)]

用于对干皮的精加工。目的是对皮张的粒面进行压光。

机器布局和工作原理类似平展机，不同的是辊(Ⅳ)加热到一个高的温度。

B.13　辊式拉软机[见图 A.8a)和图 A.8b)]

用于软化一定厚度的干皮。

机器布局和工作原理类似平展机，不同的是装有两个工作辊(Ⅰ和ⅠA)和两个支承辊(Ⅱ和ⅡA)。

B.14　去肉机[见图 A.9a)和图 A.9b)]

用于除去生皮肉面无用物质。

当机器打开[图 A.9a)]除工作刀辊做持续旋转外，其他辊均停止转动。

将超过一半长度的皮张送入打开的机器并在支承辊(Ⅱ)上展开。

机器闭合[图 A.9b)]施加压力的输送辊(Ⅳ)将皮张压在辊(Ⅱ)上

当机器闭合，辊(Ⅱ)和(Ⅳ)开始按出皮方向旋转，将皮从机器中提出。由弹性棒或条(Ⅲ)将皮张推向刀辊进行去肉，即除去无用物质。

当皮张完全排出时，由操作员将机器打开，辊(Ⅱ)和(Ⅳ)停止转动。

工作刀辊上的刀片定期保持锋利。

刀辊保持旋转的同时，由移动的磨刀石(Ⅴ)对刀辊刀片进行磨削。磨刀石沿刀辊长度方向缓慢移动。磨刀期间应将去肉操作期间起安全防护作用的护罩(Ⅵ)移开。

B.15　毛皮去肉机[见图 A.10a)和图 A.10b)]

用于对带有毛被的毛皮进行去肉操作。装备和工作方式类似去肉机。

此外机器增加两个辊：

——钝角刮毛刀辊(Ⅶ)用于当机器闭合时，对毛皮的毛面进行清洁。

——压辊(Ⅷ)将毛皮推向刮毛刀辊(Ⅶ)。

B.16　湿磨革机[见图 A.11a)和图 A.11b)]

用于对湿皮进行清洁并通过磨轮磨削使皮里起绒。

机器布局和工作原理类似去肉机，主要差别是工作辊由带有螺旋槽的磨辊(Ⅰ)代替。开刃用的磨石砖由磨具(Ⅴ)代替。

另外有两个托辊(ⅡA和ⅡB)。

B.17 削匀机(出料式)[见图 A.12a)和图 A.12b)]

用于鞣制和剖层后采用除去多余材料的方法使皮张厚度均匀一致,操作如刮削。

工作原理类似去肉机:将超过一半长度的湿皮送入打开的机器,在送料辊(Ⅱ)上仔细展开。

机器闭合,皮张由送料辊(Ⅱ)压向工作辊(Ⅰ)的刀片并对抗输送辊(Ⅳ)的压力。

当机器完全闭合,出料式输送运动开始启动。

当皮张完全送出,操作人员打开机器,将另半边皮张做重复操作。

有些机器还安装了伸展辊(Ⅲ),在辊(Ⅱ)和工作辊(Ⅰ)之间削匀前,对皮张进行伸展。

只有机器闭合,伸展辊才能旋转。

操作期间工作辊一直旋转。

砂轮(Ⅴ)可选择不同的磨刀方式沿工作辊长度方向低速纵向运动对刀片进行磨削。

B.18 削匀机(入料式)[见图 A.13a)和图 A.13b)]

用于鞣制和剖层后采用除去多余材料的方法使皮张厚度均匀一致。

皮张经鞣制后,经过拉伸和挤压达到机器要求的伸展和一定的挠度。

与出料式削匀机相反,当皮张输入时对其进行削匀操作。

送料辊(Ⅱ)装有开合装置,一般只有非常小的运动。

加工过程是在辊上放置皮张的一小部分,当机器闭合后,将皮张压向压力输送辊(Ⅳ)。

闭合运动带动送料辊(Ⅱ)到达与工作刀辊(Ⅰ)之间的设定距离,此设定距离既为削匀厚度。

当机器闭合后,辊(Ⅱ)和(Ⅳ)开始旋转,将皮张送入机器,工作刀辊(Ⅰ)去除多余的材料从而得到设定的厚度。

机器完成此种操作的过程叫做"入料式削匀"。

操作过程中,工作辊(Ⅰ)一直保持旋转。

砂轮(Ⅴ)可选择不同的磨刀方式沿工作刀辊长度方向低速纵向运动对刀片进行磨削。

附　录　C
（规范性附录）
防止噪声危险（第 1 章所列机器）

C.1　从源头降低

液压管路产生的噪声，可通过选择适当的压力和流速使噪声最小化。

刀辊产生的噪声可通过下列方式使其最小化：

——适当的速度；

——隔声屏；

——在不损害机器功能的位置采用防振座支承刀辊。

应仔细留意使用说明手册给出的信息，正确使用或者润滑，避免噪声升高。

在 GB/T 25078.1—2010 和 GB/T 25078.2—2010 给出的其他措施可适用于本文件。

C.2　从传输路径降低

C.2.1　某些机器零部件可采用封闭降噪罩或隔声屏降低噪声的传输。

C.2.2　其他零部件若采用封闭降噪措施致使机器不能使用的，则不能封闭。

C.2.3　如果不能将机器噪声减少到安全水平，制造商应在资料手册中给出足够的信息，允许用户选择合适的个体防护装备。

附 录 D
（资料性附录）
重大危险清单

本附录包含了本标准规定的所有重大危险因素的清单（见表 D.1～表 D.18），本标准规定的机械类型经重大风险评价应按照本标准要求采取防护措施，旨在消除或减少风险。

表 D.1～表 D.18 给出了本标准所涉机器的重大危险。图 A.1～图 A.13 给出了所涉机器造成机械伤害危险区的图例。

可能导致危险的危险区、操作条件、危险状况、安全要求和/或保护措施，详见第 4 章。

表 D.1　磨革机重大危险清单

危险因素	危险区、操作条件、危险状况和安全要求
机械危险	
机器零部件或工件产生的危险	4.2
挤压危险	4.4.2、4.5.1.1、4.5.1.2
剪切危险	4.5.1.2
切割危险	4.5.1.2
缠绕危险	4.4.2、4.5.1.2
卷入危险	4.4.2
冲击危险	4.5.1.2
摩擦或磨损危险	4.4.6、4.5.1.2、4.5.4
高压流体喷射危险	4.3.1
电气危险	4.3.2
噪声产生的危险	4.3.4、附录 C
材料和物质加工过程产生的危险	
接触或吸入有害液体、气体、雾霭、烟气和粉尘危险	4.4.5、附录 E
坠落、喷射物体或液体危险	4.5.1.2

表 D.2　抛光机重大危险清单

危险因素	危险区、操作条件、危险状况和安全要求
机械危险	
机器零部件或工件产生的危险	4.2
挤压危险	4.4.2、4.5.1.1、4.5.1.2
剪切危险	4.5.1.2
切割危险	4.5.1.2
缠绕危险	4.4.2、4.5.1.2
卷入危险	4.4.2

表 D.2（续）

危险因素	危险区、操作条件、危险状况和安全要求
冲击危险	4.5.1.2
摩擦或磨损危险	4.4.6、4.5.1.2
高压流体喷射危险	4.3.1
电气危险	4.3.2
噪声产生的危险	4.3.4、附录 C
材料和物质加工过程产生的危险	
接触或吸入有害液体、气体、雾霭、烟气和粉尘危险	4.4.5、附录 E
坠落、喷射物体或液体危险	4.5.1.2

表 D.3　熨平机(羊皮和毛皮)重大危险清单

危险因素	危险区、操作条件、危险状况和安全要求
机械危险	
机器零部件或工件产生的危险	4.2
挤压危险	4.4.2、4.5.1.1、4.5.1.2
剪切危险	4.5.1.2
切割危险	4.5.1.2
缠绕危险	4.4.2、4.5.1.2
卷入危险	4.4.2
冲击危险	4.5.1.2
摩擦或磨损危险	4.5.1.2
高压流体喷射危险	4.3.1
电气危险	4.3.2
热危险	
烧伤和烫伤	4.5.1.2
噪声产生的危险	4.3.4、附录 C
材料和物质加工过程产生的危险	
接触或吸入有害液体、气体、雾霭、烟气和粉尘危险	4.4.5、附录 E
坠落、喷射物体或液体危险	4.5.1.2

表 D.4 梳毛机重大危险清单

危险因素	危险区、操作条件、危险状况和安全要求
机械危险	
机器零部件或工件产生的危险	4.2
挤压危险	4.4.2、4.5.1.1、4.5.1.2
剪切危险	4.5.1.2
切割危险	4.5.1.2
缠绕危险	4.4.2、4.4.6、4.5.1.2
卷入危险	4.4.2
冲击危险	4.5.1.2
摩擦或磨损危险	4.5.1.2
高压流体喷射危险	4.3.1
电气危险	4.3.2
噪声产生的危险	4.3.4、附录 C
材料和物质加工过程产生的危险	
接触或吸入有害液体、气体、雾霭、烟气和粉尘危险	4.4.5、附录 E
坠落、喷射物体或液体危险	4.5.1.2

表 D.5 剪毛机重大危险清单

危险因素	危险区、操作条件、危险状况和安全要求
机械危险	
机器零部件或工件产生的危险	4.2
挤压危险	4.4.2、4.5.1.1、4.5.1.2、4.5.2
剪切危险	4.5.1.2、4.5.2
切割危险	4.4.6、4.5.1.2、4.5.2
缠绕危险	4.4.2、4.4.6、4.5.1.2
卷入危险	4.4.2
冲击危险	4.5.1.2
摩擦或磨损危险	4.5.1.2
高压流体喷射危险	4.3.1
电气危险	4.3.2
噪声产生的危险	4.3.4、附录 C
材料和物质加工过程产生的危险	
接触或吸入有害液体、气体、雾霭、烟气和粉尘危险	4.4.5、附录 E
机械设计中忽视人类工效学原则产生的危险	4.5.2
坠落、喷射物体或液体危险	4.5.1.2

表 D.6　辊式通用拉软机重大危险清单

危险因素	危险区、操作条件、危险状况和安全要求
机械危险	
机器零部件或工件产生的危险	4.2
挤压危险	4.4.2、4.5.1.1、4.5.1.2
剪切危险	4.5.1.2
切割危险	4.5.1.2
缠绕危险	4.4.2、4.4.6、4.5.1.2
卷入危险	4.4.2
冲击危险	4.5.1.2
摩擦或磨损危险	4.5.1.2
高压流体喷射危险	4.3.1
电气危险	4.3.2
噪声产生的危险	4.3.4、附录 C
材料和物质加工过程产生的危险	
接触或吸入有害液体、气体、雾霭、烟气和粉尘危险	4.4.5、附录 E
坠落、喷射物体或液体危险	4.5.1.2

表 D.7　平展机重大危险清单

危险因素	危险区、操作条件、危险状况和安全要求
机械危险	
机器零部件或工件产生的危险	4.2
挤压危险	4.4.2、4.4.3、4.5.1.1、4.5.1.2
剪切危险	4.5.1.2
切割危险	4.5.1.2
缠绕危险	4.4.1、4.4.2、4.5.1.2
卷入危险	4.4.2
冲击危险	4.5.1.2
摩擦或磨损危险	4.4.1、4.5.1.2
高压流体喷射危险	4.3.1
电气危险	4.3.2
热危险	
烧伤和烫伤	4.4.4、4.5.1.2
噪声产生的危险	4.3.4、附录 C
材料和物质加工过程产生的危险	
接触或吸入有害液体、气体、雾霭、烟气和粉尘危险	4.4.5、附录 E
坠落、喷射物体或液体危险	4.5.1.2

表 D.8 脱羊毛机重大危险清单

危险因素	危险区、操作条件、危险状况和安全要求
机械危险	
机器零部件或工件产生的危险	4.2
挤压危险	4.4.2、4.4.3、4.5.1.1、4.5.1.2
剪切危险	4.5.1.2
切割危险	4.5.1.2
缠绕危险	4.4.1、4.4.2、4.5.1.2
卷入危险	4.4.2
冲击危险	4.5.1.2
摩擦或磨损危险	4.4.1、4.5.1.2
高压流体喷射危险	4.3.1
电气危险	4.3.2
噪声产生的危险	4.3.4、附录 C
材料和物质加工过程产生的危险	
生物或微生物危险	4.3.5
坠落、喷射物体或液体危险	4.5.1.2
人体滑、绊和跌落	4.3.3

表 D.9 净面机重大危险清单

危险因素	危险区、操作条件、危险状况和安全要求
机械危险	
机器零部件或工件产生的危险	4.2
挤压危险	4.4.2、4.4.3、4.5.1.1、4.5.1.2
剪切危险	4.5.1.2
切割危险	4.5.1.2
缠绕危险	4.4.1、4.4.2、4.5.1.2
卷入危险	4.4.2
冲击危险	4.5.1.2
摩擦或磨损危险	4.4.1、4.5.1.2
高压流体喷射危险	4.3.1
电气危险	4.3.2
噪声产生的危险	4.3.4、附录 C
材料和物质加工过程产生的危险	
生物或微生物危险	4.3.5
坠落、喷射物体或液体危险	4.5.1.2
人体滑、绊和跌落	4.3.3

表 D.10 脱毛机重大危险清单

危险因素	危险区、操作条件、危险状况和安全要求
机械危险	
机器零部件或工件产生的危险	4.2
挤压危险	4.4.2、4.4.3、4.5.1.1、4.5.1.2
剪切危险	4.5.1.2
切割危险	4.5.1.2
缠绕危险	4.4.1、4.4.2、4.5.1.2
卷入危险	4.4.2
冲击危险	4.5.1.2
摩擦或磨损危险	4.4.1、4.5.1.2
高压流体喷射危险	4.3.1
电气危险	4.3.2
噪声产生的危险	4.3.4、附录 C
材料和物质加工过程产生的危险	
生物或微生物危险	4.3.5
坠落、喷射物体或液体危险	4.5.1.2
人体滑、绊和跌落	4.3.3

表 D.11 挤水机重大危险清单

危险因素	危险区、操作条件、危险状况和安全要求
机械危险	
机器零部件或工件产生的危险	4.2
挤压危险	4.4.2、4.4.3、4.5.1.1、4.5.1.2
剪切危险	4.5.1.2
切割危险	4.5.1.2
缠绕危险	4.4.1、4.4.2、4.5.1.2
卷入危险	4.4.2
冲击危险	4.5.1.2
摩擦或磨损危险	4.4.1、4.5.1.2
高压流体喷射危险	4.3.1
电气危险	4.3.2
噪声产生的危险	4.3.4、附录 C
坠落、喷射物体或液体危险	4.5.1.2

表 D.12 辊式熨平机重大危险清单

危险因素	危险区、操作条件、危险状况和安全要求
机械危险	
机器零部件或工件产生的危险	4.2
挤压危险	4.4.2、4.4.3、4.5.1.1、4.5.1.2
剪切危险	4.5.1.2
切割危险	4.5.1.2
缠绕危险	4.4.1、4.4.2、4.5.1.2
卷入危险	4.4.2
冲击危险	4.5.1.2
摩擦或磨损危险	4.4.1、4.5.1.2
高压流体喷射危险	4.3.1
电气危险	4.3.2
热危险	
烧伤和烫伤	4.4.4、4.5.1.2
噪声产生的危险	4.3.4、附录 C
材料和物质加工过程产生的危险	
接触或吸入有害液体、气体、雾霭、烟气和粉尘危险	4.4.5、附录 E
坠落、喷射物体或液体危险	4.5.1.2

表 D.13 辊式拉软机重大危险清单

危险因素	危险区、操作条件、危险状况和安全要求
机械危险	
机器零部件或工件产生的危险	4.2
挤压危险	4.4.2、4.4.3、4.5.1.1、4.5.1.2
剪切危险	4.5.1.2
切割危险	4.5.1.2
缠绕危险	4.4.1、4.4.2、4.5.1.2
卷入危险	4.4.2
冲击危险	4.5.1.2
摩擦或磨损危险	4.4.1、4.5.1.2
高压流体喷射危险	4.3.1
电气危险	4.3.2
噪声产生的危险	4.3.4、附录 C
材料和物质加工过程产生的危险	
接触或吸入有害液体、气体、雾霭、烟气和粉尘危险	4.4.5、附录 E
坠落、喷射物体或液体危险	4.5.1.2

表 D.14　去肉机重大危险清单

危险因素	危险区、操作条件、危险状况和安全要求
机械危险	
机器零部件或工件产生的危险	4.2
挤压危险	4.4.2、4.4.3、4.5.1.1、4.5.1.2、4.5.2
剪切危险	4.5.1.2、4.5.2
切割危险	4.4.1、4.5.1.2、4.5.2
缠绕危险	4.4.1、4.4.2、4.5.1.2
卷入危险	4.4.2
冲击危险	4.5.1.2
摩擦或磨损危险	4.5.1.2
高压流体喷射危险	4.3.1
电气危险	4.3.2
噪声产生的危险	4.3.4、附录 C
材料和物质加工过程产生的危险	
生物或微生物危险	4.3.5
机械设计中忽视人类工效学原则产生的危险	4.5.2
坠落、喷射物体或液体危险	4.5.1.2
人体滑、绊和跌落	4.3.3

表 D.15　毛皮去肉机重大危险清单

危险因素	危险区、操作条件、危险状况和安全要求
机械危险	
机器零部件或工件产生的危险	4.2
挤压危险	4.4.2、4.4.3、4.5.1.1、4.5.1.2、4.5.2
剪切危险	4.5.1.2、4.5.2
切割危险	4.4.1、4.5.1.2、4.5.2
缠绕危险	4.4.1、4.4.2、4.5.1.2
卷入危险	4.4.2
冲击危险	4.5.1.2
摩擦或磨损危险	4.5.1.2
高压流体喷射危险	4.3.1
电气危险	4.3.2
噪声产生的危险	4.3.4、附录 C
材料和物质加工过程产生的危险	
生物或微生物危险	4.3.5
机械设计中忽视人类工效学原则产生的危险	4.5.2
坠落、喷射物体或液体危险	4.5.1.2
人体滑、绊和跌落	4.3.3

表 D.16 湿磨革机重大危险清单

危险因素	危险区、操作条件、危险状况和安全要求
机械危险	
机器零部件或工件产生的危险	4.2
挤压危险	4.4.2、4.4.3、4.5.1.1、4.5.1.2
剪切危险	4.5.1.2
切割危险	4.5.1.2
缠绕危险	4.4.2、4.5.1.2
卷入危险	4.4.2
冲击危险	4.5.1.2
摩擦或磨损危险	4.5.1.2
高压流体喷射危险	4.3.1
电气危险	4.3.2
噪声产生的危险	4.3.4、附录 C
材料和物质加工过程产生的危险	
坠落、喷射物体或液体危险	4.5.1.2

表 D.17 削匀机(出料式)重大危险清单

危险因素	危险区、操作条件、危险状况和安全要求
机械危险	
机器零部件或工件产生的危险	4.2
挤压危险	4.4.2、4.4.3、4.5.1.1、4.5.1.2、4.5.2
剪切危险	4.5.1.2、4.5.2
切割危险	4.4.1、4.5.1.2、4.5.2
缠绕危险	4.4.1、4.4.2、4.5.1.2
卷入危险	4.4.2
冲击危险	4.5.1.2
摩擦或磨损危险	4.5.1.2
高压流体喷射危险	4.3.1
电气危险	4.3.2
噪声产生的危险	4.3.4、附录 C
材料和物质加工过程产生的危险	
接触或吸入有害液体、气体、雾霭、烟气和粉尘危险	4.4.5、附录 E
机械设计中忽视人类工效学原则产生的危险	4.5.2
坠落、喷射物体或液体危险	4.5.1.2

表 D.18 削匀机(入料式)重大危险清单

危险因素	危险区、操作条件、危险状况和安全要求
机械危险	
机器零部件或工件产生的危险	4.2
挤压危险	4.4.2、4.5.1.1、4.5.1.2、4.5.2
剪切危险	4.5.1.2、4.5.2
切割危险	4.4.6、4.5.1.2、4.5.2
缠绕危险	4.4.2、4.4.6、4.5.1.2
卷入危险	4.4.2
冲击危险	4.5.1.2
摩擦或磨损危险	4.5.1.2
高压流体喷射危险	4.3.1
电气危险	4.3.2
噪声产生的危险	4.3.4、附录 C
材料和物质加工过程产生的危险	
接触或吸入有害液体、气体、雾霭、烟气和粉尘危险	4.4.5、附录 E
火灾或爆炸危险	4.5.3、附录 F
机械设计中忽视人类工效学原则产生的危险	4.5.2
坠落、喷射物体或液体危险	4.5.1.2

附 录 E

（规范性附录）

有害液体、气体、雾霭、烟气和粉尘的清除

应符合下列安全要求：

a） 清除工作辊区域粉尘、烟气或者蒸汽抽取系统的连接方法；

b） 制造商提供足够的资料说明抽取系统的规格、类型和安装位置，使有害粉尘、烟气或蒸汽排放最小化；

c） 机器启动系统与抽取系统联锁。

应验证采取的措施已成功应用。

附　录　F
（规范性附录）
防　　火

应符合 a)或 b)给出的安全要求：

a)　应提供与抽取系统相连接的管口。火花和粉尘应分别抽取；

b)　磨削操作不应与其他操作同时进行。

如果选择 b)，在使用说明手册的详细操作说明中应明确规定进行磨削操作时，应停止加工操作。

参 考 文 献

[1] GB/T 3947—1996 声学名词术语
[2] GB/T 9969—2008 工业产品使用说明书 总则
[3] GB/T 10112—1999 术语工作 原则与方法
[4] GB/T 11651—2008 个体防护装备选用规范
[5] GB/T 14574—2000 声学 机器和设备噪声发射值的标示和验证
[6] GB/T 16755—2008 机械安全 安全标准的起草与表述规则
[7] GB/T 16856.2—2008 机械安全 风险评价 第2部分:实施指南和方法举例
[8] GB/T 20438(所有部分) 电气/电子/可编程电子安全相关系统的功能安全
[9] QB/T 1521—1992 制革机械 设备及仪器术语
[10] QB/T 1522—1992 毛皮机械 设备及仪器术语